谨以此书献给我的导师：

李吉均院士　朱可善教授　鲜学福院士

本书得到：

西华师范大学国家级人才引进专项经费(编号：24KE001)、重庆市两江学者特聘教授(道路与铁道工程)、重庆市首席专家工作室(水利工程)、湖北省楚天学者特聘教授(工程力学)等专项资金，国家重点研发计划项目"强震区特大泥石流综合防控技术与示范应用"(编号：2018YFC1505405)、西部交通建设科技项目"西南地区公路洪灾风险评估关键技术及示范应用研究"(编号：2009318221035)、国家自然科学基金项目"坡面泥石流精细演化机制研究"(编号：41071017)、教育部博士点基金项目"泥石流冲击机理研究"(编号：20060618001)、中国博士后科学基金项目"坡面泥石流动力机制研究"(编号：20080430095)等联合资助！

重力地貌过程力学描述与减灾
(泥石流)

陈洪凯 著

科学出版社

北京

内 容 简 介

本书融合地貌演化和岩土工程学科优势,给出了泥石流冲淤致灾的物理描述,建立了沟谷泥石流和坡面泥石流的地貌演化模型;构建了泥石流冲击理论、磨蚀理论和淤埋固结理论,实现了对泥石流地貌过程的力学刻画。依据泥石流冲击、磨蚀和淤埋固结理论,对公路泥石流减灾问题做了开拓性研究,建立了泥石流冲蚀断道灾害物理演进模型及其力学机制;提出了"礼让出境"公路泥石流防控新思想,从泥石流地貌过程防控角度,研发了泥石流束流排导、冲击方向水力调控、断道灾害应急修复、排导结构磨蚀防控等公路泥石流防控系列新技术,编撰了公路泥石流防治工程设计规范,在川藏公路、天山公路、西昌—泸沽湖旅游公路等干线公路全面推广应用,减灾效果显著。

本书对于从事应用地貌学研究、山区公路铁路地质灾害防治、道路交通战备保障等领域的研究人员、教学人员、工程技术人员及管理人员具有参考借鉴作用。

图书在版编目(CIP)数据

重力地貌过程力学描述与减灾. 泥石流 / 陈洪凯著. -- 北京 : 科学出版社, 2025.6. --ISBN 978-7-03-080814-1

I. TU4;P642.23

中国国家版本馆 CIP 数据核字第 2024FH8463 号

责任编辑:赵敬伟　孔晓慧 / 责任校对:彭珍珍
责任印制:张　伟 / 封面设计:无极书装

科学出版社 出版
北京东黄城根北街 16 号
邮政编码:100717
http://www.sciencep.com

北京华宇信诺印刷有限公司印刷
科学出版社发行　各地新华书店经销

*

2025 年 6 月第 一 版　　开本:720×1000　1/16
2025 年 6 月第一次印刷　印张:22 3/4
字数:453 000
定价:178.00 元
(如有印装质量问题,我社负责调换)

序

泥石流是一种全球广泛分布的山地灾害，不同学科对其关注点存在显著差异，工程地质学将其视为地质灾害，水土保持学将其视为极端侵蚀灾害，交通领域将其视为水毁灾害，自然地理学将其视为地貌灾害。近二十年来，地貌学领域的学者日益重视地貌灾害问题，一直探索地貌学更好地服务于防灾减灾的途径。该书作者陈洪凯教授同时具备地貌学和岩土工程学科背景，融合地貌学和岩土工程学科知识，聚焦西部山区公路干线泥石流研究三十余年，取得了一系列创新性研究成果。

《重力地貌过程力学描述与减灾（泥石流）》这部专著是作者系列研究成果的集成之作，既有理论研究的新认识，又有使用减灾的新技术，体现出作者从实际减灾需求出发，进行理论创新研究，进而基于理论成果研发实用减灾技术的理论与实践紧密结合的科学研究理念。主要内容有：建立了沟谷泥石流和坡面泥石流地貌演化模型，提出了泥石流固液分相流速计算问题，构建了泥石流冲击理论、磨蚀理论和淤埋固结理论，揭示了泥石流冲蚀断道成灾力学机制并构建了物理演进模型，实现了泥石流地貌过程力学刻画，弥补了地貌灾害学科的短板；进而，将泥石流地貌演化理论和冲击磨蚀力学应用于干线公路重大泥石流灾害防治，创造性地提出了"礼让出境"公路泥石流防控新思想，从泥石流地貌过程调控角度，系统研究了干线公路重大泥石流灾害防灾减灾技术，研发了泥石流束流排导、冲击方向水力调控、断道灾害应急修复、排导结构磨蚀防控等公路泥石流防控系列新技术，编撰了公路泥石流防治工程设计规范，以指导公路泥石流防治。

该专著从公路交通重大需求出发，把灾害地貌理论与灾害防治技术有机结合，学术思想新颖，技术先进实用，是应用地貌学和岩土工程学科交叉融合的一部创新佳作。相信该书的出版能够为从事泥石流研究和减灾的科技工作者，特别是从事公路减灾的学者和工程师提供新视角、新知识和新技术，在山区公路减灾和建设运维安全保障方面发挥重要作用。

2024 年 9 月 10 日

前　　言

中国是世界上重力地貌发育最充分的国家，尤其是西部山区，河谷深切、地质地貌条件复杂、强降雨天气频发，危岩崩塌、滑坡、泥石流等重力地貌灾害分布范围广、发生频率高，严重威胁着山区公路、铁路和水运交通生命线、重大水电工程建设及营运安全，以及山区城乡居民的生命财产安全。融合地貌演化和岩土工程学科优势，突破重力地貌减灾存在的学科短板，深入系统开展重力地貌过程力学描述及其减灾研究，地貌科学工作者责无旁贷。基于团队 30 余年的研究积淀，计划编撰出版"重力地貌过程力学描述与减灾"系列论著，包括岩石崩塌、库岸滑坡和泥石流三部分。本专著聚焦泥石流重力地貌过程及其在干线公路重大泥石流减灾领域的工程应用。

我国公路沿线泥石流灾害"总量大"（涉及 150 多万千米干线公路）"频率高"（每年汛期都广泛发生）"灾情重"（每年直接经济损失超过 60 亿元），严重影响了"交通强国""平安中国""国防战备""安全生产"等国家战略。

本书在承担川藏公路通麦—105 道班、松宗—古乡、波密—鲁朗，巴基斯坦喀喇昆仑公路，中尼公路老定日岗嘎—聂拉木，国道 216 线吉隆县城—热索桥，西昌—泸沽湖公路，天山公路等干线公路的泥石流防治勘察设计工作中，针对泥石流重力地貌过程的力学描述及其减灾科技问题进行系统论理，其中对泥石流冲击、磨蚀、淤埋固结、沟岸及坡面地貌演变给出了泥石流地貌过程力学描述，实现了对泥石流重力地貌过程的力学刻画。依据泥石流冲击、磨蚀和淤埋固结理论，对公路泥石流减灾问题做了开拓性研究，建立了泥石流冲蚀断道灾害物理演进模型及其力学机制；提出了"礼让出境"公路泥石流防控新思想，从泥石流地貌过程防控角度，研发了泥石流束流排导、冲击方向水力调控、断道灾害应急修复、排导结构磨蚀防控等公路泥石流防控系列新技术，编撰了公路泥石流防治工程设计规范，成功实施了川藏公路通麦—105 道班的培龙沟泥石流，松宗—古乡段兴空东 2# 和 3#、兴空西 1# 和 2#、通木沟、多洛西沟、扎塔多沟、卡贡弄沟等 18 条特大泥石流，波密—鲁朗段 4 条特大泥石流，喀喇昆仑公路雷科特—红其拉甫段 60 余处泥石流，中尼公路 30 余条泥石流的治理工程，实施了新疆叶城、福建宁化、尼泊尔加德满都地震区等 20 余次重大抗洪救灾的遂行道路保障工程，直接经济效益约 38 亿元，社会和军事效益显著。

在从事泥石流地貌过程力学描述与减灾研究中，长期得到兰州大学李吉均院士和潘保田教授、中国科学院成都山地灾害与环境研究所崔鹏院士和王全才教授、中国科学院青藏高原研究所陈发虎院士和方小敏院士、重庆大学鲜学福院士、山东科技大学宋振骐院士、长安大学彭建兵院士、西藏大学多吉院士、山东大学李术才院士、南昌大学周创兵院士、西南交通大学何川院士和胡卸文教授、陆军勤务学院郑颖人院士和刘元雪教授、重庆交通大学唐伯明教授、西华师范大学陈涛教授和张斌教授、三峡大学李建林教授等的大力支持和鼓励，在此一并致以诚挚的感谢！向科学出版社的领导以及为本专著出版付出辛勤劳动的赵敬伟老师等致以深深的谢意！

  本书共 11 章，瞄准公路交通领域防治重大泥石流灾害的基础理论需求，依托泥石流冲击理论 (第 1 章)、泥石流磨蚀理论 (第 2 章) 和泥石流淤埋固结理论 (第 3 章)，构建了泥石流工程减灾实用力学 (第一篇)；沟谷泥石流 (第 4 章) 和坡面泥石流 (第 5 章) 的物理力学演化机制，构成了泥石流地貌演化 (第二篇)；聚焦干线公路重大泥石流灾害防控问题，开展泥石流断道力学机制研究 (第 6 章)，研发泥石流拦挡与束流排导 (第 7 章)、泥石流冲击方向水力调控 (第 8 章)、泥石流磨蚀灾害防控 (第 9 章) 和泥石流断道应急修复 (第 10 章) 等成套技术，形成泥石流断道机制与安全防控新技术 (第三篇)。其中，第 1 章由陈洪凯、王圣娟和张玉萍撰写，第 2 章由陈洪凯、王圣娟和焦朋朋撰写，第 3 章由陈洪凯、钟盈和刘彬撰写，第 4 章由陈洪凯和唐兰撰写，第 5 章由陈洪凯和唐红梅撰写，第 6 章由陈洪凯、王圣娟、唐兰、陈涛和周福川撰写，第 7 章由陈洪凯、刘卫民和唐红梅撰写，第 8、9 章由陈洪凯和王圣娟撰写，第 10 章由陈洪凯、唐红梅和成望珂撰写，第 11 章由陈洪凯、刘卫民、尉学勇、朱冬春撰写。全书由陈洪凯、王圣娟、罗红和张瑜杰负责校稿和文字编排。书中彩图可通过扫描封底二维码查看。

陈洪凯

2024 年 7 月 24 日

目　　录

序
前言

第一篇　泥石流工程减灾实用力学

第1章　泥石流冲击理论 ·· 3
1.1　泥石流冲击模型试验 ·· 3
　　1.1.1　试验装备 ·· 3
　　1.1.2　试验设计 ·· 10
　　1.1.3　试验过程 ·· 14
　　1.1.4　数据处理方法 ·· 15
　　1.1.5　试验结果分析 ·· 16
1.2　泥石流流速 ·· 43
　　1.2.1　泥石流流速观测 ·· 43
　　1.2.2　经典泥石流流速计算公式 ·· 47
　　1.2.3　泥石流固液分相流速计算方法 ·· 57
1.3　泥石流冲击力 ·· 65
　　1.3.1　经典公式 ·· 65
　　1.3.2　地貌形迹法 ·· 68
　　1.3.3　龙头压胀模型 ·· 72

第2章　泥石流磨蚀理论 ·· 83
2.1　磨蚀试验 ·· 83
　　2.1.1　试验装置 ·· 83
　　2.1.2　试验设计 ·· 83
　　2.1.3　试验结果分析 ·· 85
2.2　磨蚀机制 ·· 89
　　2.2.1　浆体磨蚀机理 ·· 90
　　2.2.2　颗粒切削机理 ·· 91
2.3　磨蚀力 ·· 91
　　2.3.1　液相浆体磨蚀力 ·· 91

2.3.2　固相颗粒磨蚀力··93
2.4　排导槽磨蚀计算··94
　　2.4.1　磨蚀控制方程···94
　　2.4.2　磨蚀速度与磨蚀量···96

第3章　泥石流淤埋固结理论··98
3.1　固结模型试验··98
　　3.1.1　试验装备··98
　　3.1.2　试验设计···100
　　3.1.3　试验过程···101
　　3.1.4　试验结果分析···106
3.2　固结机理···112
　　3.2.1　泥石流淤埋沉积物固结机理···112
　　3.2.2　泥石流淤埋沉积物固结力学···113

第二篇　泥石流地貌演化

第4章　沟谷泥石流···133
4.1　岸坡冲蚀槽形成机理··133
　　4.1.1　沿河路基水流形式···133
　　4.1.2　弯道环流···136
　　4.1.3　突变河道水平涡流···139
4.2　悬岸体形成机制··147
　　4.2.1　地貌演进模式···147
　　4.2.2　冲蚀动力效应···149

第5章　坡面泥石流···153
5.1　坡面泥石流演化模式··153
5.2　坡面泥石流局部饱和演化模式试验解译··154
　　5.2.1　试验装备···154
　　5.2.2　试验设计···154
　　5.2.3　试验过程···155
　　5.2.4　试验结果分析···156

第三篇　泥石流断道机制与安全防控新技术

第6章　泥石流断道力学机制··163
6.1　路基沉陷···163

		6.1.1 路基吸水渗透–浸泡软化机理 ············· 163
		6.1.2 路基吸水渗透计算 ··················· 163
		6.1.3 路基稳定性计算 ···················· 166
	6.2	路基缺口 ···························· 169
		6.2.1 路基缺口地貌演化 ··················· 169
		6.2.2 路基缺口力学模型 ··················· 177
	6.3	混凝土路面板悬空 ······················· 203
		6.3.1 钢筋混凝土路面板等效 ················· 203
		6.3.2 平行悬空路面板断裂破坏机制 ·············· 211
		6.3.3 角部悬空路面板断裂破坏机制 ·············· 241
	6.4	桥梁墩台破坏机制 ······················· 256
		6.4.1 泥石流淤埋桥梁变形与破坏模型试验 ··········· 256
		6.4.2 泥石流淤埋作用下桥梁变形破坏数值仿真 ········· 261
		6.4.3 桥梁墩台泥石流损毁机制 ················ 263

第7章 泥石流拦挡与束流排导 ···················· 272
7.1 泥石流导排结构 ························· 272
7.1.1 结构形式 ························ 272
7.1.2 基于泥石流抛程计算的排导槽设计方法 ········· 273
7.2 防止护坎冲刷的泥石流拦渣坝 ················· 275
7.3 水石分离综合防治结构 ····················· 275

第8章 泥石流冲击方向水力调控 ··················· 277
8.1 高速水幕防护法 ························· 277
8.2 高速水幕防撞装置 ························ 278

第9章 泥石流磨蚀灾害防控 ····················· 279
9.1 耐磨蚀混凝土材料 ························ 279
9.1.1 物质结构 ························ 279
9.1.2 材料配制方法 ······················ 279
9.1.3 使用方法 ························ 279
9.2 排导槽高速水幕抗磨蚀装置 ··················· 280
9.2.1 技术内涵 ························ 280
9.2.2 工作原理 ························ 282
9.3 排导槽椭球冠抗磨蚀结构 ···················· 282
9.3.1 技术内涵 ························ 282
9.3.2 工作原理 ························ 283

第 10 章 泥石流断道应急修复 · 285

10.1 路基缺口组合式战备桥梁 · 285
10.1.1 工作原理 · 285
10.1.2 技术内涵 · 286
10.1.3 使用步骤 · 295

10.2 路基缺失段锚拉框架结构 · 296
10.2.1 工作原理 · 296
10.2.2 技术内涵 · 297
10.2.3 施工方法 · 305

10.3 悬空混凝土路面板应急加固 · 306
10.3.1 工作原理 · 306
10.3.2 技术内涵 · 307
10.3.3 施工方法 · 313

10.4 决口灾害应急封堵方法 · 313

10.5 淤埋路段战备浮桥 · 315
10.5.1 工作原理 · 315
10.5.2 技术内涵 · 315
10.5.3 使用步骤 · 319

10.6 淤埋路段液氮桩 · 320

第 11 章 工程实例 · 322

11.1 平川泥石流 · 322
11.1.1 工程概况 · 322
11.1.2 拦渣坝 · 323
11.1.3 底越式排导结构 · 325

11.2 牛牛坝泥石流 · 330
11.2.1 工程概况 · 330
11.2.2 牛牛坝泥石流沟泥石流隧道 · 332

11.3 天山公路泥石流 · 338
11.3.1 试验模型 · 339
11.3.2 防治结构抗冻融材料开发 · 346
11.3.3 泥石流隧道 · 347

参考文献 · 349

第一篇
泥石流工程减灾实用力学

泥石流致灾过程本质是一个复杂的力学问题。从泥石流工程减灾角度，泥石流防治工程主要包括拦挡、排导、路基及桥梁墩台防护等类型。为了科学设计泥石流防治结构，显著延长结构服役年限，并在泥石流断道灾害发生后快速修复道路交通，必须首先解决泥石流冲击、磨蚀和淤埋固结三个重大基础理论问题。换言之，冲击、磨蚀和淤埋固结构成泥石流工程减灾实用力学的核心。

第 1 章　泥石流冲击理论

1.1　泥石流冲击模型试验

1.1.1　试验装备

1. 试验模型

利用陈洪凯自主研发的通用泥石流冲击智能控制系统（南非发明专利，ZA202105607），以四川省汶川县威州镇七盘沟为原型，建造了泥石流冲击试验模型，包括模型试验平台、供水供料系统和冲击振动加速度测试系统等，见图 1.1～图 1.3。

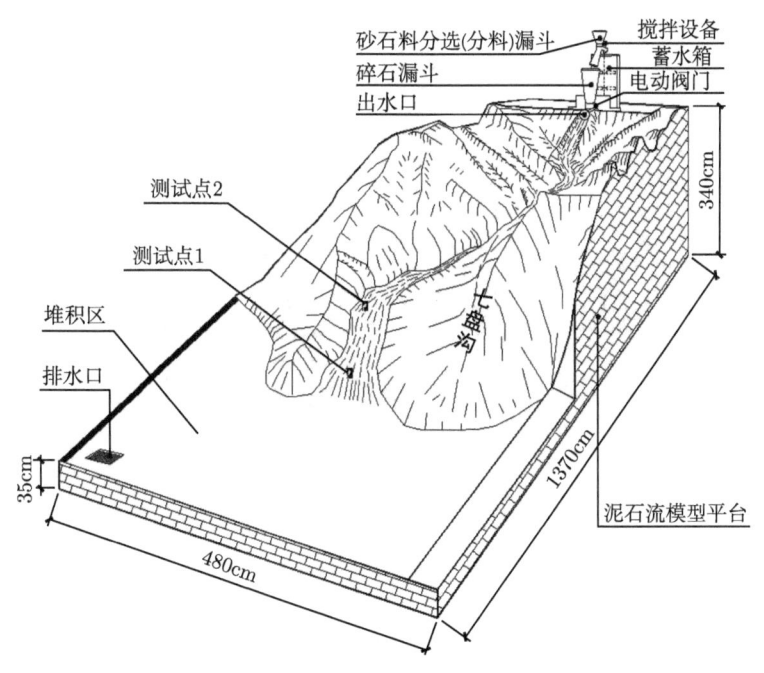

图 1.1　泥石流冲击试验模型

该试验的主要目的是研究颗粒级配、固相比和浆体黏度组合条件下的泥石流冲击振动特性，即采用测力传感器和振动加速度传感器测试特定级配颗粒碎石、质量百分比和浆体黏度组合条件下泥石流的冲击特性。由于泥石流物质结构复杂，试验模型只能做到几何相似，尚不能考虑液相和固相颗粒的相似性[1-5]。根据七盘沟实际的地形地貌、泥石流沟尺寸等要素，并且对沟谷深宽比按水流壅高进行了调整，以满足在沟口测量泥石流振动加速度的需求。

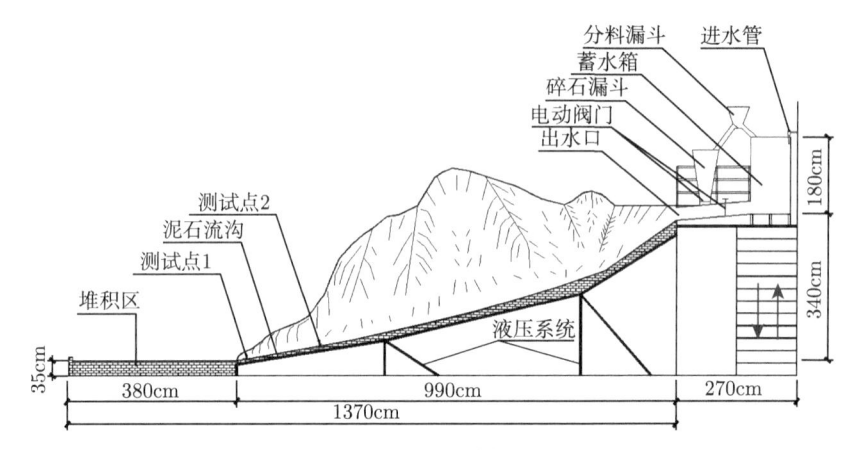

图 1.2　泥石流冲击模型剖面图

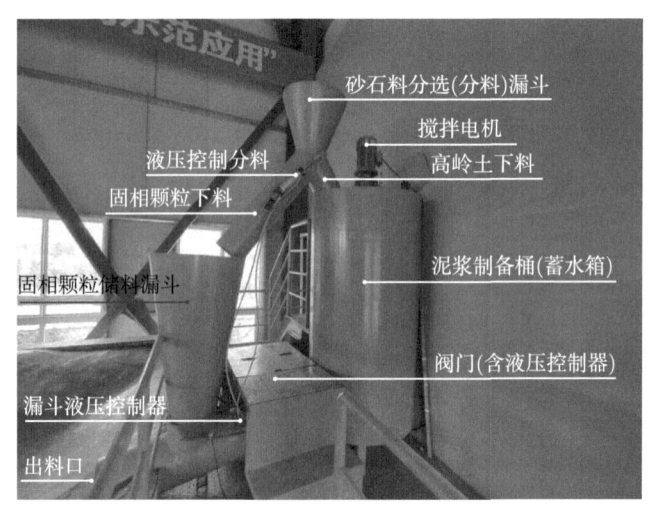

图 1.3　泥石流模型泥浆制备及各控制系统图

采用 C20 水泥砂浆制作的模型如图 1.4 所示，模型平面长 1370cm、宽 480cm、高 340cm。主沟长 1060cm，高差 305cm，坡度 10°~36°，沟表面用水泥砂浆抹面并刷漆，粗糙度较低。模型供水箱采用钢板焊接，直径 90cm，高 180cm，净蓄水量 1.04m³。水箱底部设置直径 30cm 的出水孔，出水量由自动控制阀门控制，可实现出水流速由 0 到 5.94m/s 变换。在蓄水箱前端设置物源 (级配碎石) 漏斗，顶部端口直径 60cm，底部孔口直径 25cm，高 115cm，体积 0.17m³。蓄水箱底部

1.1 泥石流冲击模型试验

和物源箱底部通过出水管连接。物源由电动升降设备吊装。供水供料系统均由液压系统控制,通过控制,可实现泥石流质量百分比的自由调节。在沟口测试点1安装 1A702E 水下压电式加速度传感器 (图 1.5),在测试点 2 同时安装 1A702E 水下压电式加速度传感器和称重式传感器 (图 1.6),配合 DH5922D 型动态信号测试系统采集泥石流冲击结构的冲击振动响应信号和冲击力变化规律。

图 1.4 泥石流冲击试验模型

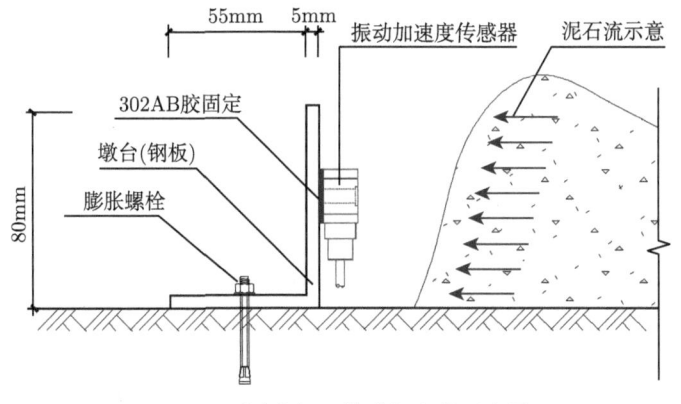

图 1.5 测试点 1 传感器安装示意图

2. 浆体制备装置

泥石流体是固体颗粒和泥浆浆体组成的固液两相流,为了能满足在试验中按试验工况设定制备泥石流体,在模型设计中设置泥浆制备装置和固相颗粒存储设备,以确保在泥石流试验中液相和固相物源能够得到有效均匀的补给。在开展泥石流试验时需要将物源和水源两个阀门同时打开,有效控制泥石流浆体和固相颗粒有效均匀拌和。

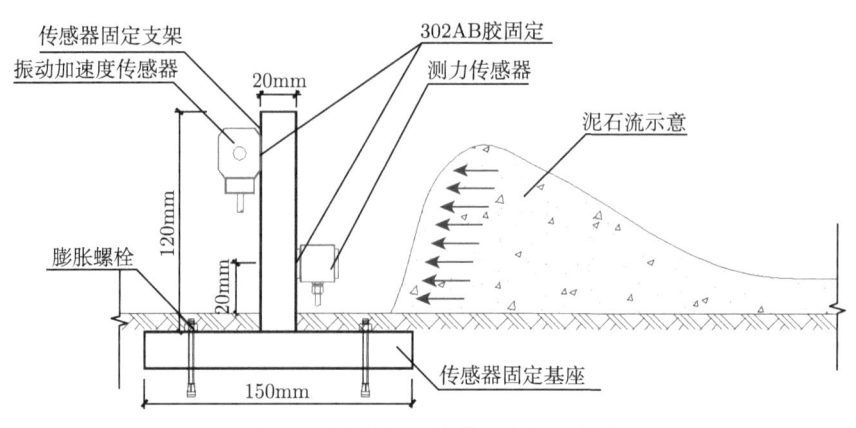

图 1.6 测试点 2 传感器安装示意图

泥浆制备装置主要是用 3mm 钢板焊接的钢桶和内置的电机搅拌器组成(图 1.7 和图 1.8),钢桶箱体直径 90cm、高 180cm,容量为 $1.04\times10^6\text{cm}^3$。水箱底部设直径 30cm 的出水孔,出水量由改装的电动控制阀门控制,阀门为 DN300 蝶阀,在定水位控制下,可实现流速 0~5.94m/s 变换,孔口流量可自动控制在 0~0.42 m^3/s。水源补给箱长 120cm、宽 80cm、高 120cm,储水量 $1.15\times10^6\text{cm}^3$,水箱底部的斜率为 5%。同时,需要在水源补给箱底部采用半径为 20cm 的圆形钢管和泥浆制备桶进行有效连接,钢管上设置 DN200 的蝶阀来控制开关。

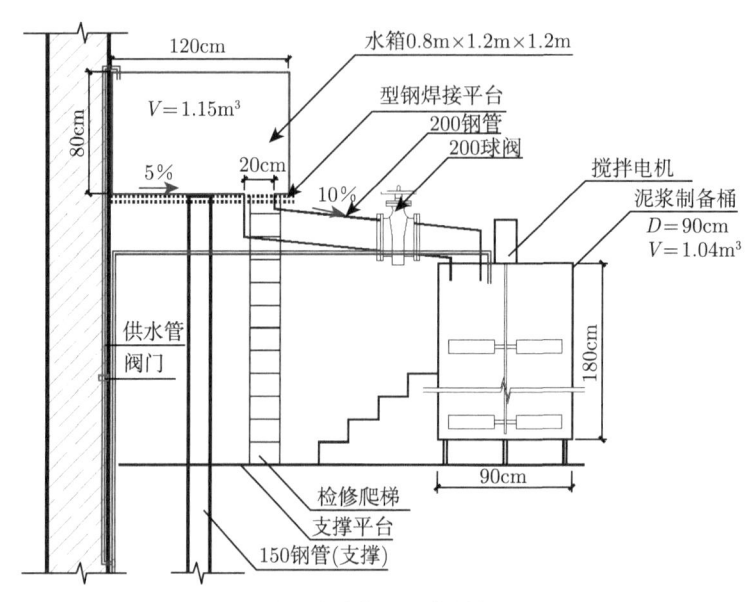

图 1.7 水源补给箱及泥浆制备箱剖面图

图 1.8 水源补给箱及泥浆制备箱现场实物图

3. 流速控制

1) 闸门出水断面面积

根据流体力学，蝶阀流量的计算公式为

$$Q = \mu \cdot A \cdot \sqrt{\frac{2\Delta P}{\rho}} \tag{1.1}$$

式中，Q 为流量，m^3/s；μ 为流量系数，是与阀门有关的形状系数，这里取 0.65；A 为流水通径的截面面积，m^2；P 为通过阀门前后的压力差，Pa；ρ 为流体介质的密度，kg/m^3。

蝶阀的开度与流量之间的关系基本上呈等百分比变化，控制流量时，流量特性与匹配管的流阻也有密切关系。本试验中流量要求较小，配管管径为 300mm，故配管流阻、安装口径影响等因素可以忽略不计。为避免筏板背面产生气蚀，蝶阀一般均在 15° 左右使用。

根据试验设定的泥石流液面高度，泥石流浆体体积为 $4 \times 10^5 cm^3$，起液面高度为 62.9cm。按试验设定，浆体在 40s 全部流完，即要求流量为 $1 \times 10^4 cm^3/s$；管道直径 300cm，在阀门完全打开时，最大流量为 $68454.99 cm^3/s$。试验设定每秒流量与最大流量比值为 0.146，根据图 1.9 阀门开度–流量关系曲线可知，阀门开度为 23°。

2) 水源箱出水流速

根据试验工况，采用工程流体力学方法，水箱液面高度为 62.9cm，且液面维持稳定，属于圆柱形外管嘴的恒定出流，其关系根据图 1.10 中断面 0-0 和 1-1 的伯努利方程如下：

$$H_0 = H + \frac{\alpha_0 v_0^2}{2g} = \frac{\alpha v^2}{2g} + h_w \tag{1.2}$$

$$h_\mathrm{w} = \zeta_\mathrm{n} \frac{\alpha v^2}{2g} \tag{1.3}$$

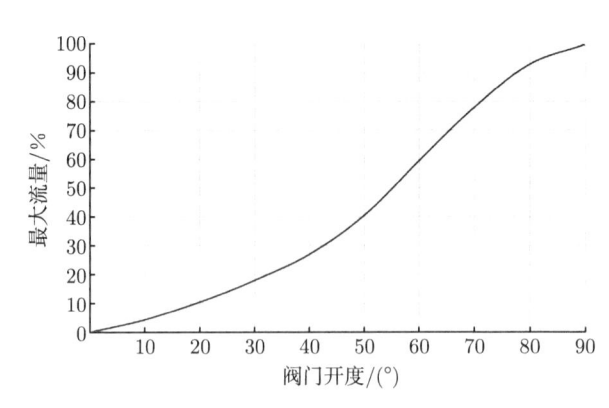

图 1.9　蝶阀阀门开度–流量关系曲线

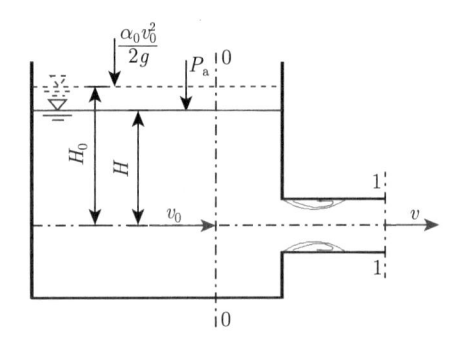

图 1.10　圆柱形外管嘴的恒定出流示意图

根据式 (1.2) 和式 (1.3)，可得到出水速度的计算公式：

$$v = \frac{1}{\sqrt{\alpha + \zeta_\mathrm{n}}} \sqrt{2gH_0} = \varphi_\mathrm{n} \sqrt{2gH_0} \tag{1.4}$$

式中，ζ_n 为管嘴阻力系数，即管道锐缘进口局部阻力系数，这里取 0.5；φ_n 为管嘴流速系数，$\varphi_\mathrm{n} = \frac{1}{\sqrt{\alpha + \zeta_\mathrm{n}}} \approx \frac{1}{\sqrt{1+0.5}} \approx 0.82$。

根据水箱高度 $H_0 = 180\mathrm{cm}$ 得，清水阀门按试验设定打开时，出水速度为 $v_A = 4.87\mathrm{m/s}$。泥石流试验时，泥浆池液面高度为 62.9cm 且阀门打开时，泥石流浆体出流速度为 $v_B = 2.88\mathrm{m/s}$。

4. 源补给

试验中,采用吊装设备(图 1.11)将高岭土和固相颗粒吊至试验平台(图 1.12)上。通过砂石料分选漏斗分别将高岭土下料至泥浆制备桶和将固相颗粒下料至固相颗粒储料漏斗中。固相颗粒储料漏斗底部设置抽板式阀门,在试验中可根据试验工况按固相比预先吊装固相颗粒,然后通过液压控制设备控制阀门的开度,实现固相颗粒与泥浆同步在出流口处的混合并出流。

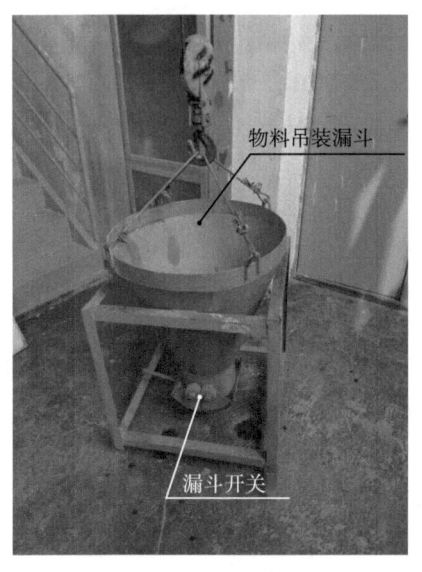

图 1.11 物源吊装漏斗

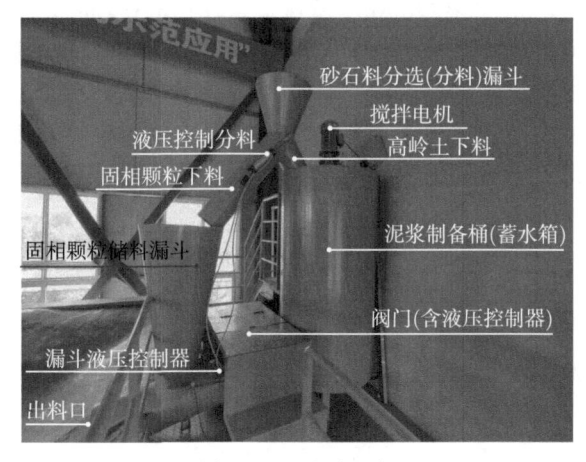

图 1.12 试验平台

5. 泥石流冲击振动特性测试系统

1) 动态信号测试系统

根据试验需要采集的动态振动数据和冲击力数据，并借鉴已有的研究成果和试验经验，通过多渠道的比较分析，最终选择江苏东华测试技术股份有限公司 DH5922D 型动态信号测试系统。该设备主要可对泥石流冲击振动加速度传感器所产生的振动加速度信号进行全面记录，而且对称重式压力传感器将泥石流冲击力传输的信号进行有效接收记录。在此基础上，由 DHDAS 信号动态采集分析系统完成相应信号的基本处理及分析操作等工作。

该试验先设定 200Hz、2000Hz、5000Hz 和 10000Hz 四种频率进行采样调试，根据模型调试情况，最后确定采样频率取 200Hz。

2) 振动加速度传感器

对于测试结构的冲击振动特性，在泥石流沟口安装固定装置，并在固定装置上安装 1A702E 型 IEPE 压电式加速度传感器，该传感器为水下单轴压电式振动加速度传感器，由江苏东华测试技术股份有限公司生产，外形尺寸 27.5mm×26.5mm×20mm，质量 85g，其轴向灵敏度 $0\sim10\text{mV}/(\text{m/s}^2)(\pm10\%)$，频率响应 $0.5\sim10000\text{Hz}$，耐压 1MPa。在振动加速度传感器进行设计的过程中，结构设计已考虑采用剪切及双层屏蔽结构，然后通过性能良好的聚氨酯防水电缆与专用的防水接口技术结合，能够更好地发挥出抗腐蚀、抗干扰和密封性好等优势特征。

3) 压力传感器

对于测试结构的冲击力特性，通过比较压膜测力传感器和称重式传感器，根据测试效果及适用性，最终选择了称重式传感器。在泥石流沟口固定装置上安装 AT8601 型柱式拉压测力传感器，该传感器由苏州欧路达自动化设备有限公司生产，外形尺寸高 22mm、直径 20mm，承压端直径 16mm，面积约 2cm^2。输出灵敏度 2.0mV/V(±10%)，量程 20~200N，温度灵敏度和零点温度漂移 0.05F.S./10℃。该传感器采用不锈钢材质制作，具有 IP66 级防水，具有抗偏载稳定性好、精度高等特点。泥石流冲击荷载的大小通过测力传感器完成相应的采集和处理，首先采用力传感器接测得泥石流的冲击荷载 (单位 N)，用采集的数据除以传感器的受压面积后即得泥石流冲击应力 (单位 Pa)。

1.1.2 试验设计

1. 泥石流浆体黏度

浆体黏度对泥石流物理及运动特性会产生重要的影响。一般情况下的黏度是指洪水流体不同层相互平移过程中物质之间引起的相应内摩擦力，通常同层间接触面积与沿厚度方向速度增量之间的比值正相关。由于黏度反映的是浆体内部摩擦作用的大小，通常来讲，黏度越大，浆体内部摩擦力越大，流动度越小。因此，

1.1 泥石流冲击模型试验

如何调节和控制泥石流浆体的黏度,对于不同状态下泥石流的冲击特性具有决定性的重要意义。泥石流体属于宾厄姆 (Bingham) 体,其黏度特征用浆体黏度表示,主要表现为刚度系数与极限剪应力两方面。泥石流浆体的冲击力、流动速度和屈服应力等特性受浆体黏度的影响很大,多数学者在进行泥石流流态与分类时,将浆体黏度作为一个尤为关键的指标类型。

为了开展不同浆体黏度的泥石流冲击特性试验,试验中设置了 0Pa·s、0.05~0.1Pa·s、0.15~0.2Pa·s、0.25~0.3Pa·s、0.35~0.4Pa·s、0.5~0.55Pa·s 六种不同浆体黏度。

2. 固相比

立足于泥石流体的基本情况展开全面分析,其中固相颗粒的占比 (固相比) 将对泥石流体浓度水平产生巨大影响,同时也将对相应的流动形态与冲击力基本特征产生重要影响。已有研究中,泥石流体浓度有两种表示方法。

1) 质量百分比

$$S_w = m_s/m \tag{1.5}$$

式中,m_s 为单位体积泥石流体中固相颗粒的质量;m 为单位体积泥石流体的总质量。

针对水石流试验,设置了 0.01、0.05、0.10、0.15、0.20、0.25 共 6 个级别的质量百分比工况。

2) 体积百分比

$$C_w = V_s/V \tag{1.6}$$

式中,V_s 为单位体积泥石流体中固相颗粒的体积;V 为单位体积泥石流体的总体积。

本书采用体积百分比方式确定固相比,即固相颗粒体积占泥石流总体积的百分比。

3. 颗粒粒径

松散的固相颗粒堆积物是泥石流的重要物质来源。泥石流固相颗粒的粒径大小也影响泥石流的运动形态与冲击力大小。泥石流对公路路基等已有建构筑物会造成很大的破坏,主要是由泥石流中含有的块径不等的固相块体冲击所致。

泥石流携带固相颗粒的能力十分强大,最大的固相颗粒粒径能达到十几米 (例如七盘沟泥石流中最大的块径约 15m,质量约 2100t),但多数是以粒径 30cm 以下的固相块体为主。例如,团队师生在对云南东川泥石流基本情况进行调查 (考察) 时,发现在大白泥沟的河床内有直径达 3m 的泥石流沉积物块石 (图 1.13)。同时,在七盘沟泥石流沟及其他的泥石流沟中也发现有块径不等的固相颗粒。

图 1.13 东川泥石流大白泥沟内固相块体

为考虑不同固相颗粒粒径和不同级配对泥石流冲击特性的影响，本试验中将石子筛分为 0~5mm、5~10mm、10~15mm、15~20mm、20~25mm 五组，并将不同粒径的颗粒按不同级配进行组合，配制 A~E 共五组颗粒级配固相组成工况。级配碎石组成以及不均匀系数 C_u、曲率系数 C_c 如表 1.1 所示，级配曲线如图 1.14 所示。

表 1.1 水石流颗粒级配基本数据

级配分组	⩽5mm	⩽10mm	⩽15mm	⩽20mm	⩽25mm	不均匀系数 C_u	曲率系数 C_c
级配 1	80	90	95	98	100	5.61	1.40
级配 2	30	70	90	96	100	5.25	1.82
级配 3	10	30	70	90	100	2.71	1.48
级配 4	4	12	30	70	100	2.05	1.33
级配 5	1	3	7	20	100	1.38	1.14

小于各粒径颗粒累计百分比/%

4. 试验工况

根据前述分析，泥石流冲击特性的影响因素主要是浆体和固相颗粒，本试验针对这两个主要因素，固定流量(流速变化小)，考虑浆体黏度、固相颗粒级配及固相比相互组合情况下的泥石流的冲击振动特性。

试验共设置了 0Pa·s、0.05~0.10Pa·s、0.15~0.20Pa·s、0.25~0.30Pa·s、0.35~0.40Pa·s、0.50~0.55Pa·s 六种浆体黏度，编号为 C_n，其中 n 分别对应为 0、1、2、3、4、5。

1.1 泥石流冲击模型试验

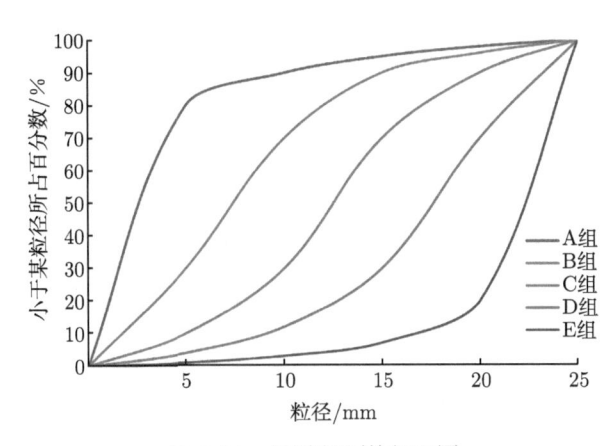

图 1.14 试验组颗粒级配图

试验共设置了如图 1.14 所示的 A、B、C、D、E 五种级配，编号分别对应为 1、2、3、4、5。

针对泥石流试验，共设置了 0、0.05、0.1 和 0.2 四组固相比工况，编号分别对应为 1、2、3、4。针对水石流试验，本试验设置了 0.01、0.05、0.10、0.15、0.20、0.25 共 6 个级别的质量百分比工况，编号分别对应为 1、2、3、4、5、6。

因此，将上述变量进行组合，可得水石流工况编号有 C_{000}，C_{011}，C_{012}，$\cdots$，C_{055}，C_{056}，共计 31 种工况，其中 C_{000} 表示清水工况；C_{011} 表示浆体黏度为 0，级配为第 1 组 (A 组) 级配，质量百分比为 0.01。水石流试验工况具体组合见表 1.2。

表 1.2 水石流试验工况编号

级配	质量百分比					
	0.01	0.05	0.1	0.15	0.2	0.25
级配 1	C_{011}	C_{012}	C_{013}	C_{014}	C_{015}	C_{016}
级配 2	C_{021}	C_{022}	C_{023}	C_{024}	C_{025}	C_{026}
级配 3	C_{031}	C_{032}	C_{033}	C_{034}	C_{035}	C_{036}
级配 4	C_{041}	C_{042}	C_{043}	C_{044}	C_{045}	C_{046}
级配 5	C_{051}	C_{052}	C_{053}	C_{054}	C_{055}	C_{056}

泥石流的试验工况组合为 C_{110}，C_{111}，C_{012}，$\cdots$，C_{543}，C_{553}，共计 80 种工况，其中 C_{110} 表示浆体黏度为 0.05~0.10Pa·s，级配为第 1 组级配，且固相比为 0 的工况；C_{111} 表示浆浆体黏度为 0.05~0.10Pa·s，级配为第 1 组级配，且固相比为 0.05 的工况。泥石流试验工况具体组合详见表 1.3~表 1.7。

表 1.3　浆体黏度 0.05～0.10Pa·s 的试验工况编号

固相比	级配				
	级配 1	级配 2	级配 3	级配 4	级配 5
0/0	C_{110}	—	—	—	—
0.05/1	C_{111}	C_{121}	C_{131}	C_{141}	C_{151}
0.1/2	C_{112}	C_{122}	C_{132}	C_{142}	C_{152}
0.2/3	C_{113}	C_{123}	C_{133}	C_{143}	C_{153}

表 1.4　浆体黏度 0.15～0.20Pa·s 的试验工况编号

固相比	级配				
	级配 1	级配 2	级配 3	级配 4	级配 5
0/0	C_{210}	—	—	—	—
0.05/1	C_{211}	C_{221}	C_{231}	C_{241}	C_{251}
0.1/2	C_{212}	C_{222}	C_{232}	C_{242}	C_{252}
0.2/3	C_{213}	C_{223}	C_{233}	C_{243}	C_{253}

表 1.5　浆体黏度 0.25～0.30Pa·s 的试验工况编号

固相比	级配				
	级配 1	级配 2	级配 3	级配 4	级配 5
0/0	C_{310}	—	—	—	—
0.05/1	C_{311}	C_{321}	C_{331}	C_{341}	C_{351}
0.1/2	C_{312}	C_{322}	C_{332}	C_{342}	C_{352}
0.2/3	C_{313}	C_{323}	C_{333}	C_{343}	C_{353}

表 1.6　浆体黏度 0.35～0.40Pa·s 的试验工况编号

固相比	级配				
	级配 1	级配 2	级配 3	级配 4	级配 5
0/0	C_{410}	—	—	—	—
0.05/1	C_{411}	C_{421}	C_{431}	C_{441}	C_{451}
0.1/2	C_{412}	C_{422}	C_{432}	C_{442}	C_{452}
0.2/3	C_{413}	C_{423}	C_{433}	C_{443}	C_{453}

表 1.7　浆体黏度 0.50～0.55Pa·s 的试验工况编号

固相比	级配				
	级配 1	级配 2	级配 3	级配 4	级配 5
0/0	C_{510}	—	—	—	—
0.05/1	C_{511}	C_{521}	C_{531}	C_{541}	C_{551}
0.1/2	C_{512}	C_{522}	C_{532}	C_{542}	C_{552}
0.2/3	C_{513}	C_{523}	C_{533}	C_{543}	C_{553}

1.1.3　试验过程

(1) 关闭模型所有阀门。用卷尺预先在搅拌桶内标定好刻度，根据试验工况设定，在泥浆搅拌池中放入拟定的清水，同时将水源补给箱中的水蓄满。

1.1 泥石流冲击模型试验

(2) 按试验设定的对应工况,将制备好的级配固相颗粒添加至固相颗粒储备漏斗中备用。同时打开泥浆搅拌池的搅拌机,并往搅拌池里添加指定量的高岭土。泥浆搅拌均匀后关闭搅拌机,并在泥浆池中覆盖塑料膜和土工布。

(3) 在泥石流淤埋区架设好高速摄像机,用以记录泥石流运动过程。预先设定好软件参数数据,打开 DHDAS 软件系统并归零。参数检查完毕后,打开软件和摄像机开始记录。

(4) 按之前调试好的阀门开度,打开泥浆制备池阀门、固相颗粒储料漏斗阀门及水源补给箱阀门,开始泥石流冲击试验。

(5) 在泥石流冲击试验过程中,在传感器测试点下游用量筒接 3 组流动状态下的泥石流体,称量记录泥石流浆体容重。

泥石流冲击试验过程如图 1.15 和图 1.16 所示。

图 1.15 泥石流冲击模型试验

图 1.16 泥石流冲积物

1.1.4 数据处理方法

由于原始试验数据不可避免地包含了信号噪声,必须对试验数据进行消噪处理,据此进行试验结果分析。陈洪凯等探讨了采用小波理论进行冲击信号消噪问题,其主要步骤如下所述。

假设有限长度的信号可以用高斯叠加，那么白噪声可以表示为

$$s(i) = f(i) + \sigma e(i), \quad i = 0, 1, \cdots, n-1 \tag{1.7}$$

式中，$f(i)$ 代表真实信号；$e(i)$ 代表标准的高斯白噪声；σ 代表噪声水平；n 代表试验数据的数量。

(1) 选择小波函数 $\psi(t)$ 和小波分解数 J，对噪声信号 $s(i)$ 进行小波分解，直至 J 层。利用式 (1.7) 计算相应的信号近似因子 $c_{j,k}$ 和小波噪声系数 $d_{j,k}$，$j = 1, 2, \cdots, J$。

(2) 采用下面两种方法估算小波噪声系数阈值 $d_{j,k}$。

方法 1：硬阈值法。

$$\tilde{d}_{j,k} = \begin{cases} d_{j,k}, & |d_{j,k}| > T \\ 0, & |d_{j,k}| \leqslant T \end{cases} \tag{1.8}$$

式中，$\tilde{d}_{j,k}$ 为每一层的噪声小波系数；T 是与信号噪声方差相关的阈值。

方法 2：软阈值法。

$$\tilde{d}_{j,k} = \begin{cases} \text{sign}(d_{j,k})(|d_{j,k}| - T), & |d_{j,k}| > T \\ 0, & |d_{j,k}| \leqslant T \end{cases} \tag{1.9}$$

(3) 计算参数 T：

$$T_j = \sigma_j \sqrt{2\ln(n_j)} \tag{1.10}$$

式中，σ_j 是第 j 分解层的系数 $d_{j,k}$；n_j 是第 j 分解层系数 $d_{j,k}$ 的数量。

(4) 采用第 j 分解层中的 $c_{j,k}$ 和 $\tilde{d}_{j,k}$ 进行信号重构，得到与真实信号 $f(i)$ 无限逼近的 $\tilde{f}(i)$。

(5) 选用 Db5 小波函数 $\psi(t)$，采用消噪效果更好的软阈值法，对原始试验数据进行处理，得到每个试验工况的泥石流冲击振动加速度。

1.1.5 试验结果分析

1. 冲击信号幅值变化

1) 清水洪水冲击加速度

为了比较分析固相颗粒质量百分比及颗粒级配对水石流冲击特性的影响，先做清水冲击试验，冲击时程曲线如图 1.17 所示。可见，清水冲击产生的振动加速度有一个明显的加速 (曲线凸起) 和减速 (曲线凹陷) 过程，即清水流冲击振动加

1.1 泥石流冲击模型试验

速度在第 2.04~3.76s 内为明显增大的过程,在第 3.76s 时达到峰值 7.92m/s²;在第 3.76~6.27s,加速度正向逐渐减小,在第 6.27s 附近振动加速度减小到 0m/s²,此时振动速度达到最大值;在第 6.27~18.95s,加速度为负值,在第 10.50s 时达到最小值 −4.58m/s²。从冲击振动加速度时程曲线可知,振动加速度间接表征冲击力大小。

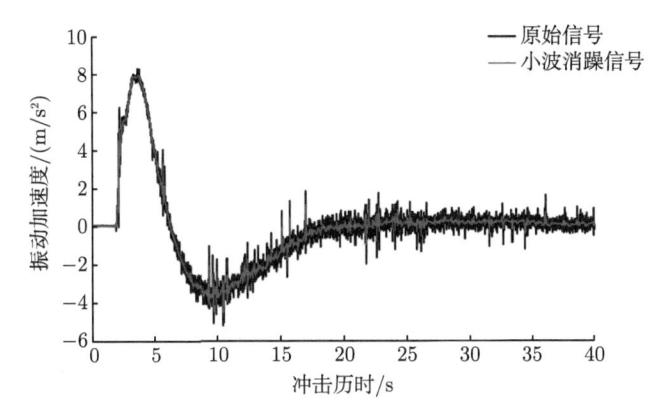

图 1.17 清水流 (工况 C_{000}) 冲击振动加速度时程曲线

当采用高岭土配制的洪水流体冲击传感器固定结构时,其冲击振动加速度时程曲线如图 1.18 所示。在试验工况下,高岭土配制的洪水与清水流冲击产生的振动趋势基本一致,冲击振动信号出现持续时间约 7s(第 1~8s) 的明显波包。

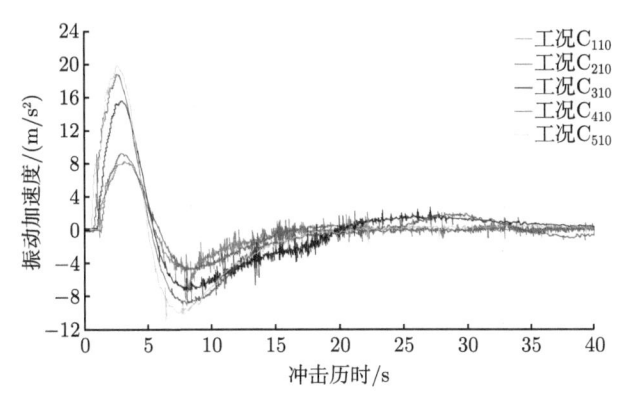

图 1.18 洪水冲击振动加速度时程曲线

随着浆体黏度的增加,产生的冲击振动加速度幅值呈反 S 形变化 (图 1.19)。从图可知,清水冲击振动加速度幅值为 7.92m/s²,浆体黏度为 0.05~0.10Pa·s、0.15~0.20Pa·s、0.25~0.30Pa·s、0.35~0.40Pa·s、0.5~0.55Pa·s 时产生的振动加速

度幅值分别为 $8.35\mathrm{m/s^2}$、$9.27\mathrm{m/s^2}$、$15.61\mathrm{m/s^2}$、$18.79\mathrm{m/s^2}$ 和 $19.90\mathrm{m/s^2}$。从冲击动能角度，当浆体黏度小于 $0.18\mathrm{Pa\cdot s}$ 时，浆体黏度对冲击速度的影响较小；浆体黏度超过 $0.5\mathrm{Pa\cdot s}$ 后，浆体黏度增大，导致泥石流流速降低，冲击能量增加不明显，具有两端平缓、中间变化较大的趋势，则泥石流冲击振动加速度峰值与浆体黏度的关系可用逻辑斯谛 (logistic) 函数进行拟合，拟合公式为

$$y = A_2 + \frac{A_1 - A_2}{1 + \left(\frac{x}{x_0}\right)^p} = 20.38 + \frac{8.12 - 20.38}{1 + \left(\frac{x}{0.26}\right)^{4.73}} = 20.38 - \frac{12.26}{1 + \left(\frac{x}{0.26}\right)^{4.73}} \quad (1.11)$$

式中，x 为浆体黏度，$\mathrm{Pa\cdot s}$；y 为振动加速度，$\mathrm{m/s^2}$。

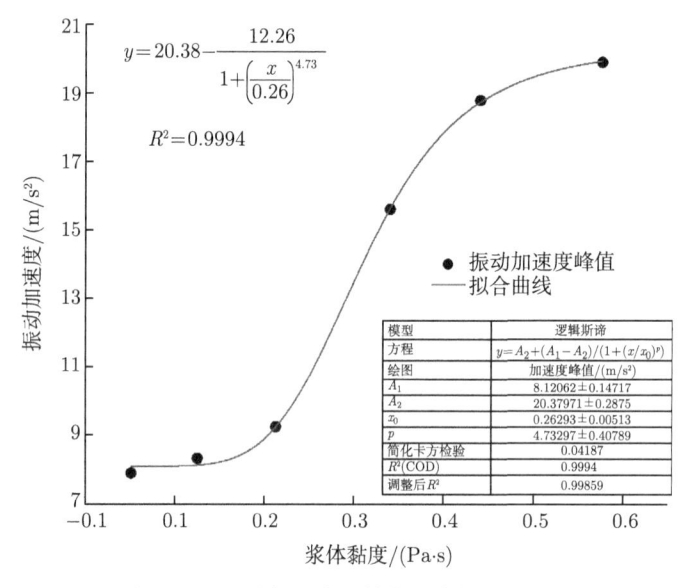

图 1.19 振动加速度与浆体黏度的关系曲线

洪水中浆体黏度随高岭土掺入量的增加而增大，浆体黏度对冲击振动加速度有增大作用。根据牛顿第二定律，力和加速度成正相关，因此在工程实际中可用加速度的峰值表示冲击力大小，即冲击力也会随浆体黏度的增加而增大。

2) 水石流冲击振动加速度

A. 固相质量百分比对冲击特性的影响

固相质量百分比及固相颗粒粒径对水石流冲击作用影响较大。按拟定工况进行冲击试验，比较分析固相颗粒质量百分比及固相颗粒级配对水石流冲击特性的影响，例如 $\mathrm{C_{011}}$ 工况截取后的冲击振动加速度时程曲线见图 1.20。可见，当固相

1.1 泥石流冲击模型试验

的质量百分比及固相颗粒粒径较小时,由于水流对固相颗粒的拖拽作用,固相颗粒间相互碰撞的概率及撞击作用小,对流体形态改变作用小。在该条件下,其冲击特性与洪水的冲击特性相似,但是脉动作用更明显。与洪水条件的冲击振动加速度相比,固相颗粒会引起冲击振动加速度幅值的增大、脉动性的增强和多峰的现象。对比清水流工况与 C_{011} 工况,振动加速度幅值由 $7.92m/s^2$ 增加到 $46.25m/s^2$,增幅约 5 倍,表明固相颗粒含量对水石流冲击作用影响较大。

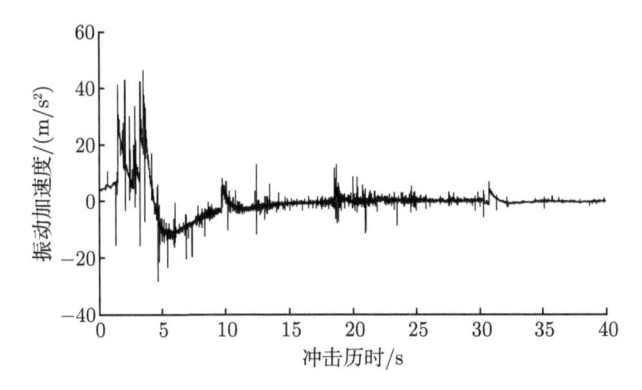

图 1.20 C_{011} 工况冲击振动加速度时程曲线

随着质量百分比的增加,各工况水石流冲击振动加速度幅值存在不同程度的增加,其相关关系如图 1.21 所示。可见,水石流冲击产生的振动加速度幅值随固相颗粒质量百分比的增大而增加。在现有试验条件下,各组工况水流速度差异小,随着固相颗粒质量百分比的增大,单位面积上的冲击能量分布越大,产生的冲击作用越大,致使受冲击结构的振动变形速度越快,冲击振动加速度幅值越大。但在相同固相颗粒质量百分比的条件下,不同级配颗粒与冲击振动加速度幅值之间没有表现出特定的规律。其原因在于,水石流中固体颗粒分布随机性强,加上粒径及紊流等因素影响,单位面积上固体颗粒呈随机分布,导致在同一固相质量百分比条件下冲击振动加速度幅值存在随机性。

B. 颗粒级配对水石流脉动性的影响

对比固相颗粒体积百分比为 0.01 时各工况的冲击振动加速度时程曲线 (图 1.22),分析在同一固相颗粒体积百分比条件下固相颗粒级配对冲击振动特性的影响。可见,粗颗粒为主的 C_{041} 和 C_{051} 工况,出现冲击峰的次数分别为 5 次和 4 次;细颗粒为主的 $C_{011} \sim C_{031}$ 工况,出现冲击峰在 1~2 次。在相同固相颗粒体积百分比条件下,如果水石流是均匀流体,则单位面积上的能量分布一致。而在固相颗粒较大时,水石流的不均匀性更明显,单个粗颗粒的冲击作用相对较大,则冲击振动加速度变大、脉动性增强。冲击振动加速度幅值均随流速的减小呈减弱趋势,以大颗粒为主的试验工况,出现二次冲击峰的次数比小颗粒时要多。

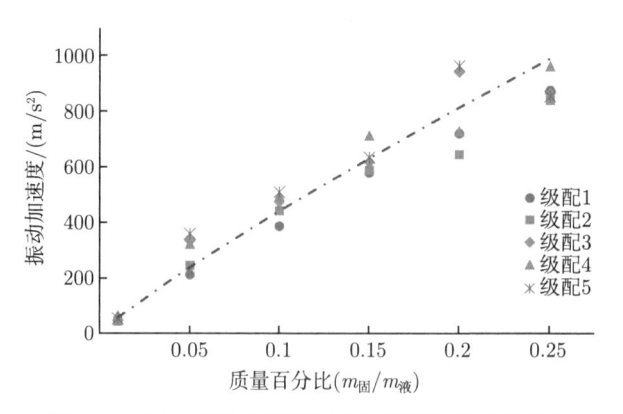

图 1.21　冲击振动加速度幅值与质量百分比的关系

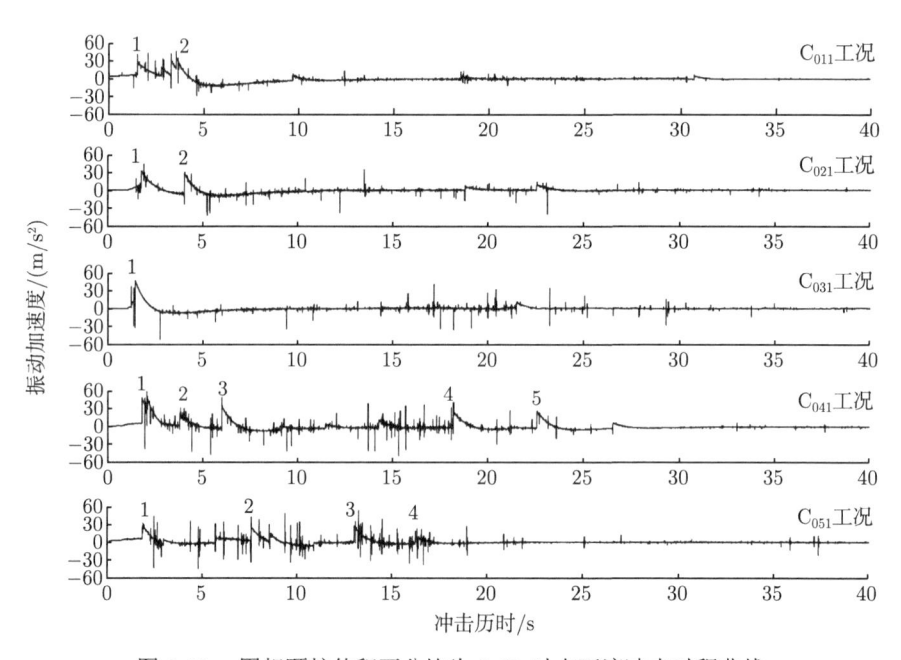

图 1.22　固相颗粒体积百分比为 0.01 时水石流冲击时程曲线

3) 泥石流冲击加速度幅值分析

A. 固相比对振动加速度的影响

固相比及固相颗粒粒径对泥石流冲击作用影响十分明显。按拟定工况进行泥石流的冲击试验，分析固相比及固相颗粒粒径对泥石流冲击特性的影响。C_{211}、C_{212} 和 C_{213} 工况冲击时程曲线分别见图 1.23~图 1.25。可见，在固相比及固相颗粒粒径较小时，泥石流浆体对固相颗粒的拖拽作用较强，固相颗粒间相互碰撞概率小，对流体形态的改变作用不明显。与洪水冲击振动加速度相比，泥石流冲

1.1 泥石流冲击模型试验

击振动加速度幅值增大、脉动性增强和出现多峰的现象。浆体黏度为 0.15~0.20 Pa·s 的洪水流体（C_{210} 工况）与同一浆体黏度配制的 C_{211}、C_{212} 和 C_{213} 工况泥石流相比，振动加速度幅值由 9.27m/s² 分别增加到 22.70m/s²、46.19m/s² 和 62.42m/s²。

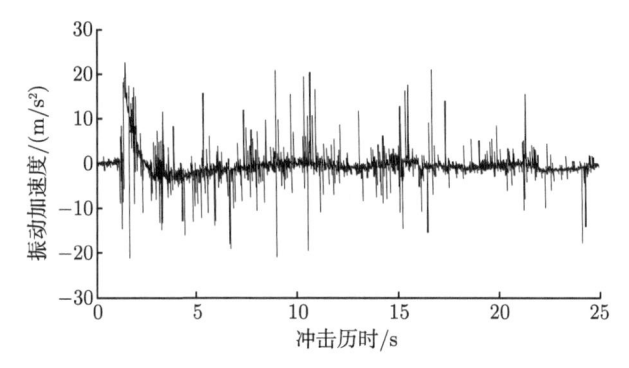

图 1.23　C_{211} 工况泥石流冲击时程曲线

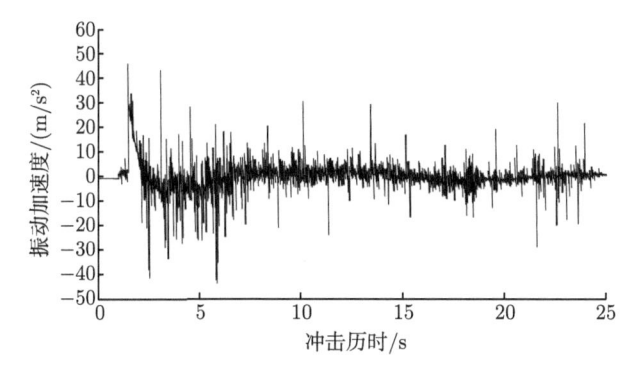

图 1.24　C_{212} 工况泥石流冲击时程曲线

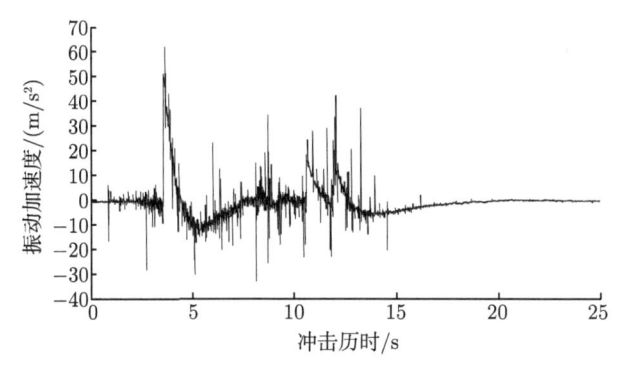

图 1.25　C_{213} 工况泥石流冲击时程曲线

随着固相比的增大，泥石流冲击振动加速度幅值存在不同程度的增加，如图 1.26~图 1.30 所示。可见，泥石流冲击振动加速度幅值随固相比的增大而增大。

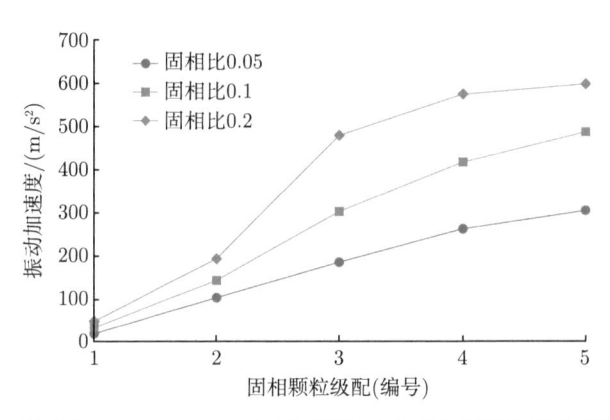

图 1.26　黏度为 0.05~0.10Pa·s 时泥石流冲击振动加速度幅值与固相比关系

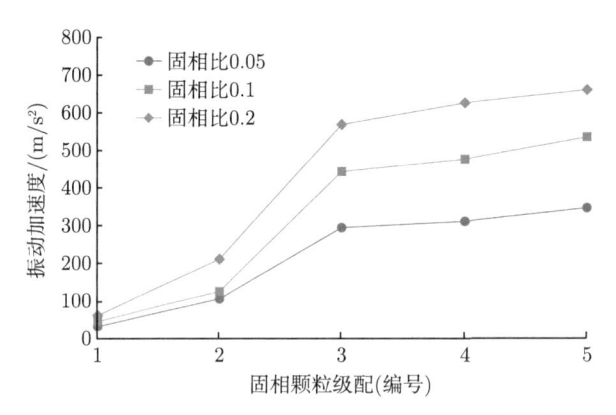

图 1.27　黏度为 0.15~0.20Pa·s 时泥石流冲击振动加速度幅值与固相比关系

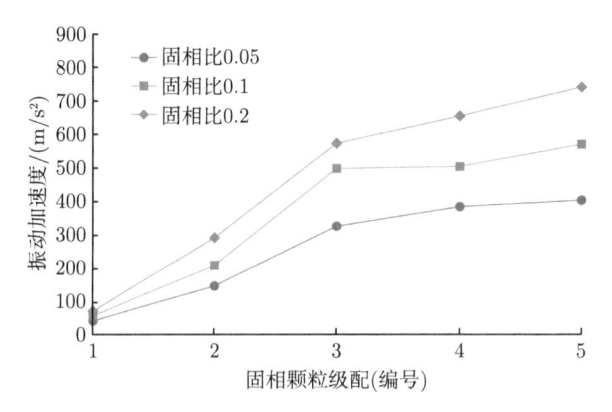

图 1.28　黏度为 0.25~0.30Pa·s 时泥石流冲击振动加速度幅值与固相比关系

1.1 泥石流冲击模型试验

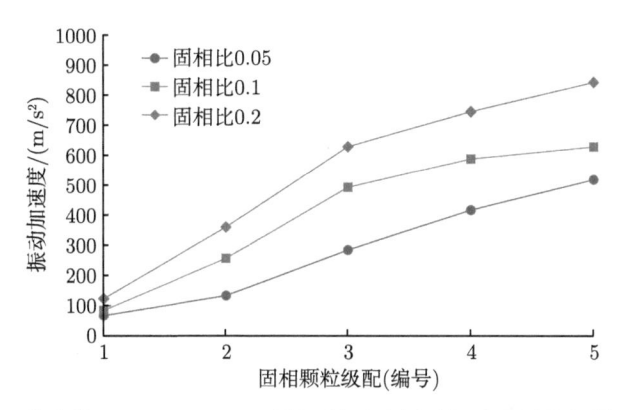

图 1.29　黏度为 0.35~0.40Pa·s 时泥石流冲击振动加速度幅值与固相比关系

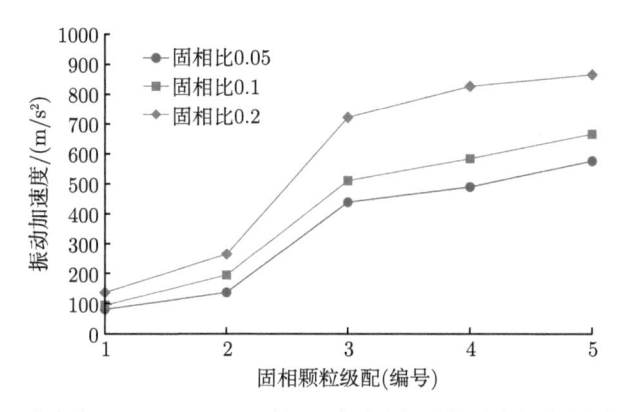

图 1.30　黏度为 0.50~0.55Pa·s 时泥石流冲击振动加速度幅值与固相比关系

但在相同固相比条件下，不同级配颗粒与冲击振动加速度幅值之间没有明显的映射关系，这可能与泥石流体中固相颗粒分布随机性较强有关，紊流作用明显，导致在同一固相比条件下冲击振动加速度幅值具有随机性。

B. 固相颗粒粒径对泥石流脉动性的影响

选取浆体黏度为 0.15~0.20 Pa·s 和固相比为 0.1 时的试验工况，将不同级配组合情况的冲击振动加速度时程曲线进行比较 (图 1.31)，分析在同一浆体黏度及固相比条件下固相颗粒粒径对冲击振动特性的影响。可见，以粗颗粒为主的 C_{242} 和 C_{252} 工况，出现冲击峰值的次数分别为 4 次和 6 次，以细颗粒为主的 C_{212} 和 C_{222} 工况，出现冲击峰值在 1~3 次。在相同固相比条件下，固相颗粒粒径较大时，泥石流体内固相颗粒分布的随机性较大，单个粗颗粒产生的冲击力相对较大，泥石流脉动性增强，大颗粒为主的试验工况，出现二次冲击峰的次数比小颗粒时增多。

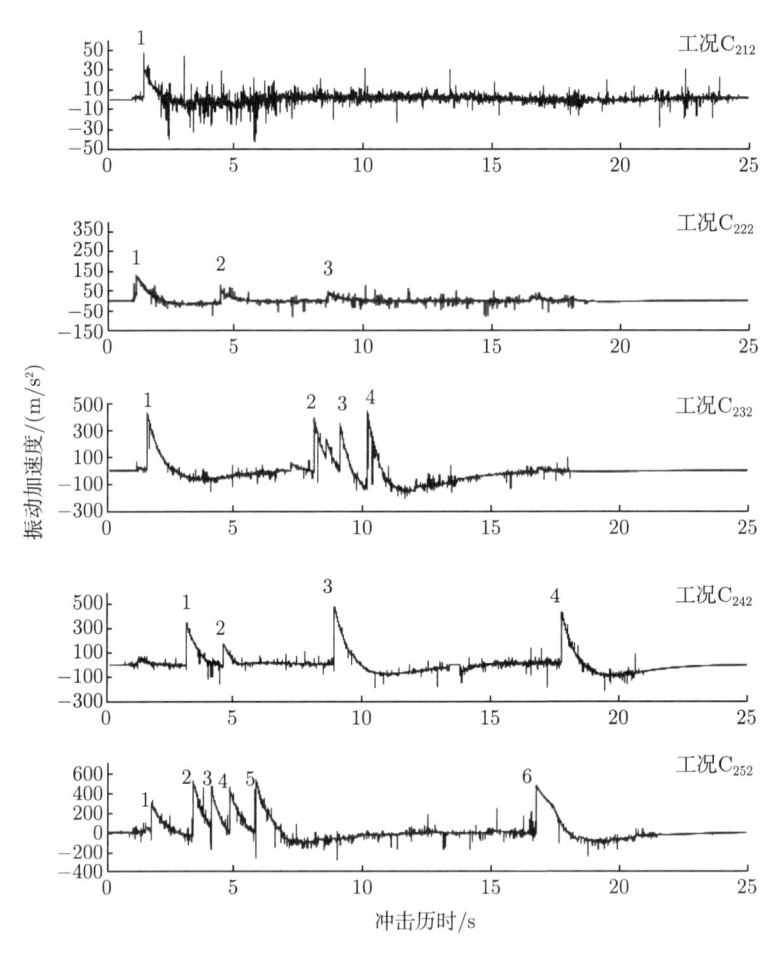

图 1.31　固相比为 0.1 时泥石流冲击时程曲线

2. 冲击信号时频特征

利用消噪处理后的泥石流冲击试验数据，进行冲击特性时频特征分析。以 C_{222} 工况为例，其冲击振动加速度时程曲线见图 1.32，小波分解后的频段图见图 1.33。可见，在泥石流冲击振动加速度信号分解后对应的细节信息中，处于 a8 频段 (0~0.3905 Hz) 内的时程曲线，与泥石流冲击振动原始加速度信号时程曲线的形状及信号分布特点都比较一致，只在低频段光滑平顺，几乎不显示原始信号的细节部分。d1~d8 频段内的时程曲线显示不同频段的泥石流冲击振动加速度信号的细节特征，但曲线的形状与原始信号曲线差别大，且各频段内信号峰值都低于 a8 频段内的信号峰值。

1.1 泥石流冲击模型试验

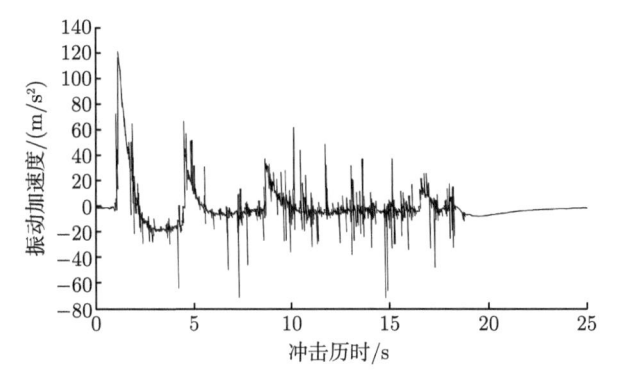

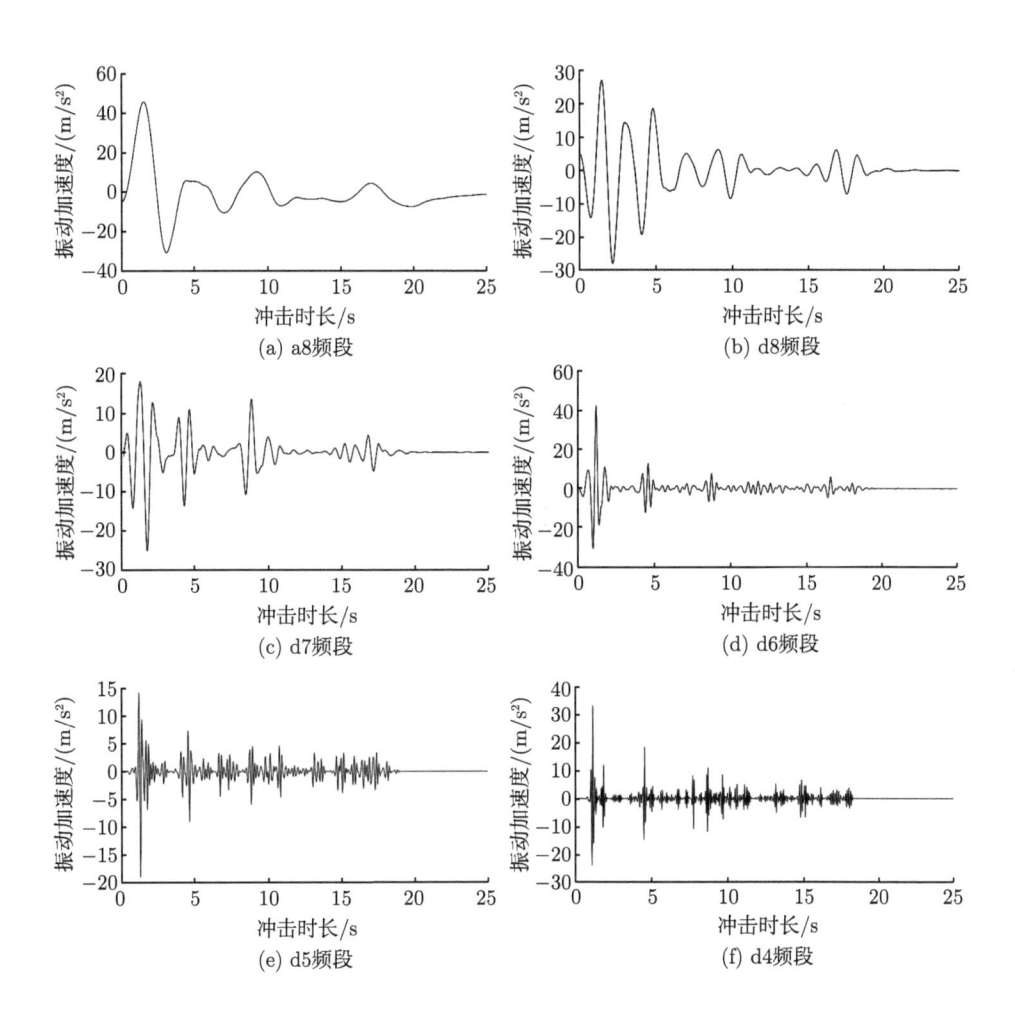

图 1.32 C$_{222}$ 工况泥石流冲击信号时程曲线

(a) a8频段

(b) d8频段

(c) d7频段

(d) d6频段

(e) d5频段

(f) d4频段

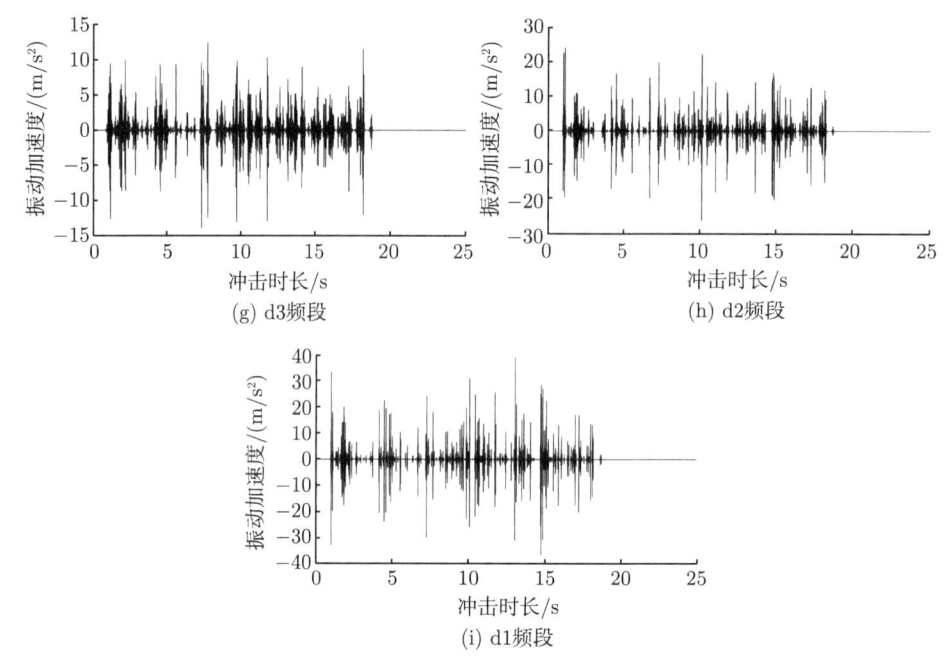

图 1.33 C$_{222}$ 工况泥石流冲击信号分解后的重构信息

这里对 a8、d1~d8 频段所表现出来的详细频率信息与基本特点展开全面探究，比较泥石流中固相颗粒对信号的影响。将 C$_{210}$ 和 C$_{222}$ 两个工况泥石流冲击振动加速度信号进行小波分解、重构并经快速傅里叶变换 (FFT) 后，得到的各频段的频谱分别如图 1.34 和图 1.35 所示。

将图 1.34 和图 1.35 的信息进行统计，可得到试验条件下 C$_{210}$ 工况洪水和 C$_{222}$ 工况泥石流的冲击振动加速度信号 9 个频段的特征信息，见表 1.8。可见，工况 C$_{222}$ 和工况 C$_{210}$ 分频段提取后的信号峰值 (8.46 m/s^2；2.65 m/s^2) 赋存于低频近似系数 a8 频段内，但是泥石流的冲击振动加速度信号的细节特征未在该频段内得到显示；当频率处于较高水平的情况下，泥石流的冲击振动加速度信号幅值也相对较小，然而其蕴含泥石流冲击的细节信息将更多。冲击振动加速度信号在低频段呈陡峭单峰，而在高频段逐渐由陡峭单峰转换至平缓单峰。频谱分解后的信号最大值位于低频近似系数 a8 频段，最大幅值由低频向高频衰减。洪水的冲击振动加速度信号峰值衰减主要在 a8~d8 频段，而泥石流的冲击振动加速度信号峰值衰减主要在 a8~d5 频段，从 a8 到 d5 衰减幅度依次为 3.80m/s^2、2.36m/s^2、0.82m/s^2、0.84m/s^2 和 0.11m/s^2。与洪水相比，泥石流冲击振动加速度信号的分布逐渐由低频向高频发展，频率主要集中在 0~6.25Hz(a8~d5)。

1.1 泥石流冲击模型试验

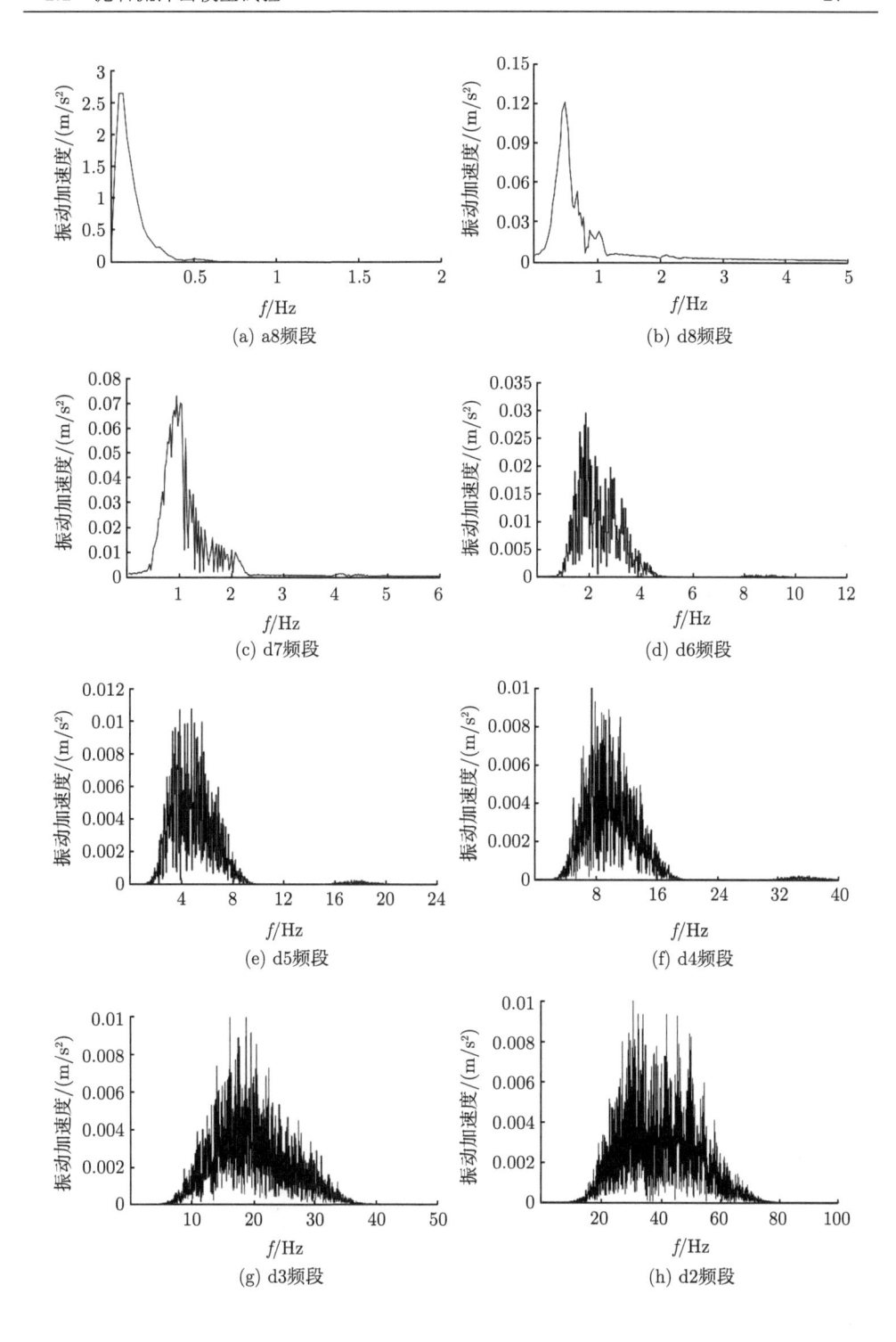

(a) a8频段

(b) d8频段

(c) d7频段

(d) d6频段

(e) d5频段

(f) d4频段

(g) d3频段

(h) d2频段

(i) d1频段

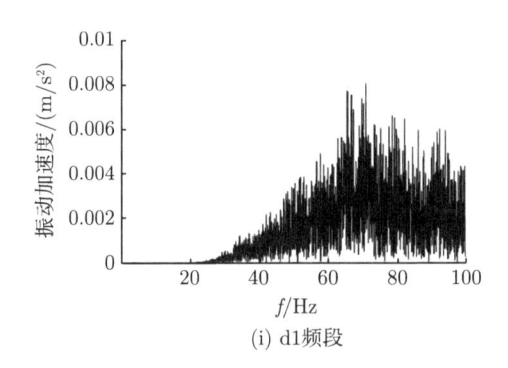

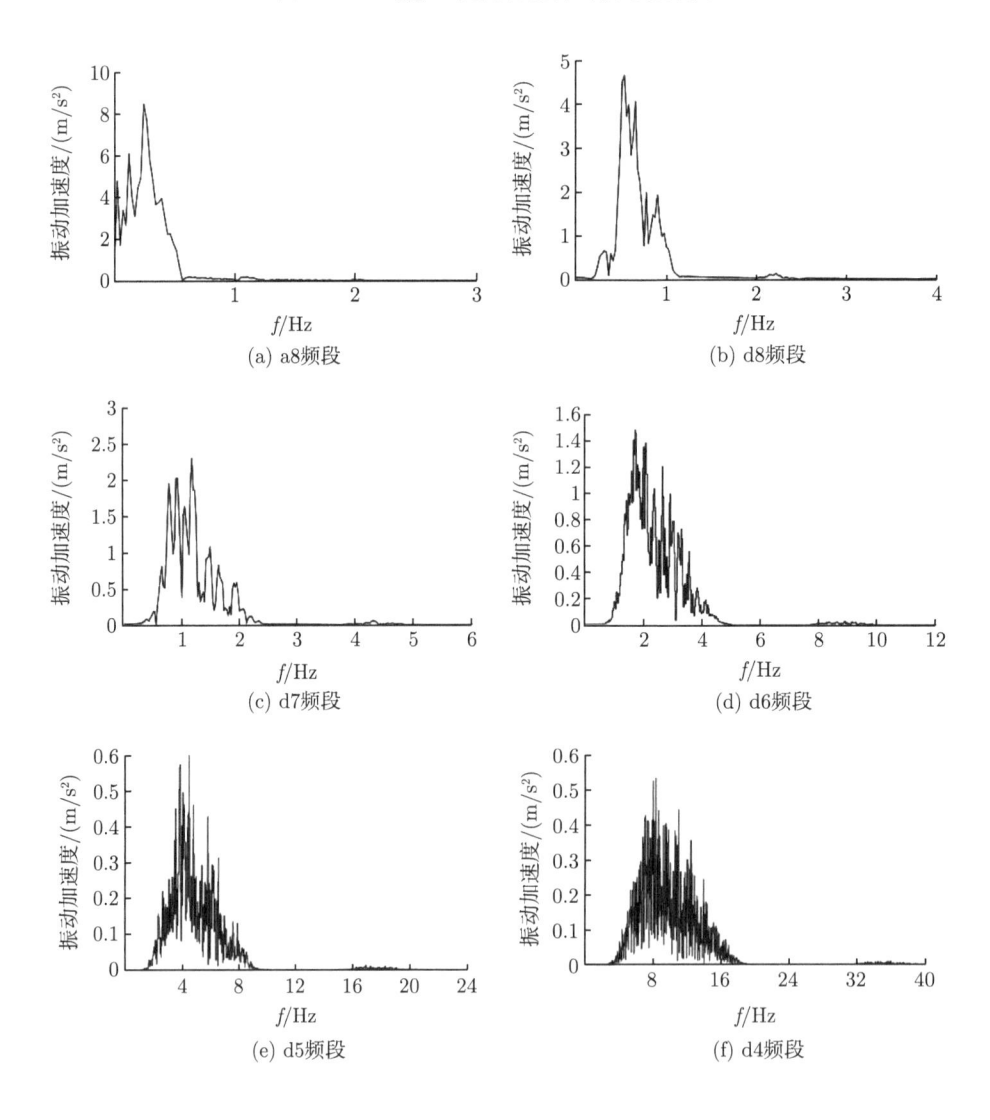

图 1.34　C_{210} 工况泥石流冲击信号频谱图

(a) a8频段

(b) d8频段

(c) d7频段

(d) d6频段

(e) d5频段

(f) d4频段

1.1 泥石流冲击模型试验

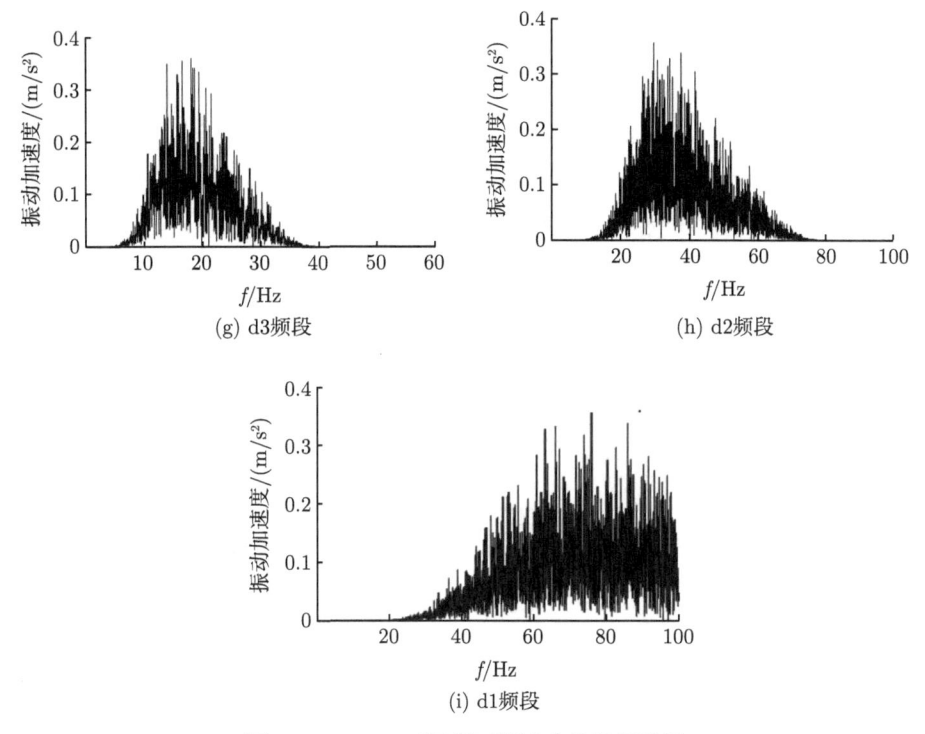

(g) d3频段

(h) d2频段

(i) d1频段

图 1.35 C_{222} 工况泥石流冲击信号频谱图

表 1.8 C_{210} 和 C_{222} 工况冲击振动加速度信号频谱特征

频段	频率/Hz	加速度信号峰值/(m/s²) C_{222} 工况	加速度信号峰值/(m/s²) C_{210} 工况	细节特征
频段 1(低频近似系数 a8)	0~0.3905	8.46	2.65	不明显
频段 2(第 8 层低频细节系数 d8)	0.3905~0.781	4.66	0.12	不明显
频段 3(第 7 层中频细节系数 d7)	0.781~1.562	2.30	0.07	稀疏
频段 4(第 6 层中频细节系数 d6)	1.562~3.125	1.48	0.03	稀疏
频段 5(第 5 层中频细节系数 d5)	3.125~6.25	0.64	0.01	较丰富
频段 6(第 4 层中频细节系数 d4)	6.25~12.5	0.53	0.01	较丰富
频段 7(第 3 层中频细节系数 d3)	12.5~25	0.36	0.01	丰富
频段 8(第 2 层中频细节系数 d2)	25~50	0.36	0.01	丰富
频段 9(第 1 层高频细节系数 d1)	50~100	0.36	0.01	丰富

3. 冲击信号能量分布

1) 水石流冲击信号能量分布

基于对振动加速度信号的分析，通过 MATLAB 编程将 31 组水石流工况的冲击振动加速度信号经过小波变换，得到对应的小波变换重构信号、频谱、频段等信息，获取对应工况的冲击振动加速度信号频谱及能量相关数据信息，见表 1.9

和图 1.36。可见，同一级配条件的泥石流，随着固体颗粒质量百分比的逐步增大，水石流冲击总能量增大、增幅明显。例如级配 3，质量百分比从 0.01 增至 0.25 时，水石流的冲击振动加速度信号总能量分别为 0.97J、129.35J、210.54J、344.57J、511.63J 和 835.52J；质量百分比从 0.05 增至 0.25 时，信号能量增幅分别为 81.19J、134.03J、167.06J、323.89J。在固体颗粒质量百分比相同时，颗粒粒径变大，冲击能量增强。例如固体颗粒质量百分比为 0.1 时，按级配 1 配制的水石流的冲击信号总能量为 125.87J，按级配 5 配制的水石流的冲击振动信号总能量为 321.56J，按级配 2、3、4 配制的水石流的冲击信号总能量分别为 151.68J、210.54J 和 315.72J。

表 1.9 水石流冲击振动加速度信号总能量

工况	信号总能量/J	工况	信号总能量/J	工况	信号总能量/J	工况	信号总能量/J	工况	信号总能量/J
C_{000}	0.24	C_{021}	0.96	C_{031}	0.97	C_{041}	2.49	C_{051}	1.23
C_{011}	1.62	C_{022}	23.06	C_{032}	129.35	C_{042}	89.38	C_{052}	85.41
C_{012}	31.42	C_{023}	151.68	C_{033}	210.54	C_{043}	315.72	C_{053}	321.56
C_{013}	125.87	C_{024}	375.89	C_{034}	344.57	C_{044}	521.62	C_{054}	836.01
C_{014}	118.28	C_{025}	509.19	C_{035}	511.63	C_{045}	633.98	C_{055}	1082.18
C_{015}	397.57	C_{026}	757.21	C_{036}	835.52	C_{046}	1407.33	C_{056}	1573.05
C_{016}	647.83								

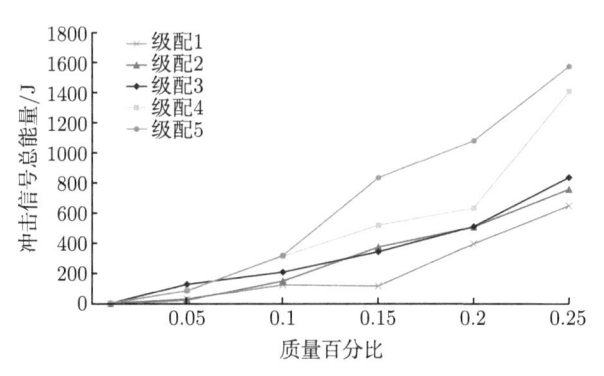

图 1.36 水石流冲击振动加速度信号总能量变化曲线

从图 1.37 可见，清水流及水石流的冲击加速度信号能量均主要集中在低频频段 (a8)。与清水流冲击特性相比，水石流的冲击信号能量分布更广泛，可分布到 d8~d5 中低频频段。

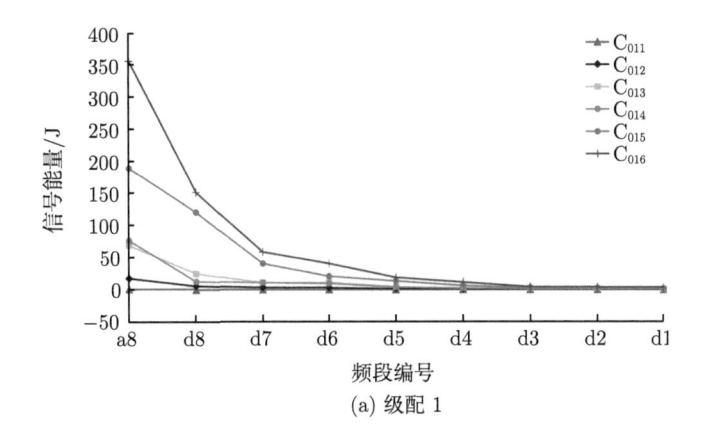

1.1 泥石流冲击模型试验

(a) 级配 1

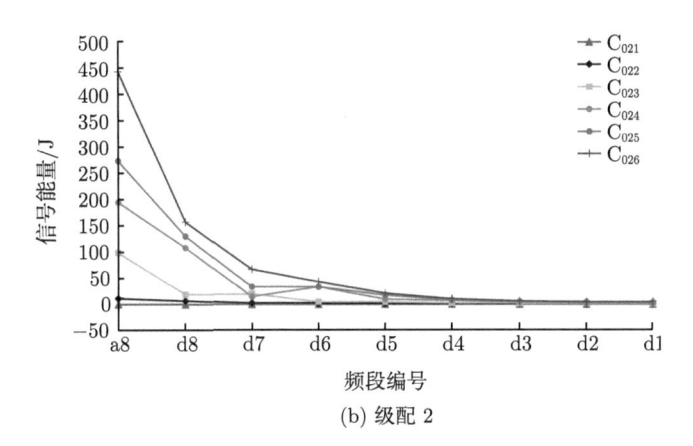

(b) 级配 2

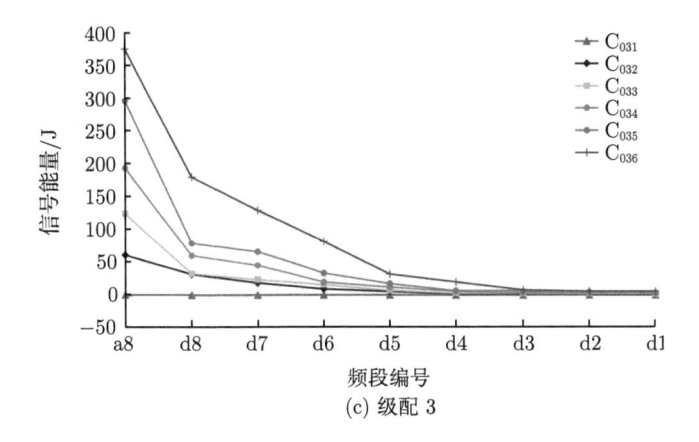

(c) 级配 3

(d) 级配 4

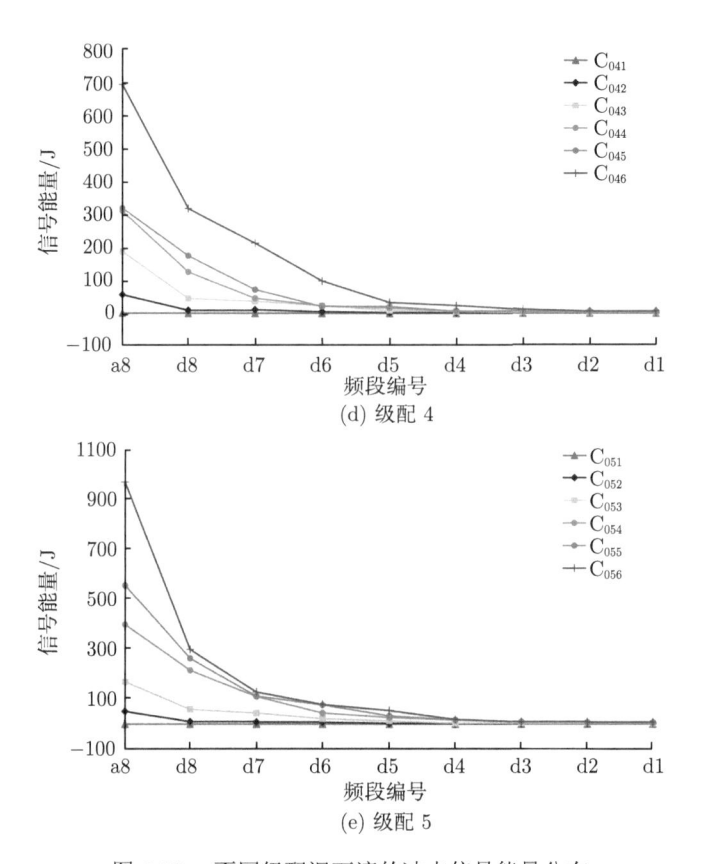

(e) 级配 5

图 1.37 不同级配泥石流的冲击信号能量分布

图 1.38 给出了各频段内冲击信号能量百分比，水石流的冲击加速度信号能量分布的总趋势为随频率增加而逐步减小，但由于水石流的脉动特性，各工况减小的趋势并不一致。例如级配 1 至级配 3 的冲击信号能量在 a8~d3 频段呈先降低后增加的趋势，而在级配 4 和级配 5 表现出先增加后降低的趋势。

水石流冲击试验 a8 和 d8 频段冲击能量占信号总能量的百分比与频段的关系见图 1.39。图中纵坐标为冲击振动加速度信号能量百分比，横坐标为各频段中最大频率的自然对数值，例如 a8 频段频率为 0~0.3905Hz，则取 0.3905 的自然对数作为横坐标。可见，水石流的冲击加速度信号能量百分比的上下限与频率之间存在较为明显的指数关系，可采用渐近线 (asymptotical) 进行拟合，拟合相关系数 (R^2) 在 0.994 附近。在试验条件下，水石流的冲击信号能量分布在拟合关系式的包络范围内。在沿河公路路基修建及灾害治理工程中，用于防治山洪灾害的排导结构设计时应考虑低频动力作用，水石流则考虑中频动力作用。

2) 泥石流冲击信号能量分布

基于对振动加速度信号的分析，通过 MATLAB 编程，将 80 组洪水和泥石

1.1 泥石流冲击模型试验

流工况的冲击振动加速度信号经过小波变换，得到对应的小波变换重构信号、频谱、频段等信息，将各组泥石流工况的冲击振动加速度信号进行频谱与能量分析，得到的各工况冲击信号总能量与各频段能量分析结果见表 1.10。当泥石流的固相比、浆体黏度、颗粒粒径增大时，泥石流冲击信号总能量逐渐增大。

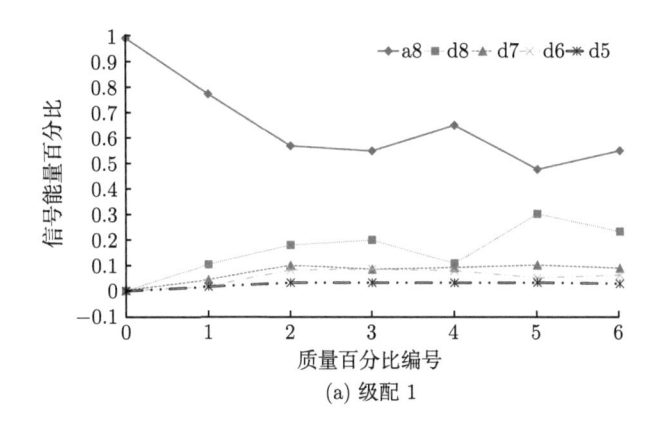

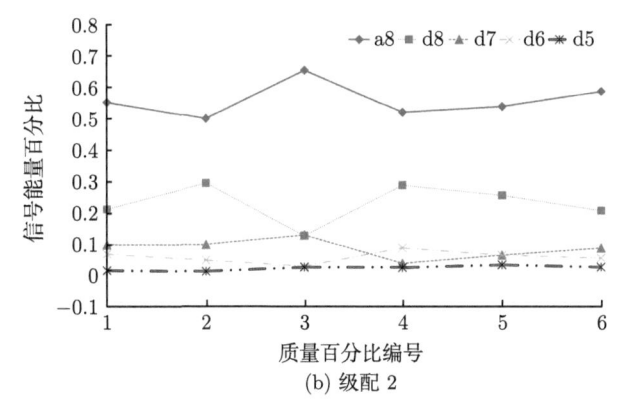

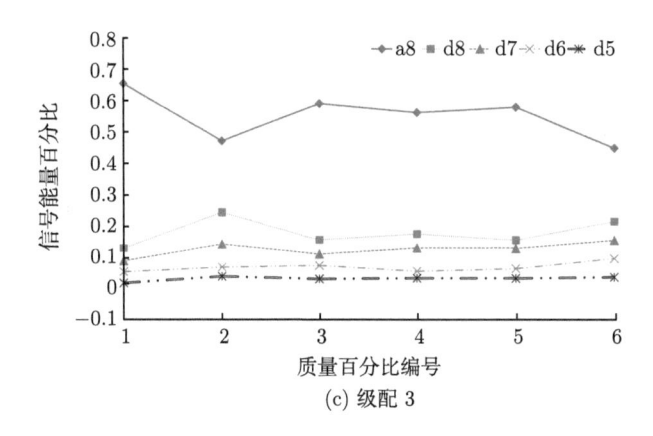

(a) 级配 1

(b) 级配 2

(c) 级配 3

(d) 级配 4

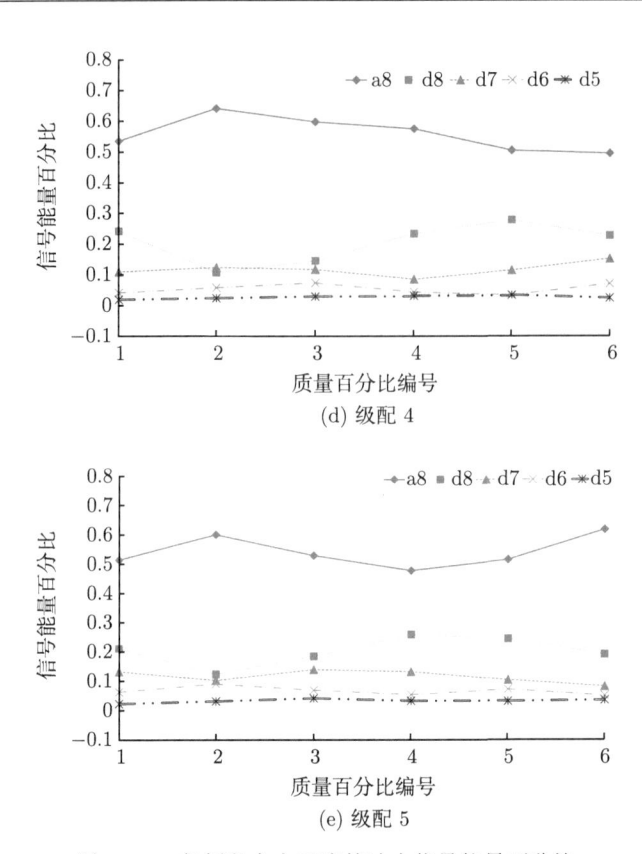

(e) 级配 5

图 1.38 各频段内水石流的冲击信号能量百分比

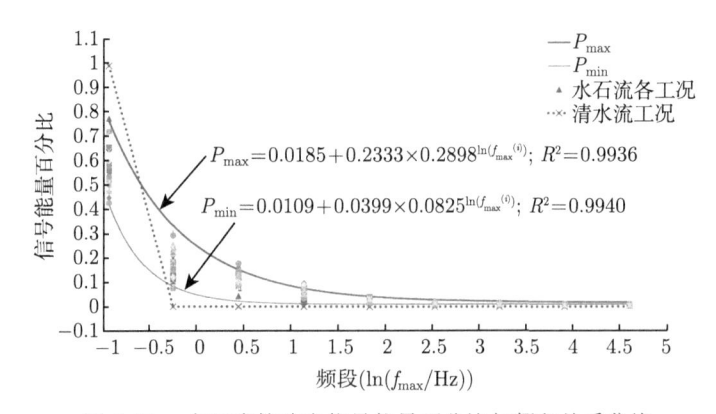

$P_{\max}=0.0185+0.2333\times 0.2898^{\ln(f_{\max}^{(i)})}$; $R^2=0.9936$

$P_{\min}=0.0109+0.0399\times 0.0825^{\ln(f_{\max}^{(i)})}$; $R^2=0.9940$

图 1.39 水石流的冲击信号能量百分比与频段关系曲线

1.1 泥石流冲击模型试验

表 1.10 泥石流冲击振动加速度信号总能量

工况	信号总能量/J	工况	信号总能量/J	工况	信号总能量/J	工况	信号总能量/J
C_{110}	0.31	C_{112}	2.11	C_{211}	0.65	C_{213}	4.18
C_{210}	0.62	C_{122}	47.65	C_{221}	13.76	C_{223}	209.51
C_{310}	1.02	C_{132}	358.75	C_{231}	40.22	C_{233}	551.41
C_{410}	1.36	C_{142}	413.11	C_{241}	154.1	C_{243}	847.7
C_{510}	1.58	C_{152}	720.52	C_{251}	223.41	C_{253}	1178.87
C_{111}	0.32	C_{113}	3.15	C_{212}	3.67	C_{311}	1.20
C_{121}	3.63	C_{123}	162.46	C_{222}	89.44	C_{321}	19.22
C_{131}	12.52	C_{133}	420.06	C_{232}	412.07	C_{331}	52.72
C_{141}	102.35	C_{143}	722.17	C_{242}	559.94	C_{341}	203.68
C_{151}	179.49	C_{153}	1157.02	C_{252}	808.84	C_{351}	392.83
工况	信号总能量/J	工况	信号总能量/J	工况	信号总能量/J	工况	信号总能量/J
C_{312}	4.46	C_{411}	1.63	C_{413}	6.71	C_{512}	7.36
C_{322}	112.45	C_{421}	23.83	C_{423}	432.67	C_{522}	179.49
C_{332}	534.22	C_{431}	72.46	C_{433}	766.23	C_{532}	661.73
C_{342}	629.17	C_{441}	323.83	C_{443}	1176.04	C_{542}	932.6
C_{352}	807.52	C_{451}	480.2	C_{453}	1481.13	C_{552}	1000.16
C_{313}	5.73	C_{412}	5.77	C_{511}	2.11	C_{513}	7.33
C_{323}	313.26	C_{422}	150.35	C_{521}	26.95	C_{523}	603.43
C_{333}	636.34	C_{432}	624.86	C_{531}	84.58	C_{533}	1077.88
C_{343}	992.02	C_{442}	847.26	C_{541}	482.05	C_{543}	1483.28
C_{353}	1392.09	C_{452}	981.05	C_{551}	533.54	C_{553}	1855.1

为了分析浆体黏度变化、固相比变化和级配编号对冲击振动加速度信号的影响，将单因素变化引起的信号能量变化绘制于图 1.40 和图 1.41。可见，从清水流开始，浆体黏度从 0.05~0.10Pa·s 增至 0.50~0.55Pa·s 时，6 组洪水冲击振动加速度信号总能量分别为 0.241J、0.315J、0.621J、1.019J、1.364J 和 1.579J。浆体黏度在小于 0.10Pa·s 时，浆体容重仍较小，对结构的冲击振动近似清水，振动加速度信号能量增幅小；黏度在 0.10~0.50Pa·s 时，冲击信号能量呈线性增长；当黏度超过 0.50Pa·s 时，因黏度增大，产生的总冲击效果不再快速增强，冲击信号能量增速减缓，甚至呈现负增长。

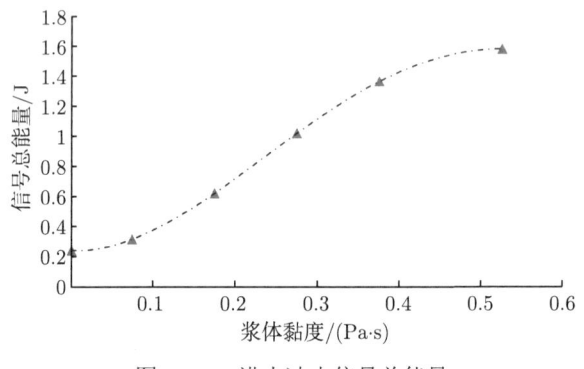

图 1.40　洪水冲击信号总能量

图 1.41 给出泥石流级配与冲击信号总能量关系曲线，在相同固相比及浆体黏度条件下，泥石流冲击振动加速度信号总能量随着固相颗粒粒径的增大而增长，但增幅规律性不明显。例如浆体黏度为 0.5~0.55Pa·s，固相比为 0.05 时，按级配 1 配制的泥石流的冲击振动加速度信号总能量为 2.11J，按级配 5 配制的泥石流的冲击振动加速度信号总能量为 533.55J，按级配 2、3、4 配制的泥石流的冲击振动加速度信号总能量分别为 26.95J、84.58J 和 482.05J，即级配 1 和级配 2 时增幅小。而同样浆体黏度均为 0.5~0.55Pa·s，固相比为 0.20 时，冲击信号总能量随颗粒粒径增大变得较为均匀，基本呈线性增长趋势。在低固相比 (如 0.05) 时，因泥石流紊流强烈，冲击信号总能量受固相颗粒粒径大小的影响大；随着固相比及浆体黏度的增大，泥石流冲击信号总能量受颗粒粒径的影响减小。

在同一级配工况下，不同浆体黏度和固相比变化与冲击振动加速度信号总能量之间的关系如图 1.42 所示。可见，冲击信号总能量随固相比和浆体黏度的增大也表现出增加的趋势。当固相比为 0.05 时，浆体黏度从 0.05~0.10Pa·s 增加到 0.50~0.55Pa·s 时，冲击信号总能量从 0.61J 增加到 1.61J，增幅 163.93%；固相比为 0.10 时，冲击信号总能量从 12.3J 增加到 15.6J，增幅 26.83%；固相比为 0.20 时，冲击信号总能量从 22.2J 增加到 27.11J，增幅 22.12%。将试验条件下获取的其他数据进行类似分析发现,在低固相比时,黏度变化对泥石流的冲击振动加速度信号总能量影响较大,且这种影响随固相比的增大而减小,原因是在低固相比条件下,泥石流中固相颗粒密度小,冲击作用以浆体为主,浆体黏度必然对冲击信号的影响更明显。

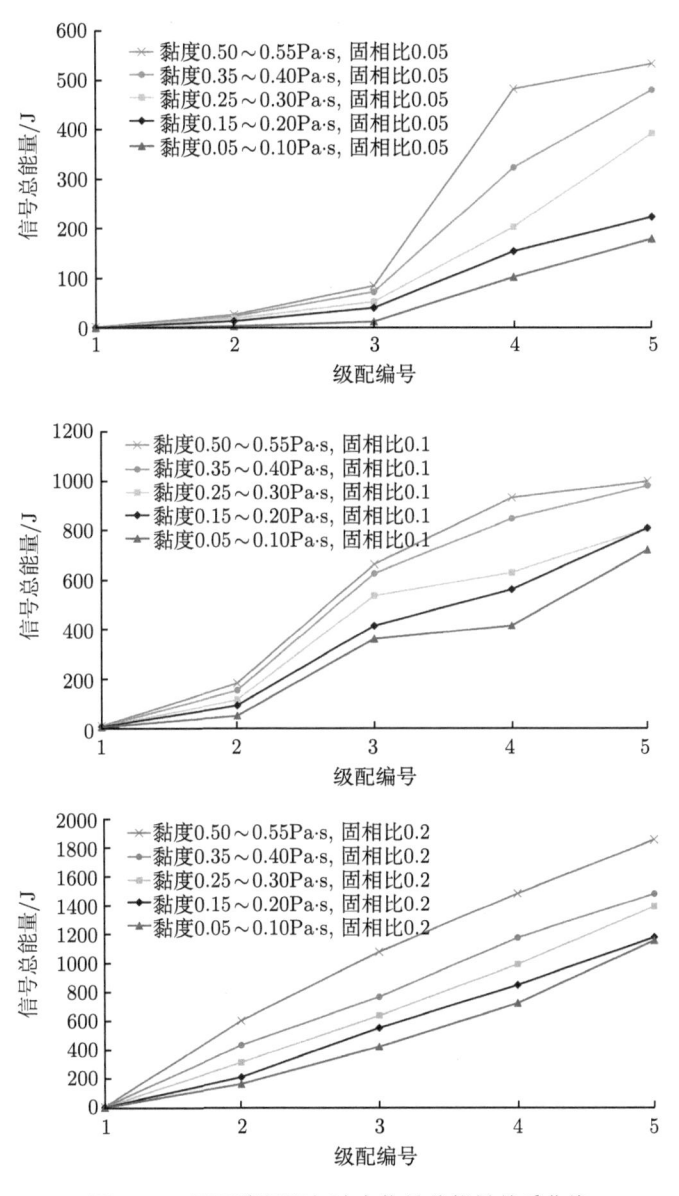

图 1.41　泥石流级配与冲击信号总能量关系曲线

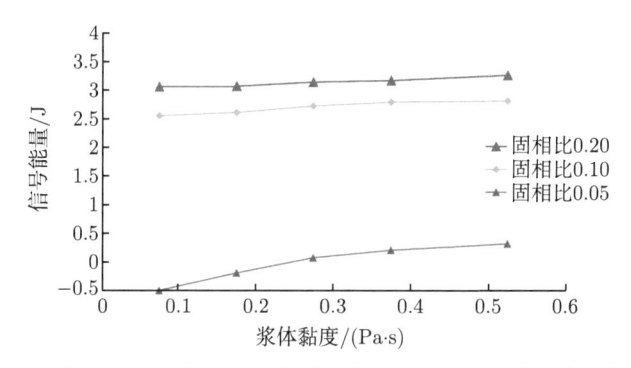

图 1.42　按级配 3 配制泥石流的冲击信号总能量随浆体黏度变化曲线

对洪水而言，冲击信号能量在频段 d8~d1 基本无差异，主要集中在低频段 (a8)，占 95％以上，如图 1.43 所示。而泥石流的冲击能量分布更为广泛，低频占 50％左右，d8~d4(中频) 占 40％左右，如图 1.44 和图 1.45 所示。

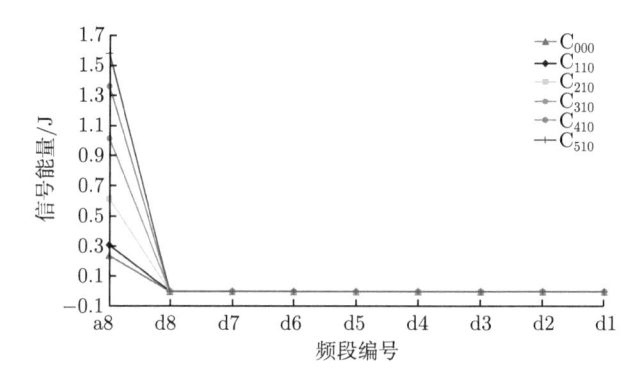

图 1.43　浆体黏度变化条件下洪水的冲击信号能量分布

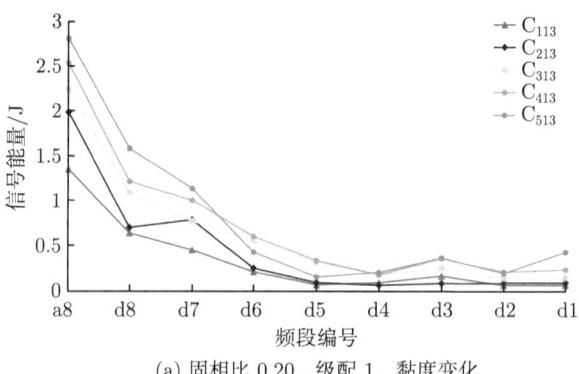

(a) 固相比 0.20，级配 1，黏度变化

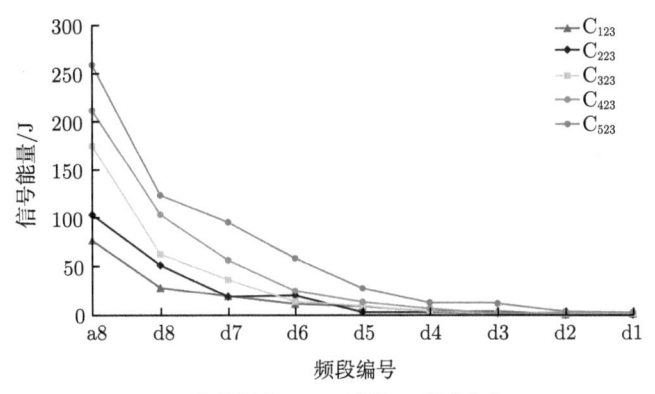

(b) 固相比 0.20，级配 2，黏度变化

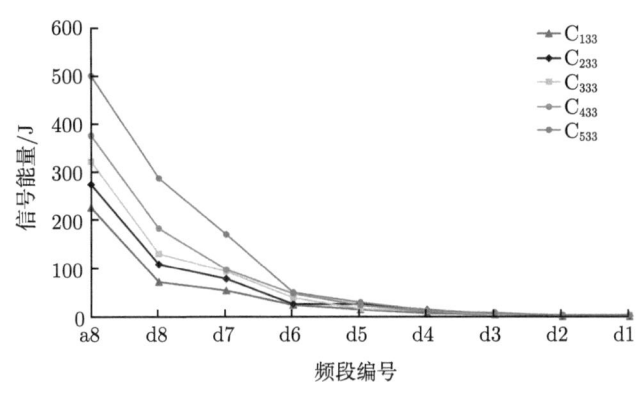

(c) 固相比 0.20，级配 3，黏度变化

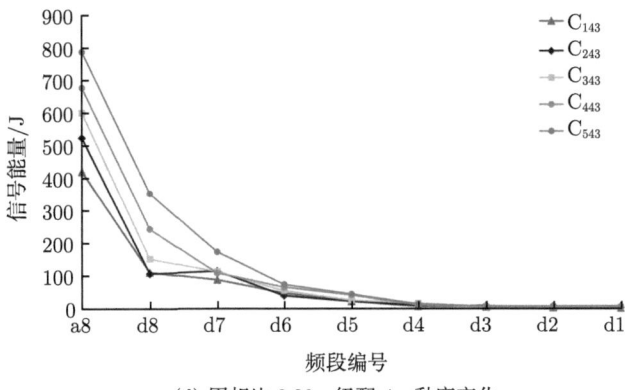

(d) 固相比 0.20，级配 4，黏度变化

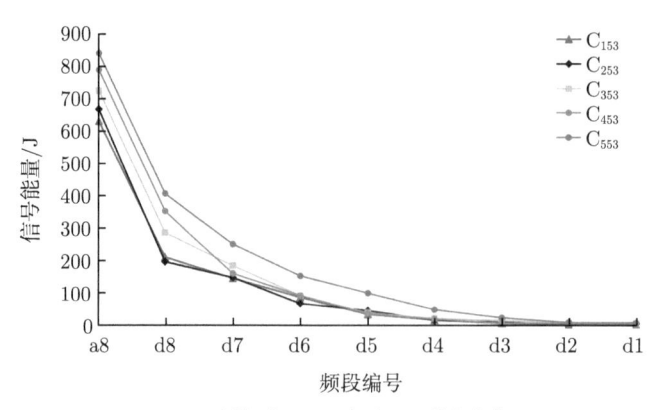

(e) 固相比 0.20，级配 5，黏度变化

图 1.44　级配变化条件下泥石流的冲击信号能量分布

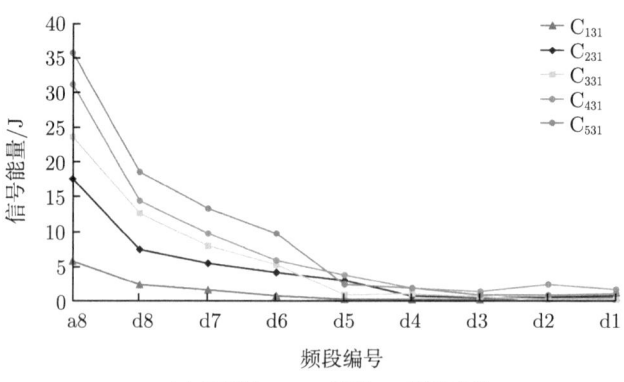

(a) 固相比 0.05，级配 3，黏度变化

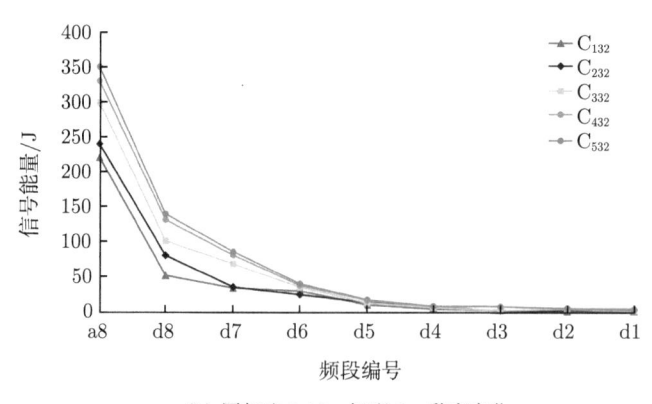

(b) 固相比 0.10，级配 3，黏度变化

1.1 泥石流冲击模型试验

(c) 固相比 0.20，级配 3，黏度变化

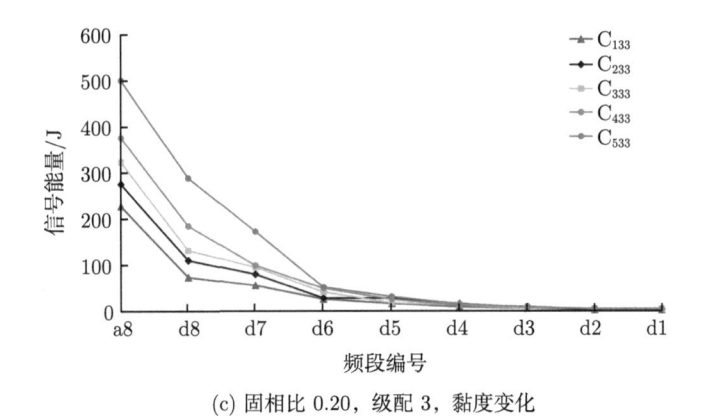

图 1.45　固相比变化条件下泥石流的冲击信号能量分布

图 1.46 给出了泥石流的颗粒级配与冲击信号能量百分比关系曲线，泥石流的冲击信号能量各频段随颗粒级配变化规律性不明显。在相同固相比 (如 0.05) 时，频段 a8、d8~d1 曲线位置依次降低，a8 频段和 d8 频段随级配变化有较明显的波

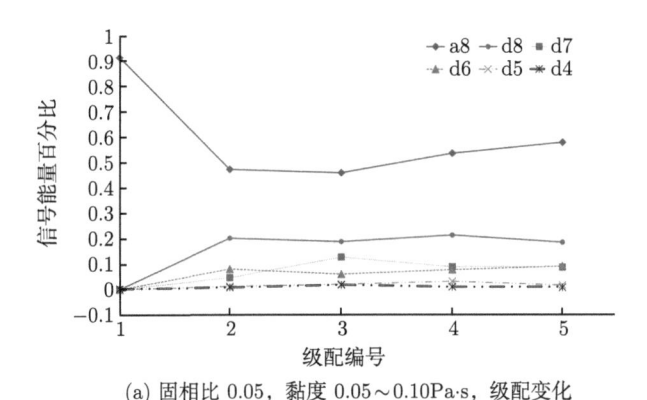

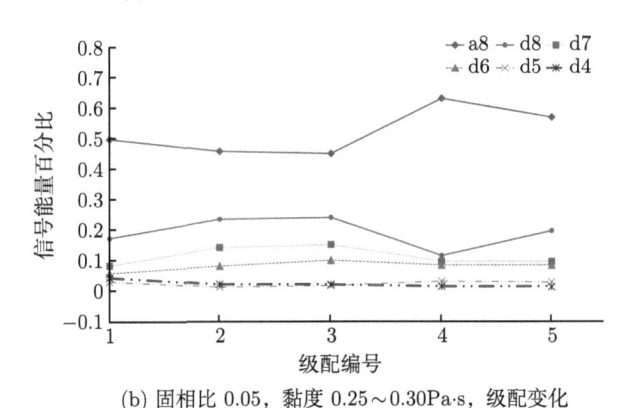

(a) 固相比 0.05，黏度 0.05~0.10Pa·s，级配变化

(b) 固相比 0.05，黏度 0.25~0.30Pa·s，级配变化

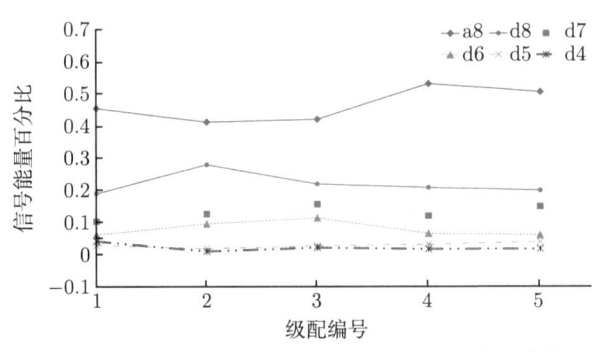

(c) 固相比 0.05，黏度 0.50~0.55Pa·s，级配变化

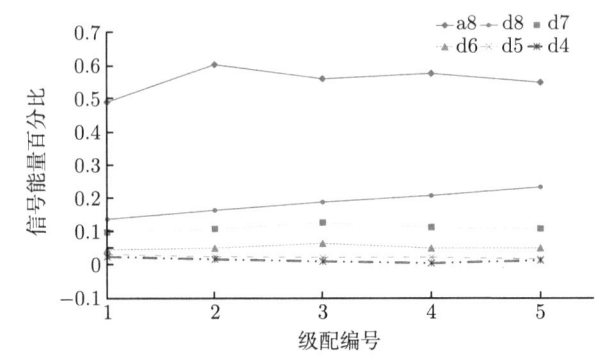

(d) 固相比 0.10，黏度 0.25~0.30Pa·s，级配变化

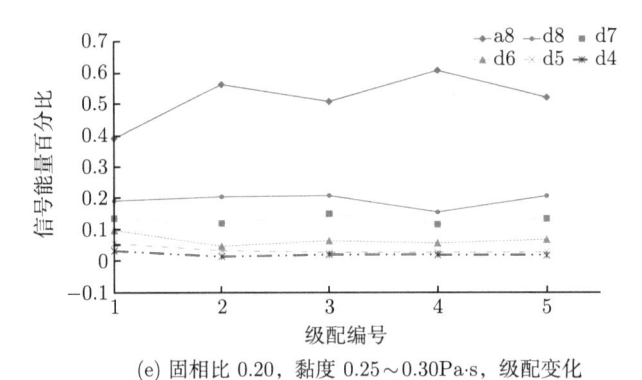

(e) 固相比 0.20，黏度 0.25~0.30Pa·s，级配变化

图 1.46　泥石流的颗粒级配与冲击信号能量百分比关系曲线

动性，级配 2(B 组) 和级配 4(D 组) 的 a8 频段曲线存在波峰、d8 呈波谷，其余频段能量分布与级配的敏感性差。

各试验工况泥石流的冲击加速度信号能量百分比见图 1.47。图中纵坐标为冲击振动加速度信号能量百分比，横坐标为各频段中最大频率的自然对数值，例如 a8 频段频率为 0~0.3905Hz，则取 0.3905 的自然对数作为横坐标。从图 1.47 分析可得，泥石流的冲击振动加速度信号能量百分比的上下限与频率之间存在较为明显的指数关系，可采用渐近线进行拟合，拟合关系式的相关系数 (R^2) 分别为 0.9922 和 0.9989。在试验条件下，泥石流的冲击信号能量百分比分布在拟合关系式的包络范围内。

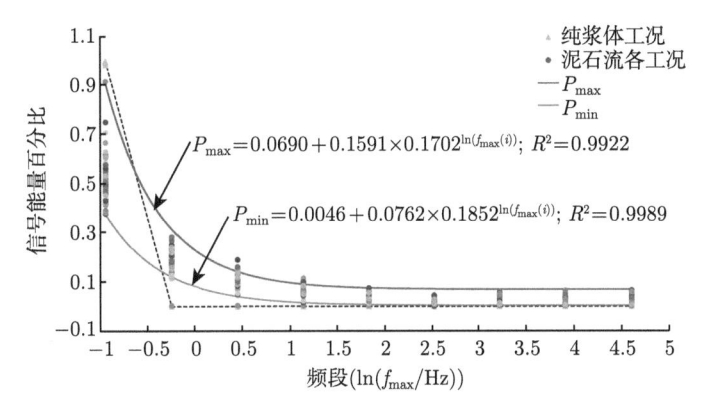

图 1.47　各试验工况泥石流的冲击加速度信号能量百分比

1.2　泥石流流速

泥石流流速是确定泥石流冲击、磨蚀荷载的重要依据，这里从泥石流流速观测、经典泥石流流速计算公式及基于固液两相性的泥石流流速计算方法三方面介绍和总结经典的泥石流流速计算方法。

1.2.1　泥石流流速观测

吴积善等在 1985~1986 年采用测速雷达和超声波泥位计对云南东川蒋家沟泥石流的流动速度进行了现场观测。详细记录了泥石流运动特征的变化情况，把观测河段出现严重淤积、无固定沟槽、床面宽浅平缓的泥石流称为床面流，把处于有边壁约束的河道中运动的泥石流称为沟槽流[6-8]。然而，泥石流沟口段比较宽敞、流通区沟床比降较大的沟谷型泥石流，同时具有床面流和沟槽流特征，陈洪凯等称之为冲淤变动型泥石流或宽缓沟道型泥石流[9,10]。

1. 泥石流表面流速

目前因观测手段有限，尚不能用仪器直接观测到黏性泥石流的三维 (3D) 流速分布，运用天然泥石流中的漂浮物 (如树枝等) 和石块作标记，通过测速雷达或高速摄像可以得到一些初步认识。康志成等观测发现漂浮物比石块运动速度快，而石块在泥石流的中泓线总是向前滚动前行；通过在泥石流沟上游断面同步选择一个漂浮物和石块作标记，并同时记录它们从上游断面到下游断面的时间，计算出漂浮物的速度和石块的速度；观测中，把漂浮物的速度视为中泓线的最大流速，而将石块的运动速度视为中泓线泥石流垂向平均流速 (因为石块的直径基本等于泥深，它受到的作用力顶部大、底部小，所以它可以在泥石流体中呈滚动前进，其前进速度可视为垂向平均速度)(表 1.11)。

表 1.11 黏性泥石流漂浮物和石块实测流速记录

测量时间	参照物	测流端面距离/m	B(流宽)/m, H(流深)/m, D(石块直径)/m	参照物到达下断面的时间/s	流速/(m/s)	垂向流速系数
17:57	漂浮物 (暗色木块)	125	$B=20, H=2.0, D=2.0$	14.32	8.72	0.66
	石块			21.41	5.83	
18:06	漂浮物 (树根)	125	$B=20, H=2.0, D=1.8$	14.58	8.60	0.64
	石块			22.56	5.54	
20:18	漂浮物	125	$B=20, H=2.0, D=1.8$	13.97	8.95	0.77
	石块			18.04	6.90	
20:38	漂浮物	125	$B=20, H=2.0, D=1.5$	13.00	9.60	0.75
	石块			17.47	7.20	
21:00	漂浮物	125	$B=10, H=2.0, D=1.0$	21.00	6.00	0.75
	石块			27.65	4.50	

康志成等运用雷达测速仪进行泥石流表面流速测试 (图 1.48 和图 1.49)。由图 1.48 可以看出，泥石流沟内流速中泓线附近大，两侧流速较小。图 1.49 反映表面流速系数 K(即某一断面泥石流平均表面流速与中泓线流速之比) 一般介于 0.3~0.4，但这一结果目前仍是自然界中泥石流流速观测的初步结果。

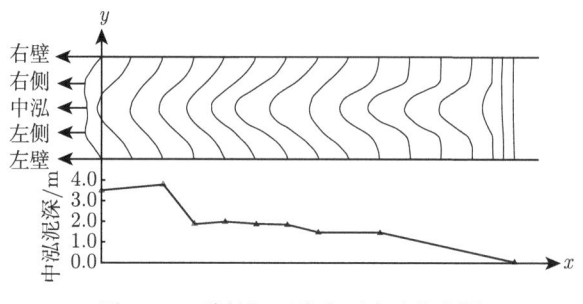

图 1.48 阵性泥石流表面流速分布图

2. 泥石流运动过程速度观测

吴积善等对云南东川蒋家沟泥石流运动过程做了大量的现场观测工作，明确勾画出了黏性泥石流阵流形态、黏性泥石流连续流形态和稀性泥石流运动形态的

1.2 泥石流流速

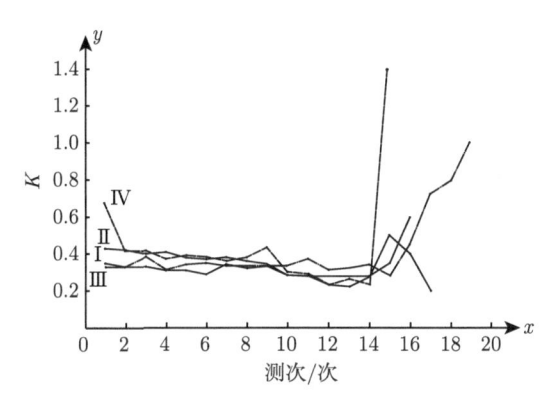

基本规律。

图 1.49 流速系数 K 值过程线

1) 黏性泥石流阵流形态

阵流是黏性泥石流的主要运动形式,有明显的头部、身部和尾部,可分为三种情况。

(1) 高速阵流形态 (图 1.50 中的 (1) 和 (2))。阵流迎面高陡,几近垂直于河床面,雷达测速数据显示,头部速度最大,而后向尾部逐渐衰减。泥石流的流态从龙头的强烈紊动快速过渡到龙身的弱紊动和龙尾的光滑平顺的层流。因龙头强烈紊动,泥石流体飞溅而存在虚拟高度。

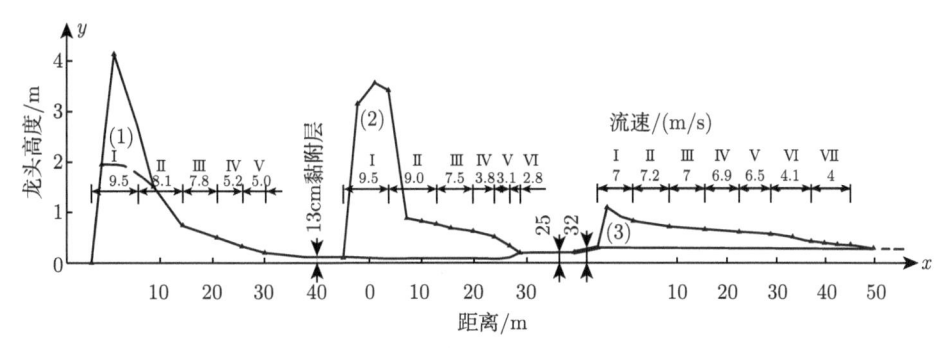

图 1.50 泥石流的龙头流速与龙头高度的关系图 (测速雷达与超声波泥位计同步测量结果)

Ⅰ, Ⅱ, Ⅲ, ⋯ 为龙头流速的测次编号

(2) 低速阵流形态 (图 1.50 中的 (3))。龙头低矮,迎面较陡。流速较小,泥石流紊动较弱,由于没有飞溅的泥石流体脱离泥石流的整体运动,不存在紊动虚拟高度。从龙头至龙尾光滑平顺,属于典型的层流。但其流速和泥深也存在从龙头向龙尾变小的趋势。

(3) 过渡型阵流形态 (图 1.51)。由于多种因素共同作用,龙头速度波动较大,但流速和泥深从龙头向龙尾逐渐变小的趋势仍然存在。

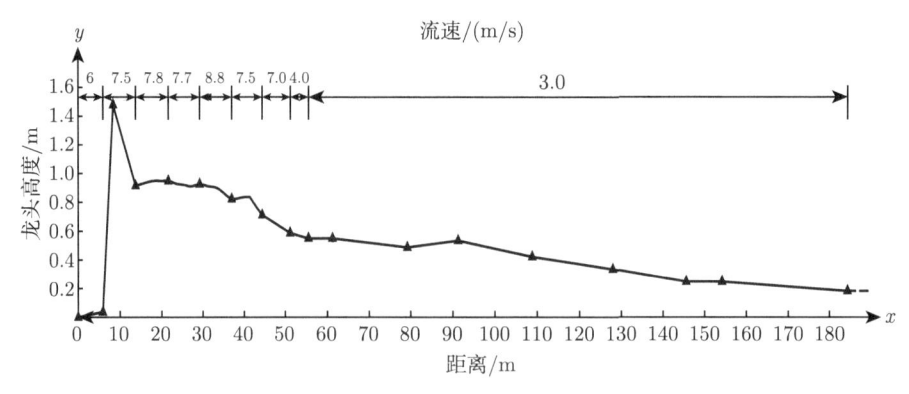

图 1.51　泥石流的龙头高度和流速过程图

一般来说，龙头越高，阵流越长。沟槽流的宽深比为 10~20，而床面流的宽深比为 30~50。阵流对泥石流沟的作用，常常是头冲尾淤，是以淤为主的铺床过程。

2) 黏性泥石流连续流形态

黏性泥石流连续流，其容重一般在 21.0~22.5kN/m³，持续时间长。流动过程一般是初期有一个高峰波，此后是一些起伏不大的小波，但总的趋势是逐渐变小。流速比同等条件下的黏性泥石流阵流大，常超过 8m/s，其对沟床、沟岸有较大的冲刷侵蚀作用。

3) 稀性泥石流运动形态

云南东川蒋家沟泥石流观测表明，过渡性和稀性泥石流过程本质上是黏性泥石流快结束时的一种次生过程。当形成区停止了泥石流补给后，由于进入泥石流沟槽中的固体物质大量减少，故流量和流速也随之减小 (图 1.52)。流体中的粗颗粒物质开始有分选地落淤，容重渐变为 13kN/m³。这一过程结束后，就是河床正

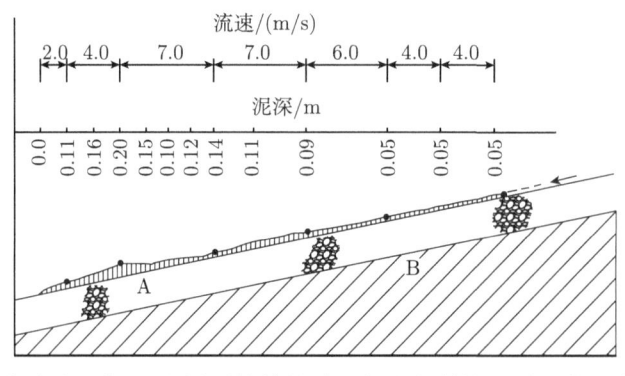

图 1.52　超声波泥位计与测速雷达单断面同步测试稀性泥石流泥位、流速过程图

常流水粗化河床的过程。而对于黏粒含量较少，本质就属于稀性泥石流的泥石流运动，紊动作用较强，固相颗粒呈现推移或跳跃运动，泥石流体中固液分相流速差异较大。

1.2.2 经典泥石流流速计算公式

这里从稀性泥石流、黏性泥石流、水石流及综合类泥石流四方面介绍和总结经典的泥石流流速计算方法。

1. 稀性泥石流流速公式

1) 斯里勃内依公式

苏联学者 M. Φ. 斯里勃内依提出的稀性泥石流流速公式为

$$v_c = \frac{v_b}{a} = \frac{m_0}{a} R_c^{\frac{2}{3}} I_c^{\frac{1}{4}} \tag{1.12}$$

式中，v_c 为泥石流水流速度，m/s；v_b 为清水流速，m/s；a 为修正系数；m_0 为清水阻力系数的倒数；R_c 为水力半径，m；I_c 为泥石流沟床比降。

式 (1.12) 也可表示为下列形式：

$$v_c = \frac{6.5}{a} H_c^{\frac{2}{3}} I_c^{\frac{1}{4}} \tag{1.13}$$

式中，H_c 为泥石流平均泥深，m；其余物理量含义同前。

费祥俊等推导了修正系数 a 的表达式：

$$a = \sqrt{\frac{\gamma_c}{\gamma_w} \cdot \frac{1}{1-S_v}} \tag{1.14}$$

式中，S_v 为泥石流固相体积比；γ_w 为水的容重，kN/m³；γ_c 为泥石流体平均容重，kN/m³。

2) 泥石流动力平衡流速公式

假定清水动能与挟沙水流 (泥石流) 动能相等，按恒定均匀流理论建立的泥石流动力平衡流速公式为

$$v_c = \frac{1}{a} \cdot \frac{1}{n} \cdot R_c^{\frac{2}{3}} \cdot I_c^{\frac{1}{2}} \tag{1.15}$$

式中，$\dfrac{1}{n}$ 为清水河床糙率；其余物理量含义同前。

3) 铁道部第一勘测设计院西北公式

该公式是由铁道部第一勘测设计院 (现中铁第一勘察设计院集团有限公司) 根据青海扎麻隆峡纵坡为 0.07~0.13 的稀性泥石流沟调查资料建立的。

$$v_c = \frac{M_0}{a} H_c^{\frac{2}{3}} I_c^{\frac{3}{8}} \tag{1.16}$$

式中，M_0 为未考虑泥石流特征的沟床糙率，铁道部第一勘测设计院建议取 15.5；修正系数 a 也可按式 (1.17) 和式 (1.18) 计算。

$$a = \sqrt{1 + \phi_c \gamma_s} \tag{1.17}$$

$$\phi_c = \frac{\gamma_c - \gamma_w}{\gamma_s - \gamma_c} \tag{1.18}$$

式中，γ_s 为泥石流体中固相颗粒的容重，kN/m³；其余物理量含义同前。

4) 铁道部第三勘测设计院泥石流公式

$$v_c = \frac{15.5}{a} H_c^{\frac{2}{3}} I_c^{\frac{1}{2}} \tag{1.19}$$

式中物理量含义同前。

5) 云南东川泥石流流速改进公式

$$v_c = \frac{m_c}{a} R_c^{\frac{2}{3}} I_c^{\frac{1}{2}} \tag{1.20}$$

式中，m_c 为 Л. B. 巴克诺夫斯基糙率系数 (表 1.12)；其余物理量含义同前。该公式又称西南地区现行公式。

表 1.12　Л. B. 巴克诺夫斯基糙率系数

序号	沟槽特征	m_c 值 极限值	m_c 值 平均值	坡度
1	糙率最大的泥石流沟槽。沟槽中堆积有难以滚动的棱石或稍能滚动的大石块。沟槽被树木 (树干、树枝及树根) 严重阻塞，无水生植物。沟底以阶梯式急剧降落	3.9~4.9	4.5	0.375~0.174
2	糙率较大的不平整的泥石流沟槽。沟槽无急剧凸起，沟槽内堆积大小不等的石块，沟槽被树木所阻塞，沟槽内两侧有草本植物，沟床不平整，有坑洼，沟底呈阶梯式降落	4.5~7.9	5.5	0.199~0.067
3	较弱的泥石流沟槽，但有大的阻力。沟槽由滚动的砾石和卵石组成。沟槽常因稠密的灌丛而被严重阻塞，沟槽凹凸不平，表面因大石而凸起	5.4~7.0	6.6	0.187~0.116
4	流域在山区中、下游的泥石流沟槽。沟槽经过光滑的岩面，有时经过具有大小不等的阶梯跌水的沟床。在开阔河床有树枝、砂石停积阻塞，无水生植物	7.7~10.0	8.8	0.220~0.112
5	流域在山区或近山区河槽。河槽经过砾石、卵石河床，由中、小粒径与能完全滚动的物质所组成，河槽阻塞轻微，河岸有草本及木本植物，河底降落较均匀	9.8~17.5	12.9	0.090~0.022

1.2 泥石流流速

6) 北京市政设计院泥石流公式

$$v_\mathrm{c} = \frac{M_\mathrm{w}}{a} \cdot R_\mathrm{c}^{\frac{2}{3}} \cdot I_\mathrm{c}^{\frac{1}{10}} \tag{1.21}$$

式中，M_w 为河床的外阻力系数 (表 1.13)；其余物理量含义同前。

表 1.13 河床的外阻力系数

序号	河床特征	M_w 值 $I_\mathrm{c}>0.015$	M_w 值 $I_\mathrm{c}\leqslant 0.015$
1	河段顺直，河床平整，断面为矩形或抛物线形的漂石、砂卵石，或黄土质河床，平均粒径 0.01~0.08m	7.5	40
2	河段较顺直，由漂石、碎石组成的单式河床，河床质较均匀，大石块直径为 0.4~0.8m，平均粒径 0.2~0.4m，或河段较弯曲、不太平整的 1 类河床	6.0	32
3	河段较顺直，由巨石、漂石、卵石组成的单式河床，大石块平均直径 0.1~1.4m，平均粒径 0.1~0.4m，或较为弯曲、不太平整的 2 类河床	4.8	25
4	河段较顺直，河槽不平整，由巨石、漂石组成的单式河床，河床大石块直径为 1.2~2.0m，平均粒径 0.2~0.6m，或较为弯曲、不平整的 3 类河床	3.8	20
5	河段严重弯曲，断面很不规则，有树木、植被、巨石严重阻塞河床	2.4	12.5

7) 清水动能泥石流流速推理公式

该公式基于清水与其造成的泥石流动能相等而建立，其计算公式如下：

$$v_\mathrm{c} = \frac{1}{a} \cdot \frac{1}{n_\mathrm{w}} \cdot H_\mathrm{w}^{\frac{2}{3}} \cdot I_\mathrm{w}^{\frac{1}{2}} \tag{1.22}$$

式中，n_w 为清水河床糙率；H_w 为清水水深，m；I_w 为清水沟床比降；其余物理量含义同前。

8) 洪正修稀性泥石流流速修正公式

$$v_\mathrm{c} = 0.7284 H_\mathrm{c}^{0.446} I_\mathrm{c}^{0.309} \tag{1.23}$$

式中物理量含义同前。

2. 黏性泥石流流速公式

1) 莫斯特科夫公式

$$v_\mathrm{c} = \varphi\left(\frac{d_\mathrm{cp}}{H}\right)\sqrt{gH(I-I_0)} \tag{1.24}$$

式中，d_{cp} 为泥石流固体颗粒的平均粒径，m；H 为泥深，m；I 为河床纵比降 (用小数表示)；I_0 为泥石流沟床的临界坡降；φ 为函数。

2) 歇普公式

$$v_c = \frac{\sqrt{I_c}}{2} \cdot Re \cdot \sqrt{gH_cI_c} \tag{1.25}$$

式中，Re 为雷诺数；其余物理量含义同前。

3) 钱宁高含沙水流公式

钱宁教授认为，泥石流体中阻力项除颗粒离散剪切力外，还应包括黏性阻力及紊动阻力项，即

$$\gamma_m hI\left(1 - \frac{y}{h}\right) = \tau_B + \eta\frac{dv}{dy} + \varepsilon\frac{dv}{dy} + K_1\rho_s D^2\lambda^2\left(\frac{dv}{dy}\right)^2 \tag{1.26}$$

式中，γ_m 为水沙混合物的容重，kN/m³；h 为水深，m；y 指水中的深度，m；τ_B 为 Bingham 极限剪切力，Pa；η 为 Bingham 体刚度系数，Pa·s；v 为流速，m/s；ε 为泥沙交换系数；K_1 为系数，即线性浓度 λ 的倒数；λ 为 Bagnold 定义的固相线性浓度；D 为泥沙粒径，m。

钱宁教授认为，对于浓度很高、紊动微弱的黏性泥石流，式 (1.26) 中的紊动阻力项可以忽略不计，但黏性剪切力及颗粒离散剪切力则不能忽视。在确定这些剪切力阻力时，首先应划分出中性悬浮质及推移质，其分界粒径 D_0 由下式计算：

$$D_0 = \beta\frac{6\tau_B}{\gamma_s - \gamma_f} \tag{1.27}$$

式中，β 为分数；γ_f 为浆体容重，kN/m³，对粗颗粒浮力起直接作用，清水时，$\gamma_f = \gamma_w$，并认为，对于某一粒径的浮力作贡献的浆体中的粗颗粒，要比该颗粒的直径小得多，约为前者的 1/50。

当 $D < D_0$ 时，颗粒对泥石流的黏性剪切力起主要作用；当 $D > D_0$ 时，颗粒对离散剪切力起主要作用。

4) 泥石流指数流速公式

$$v_c = \alpha_0\left(\frac{d_{cp}}{H_c}\right)^{\alpha_1}\left(\frac{1}{Re}\right)^{\alpha_2}\sqrt{gH_cI_c} \tag{1.28}$$

$$Re = \frac{\eta}{\gamma_c\sqrt{gH_c^3}} \tag{1.29}$$

式中物理量含义同前。

1.2 泥石流流速

根据云南东川蒋家沟泥石流 1974~1975 年的观测资料，拟合系数 $a_0 = 25.38$，$a_1 = 0.127$，$a_2 = 0.0576$。当忽略黏度项后，泥石流流速公式为

$$v_c = 27.57 \left(\frac{d_{cp}}{H_c}\right)^{0.245} \sqrt{gH_cI_c} \tag{1.30}$$

式中物理量含义同前。

5) 东川蒋家沟泥石流公式

根据 1965~1967 年、1973~1975 年共 101 次泥石流 3000 多阵流的观测资料，整理建立了东川蒋家沟泥石流公式如下：

$$v_c = \frac{1}{n_c} H_c^{\frac{2}{3}} I_c^{\frac{1}{2}} \tag{1.31}$$

$$\frac{1}{n_c} = 28.5 H_c^{-0.34} \tag{1.32}$$

式中物理量含义同前。

6) 东川大白泥沟、蒋家沟泥石流流速公式

$$v_c = K H_c^{\frac{2}{3}} I_c^{\frac{1}{5}} \tag{1.33}$$

式中，K 为黏性泥石流流速系数 (表 1.14)；其余物理量含义同前。

表 1.14　黏性泥石流流速系数 K 值

H_c /m	<2.5	3	4	5
K	10	9	7	5

7) 四川西昌黑沙河、马颈沟公式

$$v_c = 2.77 \left(\frac{R_c}{d_{85}}\right)^{0.7.37} \left(\frac{\eta_{eb}}{\eta_e}\right)^{0.42} \sqrt{R_cI_c} \tag{1.34}$$

式中，d_{85} 为占固体总质量 85% 的固体颗粒粒径，m；η_{eb} 为清水有效黏度，Pa·s；η_e 为泥石流浆体的有效黏度，Pa·s；其余物理量含义同前。

8) 西藏波密古乡沟、东川蒋家沟、甘肃武都火烧沟公式

$$v_c = \frac{1}{n_c} H_c^{\frac{2}{3}} I_c^{\frac{1}{2}} \tag{1.35}$$

式中，n_c 为黏性泥石流沟床糙率 (表 1.15)；其余物理量含义同前。

表 1.15 黏性泥石流沟床糙率

序号	泥石流体特征	沟床特征	糙率值 n_c	$1/n_c$
1	流体呈整体运动；石块粒径大小悬殊，一般在 30~50cm，2~5m 粒径的石块约占 20%；龙头由大石块组成，在弯道或河床展宽处易停积，后续流可超越而过，龙头流速小于龙身流速，堆积呈龙岗状	沟床极粗糙，沟内有巨石和挟带的树木堆积，多弯道和大跌水，沟内不能通行，人迹罕见，沟床流通段纵坡为 10%~15%，阻力特征属高阻型	平均 0.270 $H_c>2$m 时为 0.445	3.57 0.445
2	流体呈整体运动；石块较大，一般石块粒径 20~30cm，含少量粒径 2~3m 的大石块；流体搅拌较为均匀；龙头紊动强烈，有黑色烟雾及火花，龙头和龙身流速基本一致；停积后有龙岗状堆积	沟床比较粗糙，凹凸不平，石块较多，有弯道、跌水；沟床流通段纵坡为 7.0%~10.0%，阻力特征属高阻型	$H_c<1.5$m 时为 0.05~0.033 平均 0.04 $H_c>1.5$m 时为 0.05~0.100 平均 0.067	20~30 25 10~20 15
3	流体搅拌十分均匀；石块粒径一般在 10cm 左右，挟有个别 2~3m 的大石块；龙头和龙身物质组成差别不大；在运动过程中龙头紊动十分强烈，浪花飞溅；停积后浆体与石块不分离，向四周扩散呈叶片状	沟床较稳定，河床质较均匀，粒径 10cm 左右；受洪水冲刷沟底不平而且粗糙，流水沟两侧较平顺，但干而粗糙；流通段沟底纵坡为 5.5%~7.0%，阻力特征属中阻型或高阻型	$0.1\text{m}<H_c<0.5\text{m}$ 时为 0.043 $0.5\text{m}<H_c<2.0\text{m}$ 时为 0.077 $2.0\text{m}<H_c<4.0\text{m}$ 时为 0.100	23 13 10
4		泥石流铺床后原河床黏附一层泥浆体，使干而粗糙的河床变得光滑平顺，利于泥石流体运动，阻力特征属低阻型	$0.1\text{m}<H_c<0.5\text{m}$ 时为 0.022 $0.5\text{m}<H_c<2.0\text{m}$ 时为 0.038 $2.0\text{m}<H_c<4.0\text{m}$ 时为 0.050	46 26 20

9) 甘肃武都地区黏性泥石流流速公式

$$v_c = M_c H_c^{\frac{2}{3}} I_c^{\frac{1}{2}} \tag{1.36}$$

式中，M_c 为泥石流沟床糙率系数 (表 1.16)；其余物理量含义同前。

10) 西藏波密古乡沟公式

$$v_c = \frac{K_c}{n_c} H_c^{\frac{3}{4}} I_c^{\frac{1}{2}} \tag{1.37}$$

式中，n_c 为泥石流沟床糙率，一般黏性泥石流取 0.45，稀性泥石流取 0.25；K_c 为流速分布系数，一般取 0.45；其余物理量含义同前。

1.2 泥石流流速

表 1.16 泥石流沟床糙率系数 M_c

类别	沟床特征	M_c			
		$H_c=0.5\text{m}$	$H_c=1.0\text{m}$	$H_c=2.0\text{m}$	$H_c=4.0\text{m}$
1	黄土地区泥石流或大型的黏性泥石流沟，沟床平坦开阔，流体中含大石块很少，河床纵坡为2%～6%，阻力特征属低阻型	—	29	22	16
2	中小型黏性泥石流沟，沟谷一般顺直，流体中含大石块较少，沟床纵坡为3%～8%，阻力特征属中阻型或高阻型	26	21	16	14
3	中小型黏性泥石流沟，沟床狭窄弯曲，有跌坎；或沟道虽顺直，但含大石块较多的大型稀性泥石流沟，沟床纵坡为4%～12%，阻力特征属高阻型	20	15	11	8
4	中小型稀性泥石流沟，碎石质河床，多石块，不平整，沟床纵坡10%～18%	12	9	6.5	—
5	沟道弯曲，沟内多顽石、跌坎，床面极不平顺的稀性泥石流沟，河床纵坡为12%～25%	—	5.5	3.5	—

11) 云南大盈江浑水沟泥石流流速公式

$$v_c = \left(\frac{\gamma_w}{\gamma_c}\right)^{0.4}\left(\frac{\eta_{eb}}{\eta_e}\right)^{0.1} v_w \tag{1.38}$$

式中，v_w 为清水流速，m/s，按谢才公式计算；其余物理量含义同前。

12) 西北公式

$$v = 45.5 H_c^{\frac{1}{4}} I_c^{\frac{1}{5}} \tag{1.39}$$

式中物理量含义同前。

13) 修正曼宁公式

$$v_c = 1.62 \left[\frac{S_v(1-S_v)}{\sqrt{H_c I_c} d_{10}}\right]^{\frac{2}{3}} H_c^{\frac{1}{3}} I_c^{\frac{1}{6}} \tag{1.40}$$

$$d_{10} = 0.165 \gamma_f^{-3.60} \tag{1.41}$$

式中，d_{10} 为泥石流固体颗粒级配曲线上10%颗粒较之为小的粒径，m；γ_f 为泥浆容重，kN/m³；其余物理量含义同前。该公式适用于曼宁糙率 $n=0.033$ 左右的情况。

14) 蒋家沟泥石流表面流速公式

$$v_c = \frac{1}{2.405} \gamma_y \gamma_c \sqrt{g H_c I_c} \tag{1.42}$$

$$\gamma_y = p_c\gamma_s + p_d\gamma_s + \gamma_f(1 - p_c - p_d) \tag{1.43}$$

式中，γ_y 为泥石流中土体的损失容重，kg/cm³；p_c 为黏粒和粉粒所占的质量百分比，可由泥石流体中的土体颗粒频率曲线查取；p_d 为粉粒 (0.05mm) 与最大悬浮颗粒所占的质量百分比，也可由土体颗粒频率曲线查得；其余物理量含义同前。

15) 洪正修黏性泥石流公式

$$v_c = 1.532 I_c^{0.301} H_c^{0.528} \tag{1.44}$$

式中相关物理量含义同前。

16) 王继康 82-1 公式

$$v_c = K_c H_c^{\frac{2}{3}} I_c^{\frac{1}{5}} \tag{1.45}$$

式中，K_c 为黏性泥石流流速系数 (表 1.17)；其余物理量含义同前。

表 1.17 黏性泥石流流速系数

H_c /m	<2.50	2.75	3.00	3.50	4.00	4.50	5.00	>5.50
K_c	10.0	9.5	9.0	8.0	7.0	6.0	5.0	4.0

3. 水石流流速公式

1) 日本高桥堡水石流流速公式

$$v_c = \frac{2}{5D_a}\left\{\frac{g\sin\theta_f}{a_i\sin\phi_m}\left[C_v + (1-C_v)\frac{\rho_w}{\rho_s}\right]\right\}^{\frac{1}{2}}\left[\left(\frac{C_s}{C_v}\right)\right] H_c^{\frac{3}{2}} \tag{1.46}$$

式中，θ_f 为泥石流表面纵坡角，(°)，一般可用河床纵坡角代替；D_a 为泥石流土体的平均粒径，m，$D_a = \sum_{i=1}^{n} P_i D_i$；这里 i 为土体颗粒分组数，从 1 到 n，P_i 为第 i 组颗粒在级配曲线上所占的重量的最大粒径；a_i 为数字值，一般取 0.013~0.042，当 $\left(\frac{C_s}{C_v}\right)^{\frac{1}{3}} - 1 > 0.071$ 时，$a_i = 0.042$；C_v 为水石流体积浓度，当 C_v 值大于此式之限值时，a_i 值随 C_v 值的增大而急剧增大，目前还无法确定；C_s 为水石流体的极限体积浓度；其余物理量含义同前。

在完全惯性范围内，二维泥石流模型中流速分布为

$$v_s = \frac{2}{3d}\left\{\frac{g\sin\theta}{a_i\sin\varphi_s}[C_\phi + (1-C_d)]\frac{\rho_m}{\sigma}\right\}^{\frac{1}{2}}\left[\left(\frac{C_\phi}{C_d}\right)^{\frac{1}{3}} - 1\right]\left[h^{\frac{3}{2}} - (h-y)^{\frac{3}{2}}\right] \tag{1.47}$$

1.2 泥石流流速

式中,θ 为泥石流沟床坡角,(°);φ_s 为动摩擦角,(°);C_ϕ 为最大的可能静止体积浓度;d 为固相颗粒直径,m;σ 为固相颗粒密度,g/m³;ρ_m 为浆体的密度,g/m³;C_d 为浆体中砂砾固相体积浓度,由下式计算:

$$C_d = \frac{\rho_m \tan\theta}{(\sigma - \rho_m)(\tan\phi - \tan\theta)} \tag{1.48}$$

其中,ϕ 为沟床内物质的内摩擦角,(°)。

根据 Bagnold 的实验,当 $C_d < 0.81 C_\phi$ 时,$\alpha_i = 0.042$。较大的 α_i 值可解释沟床面沉积物的不同速度,尤其是床面粒径较大的砾石在上层泥石流体的作用下发生移动的现象,各种条件下精确的 α_i 值需依赖于大量的实验数据予以统计。式 (1.36) 可解释泥石流体垂直断面上的流速分布,当 $h = y$ 时,退化为泥石流表面流速公式。

2) 钱宁水石流公式 [11]

钱宁教授认为,水石流粗大颗粒的运动阻力主要决定于颗粒离散力,介质的黏滞阻力相对很小,可以忽略不计。Bagnold(1954 年) 根据饱和条件下的颗粒离散剪切力 τ_p 表达式:

$$\tau_p = K_1 \rho_s D^2 \left[\left(\frac{S_{vm}}{S_v}\right)^{\frac{1}{3}} - 1\right]^{-2} \left(\frac{dv}{dy}\right)^2 \tag{1.49}$$

式中,K_1 为系数;$(S_{vm}/S_v)^{\frac{1}{3}} - 1 = 1/\lambda$,即线性浓度 λ 的倒数。当颗粒间流体变形所产生的阻力可以忽略不计时,τ_p 在恒定条件下与水流剪切力保持平衡,即

$$\tau = [S_v(\gamma_s - \gamma) + \gamma](H_c - y)\sin\theta \tag{1.50}$$

$$K_1 \rho_s (\lambda D)^2 \left(\frac{dv}{dy}\right)^2 = [S_v(\gamma_s - \gamma) + \gamma](H_c - y)\sin\theta \tag{1.51}$$

积分式 (1.51) 取边界条件 $y=0$ 处,$v=0$,并令 $\sin\theta = I_c$,则得

$$v = \frac{2H_c}{3D\lambda}\sqrt{\frac{gH_c I_c}{K_1}}\left[S_v + \frac{\gamma}{\gamma_s}(1-S_v)\right]^{\frac{1}{2}}\left[1-\left(\frac{y}{H_c}\right)^{\frac{3}{2}}\right] \tag{1.52}$$

在 $y = H_c$ 处,$v = v_{\max}$,故

$$v_{\max} = \frac{2H_c}{3D\lambda}\sqrt{\frac{gH_c I_c}{K_1}}\left[S_v + \frac{\gamma}{\gamma_s}(1-S_v)\right]^{\frac{1}{2}} \tag{1.53}$$

由式 (1.52) 和式 (1.53)，可将流速分布以速度差的形式表达：

$$\frac{v_{\max} - v}{v_{\max}} = \left(1 - \frac{y}{H_c}\right)^{\frac{3}{2}} \tag{1.54}$$

已知横断面平均流速 $v_c = \frac{1}{H_c}\int_0^{H_c} v \mathrm{d}y$，则平均流速表达式为

$$v_c = \frac{2H_c}{5D\lambda}\sqrt{\frac{gH_cI_c}{K_1}}\left[S_v + \frac{\gamma}{\gamma_s}(S_v)\right]^{\frac{1}{2}} \tag{1.55}$$

式中，S_v 为泥沙体积比；其余物理量含义同前。

3) 颗粒流公式

$$v_c = \frac{1}{n}\frac{1}{a_p}H_c^{\frac{2}{3}}I^{\frac{1}{2}} \tag{1.56}$$

$$a_p = \left(1 - \frac{XS_v}{S'_{vm}}\right)^{-\frac{2}{3}} \tag{1.57}$$

式中，a_p 为水石流内部阻力因子；S_v 为泥沙体积比；X 为粗颗粒占总重的比例；S'_{vm} 为粗颗粒层移动的平均体积比；其余物理量含义同前。

对于完全不含细颗粒的水石流，令式 (1.57) 中 $X=1$ 即可由式 (1.56) 进行流速计算。

4. 综合类泥石流流速公式

1) Bingham 体表面流速公式

将黏性泥石流视为 Bingham 体，按 Bingham 体阻力方程建立均匀流体运动参数方程，通过试验确定流变参数。泥石流表面流速计算公式为

$$v_c = \frac{(\rho_c H_c g \sin\theta - \tau_B)^2}{2\eta\rho_c \sin\theta} \tag{1.58}$$

式中，τ_B 为黏性泥石流体的屈服应力，Pa；其余物理量含义同前。

2) 结构蠕动流公式

根据对四川西昌黑沙河及马颈河 1974~1976 年 15 次小型泥石流观测资料，建立了泥石流的结构蠕动公式：

$$v_c = 740\left(\frac{\gamma_c}{\eta_e}\right)^{1.4} R_c^{2.6} I_c^{0.5} \tag{1.59}$$

式中物理量含义同前。

3) 泥位超高法流速公式

根据泥石流沟弯道处两岸的泥位高差，建立泥石流流速计算公式为

$$v_c = \sqrt{\frac{\Delta H_c r g}{B_c}} \qquad (1.60)$$

式中，r 为泥石流沟弯道中心线曲率半径，m；ΔH_c 为两岸泥位差，m；B_c 为沟槽泥面宽度，m。

1.2.3 泥石流固液分相流速计算方法

本书基于泥石流体是由固相颗粒和液相浆体组成的这一客观事实，运用两相流理论对泥石流中的固液分相流速进行了探讨。

1. 泥石流体等效两相流

实际泥石流体中固相物质（颗粒或块石）的矿物成分及粒度的变化通常较大，但对影响泥石流的动力特性而言，粒度占主导地位。而泥石流体中不同粒径的固相物质为研究泥石流流速带来了极大的困难，甚至难于实施。由于泥石流综合治理方案中，通常要在泥石流流通区适当部位建造 1~2 道拦渣坝，拦截泥石流体中粒径较大的块石，因此，可将泥石流沟中下游的泥石流体中的固相物质按照固相物质的体积进行等效，即将实际泥石流体中不同粒径的固相物质（图 1.53）简化为粒径相同的固相颗粒（图 1.54）。根据钱宁教授的研究，黏性泥石流中粒径 10cm 以下的颗粒均凝聚成一个整体以相同的速度向前运动，而粒径大于 10cm 的颗粒则在泥石流沟中跳跃滚动前进；但在稀性泥石流中呈现悬浮运动的固相颗粒粒径不超过 2cm。因此，针对广义的泥石流，本书把粒径小于 2mm 的固相颗粒视为等效浆体，其余视为固相物质。例如四川省凉山彝族自治州盐源县的平川泥石流体，固相颗粒最大粒径可及 30cm，而等效后固相颗粒的粒径为 8.16cm。

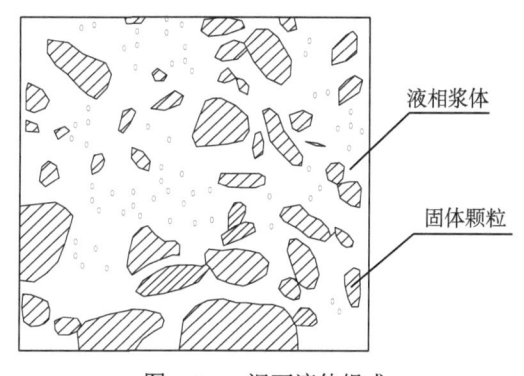

图 1.53 泥石流体组成

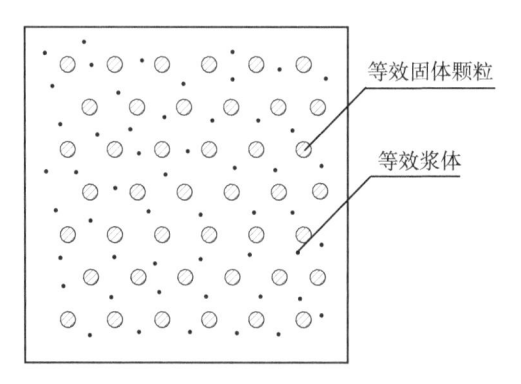

图 1.54 等效两相泥石流体

2. 泥石流固液两相流速的计算方法 [12]

1) 基本假定

(1) 泥石流在运动过程中，包括沿着泥石流沟的向前流动和泥石流体内的竖向紊动，但是，从分析泥石流流速尤其是针对泥石流对岸坡及防治结构的冲击、磨蚀机理出发，主要考虑泥石流体沿沟向前的运动问题，因此，本书假定泥石流体为一维两相流运动体系 (流动方向设定为 x 方向)。

(2) 泥石流在运动过程中，不考虑外部质量源，即不考虑岸坡对泥石流体的物源补给，泥石流在沟槽内冲淤平衡。

(3) 考虑两相流体中固相颗粒之间的相互作用、浆体内部的作用，以及固相颗粒与液相浆体之间的相互作用，不考虑固液两相的相变 (即固相颗粒和液相浆体之间的相互转换)。

2) 计算方法

求出固液两相的守恒方程，包括连续性方程和动量方程。

A. 连续性方程

固液两相的连续性方程分别为

$$\frac{\partial}{\partial t}[\rho_s \alpha] + \nabla [\rho_s \alpha v_s] = 0 \tag{1.61}$$

$$\frac{\partial}{\partial t}[\rho_f (1-\alpha)] + \nabla [\rho_f (1-\alpha) v_f] = 0 \tag{1.62}$$

式中，α 为固相颗粒的平均体积比；ρ_s 和 ρ_f 分别表示固相和液相的平均密度，kg/cm^3；v_s 和 v_f 分别表示固相和液相沿 x 方向的平均速度，m/s。

B. 动量方程

固液两相的动量方程 (即运动方程或牛顿方程) 的三维矢量表达式分别为

$$\rho_s \left(\frac{\partial v_s}{\partial t} + v_s \nabla v_s \right) = b_s + f_s - \nabla P_s \tag{1.63}$$

$$\rho_f \left(\frac{\partial v_f}{\partial t} + v_f \nabla v_f \right) = b_f + f_f - \nabla P_f \tag{1.64}$$

式中，b_s 和 b_f 分别表示作用在固相和液相单位容积的彻体力，kN/m^3；P_s 和 P_f 分别表示固相和液相的平均压强梯度，kN/m^3(且 $P_s = \alpha P$，$P_f = (1-\alpha)P$，这里 P 为泥石流平均压强，kPa)；f_s 和 f_f 分别表示作用在浆体、固体颗粒上的其余力即单位体积的平均表面力 (但不包括压强)，如每相的流体阻力、由相对加速度或速度差引起的表观质量效应以及颗粒之间的作用力。

在一维情况下，式 (1.63) 和式 (1.64) 可分别写为

$$\rho_s \left(\frac{\partial v_s}{\partial t} + v_s \frac{\partial v_s}{\partial x} \right) = b_s + f_s - \frac{\partial P_s}{\partial x} \tag{1.65}$$

$$\rho_f \left(\frac{\partial v_f}{\partial t} + v_f \frac{\partial v_f}{\partial x} \right) = b_f + f_f - \frac{\partial P_f}{\partial x} \tag{1.66}$$

3) 变量计算

A. 泥石流平均压力

假定处于运动状态的泥石流体的平均压力按照静水压力分布 (图 1.55)，任意深度处泥石流平均压力由式 (1.67) 计算。

$$P = \frac{\gamma_c h}{2 \cos^2 \theta} \tag{1.67}$$

式中，θ 为泥石流沟床的平均坡角，(°)；γ_c 为泥石流体的平均容重，kN/m^3，按照式 (1.68) 计算。

$$\gamma_c = [\alpha \rho_s + (1-\alpha)\rho_f]g \tag{1.68}$$

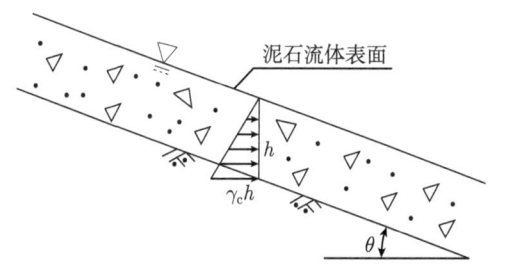

图 1.55 泥石流平均压力计算示意图

B. 砌体力

由于泥石流运动属于无压重力流，因此砌体力仅考虑固液两相的重力。但是，由于固相颗粒均布于泥石流浆体中，其自重应考虑浆体的浮力。单位体积两相流体液相重力的计算公式表示如下：

$$b_{\mathrm{f}} = \rho_{\mathrm{f}} g \cos\theta \tag{1.69}$$

对于单位体积两相流固相而言，由于每个固相颗粒的体积 V_0 为

$$V_0 = \frac{\pi}{6} d_{\mathrm{e}}^3 \tag{1.70}$$

则单位体积两相流体中所含固相颗粒数 N 为

$$N = \frac{6\alpha}{\pi d_{\mathrm{e}}^3} \tag{1.71}$$

进而得到沿泥石流运动方向单位体积内固相的重力 b_{s} 计算式：

$$b_{\mathrm{s}} = \alpha(\rho_{\mathrm{s}} - \rho_{\mathrm{f}})g\cos\theta \tag{1.72}$$

C. 平均表面力

对于单位体积的两相流体而言，由于大量的试验资料已经显示出固相颗粒的运动速度远小于液相浆体的运动速度，因此，本质上液相浆体对固相的运动具有加速作用，其牵引速度为 $v_{\mathrm{f}} - v_{\mathrm{s}}$；同时，固相对液相具有阻滞作用，阻滞速度仍然为 $v_{\mathrm{f}} - v_{\mathrm{s}}$；控制体外浆体对控制体具有阻滞作用。可见，作用在控制体上的表面力包括四个方面，即控制体外浆体对控制体浆体的阻力、控制体外浆体对控制体固相的牵引力、控制体外固相对控制体浆体的阻力、控制体外固相对控制体表面固相的相互作用力。下面分别进行讨论。

(1) 控制体外浆体对控制体浆体的阻力：控制体外浆体对控制体浆体的阻力本质上是浆体内部的黏滞阻力问题。由于可将泥石流浆体视为广义的 Bingham 体，则 Bingham 体的流变方程可反映浆体内部的黏滞阻力，即

$$\tau = \tau_{\mathrm{B}} + \mu \frac{\mathrm{d}v_{\mathrm{f}}}{\mathrm{d}y} - \rho_{\mathrm{f}} L^2 \left(\frac{\mathrm{d}v_{\mathrm{f}}}{\mathrm{d}y}\right)^2 \tag{1.73}$$

式中，τ_{B} 为浆体的 Bingham 极限屈服应力，Pa；μ 为浆体的黏度系数，Pa·s；L 为泥石流体中流层之间的混掺长度，即液相浆体微团因脉动流速的作用而移动的距离，m，由式 $L = ky$ 计算，这里 k 为卡门系数，由试验确定；$\mathrm{d}v_{\mathrm{f}}/\mathrm{d}y$ 为泥石

流内竖向流速梯度；y 为泥石流体内深度，m。则单位体积的控制体的泥石流浆体阻力为

$$f_{\mathrm{f1}} = \int_0^{d_0} \tau \mathrm{d}y = \int_0^{d_0} \left[\tau_{\mathrm{B}} + \mu \frac{\mathrm{d}v_{\mathrm{f}}}{\mathrm{d}y} - \rho_{\mathrm{f}} k^2 y^2 \left(\frac{\mathrm{d}v_{\mathrm{f}}}{\mathrm{d}y}\right)^2\right] \mathrm{d}y \tag{1.74}$$

式中，d_0 为控制体等效半径，m。

假定泥石流浆体流速从沟床至泥石流体表面的分布为二次函数，即

$$v_{\mathrm{f}} = ay^2 + by + c \tag{1.75}$$

式中，a、b 和 c 为待定系数，通过试验确定。

把式 (1.75) 代入式 (1.74)，计算得

$$f_{\mathrm{f1}} = -\frac{4}{5}a^2\rho_{\mathrm{f}} k^2 d_0^5 - ab\rho_{\mathrm{f}} k^2 d_0^4 - \frac{1}{3}\rho_{\mathrm{f}} k^2 d_0^3 + \mu a d_0^2 + (\tau_{\mathrm{B}} + \mu b)d_0 \tag{1.76}$$

如果不考虑泥石流的紊动效应，即 $k = 0$，则式 (1.76) 可简化为

$$f_{\mathrm{f1}} = \mu a d_0^2 + (\tau_{\mathrm{B}} + \mu b)d_0 \tag{1.77}$$

如果浆体流速从沟床至泥石流体表面呈线性分布，即 $a = 0$，则式 (1.77) 可进一步简化为

$$f_{\mathrm{f1}} = (\tau_{\mathrm{B}} + \mu b)d_0 \tag{1.78}$$

(2) 控制体外浆体对控制体固相的牵引力：由于液相浆体和固相之间存在压力差 $(P_{\mathrm{f}} - P_{\mathrm{s}})$，该压力差作用于固相的断面积 A_0 为

$$A_0 = \frac{3\alpha}{\pi d_{\mathrm{e}}^3} \tag{1.79}$$

则控制体外浆体对控制体固相的牵引力 f_{s1} 的计算式为

$$f_{\mathrm{s1}} = (P_{\mathrm{f}} - P_{\mathrm{s}})A_0 = \frac{3\alpha(1 - 2\alpha)}{2d_{\mathrm{e}}}P \tag{1.80}$$

(3) 控制体外固相对控制体浆体的阻力：控制体外固相对控制体浆体的阻力与控制体外浆体对控制体固相的牵引力为一对大小相等、方向相反的作用力，即

$$f_{\mathrm{f2}} = -f_{\mathrm{s1}} \tag{1.81}$$

(4) 控制体外固相对控制体表面固相的相互作用力：控制体外固相对控制体内固相的作用主要体现在固相颗粒之间的碰撞作用，碰撞的力学效应表现为颗粒

之间的离散力 P_0 和颗粒之间的剪切力 T_0。根据 Bagnold 的研究，P_0 和 T_0 分别由式 (1.82) 和式 (1.83) 计算。

$$P_0 = 0.042\cos\alpha_\text{i}\rho_\text{s}(\lambda d_\text{e})^2\left(\frac{\text{d}v_\text{s}}{\text{d}y}\right)^2 \tag{1.82}$$

$$T_0 = P_0\tan\alpha_\text{i} \tag{1.83}$$

式中，α_i 为泥石流颗粒之间碰撞产生的离散角，(°)；λ 为泥石流体中固相颗粒的线浓度。

沿控制体运动方向的离散应力和离散剪应力分别为

$$f_{\text{s}21} = 0.013\rho_\text{s}(\lambda d_\text{e})^2\left(\frac{\text{d}v_\text{s}}{\text{d}y}\right)^2 \tag{1.84}$$

$$f_{\text{s}22} = 0.028\rho_\text{s}(\lambda d_\text{e})^2\left(\frac{\text{d}v_\text{s}}{\text{d}y}\right)^2 \tag{1.85}$$

则

$$f_{\text{s}2} = 0.041\rho_\text{s}(\lambda d_\text{e})^2\left(\frac{\text{d}v_\text{s}}{\text{d}y}\right)^2 \tag{1.86}$$

综上可见，控制体表面固相和液相的平均表面力计算式分别为

$$f_{\text{s}1} + f_{\text{s}2} = \frac{3\alpha(1-2\alpha)}{2d_\text{e}}P + 0.041\rho_\text{s}(\lambda d_\text{e})^2\left(\frac{\text{d}v_\text{s}}{\text{d}y}\right)^2 \tag{1.87}$$

$$f_\text{f} = f_{\text{s}1} + f_{\text{s}2} = -\frac{4}{5}a^2\rho_\text{f}k^2d_0^5 - ab\rho_\text{f}k^2d_0^4 - \frac{1}{3}\rho_\text{f}k^2d_0^3 + \mu ad_0^2$$
$$+ (\tau_\text{B} + \mu b)d_0 - \frac{3\alpha(1-2\alpha)}{2d_\text{e}}P \tag{1.88}$$

4) 求解

从连续性方程可见，计算的分相流速为常数。这里仅以泥石流定常流动且泥石流浆体从泥石流沟床至泥石流体表面呈线性分布为例进行求解分析，据此，可将式 (1.88) 简化为

$$f_\text{f} = (\tau_\text{B} + \mu b)d_0 - \frac{3\alpha(1-2\alpha)}{2d_\text{e}}P \tag{1.89}$$

把式 (1.72) 和式 (1.87) 代入式 (1.65)，且不考虑固相颗粒沿泥石流体深度方向的变化，则

$$\rho_\text{s}v_\text{s}\frac{\text{d}v_\text{s}}{\text{d}x} = \alpha(\rho_\text{s} - \rho_\text{f})g\cos\theta + \frac{3\alpha(1-2\alpha)}{2d_\text{e}}P - \alpha\frac{\text{d}P}{\text{d}x} \tag{1.90}$$

1.2 泥石流流速

把式 (1.69) 和式 (1.89) 代入式 (1.66),可得

$$\rho_f v_f \frac{dv_f}{dx} = \rho_f g \cos\theta + (\tau_B + \mu b)d_0 - \frac{3\alpha(1-2\alpha)}{2d_e}P - (1-\alpha)\frac{dP}{dx} \quad (1.91)$$

将式 (1.90) 乘以 $(1-\alpha)$,式 (1.91) 乘以 α,两式相减消除 $\dfrac{dP}{dx}$ 项并整理得

$$\frac{1}{2}\frac{d}{dx}[(1-\alpha)\rho_s v_s^2 - \alpha\rho_f v_f^2] = \alpha[(1-\alpha)\rho_s - (2-\alpha)\rho_f]g\cos\theta$$
$$- \alpha(\tau_B + \mu b)d_0 + \frac{3\alpha(1-2\alpha)}{2d_e}P \quad (1.92)$$

令

$$A = 2\left\{\alpha[(1-\alpha)\rho_s - (2-\alpha)\rho_f]g\cos\theta - \alpha(\tau_B + \mu b)d_0 + \frac{3\alpha(1-2\alpha)}{2d_e}P\right\} \quad (1.93)$$

则式 (1.92) 可简化为

$$\frac{d}{dx}[(1-\alpha)\rho_s v_s^2 - \alpha\rho_f v_f^2] = A \quad (1.94)$$

积分可得

$$(1-\alpha)\rho_s v_s^2 - \alpha\rho_f v_f^2 = Ax + C \quad (1.95)$$

式中,C 为积分常数,当泥石流处于临界运动状态时,$v_s = 0$,$v_f = 0$,因此,$C = 0$,故可将式 (1.87) 表示为

$$(1-\alpha)\rho_s v_s^2 - \alpha\rho_f v_f^2 = Ax \quad (1.96)$$

$$v_f = Mv_s \quad (1.97)$$

其中,M 为泥石流固相和液相的流速比例,为 α 的函数,通过试验确定。通过大量室内试验及现场测试,该比例系数函数为

$$M = (1-\alpha)^{-4} \quad (1.98)$$

把式 (1.97) 代入式 (1.95) 得

$$v_s = \sqrt{Ax/[(1-\alpha)\rho_s - M^2\alpha\rho_f]} \quad (1.99)$$

由式 (1.99) 计算的泥石流固相速度可定义为理论速度,根据陈洪凯等在四川境内的大金河泥石流以及美姑河数十条泥石流的现场观测发现,固相理论速度与实际速度之间存在一定差异,定义差异系数 G 为

$$G = v_s/\bar{v}_s \quad (1.100)$$

式中，$\bar{v}_s$ 为固相实际流速，m/s。

大量的试验表明，固相流速差异系数 G 是泥石流体固相比 α、流通区长度 L 和泥石流体厚度 h 的函数，即

$$G = G(\alpha, L, h) \tag{1.101}$$

陈洪凯等近年来对中国西部 20 余条泥石流进行了调查及观测资料分析，较全面地获取了固相流速差异系数，例如固相比为 0.05 时的差异系数见图 1.56。至此，泥石流体内固相实际流速可由式 (1.94) 确定：

$$\bar{v}_s = v_s/G \tag{1.102}$$

将式 (1.97) 中的固相理论流速替换为实际流速，便可确定泥石流浆体的实际流速，即

$$v_f = M\bar{v}_s \tag{1.103}$$

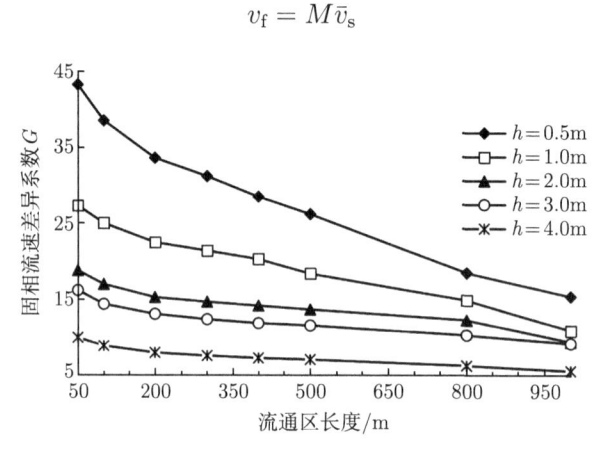

图 1.56 泥石流固相流速差异系数曲线图 ($\alpha = 0.05$)

以四川省凉山彝族自治州境内的西昌—木里干线公路的平川泥石流，美姑县美姑河流域牛牛坝泥石流，以及新疆天山公路 K631 泥石流为例，3 条泥石流现场观测平均速度分别为 9.70m/s、11.56m/s 和 11.60m/s。通过现场采集泥石流沉积物进行分析，获取相应参数，计算结果与实际情况具有较好的一致性 (表 1.18)。

表 1.18　几条泥石流的固液分相流速计算结果

泥石流沟名称	固相比 α	固相密度 /(g/cm³)	液相密度 /(g/cm³)	等效粒径 /cm	现场观测平均流速/(m/s)	本书计算结果/(m/s) 固相流速	液相流速
平川泥石流	0.0497	2.4	1.50	8.16	9.70	9.19	11.30
牛牛坝泥石流	0.0611	2.3	1.43	12.51	11.56	10.95	14.09
天山公路 K631 泥石流	0.0902	2.5	1.66	10.33	11.60	8.37	12.22

该方法具有两个显著优点：

(1) 可同时适用于黏性泥石流和稀性泥石流的固液分相流速计算；

(2) 可在泥石流爆发以后反算泥石流爆发期间的固液两相实际流速，因为该方法所需的所有参数均易于在泥石流爆发以后获取，例如泥石流爆发期间的流体深度可通过沟岸泥位确定，固相比、固液两相密度及浆体相关参数可通过泥石流沉积物取样进行室内分析确定，而流通区的长度及沟床平均倾角则相对固定。

1.3 泥石流冲击力

1.3.1 经典公式

泥石流冲击力是泥石流动力学的核心内容之一。但是，由于泥石流体物质成分的多相性、泥石流爆发时间的不确定性以及强大的损毁性，泥石流冲击力研究进展缓慢。可将目前常用的泥石流冲击力计算方法概化为 5 种，即现场测试法、流体动压法、船筏撞击法、材料力学法、弹性碰撞法。

1. 现场测试法[6]

我国泥石流冲击力的测试始于 1973~1975 年，采用电感法对云南东川蒋家沟泥石流获得了一些资料。该仪器由传感器、整机和记录等部分组成。当泥石流龙头猛烈地撞击钢盒时 (传感器装在钢盒内并安装在稳固的基岩河岸上或安装于河中心的牢固的墩台上) 便有信号输出，由记录仪自动记录。1975 年共测 69 次，其中龙头正面直接冲击的有 35 次，量级均在 1.950×10^4Pa 以上，这中间有 11 次量级超过 9.2×10^4Pa。分析得知，这 11 次是由于泥石流含有大石块。其余 34 次的量级均小于 1.95×10^4Pa，它们均属壅高冲击和波浪冲击。日本于 1975 年 7 月 13 日和 8 月 23 日在烧岳山上冲沟泥石流观测站采用安装在坝上的压痕计和应变仪观测了泥石流冲击力。应变仪用于测定泥石流碰撞瞬间的动压力，压痕计用于测定泥石流的最大撞击力。压痕计由如下三个部分组成：一个钢架、一块铝板 (厚 1cm) 和一块装有钢锥的钢压板 (15cm×15cm，厚 2mm)。将钢锥尖插在与压板受到相同方向碰撞力的铝板上。根据校正曲线，测定铝板上压力刻度的直径来估算撞击力的大小 (表 1.19)。表 1.19 中所列撞击力是许多正在运动的石块直接撞击的结果。苏联在这方面也进行了研究。弗列斯曼列出了设计刚性挡坝用的泥石流冲击力 P_d 值 (表 1.20)。

在进行新疆天山公路 K730 坡面泥石流模型试验过程中，运用 DH5937 型动态应变仪及应力传感器测得最大微应变为 20.5με，由于 CL-YB-7/1tW 型传感器系数标定值为 0.008772kN，则得模型试验的泥石流冲击力为 17.985kPa，根据该模型试验相似比为 1:76.8，进而得到实际泥石流冲击力为 1381.25 kPa，与现场推断值基本相符。

表 1.19　压痕计测定值一览表 (1975 年 7 月 13 日和 1975 年 8 月 23 日)

压痕计编号	压痕计测值/($\times 10^4$N /15cm^2)	压痕计换算值/($\times 10^4$Pa)	龙头速度/(m/s)
1	0.18	120	6.0
2	0.07	46.6	6.0
3	0.08	53.3	6.0
4	4.84	3226	6.0
5	1.84	1226	3.3
6	0.77	513	3.3
7	0.66	440	3.3
8	0.88	586	3.7
9	0.86	573	3.3

表 1.20　泥石流冲击力 P_d 值

泥石流规模	泥石流最大泥深/m	石块最大粒径/m	冲击力/kPa
小规模	<2.0	<0.5	50~60
中等规模	2.0~3.0	<0.7	70~80
大规模	3.0~5.0	<1.5	90~100
更大规模	5.0~10.0	<3.0	110~150
特大规模	>10.0	>3.0	150~300

2. 流体动压法

根据流体力学，流体动压力公式一般为

$$P = \gamma_c v_c^2 \tag{1.104}$$

式中，γ_c 为泥石流体的平均容重，kN/m^3；v_c 为泥石流体的平均流速，m/s；P 为单位面积上的流体压力，Pa。

式 (1.104) 对于一般均匀流比较适用，而对于泥石流，则计算值偏小很多。康志成等根据云南蒋家沟 1974~1975 年冲击力测试资料对式 (1.104) 进行了修正，表达式为

$$P = k\gamma_c v_c^2 \tag{1.105}$$

式中，k 为泥石流不均匀系数，取值范围为 2.5~4.0；其余物理量含义同前。

3. 船筏撞击法

由于泥石流的冲击力比水流大得多，在成昆、东川等铁路线上，有多处桥梁、墩台被冲断。在泥石流沟中的桥梁墩台设计时，冲击力为主要横向设计荷载。陈光曦等和王继康引用桥梁设计规范中的船筏撞击力公式，计算单个巨石的撞击力，分析成昆铁路利子依达、东川达德两桥墩台被泥石流撞断事件，与实情吻合良好，

1.3 泥石流冲击力

认为目前在泥石流冲击力公式尚不完备之前，暂行采用船筏撞击力公式计算泥石流冲击力较为适用，主要针对块石撞击。冲击力表达式为

$$P = \gamma_0 v_c \sin\alpha \sqrt{\frac{W_0}{c_1+c_2}} \tag{1.106}$$

式中，P 为泥石流巨石集中冲击力，N；γ_0 为动能折减系数，对圆端属正面撞击取 0.3；W_0 为单位块石的质量，kg；α 为桥墩受力面与泥石流冲击力方向的夹角，(°)；c_1 和 c_2 为巨石及桥梁墩台圬工材料的弹性变形系数，m/kN，这里采用船筏与墩台撞击的数值，$c_1+c_2=0.005$。

4. 材料力学法[8]

根据材料力学对受力构件的冲击荷载理论，将受力构件分为悬臂梁和简支梁两种情况，建立泥石流中大石块的冲击力计算式。

(1) 大石块冲击悬臂梁的冲击力计算式为

$$P = \sqrt{\frac{3EIv_cQ}{gL^3}} \tag{1.107}$$

式中，E 为构件的弹性模量，kPa；I 为惯性力矩，m^4；Q 为石块重量，kN；L 为构件的长度，m；其余物理量含义同前。

(2) 大石块冲击简支梁的冲击力计算式为

$$P = \sqrt{\frac{48EIv_cQ}{gL^3}} \tag{1.108}$$

式中物理量含义同前。

5. 弹性碰撞法

将泥石流对防治结构或沟岸的冲击问题简化为碰撞问题。按弹性球的冲击理论，两球相冲击时 (图 1.57) 其冲击力表达式为

$$F_c = na^{3/2} \tag{1.109}$$

式中，

$$n = \sqrt{\frac{16R_{s1}R_{s2}}{9\pi^2(k_1+k_2)^2(R_{s1}+R_{s2})}}, \quad k_1 = \frac{1-\mu_1^2}{\pi E_1}, \quad k_2 = \frac{1-\mu_2^2}{\pi E_2},$$

$$a = \left(\frac{5v_{12}^5}{4n_1 n}\right)^{\frac{2}{5}}, \quad n_1 = \frac{m_1 + m_2}{m_1 m_2}$$

其中，F_c 为冲击力，kPa；R_{s1} 和 R_{s2} 分别为球 1 和球 2 的半径，m；μ_1 和 μ_2 分别为球 1 和球 2 材料的泊松比；E_1 和 E_2 分别为球 1 和球 2 材料的弹性模量，kg/m^2；v_{12} 为两球的相对速度，$v_{12} = v_{s1} + v_{s2}$；m_1 和 m_2 分别为球 1 和球 2 的质量，kg。

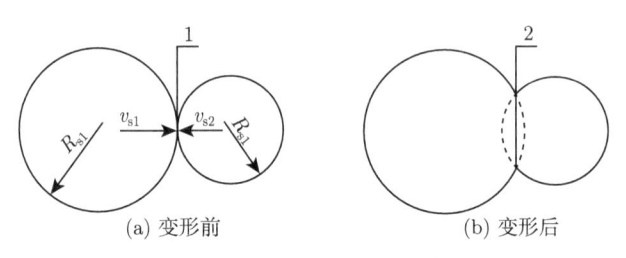

图 1.57　弹性球的冲击力
1-接触点；2-接触面

泥石流中大石块对构件的冲击，相当于一个弹性球与另一个速度为零而半径和质量均十分巨大的球相冲击，则式 (1.109) 中的 n 简化为

$$n = \sqrt{\frac{16R_{s2}}{9\pi^2(R_1 + R_2)^2}} \tag{1.110}$$

实际上，泥石流体中大块石对结构或岸坡的冲击，不完全符合弹性假定，接触面会发生断裂、摩擦、微小凹凸破坏以及流体压力的缓冲作用等，应考虑修正系数 k_c，则

$$F_c = k_c n a^{3/2} \tag{1.111}$$

式中，k_c 根据实验和野外实测资料确定，一般取 0.2。

1.3.2　地貌形迹法

大量调查显示，每次泥石流活动后均会在防治结构或泥石流沟岸坡形成大量的冲击形迹，如冲击坑、冲蚀槽等，也会在泥石流沟内残留大量的沉积物，因此，把泥石流体概化为固、液两相流体，根据泥石流分相流速计算理论建立泥石流两相冲击力计算方法，并由泥石流冲击形迹计算泥石流冲击时间[13]，可以有效地弱化现有冲击力计算的不确定性，并且可以在泥石流爆发后根据现场调查、取样分析来计算泥石流活动期间的冲击力及冲击时间长短。

1.3 泥石流冲击力

1. 泥石流冲击机理与冲击形迹

根据 1999~2002 年雨季对四川省西昌至木里公路平川泥石流汇流槽的大量现场观测 (图 1.58) 可见，泥石流在冲击汇流槽时，表层泥石流体具有壅高现象，一般壅高 0.8~1.0m。壅高流体内富含固相颗粒，颗粒近似呈抛物线向上游抛出而形成与汇流槽垂直方向的近似纵向颗粒及浆体环流，并在流速沿着汇流槽切线方向按照非定型路径进入速流槽。汇流槽前泥石流体通常形成顺时针环流和逆时针环流，分界点一般在泥石流体深度的三分之二处，其上为顺时针环流，其下为逆时针环流。顺时针纵向环流从泥石流体表层向下逐渐减弱，逆时针环流内固相颗粒近似呈 S 形，沿着流体地层偏转进入速流槽。逆时针纵向环流对泥石流沟床具有较强的掏蚀作用，可视为局部侵蚀，平川泥石流汇流槽前的掏蚀坑在接近速流槽部位为最大，深度最大可达 20cm。掏蚀坑在汇流槽前基本连通形成一条沟道，向速流槽方向倾斜，宽度在汇流槽末端为 10cm 左右，而在与速流槽交接部位可达 1.4m。

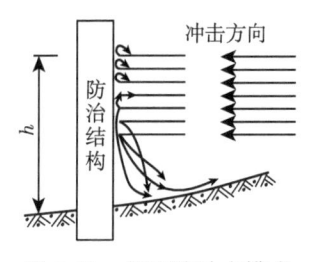

图 1.58 泥石流冲击模式

每次泥石流后，在防治结构面墙或泥石流沟岸均会留下大量的冲击形迹，在防治结构面墙形成的冲击形迹可称为冲击坑 (图 1.59)；在岸坡脚形成的冲击形迹可称为冲蚀槽 (图 1.60)。平川泥石流 2003 年 7 月发生时，在汇流槽墙面产生了 32 个冲击坑，冲击坑深度为 0.35~0.44cm，坑口长轴和短轴分别为 3.1~4.8cm 和 1.4~2.3cm；西昌至木里公路的小关沟泥石流 1998 年爆发时，在沟岸产生数十个冲蚀槽，槽深度为 80~160cm，槽长度为 135~490cm，槽高度为 90~272cm。

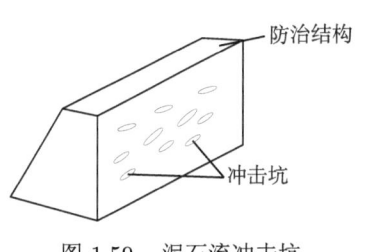

图 1.59 泥石流冲击坑

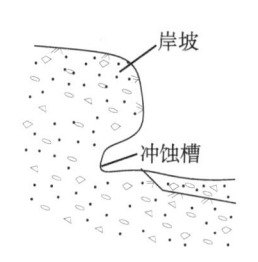

图 1.60 泥石流冲蚀槽

2. 基本假定

(1) 把泥石流中粒径大于 2mm 的固相颗粒视为固相物质，其余视为等效浆体，即把泥石流体概化为由等效均质浆体和粒径相同的固相颗粒组成的两相流体。

(2) 把泥石流体视为与沟床平行的一维两相流运动体系，固、液两相的运动速度分别为 v_s 和 v_f，并且固、液两相以相同的角度冲击防治结构和岸坡。

(3) 泥石流在运动过程中，不考虑外部质量源，即不考虑岸坡对泥石流体的物源补给，泥石流在沟槽内冲淤平衡。

(4) 把冲击坑和冲蚀槽等冲击形迹概化为半椭圆球体，其长轴、短轴和深度分别用变量 a_c、b_c 和 c_c 表示。冲击形迹坑口面积 A_k 和坑内表面积 S_k 分别由式 (1.112) 和式 (1.113) 计算：

$$A_k = \frac{1}{4}\pi a_c b_c \tag{1.112}$$

$$S_k = \pi(a_c + b_c)c_c \tag{1.113}$$

3. 泥石流浆体冲击强度

以单位体积的泥石流液相浆体为控制体，其在防治结构表面的最大冲击面积约为 3.9 m²。令泥石流液相浆体的密度和运动加速度分别为 ρ_f 和 a_f，则控制体的质量 m_f 为

$$m_f = \rho_f \tag{1.114}$$

运用牛顿第二定律，则单位承冲面上泥石流浆体冲击强度 q_f 为

$$q_f = 0.2564\rho_f a_f \tag{1.115}$$

式中，ρ_f 的单位为 kg/m³；q_f 的单位为 Pa。

4. 泥石流固相颗粒冲击力

固相加速度计算式为

$$a_s = \frac{G}{M}a_f \tag{1.116}$$

式中，物理量 G 和 M 见 1.2 节。

以单个固相颗粒为分析对象，其质量 m_s 为

$$m_s = \frac{\pi}{6}d_e^2 \rho_s \tag{1.117}$$

运用牛顿第二定律，可得颗粒冲击力 p_{s0} 为

$$p_{s0} = m_s a_s \tag{1.118}$$

式中，p_{s0} 的单位为 N；d_e 为等效颗粒粒径，m。

对于单位冲击面积的泥石流固、液两相流体而言，由于固相比为 α，则含有的固相颗粒数 N_s 为

$$N_s = \frac{4\alpha}{\pi(1+\alpha)d_e^2} \tag{1.119}$$

单位承冲面积上的泥石流固相颗粒冲击力 p_s 由式 (1.120) 计算。

$$p_s = N_s p_{s0} \tag{1.120}$$

式中，p_s 的单位为 Pa。

5. 泥石流两相冲击力综合表示式

防治结构或岸坡表面单位面积承受的泥石流冲击力与泥石流液相浆体冲击力、固相颗粒冲击力等有关，即

$$p = f(q_f, p_s, K_0) \tag{1.121}$$

其显式表达式为

$$p = K_0(q_f + p_s) \tag{1.122}$$

式中，p 的单位为 Pa；K_0 为冲击力显式系数，一般取 500~550，泥石流体黏度越高则取值越大。

6. 泥石流冲击时间

以冲击形迹为分析对象，运用极限平衡理论建立冲击形迹的力平衡方程并据此获得泥石流冲击时间。

$$K_r P A_k T_k \sin\theta = S_k \tau_k \tag{1.123}$$

$$T_k = \frac{S_k \tau_k}{K_r P A_k \sin\theta} \tag{1.124}$$

式中，T_k 为冲击形迹的形成时间，即泥石流冲击时间，s；K_r 为材料承冲系数 (表 1.21)；τ_k 为冲击形迹抗剪强度，kPa；θ 为泥石流冲击方向与承冲面法向之间的夹角，(°)。值得指出的是，若冲击形迹是由一次泥石流冲击所产生，则由式 (1.124) 计算的时间即为一次泥石流冲击时间；若冲击形迹由多次泥石流冲击形成，则由式 (1.124) 计算的时间为泥石流累计冲击时间。

表 1.21 主要材料承冲系数

材料类型	C30 混凝土	C25 混凝土	C20 混凝土	M10 浆砌石	岩质岸坡	土质岸坡
承冲系数	1.07×10^{-3}	1.32×10^{-3}	2.54×10^{-3}	3.91×10^{-3}	1.78×10^{-3}	0.03×10^{-3}

以平川泥石流 2003 年形成的冲击坑和小关沟泥石流 1998 年形成的岸坡冲蚀槽为例，这两条泥石流均为稀性泥石流，选用其中最大的冲击坑和冲蚀槽为分析对象。冲击坑深度 0.44cm，坑口长轴和短轴分别为 4.8cm 和 2.3cm；冲蚀槽槽深度 160cm，槽长度 490cm，槽高度 272cm。相关参数及计算结果见表 1.22。可见，用地貌形迹法计算的泥石流冲击力与实测值具有较好的一致性。

表 1.22 平川泥石流和小关沟泥石流冲击计算结果

参数及计算	α	ρ_s /(kg/m³)	ρ_f /(kg/m³)	d_e /cm	h /m	θ /(°)	a_f /(m/s²)	冲击形迹 A_k/m²	冲击形迹 S_k/m²	冲击计算结果 P/kPa	冲击计算结果 T_k/h	P 的实测值[8]/kPa
平川泥石流	0.0497	2400	1500	8.16	2.2	32	11.7	8.6×10^{-4}	9.8×10^{-4}	2917	2.85	2839
小关沟泥石流	0.0461	2418	1457	11.20	3.1	46	12.4	10.47	38.30	7022	1.12	6982

1.3.3 龙头压胀模型

作为地球表面一种典型的动力地貌过程及地质灾害类型，泥石流的研究与防治是山区国民经济建设及可持续发展的重大关键问题之一。泥石流的运动速度、冲击与磨蚀等构成泥石流动力学核心理论框架，其核心是泥石流龙头的孕育、演化及其动力效应。为什么泥石流会产生阵性运动？为什么泥石流沉积相常呈现典型的逆序结构？为什么泥石流体表面的粗大颗粒在泥石流运动过程中经常悬浮不沉且上下浮动？这些都是研究泥石流龙头时无法回避的问题。

从 20 世纪 90 年代以来，国内外学者在泥石流龙头研究方面取得了长足进展，例如，康志成等基于对东川蒋家沟泥石流的长期观测，勾画出了泥石流的阵性流态及龙头结构特征，将龙头分为逆坡型、直立型和正坡型三类；魏鸿通过水石流室内模型试验，运用压力波理论结合颗粒流的应力关系建立了龙头冲击力计算方法，并把泥石流龙头分为无潜流和有潜流两类；费祥俊和舒安平认为泥石流体表面的粗大颗粒悬浮在泥石流体表面更多地属于一种假象，悬浮在泥石流体表面的粗颗粒物质实际上是孔隙率较高的泥团块体；钱宁和万兆惠认为粗大颗粒主要借助于浮力悬浮于泥石流体，但 Iverson 和 Wang 等更强调孔隙压力的作用，认为黏性泥石流体中附加孔隙压力可以浮托固体总重量的 92.29%；Iverson 认为泥石流颗粒流模型存在 "巴西坚果 (Brazil-nut) 效应"，并认为该效应揭示了泥石流的动力分选机理，据此可以描述泥石流体的逆序结构，同时，强调了孔隙压力对固相颗粒之间摩擦作用的影响，认为泥石流头部聚集大量的粗大颗粒主要是由于分选较差的泥石流体与沟床之间的摩擦作用增强；Ilstad 等认为泥石流龙头后部一定区域可代表典型的黏塑性流，具有较高的孔隙压。显然，目前在泥石流龙头机理方面的研究仍然处于探索阶段，泥石流龙头的"阵性"、"逆序结构"和"颗粒浮动"等问题仍然有待进一步研究解释。

本书假定泥石流龙头内部存在压胀核，并从压胀核的产生及演化过程来探索、解释泥石流龙头的一些基本特征。

1. 泥石流龙头形成的一般描述

一般而言，泥石流龙头形成过程可分为四个阶段，即泥石流匀速流动阶段、差异流动阶段、初始龙头形成阶段和间歇龙头形成阶段 (图 1.61)。事实上，阶段一在实际情况中难以出现，泥石流在形成过程中总会受到体外固相、液相物质的非匀速性补给，因此，阶段二处处存在、时时存在。只要运动中的泥石流体处于阶段二后，泥石流体受沟谷弯直程度、沟床糙率大小的影响就会日益显著，泥石流体内必然出现时快时慢的运动景观，此时，阶段三易于出现。阶段三的进一步发育，便达到阶段四。泥石流体浆体黏度越大，出现阶段四的概率便越大。康志成等更多的是强调泥石流体的间断性物源补给造成泥石流阵性现象，钱宁等认为物源从支沟补给泥石流的非同步汇聚以及泥石流体铺床作用是产生阵性流的动力机理。

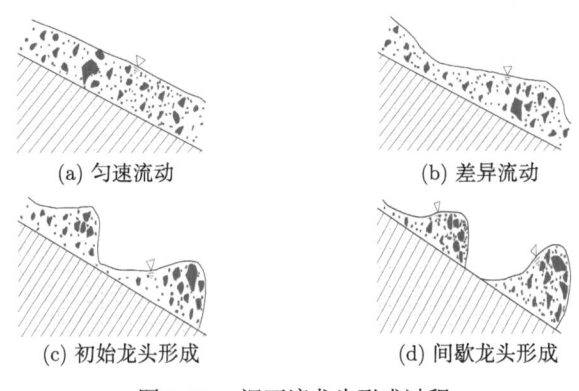

图 1.61　泥石流龙头形成过程
(a) 匀速流动　(b) 差异流动　(c) 初始龙头形成　(d) 间歇龙头形成

与泥石流阵性相伴的便是龙头的出现与消亡，室内模型试验可以清楚地观测到泥石流阵性运动过程中出现的龙头，从沉积扇也可以观测到泥石流运动的阵性波纹 (图 1.62)，沉积区内的阵性特征通常会以蠕动性波纹记录。显然，目前在泥石流龙头形成方面的认识与实际情况尚有较大差异。

2. 泥石流龙头压胀机理[14]

泥石流运动过程中，沟床糙率大小的改变以及泥石流体内固相物质的非均匀性补给，会导致泥石流体固液分相流速的差异，进而导致固相颗粒对液相浆体的流动阻力的显著增大，使泥石流产生局部压胀效果。首先将这一部分产生压胀效果的泥石流体抽象假设成一个压胀核，在压胀核的内部存在大量的微小气核，由于泥石流中固液两相物质的可压缩性非常小，所以压胀核的压胀机理实际等同于众多微小气核压胀效果的集合，进一步得出泥石流龙头宏观的压胀机理。

图 1.62　天山公路 K630 泥石流阵性波纹

泥石流沟内匀速流动的泥石流体中，由于沟床阻力的改变以及固液两相物质的不均匀补给，会在泥石流的局部区域内形成压胀核，如图 1.63(a) 所示。在泥石流中，位于后方的浆体的运动速度远大于前面固相颗粒的运动速度，这样泥石流浆体对压胀核提供连续不断的作用力，压胀核开始逐渐压缩，在压胀核内存在的很多高压气核也开始不断地压缩积累能量，此过程如图 1.63(b) 所示，当压胀核内的高压气核积累的能量达到使其溃灭的程度时，气核发生溃灭进而导致压胀核溃灭，对周围的泥石流体释放巨大的能量，固相颗粒向四周运动，此过程如图 1.63(c) 所示。由于压胀核的下部和后部方向的液相浆体对压胀核施加很大的作用力，所以泥石流固相颗粒主要向压胀核的上部表层和前面运动，如图 1.63(d) 所示。压胀冲击力使大颗粒获得更大的向上举力，包括压胀冲击力及细小颗粒高速向上运动产生的冲击力，且后续压胀核外液相浆体快速填充压胀核溃灭形成的准真空区，其效果便产生了泥石流龙头，与此同时出现了泥石流阵性流中断流或缩颈现象。

经过一定时间的动力筛选，泥石流龙头部位的固相颗粒不断聚集，对后续浆体的阻力逐渐增大，使泥石流局部区域产生压胀效果，形成下一个压胀核，压胀核又经过压缩、溃灭等过程，如此规律不断地循环，泥石流龙头的产生与消亡，导致黏性泥石流运动中出现明显的阵性特征，符合泥石流实际观测中的运动形态。

可见，泥石流龙头的形成与消亡，本质上即是压胀核能量聚集与突然释放的过程。压胀核形成时间即为相邻两个龙头出现的间隔时间。压胀核爆炸溃灭属于瞬时行为，是龙头突然增高、泥石流体突然加速过程的开始，也是龙头固相物质

1.3 泥石流冲击力

聚集于表层和前部且呈现沉积物逆序结构的动力机理。

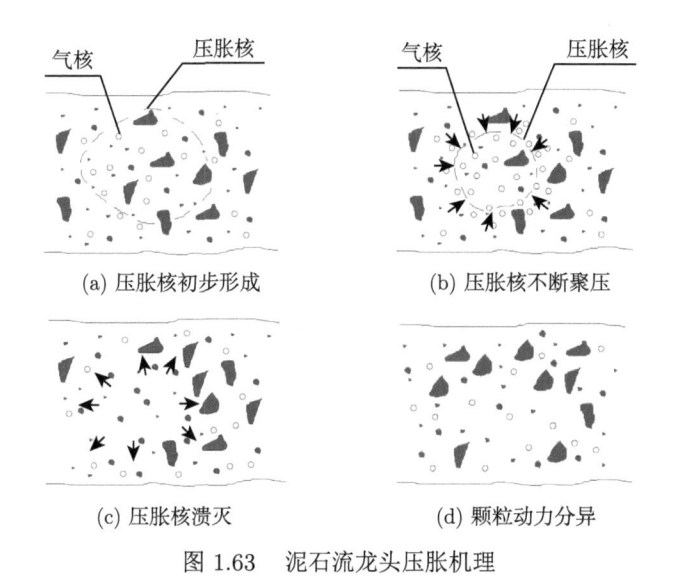

(a) 压胀核初步形成　　(b) 压胀核不断聚压

(c) 压胀核溃灭　　(d) 颗粒动力分异

图 1.63　泥石流龙头压胀机理

3. 压胀核内单一高压气泡的物理力学模型

1) 单一高压气泡力学模型分析

在压胀核内部单一高压气泡的力学模型如图 1.64 所示。球体的初始半径为 R_0，其可以通过现场样本测量确定，在理论分析中可以假设其为已知值；P_0 为气泡所处泥石流浆体环境的初始相对压强值，可通过压力传感器很容易测得，故在分析中认为 P_0 为已知值；P_g 为气泡内的气体相对压强；σ 为气泡所处泥石流浆体的表面张力系数。

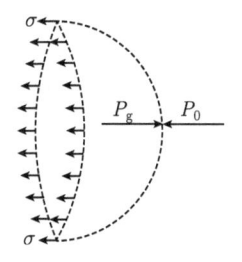

图 1.64　单一气泡力学模型

2) 单一高压气泡物理模型分析

根据瑞利 (Rayleigh) 方程式的理论推导，得出考虑气体表面张力的气泡运动微分方程式：

$$R \cdot \ddot{R} + \frac{3}{2}\dot{R}^2 = \frac{P_\infty - P_g}{\rho_L} + \frac{2\sigma}{R \cdot \rho_L} \tag{1.125}$$

式中，R 为气泡的半径，m；P_g 为气泡内气体的相对压强，kPa；P_∞ 为距离气泡无限远处的相对压强，kPa，P_∞ 很小可以忽略不计；ρ_L 为气泡所在泥石流浆体环境的密度，kg/m^3。

因为气泡的压缩溃灭过程是快速进行的，整个过程时间比较短，故气泡溃灭过程可以视为理想气体的绝热过程。

$$P_g = P_{g0} \cdot \left(\frac{R_0}{R}\right)^{3v} \tag{1.126}$$

式中，v 为气体的绝热指数；P_{g0}、R_0 分别为气泡溃灭初始状态的气体相对压强 (kPa) 和初始半径 (m)；P_g、R 分别为变化着的气体压强 (kPa) 和气泡半径 (m)。

根据式 (1.125) 和式 (1.126)，计算 R 对时间 t 的 1 阶导数和 2 阶导数，由于

$$R \cdot \ddot{R} + \frac{3}{2}\dot{R}^2 = \frac{1}{2R^2 \cdot \dot{R}} \cdot \frac{\mathrm{d}}{\mathrm{d}t}(R^3 \cdot \dot{R}^2) \tag{1.127}$$

将式 (1.127) 代入式 (1.125)，可以得

$$\frac{1}{2R^2 \cdot \dot{R}} \cdot \frac{\mathrm{d}}{\mathrm{d}t}(R^3 \cdot \dot{R}^2) = -\frac{P_{g0} \cdot \left(\frac{R_0}{R}\right)^{3v}}{\rho_L} + \frac{2\sigma}{R \cdot \rho_L} \tag{1.128}$$

$$\frac{\mathrm{d}(R^3 \cdot \dot{R}^2)}{\mathrm{d}t} = \left(-\frac{2P_{g0} \cdot R_0^{3v}}{\rho_L} \cdot R^{2-3v} + \frac{4\sigma \cdot R}{\rho_L}\right)\frac{\mathrm{d}R}{\mathrm{d}t} \tag{1.129}$$

$$\int_{R_0}^{R} \mathrm{d}(R^3 \cdot \dot{R}^2) = \int_{R_0}^{R} \left(-\frac{2P_{g0} \cdot R_0^{3v}}{\rho_L} \cdot R^{2-3v} + \frac{4\sigma \cdot R}{\rho_L}\right) \mathrm{d}R \tag{1.130}$$

$$R^3 \cdot \dot{R}^2 - R_0^3 \cdot \dot{R}_0^2 = -\frac{2P_{g0} \cdot R_0^{3v}}{\rho_L} \cdot \frac{1}{3-3v} \cdot (R^{3-3v} - R_0^{3-3v}) + \frac{2\sigma(R^2 - R_0^2)}{\rho_L} \tag{1.131}$$

因为当 $t = 0$ 时，$R = R_0$，$\dot{R}_0 = \ddot{R}_0 = 0$，所以可得

$$\dot{R} = \left[\frac{2P_{g0} \cdot R_0^{3v}}{\rho_L} \cdot \frac{1}{3-3v}\left(\frac{R_0^{3-3v}}{R^3} - R^{-3v}\right) + \frac{2\sigma}{\rho_L}\left(\frac{1}{R} - \frac{R_0^2}{R^3}\right)\right]^{0.5} \tag{1.132}$$

$$\ddot{R} = \frac{P_{g0} \cdot R_0^{3v}}{(3-3v) \cdot \rho_L} \cdot \left(3v \cdot R^{-3v-1} - \frac{3R_0^{3-3v}}{R^4}\right) - \frac{\sigma}{\rho_L}\left(\frac{1}{R^2} - \frac{3R_0^2}{R^4}\right) \tag{1.133}$$

1.3 泥石流冲击力

式中，v 为气体的绝热指数，正常空气的绝热指数理论上为 1.40 左右，但随着气体内水蒸气含量的增加，其绝热指数值会降低，故本问题近似选取 v 为 4/3，将 v 值代入式 (1.132) 和式 (1.133) 中可得

$$\ddot{R} = \frac{P_{g0} \cdot R_0^4}{\rho_L} \cdot \left(\frac{3}{R_0 \cdot R^4} - \frac{4}{R^5} \right) - \frac{\sigma}{\rho_L} \left(\frac{1}{R^2} - \frac{3R_0^2}{R^4} \right) \tag{1.134}$$

$$\dot{R}^2 = \frac{2P_{g0} \cdot R_0^4}{\rho_L} \cdot \left(\frac{1}{R^4} - \frac{1}{R_0 \cdot R^3} \right) + \frac{2\sigma}{\rho_L} \left(\frac{1}{R} - \frac{R_0^2}{R^3} \right) \tag{1.135}$$

在气泡被压缩溃灭的时候，气泡的半径被压缩到理论上的最小值，但不等于 0，所以应求出 $R_{\min}$，当 R 对 t 的一阶导数为 0 时，R 为最小值，接近气核溃灭的瞬间。

当 $\dot{R}_0 = 0$ 时，R 应为最小值，接近气核溃灭的瞬间：

$$\frac{2P_{g0} \cdot R_0^4}{\rho_L} \cdot \left(\frac{1}{R^4} - \frac{1}{R_0 \cdot R^3} \right) = \frac{2\sigma}{\rho_L} \left(\frac{R_0^2}{R^3} - \frac{1}{R} \right) \tag{1.136}$$

$$R^3 - \left(\frac{P_{g0} \cdot R_0^3}{\sigma} + R_0^2 \right) \cdot R + \frac{P_{g0} \cdot R_0^4}{\sigma} = 0 \tag{1.137}$$

根据 MATLAB 软件程序解一元三次方程，解出 $R_{\min}$ 为气泡溃灭时气泡的临界最小半径：

$$R_{\min} = 2\sigma R_0 (\sqrt{\sigma^2 + 4\sigma \cdot P_{g0} \cdot R_0} - \sigma) \tag{1.138}$$

根据式 (1.135) 求出气泡溃灭的时间，假设 $R = R_0 \cdot x^{\frac{1}{3}}$，这里 x 为一个变量，将其代入式 (1.135) 后，求解可得

$$\dot{x} = \frac{\mathrm{d}x}{\mathrm{d}t} = \sqrt{\frac{18P_{g0}}{\rho_L \cdot R_0^2} \cdot (1 - x^{\frac{1}{3}}) + \frac{18\sigma}{R_0^3 \cdot \rho_L} \cdot (x - x^{\frac{1}{3}})} \tag{1.139}$$

因为 $R_{\min}$ 的理论值非常小，将其代入 $x = \left(\frac{R}{R_0} \right)^3$，得 $x_{\min} = \left(\frac{R_{\min}}{R_0} \right)^3$，因此，$x_{\min}$ 的值近似于 0，进而可求出气核溃灭的时间 t 为

$$t = \int_0^1 \frac{1}{\sqrt{\frac{18P_{g0}}{\rho_L \cdot R_0^2} \cdot (1 - x^{\frac{1}{3}}) + \frac{18\sigma}{R_0^3 \cdot \rho_L} \cdot (x - x^{\frac{1}{3}})}} \mathrm{d}x \tag{1.140}$$

单一高压气泡溃灭时，对周围液体环境所做功 A 为

$$A = \int_{R_0}^{R_{\min}} 4\pi R^2 \cdot (-P_{g0}) \cdot \left(\frac{R_0}{R}\right)^4 dR$$

$$= 4\pi P_{g0} \cdot R_0^4 \cdot \left(\frac{1}{2\sigma R_0 \left(\sqrt{\sigma^2 + 4\sigma \cdot P_{g0} \cdot R_0} - \sigma\right)} - \frac{1}{R_0}\right) \quad (1.141)$$

4. 压胀核爆破理论宏观整体分析

一次龙头出现后,压胀核消失,固相颗粒在自重作用下沉降,进而增加了对液相浆体的流动阻力,下一个压胀核因此孕育产生,压胀核经过压缩溃灭后形成下一次龙头。所以,宏观上观测到的泥石流阵流间隔时间即为泥石流压胀核形成、压缩至溃灭全过程的历时。由于压胀核只是一个抽象假设的概念,在压胀核内部均匀分布大量的气核,所有气核压胀爆破的时间虽然不尽相同,但大量气核一同溃灭时间的均值应等同于每一个气核的理论溃灭时间,而压胀核的压胀机理是由众多微小气核压胀效果集合所体现出来的,所以泥石流的阵流时间间隔应与每一个气核压胀溃灭的时间 t 相同:

$$t = \int_0^1 \frac{1}{\sqrt{\frac{18P_{g0}}{\rho_L \cdot R_0^2} \cdot \left(1 - x^{\frac{1}{3}}\right) + \frac{18\sigma}{R_0^3 \cdot \rho_L} \cdot \left(x - x^{\frac{1}{3}}\right)}} dx \quad (1.142)$$

在压胀核中所含气泡多少与泥石流体中的含气率有关,假定一个比例系数 K,并假定其与泥石流体的含气率呈线性关系,所以单位体积的压胀核溃灭对周围液体环境所释放的能量 A 为

$$A = K \int_{R_0}^{R_{\min}} 4\pi R^2 \cdot (-P_{g0}) \cdot \left(\frac{R_0}{R}\right)^4 dR$$

$$= 4K\pi P_{g0} \cdot R_0^4 \cdot \left(\frac{1}{2\sigma R_0 (\sqrt{\sigma^2 + 4\sigma \cdot P_{g0} \cdot R_0} - \sigma)} - \frac{1}{R_0}\right) \quad (1.143)$$

式中,K 为比例系数; P_{g0}、R_0 分别为气泡溃灭初始状态的气体压强 (kPa) 和初始半径 (m); σ 为气泡所处液体的表面张力系数。

5. 泥石流"逆序结构"以及"颗粒浮动"现象解释

泥石流逆序结构 (图 1.65) 及表层固相颗粒浮动现象可以从颗粒受到的浮力及颗粒碰撞等方面进行解释。当泥石流龙头内的压胀核爆炸溃灭后,压胀核区域的液相浆体向四周高速运动,以向泥石流体表层运动方向为主 (图 1.66)。在向表层流动过程中,冲击、携带小粒径的固相颗粒进入上层,增大了该层泥石流体的

1.3 泥石流冲击力

固相浓度，使其平均容重增大，进而提供给较大粒径固相物质的浮力增大。据此规律，泥石流中越近表层，固相浓度越大，进而泥石流体的平均容重越大，能够提供给固相颗粒的浮力便越大。

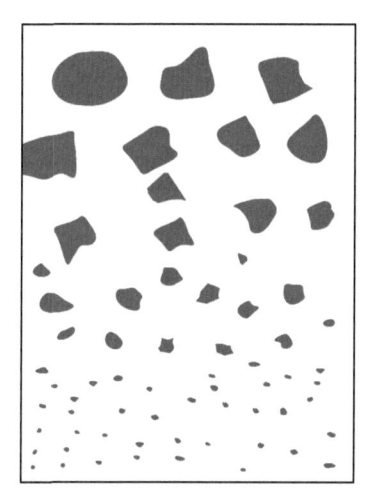

图 1.65　泥石流沉积相逆序结构

(a) 实际泥石流体内　　　　(b) 等效两相流内

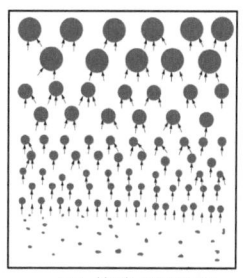

图 1.66　压胀核溃灭后泥石流体内物质运动模式

由于泥石流运动过程中，压胀核的形成与溃灭具有间断性，泥石流表层及近表层平均容重的变化便具有波动性，导致表层及近表层固相颗粒受到的浮力也具有波动性，而由于同一颗粒的重力基本保持不变，浮力与重力相互消长，使固相颗粒在泥石流体中呈现上下浮动的运动状态，此规律与现场观测到的泥石流龙头现象基本一致。

压胀核爆炸溃灭瞬间，龙头内近表层固相颗粒承受 3 个力，即颗粒重力 m、浮力 F' 和超孔隙压力 u。在分析对象区域，包含下一粒径固相颗粒的泥石流体

平均容重为
$$\gamma_c = \alpha\gamma_s + (1-\alpha)\gamma_f \tag{1.144}$$

式中，α 为分析区域的固相比；γ_s 和 γ_f 分别为该区域下一粒径固相和浆体的平均容重，kg/m³。

则颗粒受到的浮力为
$$F' = \frac{\pi}{6}d^3\gamma_f + \frac{\pi}{6}d^3\alpha(\gamma_s - \gamma_f) \tag{1.145}$$

式中，d 为颗粒的粒径，m。

显然，越到泥石流表层，平均容重越大，浮力也越大。

结合 Terzaghi 有效应力原理，则颗粒向上运动的合力 F 为
$$F = F' + N + u - m \tag{1.146}$$

式中，N 为下部颗粒作用在分析颗粒底部的碰撞力 (离散力)。

可见，越接近压胀核的固相颗粒，其粒径越大，受到的固相颗粒碰撞力 N 和压胀核溃灭瞬间产生的超孔隙水压力 u 比次级粒径明显增大。

例如，位于压胀核上部边界的两个固相颗粒 $d_1 = 10\text{cm}$，$d_2 = 5\text{cm}$，$\gamma_s = 24\text{kN/m}^3$，$\gamma_f = 16\text{kN/m}^3$，压胀核溃灭瞬间产生的均布冲击力 $P_0 = 20\text{kPa}$，超孔隙水压力 $u = 10\text{kPa}$，分析两个颗粒受到的冲击力。

对于颗粒 1：$F' = 0.009\text{kN}$，$N + u = 9.425\text{kN}$，$m = 0.0125\text{kN}$，则 $F = 9.4215\text{kN}$。

对于颗粒 2：$F' = 0.001\text{kN}$，$N + u = 4.712\text{kN}$，$m = 0.0016\text{kN}$，则 $F = 4.7114\text{kN}$。

上例表明，压胀核上部颗粒粒径越大，向上运动的牵引力便越大。换言之，粒径越大的固相颗粒越易向泥石流表层运动或浮动。可以推知，当泥石流体中固相颗粒级配良好时，粒径必然会呈现从压胀核顶部向泥石流体表层的逆序结构。

在泥石流体表层，$u = 0$，F' 增大，m 不变，则由式 (1.146) 可见，颗粒向上的合力
$$F = F' + N - m \tag{1.147}$$

由于 $F' - m < 0$，则为了使颗粒不下沉，必须
$$N \geqslant m - F' > 0 \tag{1.148}$$

因此，要使泥石流体表层的固体颗粒不下沉，位于表层的大颗粒必须有足够的来自于下一粒径固相颗粒的碰撞力支撑。显然，在压胀核爆炸溃灭以后，N 逐渐消

1.3 泥石流冲击力

失，必有 $F<0$，即颗粒必然下沉。待下一个压胀循环来临后，再次提供 N，当 N 满足式 (1.148) 时，颗粒便再次上浮。

实例分析可见，粗大颗粒在泥石流体表层上下浮动规律，本质上仍然是泥石流龙头压胀核形成与爆炸溃灭过程产生的颗粒浮力、碰撞力和超孔隙压力共同作用的宏观表象。

6. 算例分析

天山公路 K630 泥石流位于新疆天山公路北段拉帕特流域内，其源头海拔为 4370m，沟口海拔为 2070m，相对高差为 2300m；泥石流沟主沟长为 5850m，流域面积为 7.11km²，沟床平均坡角为 23°，横断面呈 U 形。该泥石流为黏性泥石流，搬运最大石块可达 2.3m×1.1m×0.8m，属于典型的阵性泥石流，其显著的阵流间隔在几十秒到 2min。泥石流沟口沉积扇较大，危害公路长度大约为 400m。计算中运用到的相关参数如表 1.23 所示。

表 1.23　天山公路 K630 泥石流体质量密度及固相比

泥石流沟名称	泥石流体 γ_c	固相 γ_s	液相 γ_f	固相比 α
K630 泥石流	1.924	2.6	1.84	0.1102

质量密度/(t/m³)

已知上述泥石流体的质量密度为 $1.924\times 10^3 \mathrm{kg/m^3}$，由于泥石流体是固、液两相流体，泥石流在发生时经过凸凹不平的沟床，所以泥石流体内气核体积是比较大的，假设泥石流体内气核初始半径 $R_0=10^{-2}\mathrm{m}$，由于气核刚混入泥石流体中其核内压强值与大气压强值非常接近，故气核的初始相对压强 P_{g0} 非常小，我们假设其为 20Pa。

室温下不同液体表面张力系数 σ 如表 1.24 所示，由于上述泥石流为黏性泥石流，所以其浆体的表面张力系数 σ 是比较大的，结合泥石流体中的固相比，我们假定其 $\sigma=200\times 10^{-3}\mathrm{N/m}$，上述泥石流参数均满足实际情况，将其代入公式，求出泥石流的阵流间隔时间 t 为

$$t=\int_0^1 \frac{1}{\sqrt{\frac{18P_{g0}}{\rho_L\cdot R_0^2}\cdot(1-x^{\frac{1}{3}})+\frac{18\sigma}{R_0^3\cdot \rho_L}\cdot(x-x^{\frac{1}{3}})}}\mathrm{d}x$$

$$=\int_0^1 \frac{1}{\sqrt{\frac{18\cdot 20}{1.924\times 10^3\cdot 10^{-4}}\cdot(1-x^{\frac{1}{3}})+\frac{18\cdot 0.2}{10^{-6}\cdot 1.924\times 10^3}\cdot(x-x^{\frac{1}{3}})}}\mathrm{d}x$$

$$\approx 89.7133\mathrm{s}$$

表 1.24　室温下不同液体表面张力参数 σ

物质	水–醚	水–汽油	水	水银
$\sigma/(\text{N/m})$	12.2×10^{-3}	33.6×10^{-3}	73.0×10^{-3}	490×10^{-3}

运用面积法求上式积分，求得上述泥石流阵流时间间隔 t 约为 89.7133s，而实际数据资料显示上述泥石流阵流间隔时间在几十秒到 2min，故运用泥石流龙头压胀机理求得的阵流间隔时间与实际资料相符，从而证明泥石流龙头压胀核压胀爆破机理具有理论科学依据。

第 2 章 泥石流磨蚀理论

2.1 磨蚀试验

2.1.1 试验装置

泥石流磨蚀试验装置，由底座、混凝土试件载物台 (可以转动)、磨蚀转筒、搅拌桨、进料口、出料口等部分组成 (图 2.1)。磨蚀转筒直径 1.2 m，高 1.8 m。混凝土试件载物台分为内外三层载物格，载物格高 15 cm，内环载物格内径 22 cm，外径 46 cm；中环载物格内径 48 cm，外径 72 cm；外环载物格内径 74 cm，外径 98 cm。混凝土试件载物台与搅拌桨转速可调。该试验装置能满足浆体黏度、级配碎石和固相比三要素复合泥石流体对混凝土材料的磨蚀试验要求，试验过程遵循《混凝土物理力学性能试验方法标准》(GB/T 50081—2019)。

图 2.1 泥石流磨蚀试验装置

2.1.2 试验设计

初步研究表明，泥石流磨蚀系数 $=f$ (混凝土强度, 泥石流磨蚀性能)，而泥石流磨蚀性能 = 泥石流物质组成 + 泥石流流速，且泥石流物质组成 = 固相颗粒 (包括颗粒级配和固相比) + 浆体黏度。因此，泥石流磨蚀试验设计包括泥石流浆体、级配碎石、固相比、泥石流流速和混凝土强度五个方面。

1. 泥石流浆体

采用 "高岭土 + 水" 配制泥石流浆体，并用 SNB-2 数字旋转黏度计测定泥石流黏度，例如每 0.5m³ 泥石流浆体需要 312.5kg 高岭土和 375kg 水，浆体黏度为 0.163Pa·s。浆体选取了 0Pa·s、0.067Pa·s、0.163Pa·s、0.29Pa·s 和 0.36Pa·s 共五级。

2. 级配碎石

从天山公路 K630 泥石流、西昌—木里公路平川泥石流、美姑河公路牛牛坝泥石流、川藏公路海通沟泥石流、汶川地震区七盘沟泥石流等 17 条泥石流沟内采集泥石流沉积物进行粒度分析，得到 5 种代表性级配曲线 (图 2.2)，据此配制泥石流固相物质 (图 2.3)。

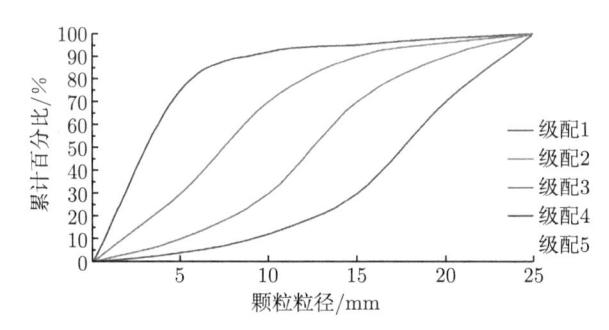

图 2.2 泥石流沉积物代表性级配曲线

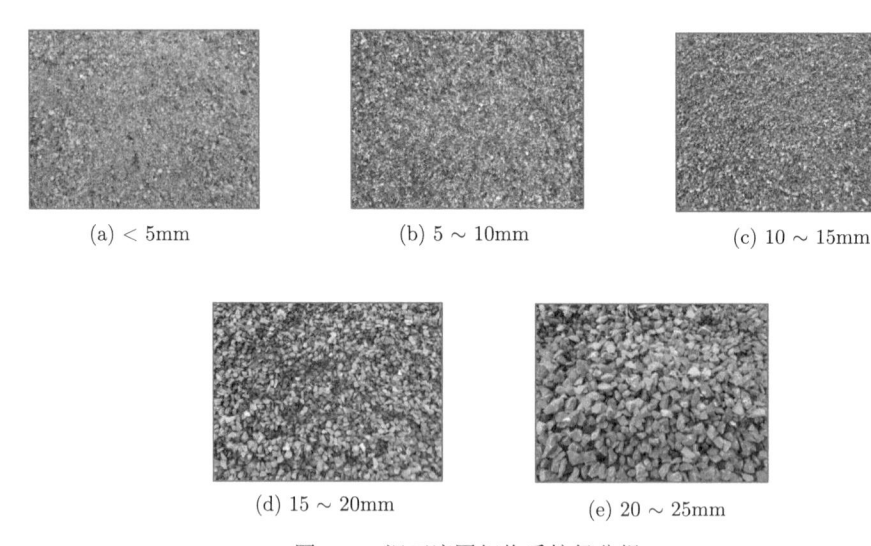

(a) < 5mm

(b) 5 ~ 10mm

(c) 10 ~ 15mm

(d) 15 ~ 20mm

(e) 20 ~ 25mm

图 2.3 泥石流固相物质粒径分组

3. 固相比

针对模型试验每组级配碎石的总质量，拟定固相比。固相比是指级配碎石质量与水的体积百分比，取 0、0.05、0.10、0.20、0.25 和 0.3 共六级。

2.1 磨蚀试验

4. 泥石流流速

如图 2.1 所示，泥石流磨蚀试验装置试件平台分成内环、中环和外环，控制流速分别为 5m/s、8m/s 和 10m/s。

5. 混凝土强度

选用 C20、C25、C30 和 C40 标号混凝土材料，按照国标指定的水泥、碎石、沙和水配合比进行配制。

6. 试验过程

将混凝土制作成环状试件 (图 2.4)。将混凝土试件称重 (m_1)，记录后放置于混凝土试件载物台；将磨蚀转筒与底座栓接，将碎石、水按照试验要求放置于磨蚀转筒内，通过调整混凝土试件载物台与搅拌桨转速控制泥石流的流动速度，并用流速仪测定泥石流的流动速度。磨蚀 25h 后取出，干燥后称重 (m_2)。

$$磨蚀速率 = \frac{m_2 - m_1}{At} \tag{2.1}$$

式中，m_1 为磨蚀前混凝土试件质量，kg；m_2 为磨蚀后混凝土试件质量，kg；A 为磨蚀面面积，m²；t 为磨蚀时间，s。

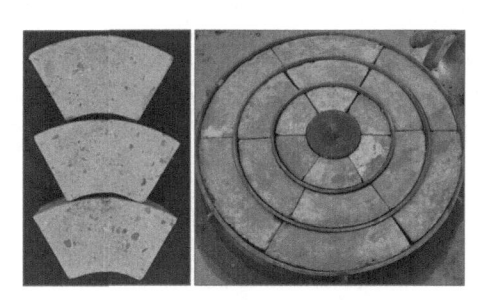

图 2.4 混凝土磨蚀试件

2.1.3 试验结果分析

从 2018 年 12 月至 2022 年 6 月，依据试验工况系统实施了泥石流磨蚀试验，获得了 8 万多个试验数据，如图 2.5 所示。在相同颗粒级配、浆体黏度为 0.067Pa·s、流速为 8m/s 条件下，混凝土材料的磨蚀系数随着固相比增大而增大，混凝土强度等级越低，磨蚀系数越大。固相比为 0.2 时，C20 混凝土材料磨蚀系数是 C40 混凝土的 3.3 倍；固相比为 0.1 时，混凝土材料磨蚀系数存在较明显变化，固相比超过 0.1 后，C30 和 C40 高标号混凝土材料磨蚀系数增大较快，低标号 C20 和 C25 混凝土材料则呈现缓慢增大。

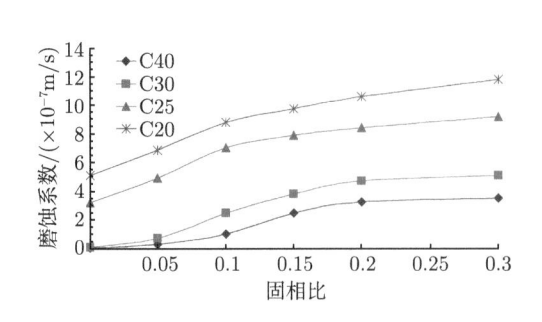

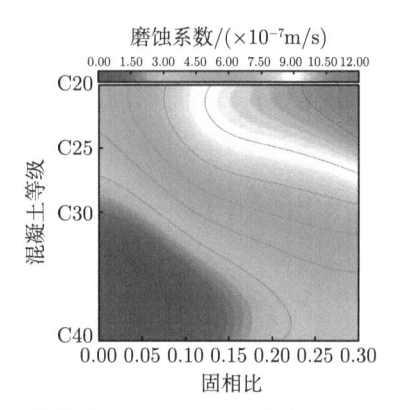

图 2.5　混凝土磨蚀系数随固相比变化曲线 (级配 4，浆体黏度 0.067Pa·s，流速 8m/s)

1. 混凝土材料磨蚀系数对泥石流固相物质的响应特性

在其他参数相同的条件下，泥石流体中固相物质促进混凝土材料磨蚀作用是必然的，混凝土材料磨蚀系数对泥石流固相物质的响应特性主要表现在三方面。

(1) 泥石流固相物质中粗粒含量越多，对混凝土材料的磨蚀作用越强 (图 2.6～图 2.10)。图 2.6 和图 2.7 表征了泥石流固相比 0.05、浆体黏度 0.29Pa·s 和相同流速条件下 C25 和 C20 混凝土材料的磨蚀系数，其随颗粒级配变化的规律是一致的，泥石流流速为 8m/s 时级配 5 的磨蚀系数最大，C25 达到 2.02×10^{-6}m/s，C20 达到 3.56×10^{-6}m/s。图 2.8 和图 2.9 表征的是泥石流固相比 0.2、浆体黏度 0.163Pa·s 和相同流速条件下混凝土材料的泥石流磨蚀系数，泥石流流速为 8m/s 时级配 5 的磨蚀系数最大，C25 为 3.02×10^{-6}m/s，C20 达到 3.46×10^{-6}m/s。

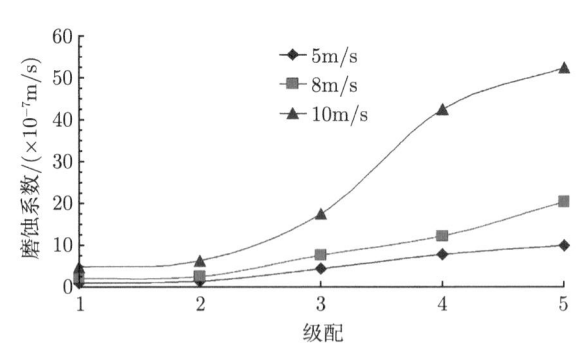

图 2.6　C25 混凝土磨蚀系数随颗粒级配变化曲线 (固相比 0.05，浆体黏度 0.29Pa·s)

(2) 高强混凝土材料对泥石流颗粒级配的敏感性较差。例如 C40 混凝土材料，不同流速下磨蚀系数级配曲线呈现平缓增大趋势，在固相比 0.1、浆体黏度 0.067Pa·s、流速 8m/s 时，级配 1 的磨蚀系数为 1.79×10^{-7}m/s，级配 5 的磨蚀

2.1 磨蚀试验

系数为级配 1 的 2.58 倍,为 4.62×10^{-7}m/s(图 2.10)。而其他标号混凝土材料在级配 3 后均有显著非线性增大趋势,例如 C25 混凝土材料,在固相比 0.2、浆体黏度 0.163Pa·s、流速 8m/s 时,级配 5 的磨蚀系数是级配 1 的 4.06 倍 (图 2.8)。

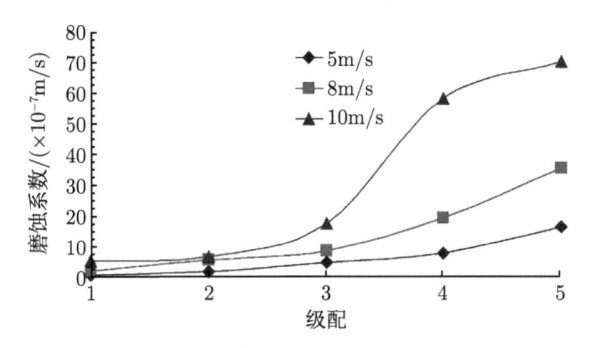

图 2.7　C20 混凝土磨蚀系数随颗粒级配变化曲线 (固相比 0.05,浆体黏度 0.29Pa·s)

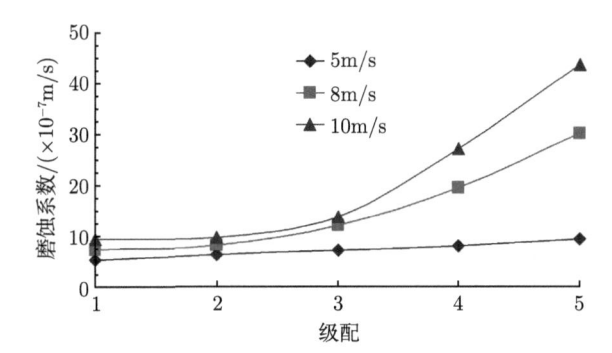

图 2.8　C25 混凝土磨蚀系数随颗粒级配变化曲线 (固相比 0.2,浆体黏度 0.163Pa·s)

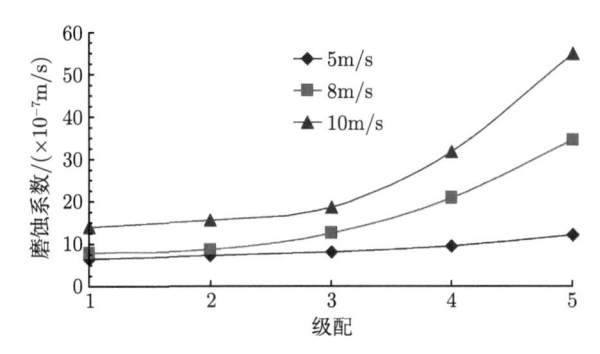

图 2.9　C20 混凝土磨蚀系数随颗粒级配变化曲线 (固相比 0.2,浆体黏度 0.163Pa·s)

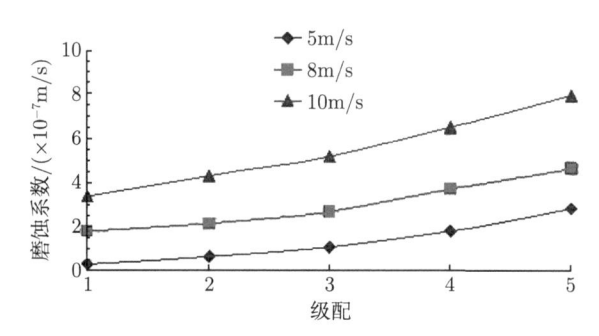

图 2.10　C40 混凝土磨蚀系数随颗粒级配变化曲线 (固相比 0.1，浆体黏度 0.067Pa·s)

(3) 混凝土材料的泥石流磨蚀系数总体随固相比增大而增大，清水 (固相比为 0) 的磨蚀性能最差，固相比 0.05 是一个明显转换点 (图 2.11)。固相比超过 0.05 后，混凝土材料的磨蚀系数呈缓慢增大 (图 2.5 和图 2.11)，例如 C25 混凝土在浆体黏度 0.067Pa·s、级配 4、流速 8m/s 时，清水的磨蚀系数为 3.22×10^{-7}m/s，固相比 0.05 时磨蚀系数为 6.91×10^{-7}m/s，是清水的 2.15 倍；固相比 0.3 时磨蚀系数为 9.18×10^{-7}m/s，是固相比 0.05 时的 1.33 倍。

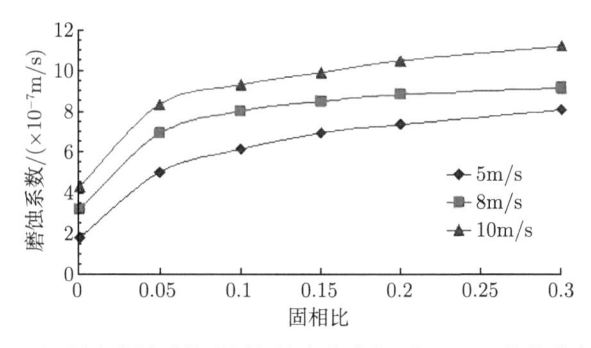

图 2.11　C25 混凝土磨蚀系数随固相比变化曲线 (级配 4，浆体黏度 0.067Pa·s)

2. 混凝土材料磨蚀系数对泥石流浆体的响应特性

在其他参数相同条件下，泥石流浆体黏度对混凝土材料磨蚀特性的影响如图 2.12 和图 2.13 所示，主要体现在两方面。

(1) 混凝土材料磨蚀系数随泥石流浆体黏度的增大呈现典型非线性增大特点，在浆体黏度 0.29Pa·s 处出现峰值，例如 C25 混凝土材料磨蚀系数在级配 4、固相比 0.3、流速 8m/s 时为 2.78×10^{-6}m/s，C20 混凝土则为 3.01×10^{-6}m/s，分别是清水磨蚀系数的 4.95 倍和 4.08 倍。

(2) 在泥石流浆体黏度较小时，混凝土材料的磨蚀系数随浆体黏度增大基本呈线性增加，例如 C25 混凝土材料在浆体黏度 0.067Pa·s、固相比 0.1 的泥石流磨蚀作用下磨蚀系数为 7.04×10^{-7}m/s，是清水工况的 1.82 倍。浆体黏度超过 0.067Pa·s 后，泥石流固相比较小时混凝土材料磨蚀系数随浆体黏度增大变幅较小，固相比较大时磨蚀系数随浆体黏度增大变幅显著增大，例如 C20 混凝土材料，固相比 0.15 时浆体黏度在 0.29Pa·s 时磨蚀系数为 2.58×10^{-6}m/s，是浆体黏度 0.067Pa·s 时的 2.51 倍；固相比 0.2 时磨蚀系数是浆体黏度 0.067Pa·s 时的 4.37 倍。

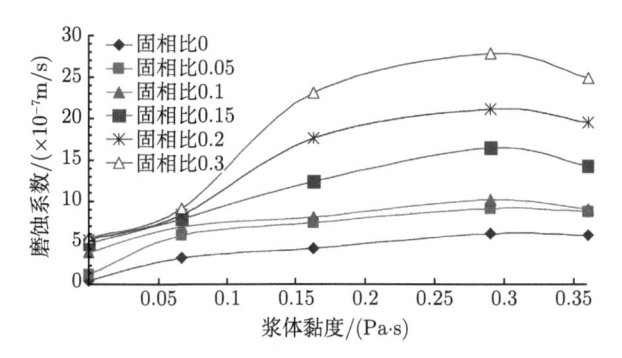

图 2.12　C25 混凝土磨蚀系数随泥石流浆体黏度变化曲线 (级配 4，流速 8m/s)

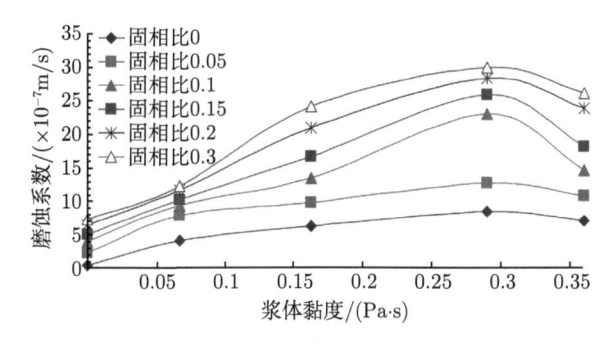

图 2.13　C20 混凝土磨蚀系数随泥石流浆体黏度变化曲线 (级配 4，流速 8m/s)

2.2　磨 蚀 机 制

迄今，在水利水电工程中，高速含沙水流的磨蚀问题受到极大关注，但物质组成、运动力学行为更为复杂的泥石流磨蚀问题长期以来被忽视，研究进展缓慢。泥石流对防治结构及泥石流沟床、沟岸的磨蚀机理可概化为两个方面[15]。

2.2.1 浆体磨蚀机理

泥石流浆体磨蚀与高速含沙水流相似，与浆体中泥沙特性、液流特性和壁面材料特性等因素有关。泥沙特性主要指沙粒成分含量多少、硬度及形状等方面。一般沙粒成分为石英、长石等硬质矿物质时，磨蚀作用强烈；液流特性主要指浆体里的含沙量、浆体流速及冲击方向。含沙量越多、流速越大，则磨蚀作用越强。对于承磨对象，浆体运动有绕流、涡流和脉动三种情况。其中绕流磨蚀主要决定于流体动力的流态，平顺的绕流磨蚀与其挟沙水流流速的平方成正比；当涡流或脉动使泥沙运动轨迹与过流面型线不一致时，会出现冲角入流，冲角不同，则磨蚀程度不同。承磨部位材料特性包括内部组织、成分、表面粗糙度、硬度、屈服强度、破坏强度、冲击阻抗或韧性等方面，材料的组织越密实、结构越均匀、硬度越大，则抗磨性越好；粗糙度越大，则抗磨蚀性能越差；韧性越大，则抗空蚀能力越强。

以防治结构表面磨蚀作用为例，其磨蚀机理表现为：泥石流浆体对结构表面的磨蚀作用是一个复杂的物理力学过程，速流结构壁面混凝土材料的磨蚀性态，是泥石流磨蚀力和材料抗磨蚀力对抗作用的综合反映。结构壁面混凝土的磨蚀作用属于渐变过程，磨蚀首先从混凝土表面的砂浆部分开始，随着表面砂浆逐渐磨蚀掉，粗骨料不断露出表面，此时砂浆和粗骨料共同承担泥石流浆体的磨蚀作用（图 2.14）。由于砂浆和骨料客观存在的耐磨性能差异，耐磨性能较好的粗骨料逐渐凸出，而水泥砂浆则不断磨蚀耗落而形成凹坑，进而使泥石流的磨蚀力主要由凸出的粗骨料承担。随着磨蚀过程的持续，当表面粗糙度增大到粗骨料难以与水泥砂浆连成一体时，粗骨料脱离基体而被冲走，直到下一层粗骨料露出表面，达到新的平衡。如此反复进行，使得壁面混凝土不断被磨蚀。泥石流均质浆体对结构壁面混凝土的磨蚀决定于浆体的运动速度，例如速流结构的速流槽内同一个断面的磨蚀力较为均一，主要表现为浆体对混凝土的表面摩擦力。结构表面混凝土微观尺度的不均质性造就了泥石流体的微尺度紊流，则浆体的磨蚀力出现小尺度变异。

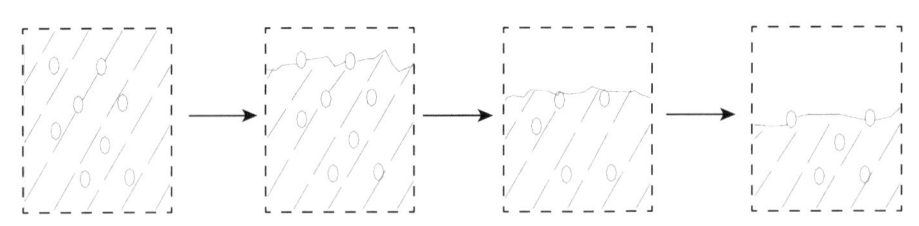

图 2.14 泥石流浆体的磨蚀作用

2.2.2 颗粒切削机理

泥石流两相流体中固相颗粒对结构表面混凝土及沟床与岸坡主要产生切削作用，其原因是面对承磨壁面介质的初始不均质性或砂浆被泥石流浆体磨蚀后出露的微凸起，在高速运动的泥石流固相颗粒冲击作用下发生切削 (图 2.15)。通常，泥石流固相颗粒随机地冲击壁面。对壁面而言，冲击力可分解为法向分力和切向分力。在法向分力作用下，颗粒的棱角刺入承磨介质表面；在切向分力作用下，颗粒沿平行于承磨介质表面滑动，带有锐利棱角并具有适合迎角的颗粒能切削表面而形成切屑，在切削过程中使混凝土表面材料产生一定程度的塑性变形或脆断。

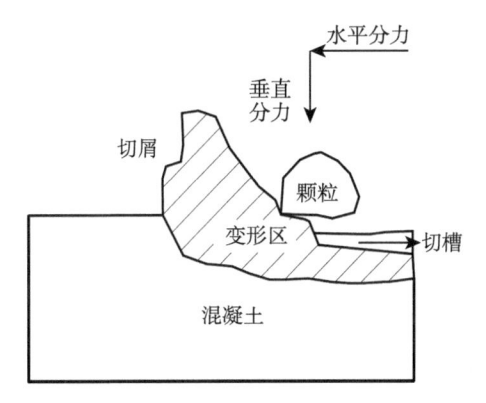

图 2.15 泥石流固相颗粒的切削作用

2.3 磨蚀力

2.3.1 液相浆体磨蚀力

沿速流槽取单位长度的泥石流浆体为分析对象 (图 2.16)，假定同一个横断面的泥石流体流速分布均匀。

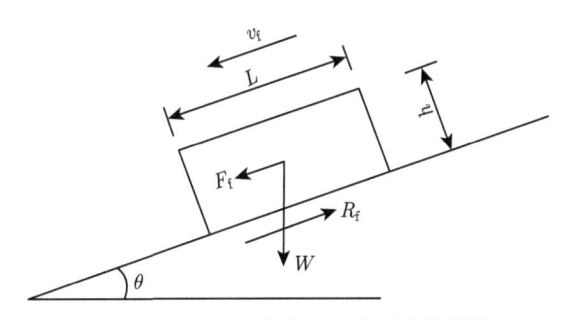

图 2.16 泥石流浆体对承磨面的作用力

根据牛顿运动定律, 得

$$F_\mathrm{f} + W\sin\theta - R_\mathrm{f} - W\cos\theta\tan f = \frac{W}{g}a_\mathrm{f} \tag{2.2}$$

式中, F_f 为泥石流浆体的冲击力, kN/m; R_f 为承磨面对泥石流浆体的摩阻力 (即泥石流浆体对承磨面的磨蚀力), kN/m; W 为速流槽内单位长度泥石流体的自重, kN/m; θ 为承磨面的倾角, (°); a_f 为泥石流体的运动加速度, m/s²; g 为重力加速度, 取 9.8m/s²。其中, W 和 F_f 分别由式 (2.3) 和式 (2.4) 计算

$$W = bh\gamma_\mathrm{c} \tag{2.3}$$

$$F_\mathrm{f} = bhp_\mathrm{f} \tag{2.4}$$

式中, γ_c 为泥石流体的容重, kN/m³; b 为泥石流过流面宽度, m; h 为泥石流体厚度, m; p_f 为单位承冲面积泥石流浆体的冲击力, kPa。

则泥石流浆体的磨蚀力为

$$R_\mathrm{f} = F_\mathrm{f} + W\left[\sin\theta - \cos\theta\tan\varphi_\mathrm{f} - \frac{a_\mathrm{f}}{g}\right] \tag{2.5}$$

式中, φ_f 为泥石流浆体与承磨面的动摩擦角, (°)(一般为静摩擦角的 0.4~0.5 倍); 最关键的因子是泥石流体运动加速度的确定, 计算方法如下所述。

选取泥石流过流断面加速度计算模型如图 2.17 所示。已知明渠非均匀渐变流的微分方程:

$$\mathrm{d}\left(h + \alpha\frac{v^2}{2g}\right) = \left(i\frac{kQ^2}{K^2}\right)\mathrm{d}s \tag{2.6}$$

式中, k 为考虑泥石流体与一般河渠中的水体差异的修正系数; α 为动能修正系数; i 为槽底坡度, (°); Q 为流量, m³/s。式 (2.6) 可写成

$$\frac{\mathrm{d}[h + \alpha v^2/2g]}{\mathrm{d}s} = i - \frac{kQ^2}{K^2} \tag{2.7}$$

$$\frac{\mathrm{d}[h + \alpha v^2/2g]}{v\,\mathrm{d}t} = i - \frac{kQ^2}{K^2} \tag{2.8}$$

式中, $h = f(v) = h_0 + h_1 = Q/bv - s_0/b + h_0$, 则

$$\frac{\dfrac{\mathrm{d}h}{\mathrm{d}t} + \dfrac{\mathrm{d}(\alpha v^2/2g)}{\mathrm{d}t}}{v} = \frac{f^t(v)\dfrac{\mathrm{d}v}{\mathrm{d}t} + \alpha\dfrac{\mathrm{d}v}{\mathrm{d}t}\dfrac{\mathrm{d}v}{\mathrm{d}t}}{v}$$

$$= a\left[\frac{f^t(v) + \alpha v/g}{v}\right] = i - \frac{kQ^2}{K^2} \tag{2.9}$$

2.3 磨 蚀 力

其中，K 值的计算式为

$$K = g(v) = \frac{1}{n}AR^{2/3} = \frac{1}{n}\frac{Q}{v}\left[\frac{Q/v}{l_0 + 2/b\,(Q/v - s_0)}\right]^{2/3}, \quad f'(v) = -\frac{Q}{bv^2}$$

这里，l_0 如图 2.17 所示，则浆体运动加速度为

$$a_f = \frac{v\,(i - kQ^2/K^2)}{f'(v) + \alpha v/g} \tag{2.10}$$

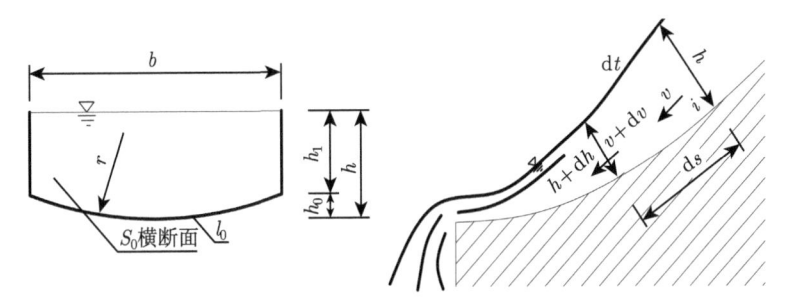

图 2.17 泥石流过流断面加速度计算模型

2.3.2 固相颗粒磨蚀力

假定泥石流固相颗粒的运动加速度与浆体相同，泥石流两相流体中固相颗粒对承磨面材料的切削分析模型见图 2.18。固相颗粒受到泥石流体的冲击力及上覆泥石流体的重力，单个固相颗粒受泥石流浆体的冲击力为

$$f = K_0 p_f \frac{\pi d_e^2}{4}, \quad 或 \quad f = \frac{\pi}{4} K_0 d_e^2 p_f \tag{2.11}$$

式中，$K_0 = 500 \sim 550$，浆体黏度越大，取值越大。

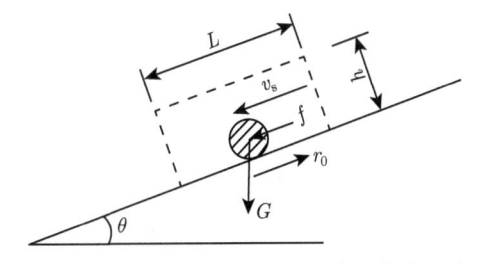

图 2.18 泥石流固相颗粒对承磨面的作用力

单个固相颗粒上覆泥石流浆体的重力为

$$W_0 = \frac{\pi d_e^2 (2h - d_e)}{8\cos\theta} (\alpha\gamma_s - (1-\alpha)\gamma_f) \tag{2.12}$$

则根据牛顿运动定律，得

$$(G + W_0)\sin\theta + f - r_0 = \frac{G}{g}a_s \tag{2.13}$$

整理可得单个颗粒对承磨壁面材料的磨蚀力 r_0 为

$$r_0 = (G + W_0)\sin\theta + f - \frac{G}{g}a_s \tag{2.14}$$

对于整个计算模型而言，假定磨蚀表面的固相颗粒分布均匀且受力相同，则单位长度承磨面 ($L = 1$m) 泥石流固相颗粒的磨蚀力 R_s 为

$$R_s = \alpha S_0 r_0 \tag{2.15}$$

式中，S_0 为泥石流过流断面底部长度，m；d_e 为泥石流固相颗粒的直径，m；G 为单个泥石流颗粒的重量，kN；α 为泥石流固相比；a_s 为泥石流固相运动加速度，m/s^2；W_0 为单个泥石流颗粒上覆泥石流体重量，kN；R_s 为沟道内单位长度泥石流体中固相颗粒的磨蚀力，kN/m。

2.4 排导槽磨蚀计算

2.4.1 磨蚀控制方程

这里以速流结构的速流槽为例建立泥石流对防治结构磨蚀速度及磨蚀量的计算方法。对速流槽磨损影响最为突出的因素有：作用在速流槽上某断面的磨损力 P_a，且 $P_a = R_f + R_s$；泥石流体平均速度 v 和作用时间 t；以及混凝土自身的强度 σ_a、硬度 H_a。则速流槽壁面混凝土磨损量 δ 状态方程为

$$\delta = f(P_a, v, t, \sigma_a, H_a) \tag{2.16}$$

式中共有 6 个物理量，其中自变量为 5 个 ($k = 5$)，选择 P_a、v 和 H_a 3 个物理量作为基本物理量，则式 (2.16) 可用 3 个无量纲数组成的关系式来表达，这些无量纲数 π 为

$$\pi = \frac{\delta}{t P_a^x v^y H_a^z} \tag{2.17}$$

2.4 排导槽磨蚀计算

$$\pi_3 = \frac{t}{P_a^{x_3} v^{y_3} H_a^{Z_3}} \tag{2.18}$$

$$\pi_4 = \frac{\sigma_a}{P_a^{x_4} v^{y_4} H_a^{Z_4}} \tag{2.19}$$

因为由基本物理量所组成的无量纲数均等于 1, 即 $\pi_1 = \pi_2 = \pi_5 = 1$, 并且 π, π_3, π_4 均为无量纲数, 则式 (2.17) 右端分子与分母的量纲应当相同, 可将式 (2.17) 写成

$$[\delta] = [P_a]^x [v]^y [H_a]^z \tag{2.20}$$

用 $[F]$、$[L]$ 和 $[T]$ 来表示式 (2.20), 则有

$$[L^3/T] = [F]^x [L/T]^y [F/L^2]^z = [F]^{x+z} [L]^{y-2z} [T]^y \tag{2.21}$$

式 (2.21) 两端相同量纲的指数应该相等。

对 F 而言,

$$x + z = 0 \tag{2.22}$$

对 L 而言,

$$y - 2z = 3 \tag{2.23}$$

对 T 而言,

$$y = 1 \tag{2.24}$$

联解式 (2.22)~式 (2.24) 得

$$x = 1, \quad y = 1, \quad z = -1$$

将其代入式 (2.17) 得

$$\pi = \frac{\delta}{t P_a v H_a} \tag{2.25}$$

同理可得到 π_3 和 π_4 表达式:

$$\pi_3 = \frac{t}{P_a^{1/2} v^{-1} H_a^{1/2}} \tag{2.26}$$

$$\pi_4 = \frac{\sigma_a}{H_a} \tag{2.27}$$

根据 π 定理，可用 π、π_1、π_2、π_3、π_4、π_5 组成表征材料磨损的无量纲数的关系式：

$$\pi = f(1, 1, \pi_3, \pi_4, 1) \tag{2.28}$$

即

$$\frac{\delta}{tP_a v H_a^{-1}} = f\left(\frac{1}{P_a^{1/2} v^{-1} H_a^{1/2}}, \frac{\sigma_a}{H_a}\right) \tag{2.29}$$

进而可得

$$\delta = f\left(\frac{\sqrt{P_a} v}{\sqrt{H_a}}, \frac{\sigma_a}{H_a}\right) \frac{tP_a v}{H_a} \tag{2.30}$$

由式 (2.30) 可见，速流槽底部壁面混凝土的体积磨损量与作用在其上的荷载、泥石流速度的大小成正比，而与壁面混凝土的硬度成反比。定义速流槽壁面混凝土或圬工材料的抗磨损系数为 ζ，且

$$\delta = \frac{1}{H_a} f\left(\frac{\sqrt{P_a} v}{\sqrt{H_a}}, \frac{\sigma_a}{H_a}\right) \zeta \tag{2.31}$$

则式 (2.30) 变为

$$\delta = \zeta t P_a v \tag{2.32}$$

式 (2.32) 即为速流槽底部壁面混凝土的体积磨损量计算式，磨损厚度及磨损速度分别由式 (2.33) 和式 (2.34) 计算。

$$e = \frac{\delta}{b} \tag{2.33}$$

$$v_0 = \frac{e}{t} \tag{2.34}$$

式中，δ 为速流槽底部壁面混凝土的体积磨损量，m^3/s；e 为平均磨损厚度，m；b 为速流槽宽度，m；t 为速流槽发生磨损的累积时间，s；ζ 为速流槽混凝土或圬工材料的抗磨损系数，m^3/kN。混凝土材料 C15、C25、C30 和 C40 的抗磨损系数分别为 $1.13 \times 10^{-11} m^3/kN$、$4.39 \times 10^{-11} m^3/kN$、$2.74 \times 10^{-11} m^3/kN$ 和 $1.33 \times 10^{-11} m^3/kN$。

2.4.2 磨蚀速度与磨蚀量

位于四川西南西昌至木里干线公路的平川泥石流，1999 年实施了速流结构示范工程，速流槽用 C30 现场浇筑，1999~2002 年共发生 3 次泥石流，每次持续时间 6~8h，距离速流槽顶部 15m 附近的速流槽底发生显著磨损，壁面混凝土平均磨损深度 3.5cm 左右。该泥石流的实验参数及速流结构相关参数为：$d_e = 6.31m$，

2.4 排导槽磨蚀计算

$\gamma_c = 17.3\text{kN/m}^3$,$\gamma_s = 22.5\text{kN/m}^3$,$\theta = 27°$,$h_0 = 3.2\text{m}$,$b = 6.0\text{m}$,$v_f = 9.7\text{m/s}$,$v_s = 9.06\text{m/s}$。

计算得出距离速流槽顶部 15m 附近泥石流体的运动加速度为 22m/s^2,$R_f = 20540\text{kN/m}$,$R_s = 76441\text{kN/m}$,该处泥石流体平均速度计算为 9.38m/s,求得速流槽底部体积磨损量 δ 为 $0.2154\text{m}^3/\text{s}$,平均磨损厚度为 3.59cm,平均磨损速度为 $4.15\times10^{-7}\text{m/s}$。

可见,由本书公式计算方法计算的速流槽底部壁面混凝土的平均磨损深度与实际观察值比较吻合,误差小于 5%,具有足够的工程精度。

第 3 章　泥石流淤埋固结理论

3.1　固结模型试验

3.1.1　试验装备

试验装置由旋转式黏度计、泥石流淤埋沉积物固结试验槽、固结应力量测装置、微型土压力传感器、静态应变仪、地基承载力检测仪以及泥石流体搅拌池组成(陈洪凯等，专利号：ZL201910401591.6)。

1. 旋转式黏度计

用以量测配制泥石流体的浆体黏度。

2. 泥石流淤埋沉积物固结试验槽

泥石流淤埋沉积物固结试验槽为砖砌体结构，底部为正方形，边长为 1m，高度为 1.2m，壁厚 0.2m(图 3.1)。

(a) 试验槽内部结构　　　　　(b) 试验槽外部形态

图 3.1　泥石流淤埋沉积物固结试验槽

3. 固结应力量测装置

固结应力量测装置高 1.2m，自顶端向下 15cm、45cm、75cm、105cm 处设四道横梁，120° 间隔布置，横梁长为 10cm、15cm、20cm、25cm，在每个横梁上安设微型土压力传感器，采集不同深度淤埋沉积物的固结应力 (图 3.2)。

3.1 固结模型试验

图 3.2 泥石流固结应力量测装置

4. 微型土压力传感器

微型土压力传感器直径为 28mm，厚度为 10mm，量程为 500kPa，接线方式为全桥，阻抗为 350Ω，灵敏度为 0.1%F·S。

5. 静态应变仪

静态应变仪型号为东华 DH3818Y，外形尺寸为 360mm×320mm×125mm (长 × 宽 × 高)，共 24 通道，220V 交流电源输入及 24V 直流电源输入，1000Mbit/s 以太网接口，最小采样频率 1Hz，零漂不大于 4με/4h，最高分辨率 1με，供桥电压为 2V(DC)。

6. 泥石流承载力检测装置

泥石流承载力检测主要测定泥石流淤积体的表层承载力，因此选用手持式地基承载力检测仪。

7. 泥石流体搅拌池

利用泥石流体搅拌池进行泥石流浆体和泥石流淤积体的制作 (图 3.3)。

图 3.3　泥石流体搅拌池

3.1.2　试验设计

泥石流淤埋固结试验对象为不同浆体黏度、级配颗粒及固相比的泥石流体，本试验人工模拟泥石流淤积体，由水、黏土及碎石按照一定比例混合搅拌而成。

1. 黏土

土体来源为烧砖用黏性土，黏土的制备流程如下：① 将土体进行摊平晾晒 5 天以上；② 夯土机对大颗粒土体进行破碎；③ 用 2mm 筛网筛分土体；④ 将小于 2mm 的土体颗粒送入粉土机粉碎；⑤ 将粉碎过的土体用 1000 目 (孔径 0.013mm) 筛网进行筛分即得所需黏土 (图 3.4)。

图 3.4　黏土

2. 级配碎石

通过筛分试验，碎石颗粒依次过 0.15mm、5mm、10mm、15mm、20mm、25mm 筛网进行筛分，即得 0.15~5mm、5~10mm、10~15mm、15~20mm、20~25mm

共 5 种粒径范围的碎石颗粒。试验所需颗粒级配如图 3.5 所示。

(a) 0.15～5mm

(b) 5～10mm

(c) 10～15mm

(d) 15～20mm

(e) 20～25mm

图 3.5　级配碎石

3.1.3　试验过程

1. 泥石流浆体的黏度试验

通过实地考察，根据现场不同泥石流堆积体的物理参数确定了试验泥石流堆积体的黏度范围，如表 3.1 所示。泥石流浆体黏度的大小随水与黏土混合的比例不同而不同，为得到试验所需的浆体黏度范围，用旋转黏度计初步确定泥石流浆体黏度，为了试验方便，取水 800mL，通过不断加土的方法，确定不同黏度范围的黏土量，所加黏土量到达某一个所需的黏度范围后，黏度值测量三次，取其平均值作为这个黏度范围的黏度值 (表 3.1)。为得到所需浆体的体积，在浆体充分搅拌后，测出浆体的体积，不同黏度浆体的体积如表 3.1 所示。在进行泥石流堆积体承载力试验时，通过浆体体积控制黏土质量与水的体积，根据所需的泥石流堆积体积按比例增加黏土质量与水的体积。

表 3.1　不同浆体黏度泥石流的黏土、水含量及浆体体积

黏度范围/(Pa·s)	黏度测量值/(Pa·s)	黏度均值/(Pa·s)	黏土质量/g	水体积/mL	浆体体积/mL
0.05~0.1	0.066	0.067	798.5	800	1085
	0.067				
	0.067				
0.15~0.2	0.184	0.185	988.5	800	1195
	0.188				
	0.184				
0.25~0.3	0.295	0.292	1039.5	800	1233
	0.296				
	0.285				
0.35~0.4	0.370	0.366	1088	800	1250
	0.360				
	0.368				
0.5~0.55	0.525	0.523	1167	800	1256
	0.524				
	0.520				
0.7~0.8	0.752	0.748	1214	800	1281
	0.749				
	0.744				
0.9~1.0	0.949	0.945	1258	800	1300
	0.936				
	0.949				

2. 泥石流淤积体固相颗粒级配与固相比的确定

基于大量的实地考察及室内试验，根据现场不同泥石流堆积体的物理参数，确定了泥石流固相颗粒级配与固相比。

1) 泥石流淤积体固相颗粒级配

泥石流淤积体固相颗粒级配选择 5 种系列的颗粒级配，不同系列每 10kg 固相颗粒不同颗粒含量如表 3.2 所示，级配曲线如图 1.14 所示。

表 3.2　不同系列每 10kg 固相颗粒不同颗粒含量　　（单位：kg）

粒径/mm	系列 1	系列 2	系列 3	系列 4	系列 5
0.15~5	8	3	1	0.4	0.1
5~10	1	4	2	0.8	0.2
10~15	0.5	2	4	1.8	0.4
15~20	0.3	0.6	2	4	1.3
20~25	0.2	0.4	1	3	8

该试验主要用系列 3 固相级配颗粒，混合搅拌后的级配颗粒如图 3.6 所示。

3.1 固结模型试验

图 3.6 固相颗粒级配 3 物质结构

2) 泥石流淤积体固相比

泥石流淤积体固相比为 0、0.1、0.2、0.3、0.35 共 5 种情况。

3. 级配 3 泥石流淤积体固结试验工况

该试验主要用系列 3 固相级配颗粒，在相同级配颗粒状态下不同黏度、不同固相比的泥石流淤积体固结试验工况如表 3.3 和表 3.4 所示。

表 3.3 泥石流淤积体固结试验工况 (相同黏土，不同固相比)

黏度/(Pa·s)	固相比	颗粒级配	黏土用量/kg	水体积/L	级配体积/L
0.15~0.2	0	1:2:4:2:1	1095	885	0
	0.1	1:2:4:2:1	1035	835	125
	0.2	1:2:4:2:1	930	750	220
	0.3	1:2:4:2:1	880	720	310
	0.35	1:2:4:2:1	840	680	390
0.35~0.4	0	1:2:4:2:1	1145	840	0
	0.1	1:2:4:2:1	990	725	115
	0.2	1:2:4:2:1	960	700	230
	0.3	1:2:4:2:1	930	680	310
	0.35	1:2:4:2:1	900	660	385
0.7~0.8	0	1:2:4:2:1	1240	820	0
	0.1	1:2:4:2:1	1130	740	120
	0.2	1:2:4:2:1	1090	720	230
	0.3	1:2:4:2:1	1060	700	320
	0.35	1:2:4:2:1	1040	685	380

表 3.4　泥石流淤积体固结试验工况 (相同固相比，不同黏土)

固相比	黏度/(Pa·s)	颗粒级配	黏土用量/kg	水体积/L	级配体积/L
0	0.05~0.1	1:2:4:2:1	1050	900	0
	0.15~0.2	1:2:4:2:1	1095	885	0
	0.25~0.3	1:2:4:2:1	1120	870	0
	0.35~0.4	1:2:4:2:1	1145	840	0
	0.5~0.55	1:2:4:2:1	1180	830	0
	0.7~0.8	1:2:4:2:1	1240	820	0
	0.9~1	1:2:4:2:1	1310	810	0
0.2	0.05~0.1	1:2:4:2:1	910	780	230
	0.15~0.2	1:2:4:2:1	930	750	220
	0.25~0.3	1:2:4:2:1	945	730	230
	0.35~0.4	1:2:4:2:1	960	700	230
	0.5~0.55	1:2:4:2:1	1010	710	220
	0.7~0.8	1:2:4:2:1	1090	720	230
	0.9~1	1:2:4:2:1	1130	700	220
0.35	0.05~0.1	1:2:4:2:1	810	690	390
	0.15~0.2	1:2:4:2:1	840	680	390
	0.25~0.3	1:2:4:2:1	870	670	380
	0.35~0.4	1:2:4:2:1	900	660	385
	0.5~0.55	1:2:4:2:1	950	670	390
	0.7~0.8	1:2:4:2:1	1040	685	380
	0.9~1	1:2:4:2:1	1090	720	385

4. 人工配制不同泥石流淤积体

根据不同工况所需的浆体黏度加入搅拌池指定量的黏土和水，进行搅拌，制作泥石流浆体，如图 3.7 所示。根据不同工况所需的固相比加入指定量的系列 3 固相级配颗粒，进行搅拌，完成泥石流淤积体的制作，如图 3.8 所示。

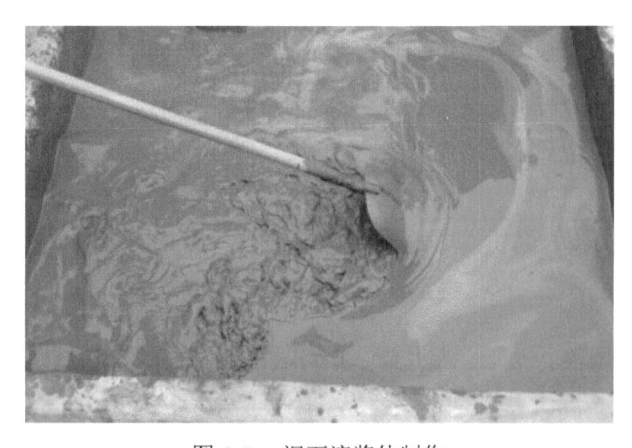

图 3.7　泥石流浆体制作

3.1 固结模型试验

图 3.8 泥石流淤积体制作

5. 泥石流淤积体固结模型

固结应力量测装置、微型土压力传感器及静态应变仪等装置在泥石流淤埋固结试验槽中安置完毕后，将搅拌后的泥石流体注入泥石流淤埋固结试验槽，泥石流体分批次制作，在注满泥石流淤埋固结试验槽后结束，如图 3.9 所示。

图 3.9 注满泥石流淤埋固结试验槽

6. 数据观测

用静态应变仪实时采集泥石流淤埋固结试验槽内泥石流体固结过程中不同时段的固结应力。用地基承载力检测仪检测泥石流淤埋固结试验槽内泥石流体固结过程中不同时段的承载力 (图 3.10)。根据不同工况的泥石流体承载力实际变化情况，泥石流体承载力变化较大时，对泥石流体承载力进行加密检测；泥石流体承载力变化较小时，则增大泥石流体承载力的检测时间间隔。由于承载力的变化趋势与沉降的变化趋势正相关，在观测泥石流体承载力的同时，用钢尺进行泥石流沉降的观测 (图 3.11)。

图 3.10　泥石流体承载力检测

图 3.11　泥石流体沉降观测

3.1.4　试验结果分析

1. 泥石流体承载力

1) 泥石流体承载力对固相比的响应特性

相同黏度、不同固相比条件下泥石流体承载力的变化趋势如图 3.12～ 图 3.14 所示。可见，相同黏度、不同固相比条件下泥石流体承载力的变化曲线初期都平

3.1 固结模型试验

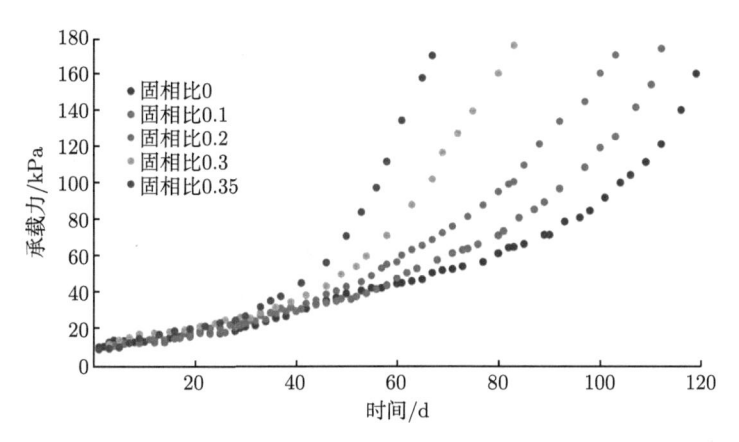

图 3.12　泥石流体承载力的变化趋势 (浆体黏度 0.15~0.2 Pa·s)

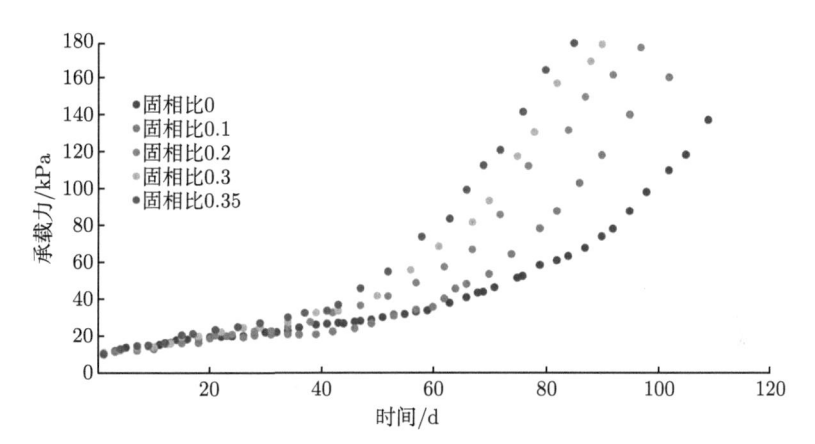

图 3.13　泥石流体承载力的变化趋势 (浆体黏度 0.35~0.4 Pa·s)

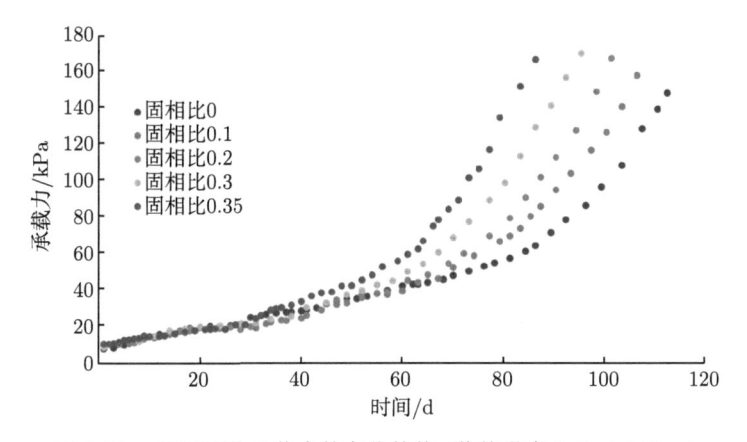

图 3.14　泥石流体承载力的变化趋势 (浆体黏度 0.7~0.8 Pa·s)

缓上升，前 20 天内增加一倍，超过 40 天则快速增长。泥石流浆体黏度越大，后期承载力的增速越快，但是黏度越小，不同固相比泥石流体承载力的增速有差异，固相比越大则差异越小。例如达到 160kPa 承载力，黏度 0.15~0.2Pa·s 时，固相比 0.35 的泥石流只需 63 天，固相比 0.1 时则需要 110 天；黏度 0.7~0.8Pa·s 时，固相比 0.35 的泥石流只需 82 天，固相比 0.1 时需要 108 天。

2) 泥石流体承载力对浆体黏度的响应特性

相同固相比、不同黏度条件下泥石流体承载力的变化趋势如图 3.15~ 图 3.19 所示。可见，泥石流体承载力随固结历时非线性增长，初期慢，后期快。前 20 天增幅约 0.8 倍；第 40 天后快速增长，但是变化特性存在显著差异。例如达到 160kPa 承载力时，固相比 0.1、浆体黏度 0.15~0.2 Pa·s 时需要 104 天，黏度 0.7~0.8 Pa·s 的泥石流需要 101 天；固相比 0.35、浆体黏度 0.15~0.2 Pa·s 时需要 64 天，黏度 0.7~0.8 Pa·s 的泥石流需要 83 天。

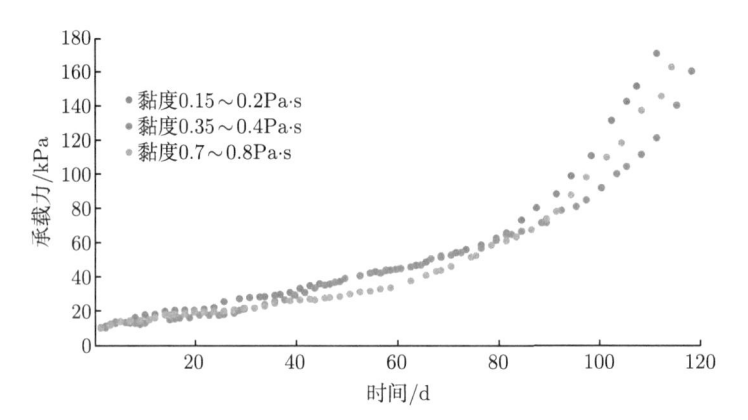

图 3.15 泥石流体承载力的变化趋势 (固相比 0)

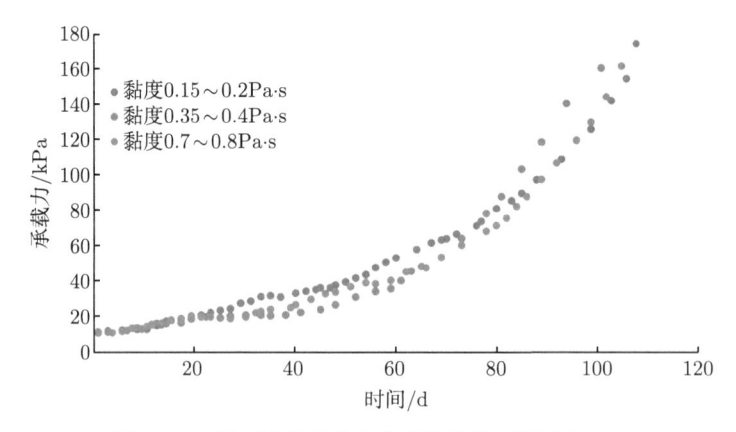

图 3.16 泥石流体承载力的变化趋势 (固相比 0.1)

3.1 固结模型试验

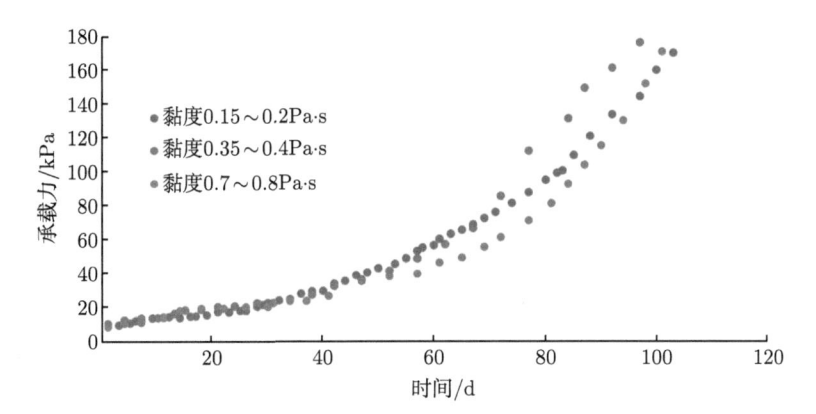

图 3.17 泥石流体承载力的变化趋势 (固相比 0.2)

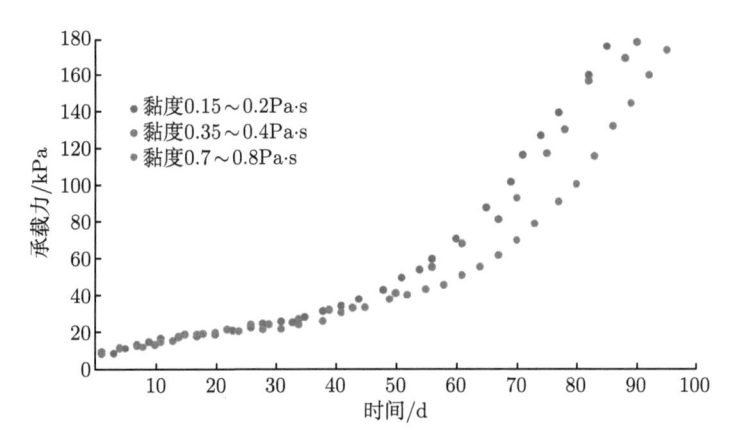

图 3.18 泥石流体承载力的变化趋势 (固相比 0.3)

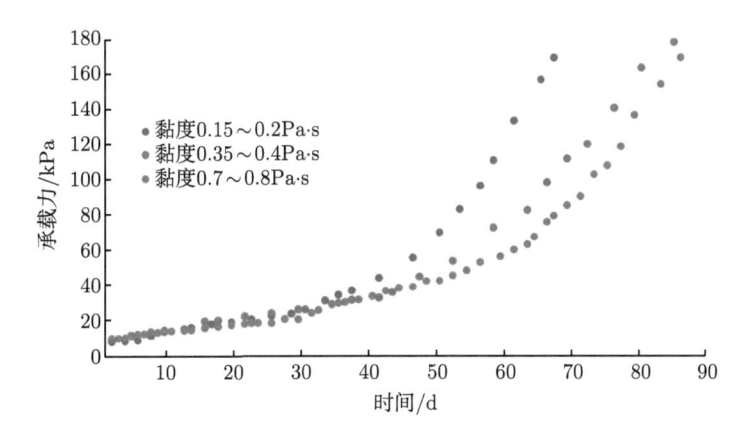

图 3.19 泥石流体承载力的变化趋势 (固相比 0.35)

2. 泥石流体固结沉降变形特性

1) 泥石流体固结沉降变形对固相比的响应特性

不同浆体黏度下泥石流淤埋沉积物固结沉降变形见图 3.20~ 图 3.22。可见,

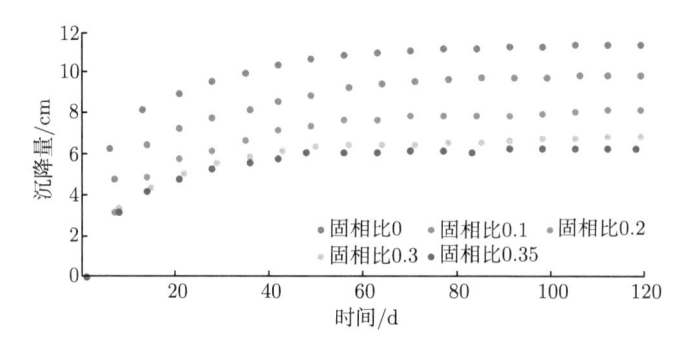

图 3.20 泥石流体固结沉降变形的变化趋势 (黏度 0.15~0.20 Pa·s)

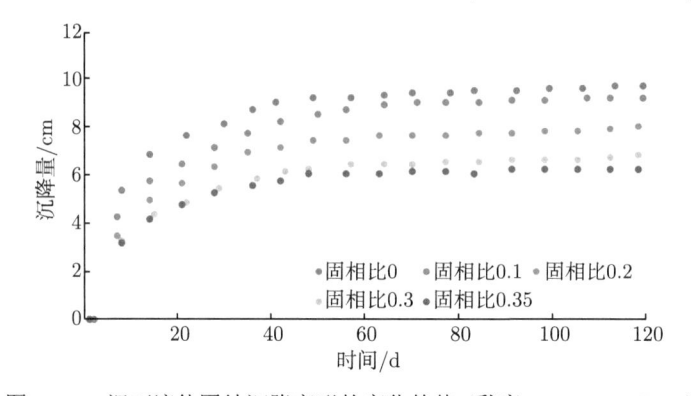

图 3.21 泥石流体固结沉降变形的变化趋势 (黏度 0.35~0.40 Pa·s)

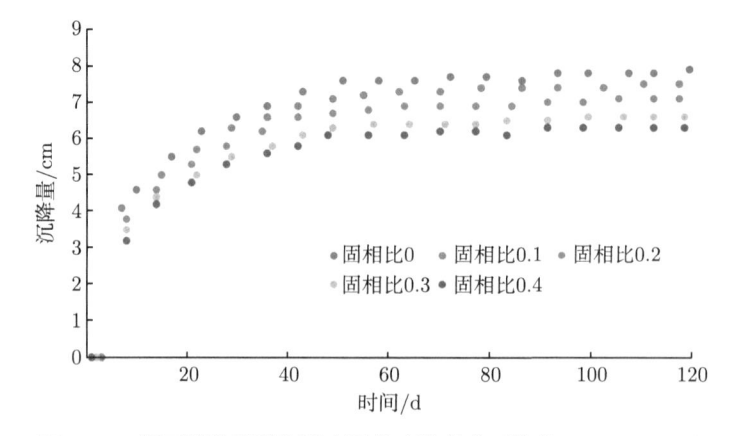

图 3.22 泥石流体固结沉降变形的变化趋势 (黏度 0.7~0.8 Pa·s)

3.1 固结模型试验

在固结 40 天内，固结沉降速度较快，超过 40 天区域稳定。以固结 60 天为例，黏度 0.15~0.2 Pa·s、固相比 0.1 的泥石流的沉降量是 9.4cm，固相比 0.35 的泥石流的沉降量是 6.2cm；黏度 0.7~0.8 Pa·s、固相比 0.1 的泥石流的沉降量是 7.3cm，固相比 0.4 的泥石流的沉降量是 6.1cm。

2) 泥石流体固结沉降变形对浆体黏度的响应特性

不同固相比条件下泥石流淤埋沉积物固结变形特征如图 3.23~ 图 3.25 所示。可见，在固结 40 天内，沉降变形速度较快，超过 40 天则趋于稳定。固相比对初期沉降量影响较大，固结 8~10 天时，浆体黏度 0.7~0.8 Pa·s、固相比 0 时泥石流沉降量为 4.3cm，固相比 0.2 时为 3.8cm，固相比 0.35 时为 3.2cm。相同固相比时，浆体黏度越大则沉降量越小。

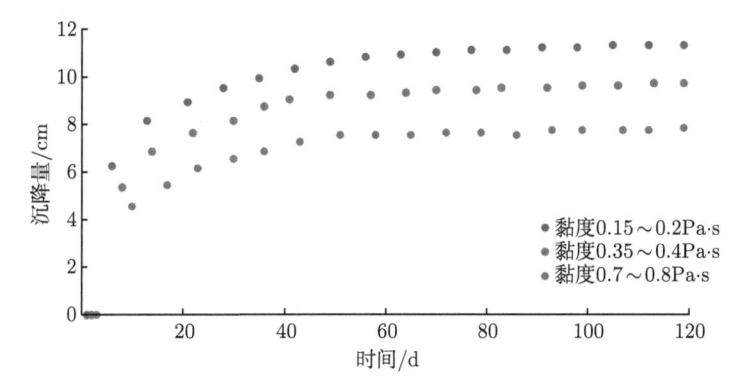

图 3.23 泥石流体固结沉降变形的变化趋势 (固相比 0)

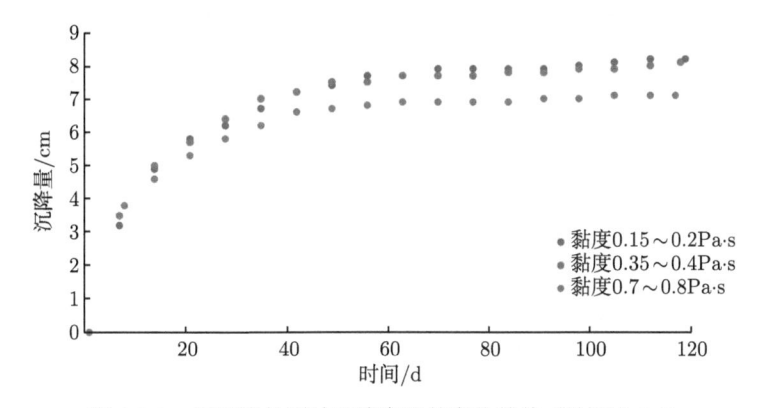

图 3.24 泥石流体固结沉降变形的变化趋势 (固相比 0.2)

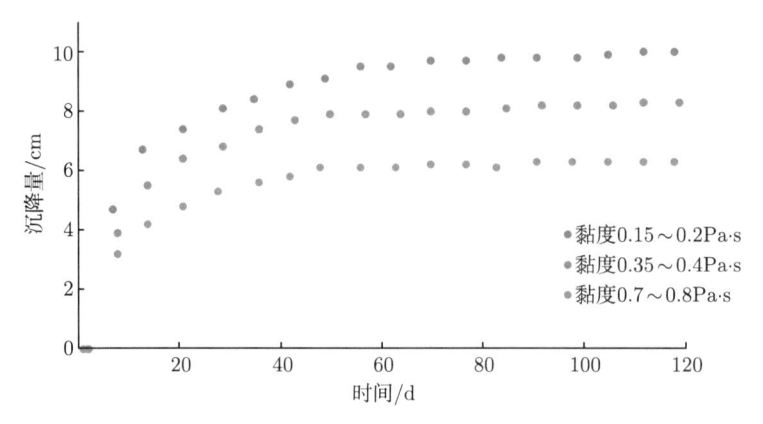

图 3.25 泥石流体固结沉降变形的变化趋势 (固相比 0.35)

3.2 固 结 机 理

3.2.1 泥石流淤埋沉积物固结机理

在分析泥石流沉积物固结时, 为了研究问题的方便, 假定裂隙是均匀发展的, 而且是从顶端随着固结过程逐渐发展到底端的, 这种裂隙可称作追踪裂隙 (图 3.26)。

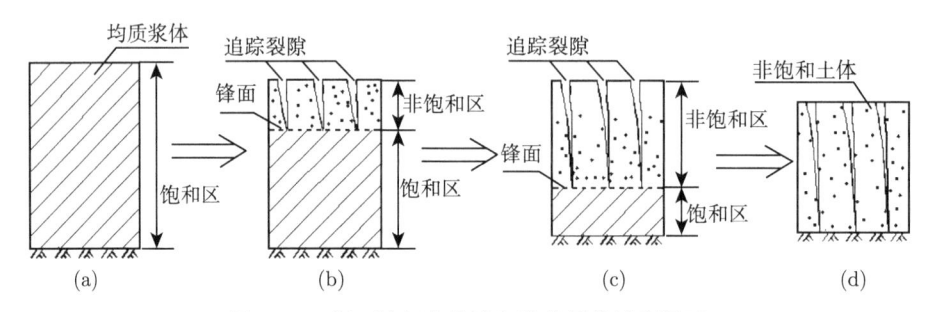

图 3.26 泥石流沉积物液相浆体固结过程图示

固结开始时, 泥石流沉积物的浆体是饱和的, 如图 3.27(a) 所示。随着水分的蒸发, 泥石流沉积物表层由饱和变为非饱和, 并且由液相浆体变为黏土体; 而沉积物内部仍然是饱和的, 它们之间有一个明显的分界面, 本书中定义这个交界面为锋面, 如图 3.27(b) 所示。同时, 位于泥石流沉积物表层的黏土体不但包覆着内部的液相浆体, 还对其产生挤压应力 P (图 3.28); 而且沉积物的体积会随着挤压应力和自重应力的作用而逐渐减小, 这个减小的体积可近似认为是浆体失水的体积。随着时间的推移, 沉积物中的饱和浆体不断转变为泥石流沉积体, 锋面缓慢

3.2 固 结 机 理

降低，使得非饱和区的面积逐步增大，经过某一时刻，锋面到达底部，泥石流沉积物的浆体全部由饱和状态变为非饱和状态，使得均质浆体最终变为黏土体，固结过程结束。因此，泥石流沉积物固结的过程也可以说是饱和浆体和非饱和黏土体的耦合过程。

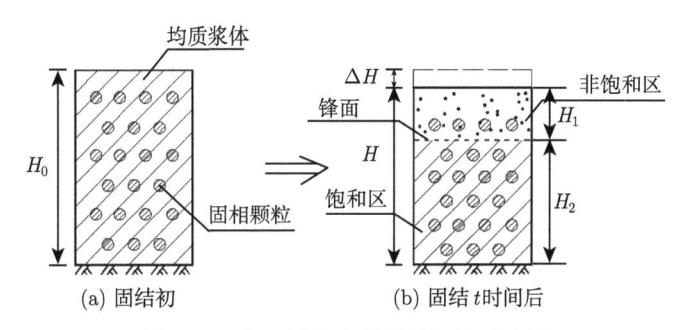

图 3.27 泥石流沉积物固结沉降示意图

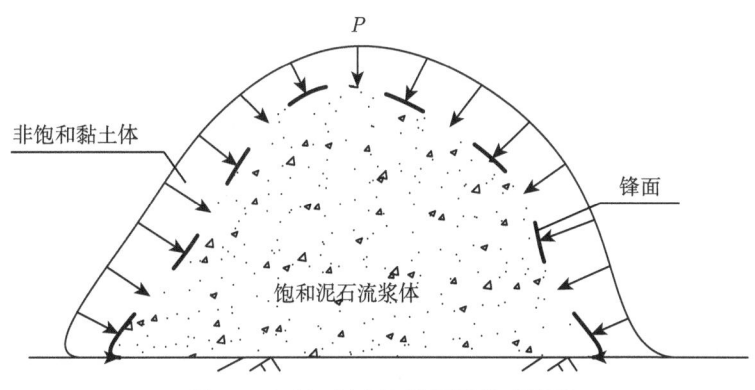

图 3.28 泥石流沉积物固结物理模型

3.2.2 泥石流淤埋沉积物固结力学

分别从非饱和泥石流体和饱和泥石流浆体中取厚度为 $\mathrm{d}z$ 的微单元体为研究对象，且整个模型位于侧限条件下。

1. 固结方程 [16]

对于饱和区的泥石流浆体，上覆压力 P 等于非饱和区泥石流体固结产生的竖向应力，其值为时间 t 和非饱和土层厚度 H_1 的函数，其力学模型如图 3.29 所示。

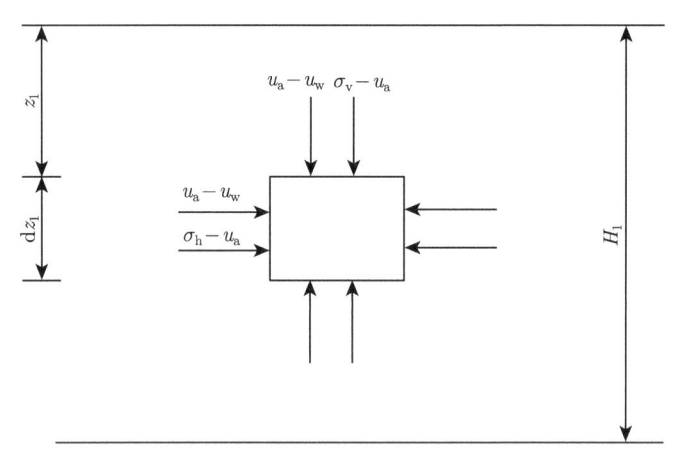

图 3.29 非饱和区泥石流体的力学模型

实际上，泥石流沉积体的厚度 H_1 是随着固结时间 t 而改变的，因此非饱和区泥石流体的竖向应力 P 也是个变化量，为明确 P 随时间 t 的变化趋势，假定非饱和区泥石流体是各向同性的线弹性材料，根据广义胡克 (Hooke) 定律导出非饱和泥石流结构的本构关系为

$$\begin{aligned}\varepsilon_v &= \frac{\sigma_v - u_a}{E} - \frac{2\mu}{E}(\sigma_h - u_a) + \frac{u_a - u_w}{E'} \\ \varepsilon_h &= \frac{\sigma_h - u_a}{E} - \frac{\mu}{E}(\sigma_v + \sigma_h - 2u_a) + \frac{u_a - u_w}{E'}\end{aligned} \quad (3.1)$$

式中，μ 为泥石流体泊松比；E 为与法向应力 $(\sigma - u_a)$ 变化相关的泥石流结构弹性模量，MPa；E' 为与基质吸力 $(u_a - u_w)$ 变化相关的泥石流结构弹性模量，MPa；u_a 为孔隙气压力，kPa；u_w 为孔隙水压力，kPa。

对于本书而言，泥石流体处于侧限条件，仅允许竖向变形 (即 $\varepsilon_h = 0$)，则净水平应力可写成竖向应力的函数：

$$\sigma_h - u_a = \frac{\mu}{1-\mu}(\sigma_v - u_a) - \frac{E}{E'(1-2\mu)}(u_a - u_w) \quad (3.2)$$

将式 (3.1) 代入式 (3.2) 中，可以得出

$$\sigma_v = \frac{E(1-\mu)}{(1+\mu)(1-2\mu)}\varepsilon_v - \frac{E}{E'(1-2\mu)}\left[(1 - E' + 2\mu E')u_a - u_w\right] \quad (3.3)$$

又

$$\varepsilon_v = \frac{H_1(t) - H_{10}}{H_{10}} \quad (3.4)$$

3.2 固结机理

式中，H_{10} 为非饱和泥石流体在固结初始的厚度，m；$H_1(t)$ 为非饱和泥石流体在固结进行到 t 时刻的厚度，m。

将式 (3.3) 对时间求偏微分就可以得到上覆压力 P 的变化率，此时假定非饱和泥石流体中的孔隙气压力 u_a 等效于大气压力，实际上，超孔隙气压力的消散几乎是立即完成的 (即 $\dfrac{\partial u_a}{\partial t}=0$)，只有液相是经历瞬变过程的，则

$$\frac{\partial P}{\partial t}=\frac{\partial \sigma_v}{\partial t}=\frac{E(1-\mu)}{(1+\mu)(1-2\mu)}\times\frac{\partial \varepsilon_v}{\partial t}+\frac{E}{E'(1-2\mu)}\times\frac{\partial u_w}{\partial t} \tag{3.5}$$

式中符号含义同前。

非饱和泥石流体为四相体系，即水、气、土粒及水–气分界面 (亦称收缩膜)。土粒和收缩膜在力的作用下处于平衡状态，而空气和水在应力梯度作用下发生流动。如果假设土粒不可压缩，收缩膜又没有体积变化，则非饱和泥石流体的总体积变化 ε_v 必等于液相和气相体积变化之和，即连续性条件为

$$\varepsilon_v=\frac{\Delta V_w}{V_0}+\frac{\Delta V_a}{V_0} \tag{3.6}$$

式中，V_0 为泥石流沉积体的初始总体积，m^3；ΔV_w 为水的体积变化量，m^3；ΔV_a 为气体的体积变化量，m^3。那么

$$\frac{\partial \varepsilon_v}{\partial t}=\frac{\partial (V_w/V_0)}{\partial t}+\frac{\partial (V_a/V_0)}{\partial t} \tag{3.7}$$

假定非饱和泥石流体在稳态蒸发条件下发生固结，即水的渗透系数 k_w 和气相的传导系数 D_a 随空间系数没有显著变化 (即 $\dfrac{\partial K_w}{\partial z_1}$、$\dfrac{\partial D_a}{\partial z_1}$ 可忽略不计)，则对于液相而言，通过泥石流体单位面积的水流符合达西 (Darcy) 定律：

$$\frac{\partial (V_w/V_0)}{\partial t}=\frac{\partial v_w}{\partial z_1}=\frac{\partial\left(-K_w\dfrac{\partial h_w}{\partial z_1}\right)}{\partial z_1}=-K_w\frac{\partial^2 h_w}{\partial z_1^2} \tag{3.8}$$

结合式 (3.8) 及液相本构方程可以导出液相偏微分方程为

$$\frac{\partial u_w}{\partial t}=c_v^w\frac{\partial^2 u_w}{\partial z_1^2} \tag{3.9}$$

式中，v_w 为水在 z_1 方向通过土单元体单位面积的流动速率，m/s；h_w 为水头，等于重力水头加孔隙水压力水头，cm；$\dfrac{\partial h_w}{\partial z_1}$ 为 z_1 方向的水头梯度；c_v^w 为液相的固结系数，cm^2/s。

对于气相而言，非饱和泥石流体内的空气流动可用气流的质量流动速率求出，且该质量速率满足 Fick 第一定律，即

$$\frac{\partial J_a}{\partial z_1} = \frac{\partial (M_a/V_0)}{\partial t} = \frac{\partial (V_a \rho_a/V_0)}{\partial t} = \frac{\partial \left(-D_a \frac{\partial u_a}{\partial z_1}\right)}{\partial z_1} = -D_a \frac{\partial^2 u_a}{\partial z_1^2} \quad (3.10)$$

式中，J_a 为通过单位面积土体中的气体质量速率，m/s；M_a 为泥石流沉积体单元中的气体质量，kg；ρ_a 为空气的密度，kg/m³。

将式 (3.10) 进一步整理，可得出土体单位体积的空气流量：

$$\frac{\partial (V_a/V_0)}{\partial t} = -\frac{D_a}{\rho_a} \frac{\partial^2 u_a}{\partial z_1^2} \quad (3.11)$$

结合式 (3.11) 及气相的本构方程，同样可以导出气相偏微分方程：

$$\frac{\partial u_a}{\partial t} = -C_a \frac{\partial u_w}{\partial t} + c_v^a \frac{\partial^2 u_a}{\partial z_1^2} \quad (3.12)$$

式中，C_a 为与气相偏微分方程有关的相互作用常数；c_v^a 为与气相有关的固结系数，cm²/s。

由于已知超孔隙气压力的消散是瞬时的，则式 (3.12) 可简化为

$$-C_a \frac{\partial u_w}{\partial t} + c_v^a \frac{\partial^2 u_a}{\partial z_1^2} = 0$$

$$\Rightarrow \frac{\partial^2 u_a}{\partial z_1^2} = \frac{C_a}{c_v^a} \cdot \frac{\partial u_w}{\partial t} \quad (3.13)$$

将式 (3.13) 代入式 (3.12) 中，则

$$\frac{\partial (V_a/V_0)}{\partial t} = -\frac{D_a C_a}{\rho_a c_v^a} \cdot \frac{\partial u_w}{\partial t} \quad (3.14)$$

将式 (3.8) 和式 (3.14) 代入式 (3.11) 中，得

$$\frac{\partial \varepsilon_v}{\partial t} = -k_w \frac{\partial^2 h_w}{\partial z_1^2} - \frac{D_a C_a}{\rho_a c_v^a} \cdot \frac{\partial u_w}{\partial t} \quad (3.15)$$

将式 (3.15) 代入式 (3.5) 中，整理得

$$\frac{\partial P}{\partial t} = -\frac{k_w}{m_s} \cdot \frac{\partial^2 h_w}{\partial z_1^2} + \left[\frac{m_a}{m_s} + \frac{E}{E'(1-2\mu)}\right] \frac{\partial u_w}{\partial t} \quad (3.16)$$

式中，m_s 为侧限条件下相应于净法向应力 $(\sigma_v - u_a)$ 的体积变化系数，即 $P_1 = \frac{1}{2}\gamma H_1^2 K_a, P_2 = \frac{1}{2}\gamma H_2^2 K_a$；$m_a$ 为相应于基质吸力 $(u_a - u_w)$ 的气体体积变化系数，表达式为 $\frac{1+\mu}{E(1+\mu)} - \frac{1}{E'_w} + \frac{2E}{E'E_w(1-\mu)}$；$E_w$ 为与法向应力 $(\sigma - u_a)$ 变化相关的水的体积模量，MPa；E'_w 为与基质吸力 $(u_a - u_w)$ 变化相关的水的体积模量，MPa；其余变量含义同前。

将 $h_w = z_1 + \dfrac{u_w}{\rho_w g}$ 和式 (3.9) 代入式 (3.16)，得

$$\frac{\partial P}{\partial t} = C'_v \frac{\partial^2 u_w}{\partial z_1^2} \tag{3.17}$$

式中，$C'_v = -\dfrac{k_w}{m_s \rho_w g} + \dfrac{m_a c_v^w}{m_s} + \dfrac{E c_v^w}{E'(1-2\mu)}$。

根据非饱和黏土体在侧限条件下的应力–应变关系，有

$$C'_v \frac{\partial^2 u_w}{\partial z_1^2} = C'_v B_{wk} \frac{\partial^2 P}{\partial z_1^2} \tag{3.18}$$

式中，B_{wk} 为 K_0 固结条件下的孔隙水压力参数；其余符号含义同前。

将式 (3.18) 代入式 (3.17) 中，可得

$$\frac{\partial P}{\partial t} = C'_v B_{wk} \frac{\partial^2 P}{\partial z_1^2} \tag{3.19}$$

非饱和黏土体固结过程中的初始条件和边界条件为

$$\begin{cases} t = 0 \text{ 和} 0 \leqslant z_1 \leqslant H_1 + H_2 \text{ 时,} \quad P = \sigma_{z_1} \\ 0 < t < \infty \text{ 和} z_1 = 0 \text{ 时,} \quad P = 0 \\ 0 < t < \infty \text{ 和} z_1 = H_1 + H_2 \text{ 时,} \quad \dfrac{\partial P}{\partial z_1} = 0 \end{cases} \tag{3.20}$$

根据式 (3.20)，对式 (3.19) 求解积分，详细过程如下。

设

$$P(z_1, t) = Z_1(z_1) T(t), \text{且} P(z_1, t) \neq 0 \tag{3.21}$$

式中，$Z_1(z_1)$，$T(t)$ 为待定函数。

将式 (3.21) 代入式 (3.19) 中，得

$$Z_1(z_1) T'(t) = Z''_1(z_1) T(t)$$

$$\Rightarrow \frac{T'(t)}{C'_v B_{wk} T(t)} = \frac{Z''_1(z_1)}{Z_1(z_1)} \tag{3.22}$$

此等式左端是变量 t 的函数，右端是变量 z_1 的函数，而 z_1、t 是两个独立变量，左右两端要相等，唯一可能是它们必须等于一个公共常数，记为 $-\lambda$，有

$$\frac{T'(t)}{C'_v B_{wk} T(t)} = -\lambda = \frac{Z''_1(z_1)}{Z_1(z_1)} \tag{3.23}$$

于是得到两个常微分方程：

$$T'(t) + \lambda C'_v B_{wk} T(t) = 0 \tag{3.24}$$

$$Z''_1(z_1) + \lambda Z_1(z_1) = 0 \tag{3.25}$$

1) 求 Z_1

由初始条件和边界条件即式 (3.20) 有

$$P(z_1, 0) = Z_1(z_1) T(0) = \sigma_{z1}$$
$$P(0, t) = Z_1(0) T(t) = 0 \tag{3.26}$$
$$\frac{\partial P(H_1 + H_2, t)}{\partial z_1} = Z'_1(H_1 + H_2) T(t) = 0$$

因为求的是非零解，所以 $Z_1(z_1) \neq 0$ 且 $T(t) \neq 0$，则 $Z_1(z_1)T(0) = \sigma_{z1}$，$Z_1(0) = 0$，$Z'_1(H_1 + H_2) = 0$。

所以，欲求 $Z_1(z_1)$，需解固有值问题：

$$\begin{cases} Z''_1(z_1) + \lambda Z_1(z_1) = 0 \\ Z_1(0) = Z'_1(H_1 + H_2) = 0 \end{cases} \tag{3.27}$$

式中，λ 为任意常数，就其不同情况分别讨论之。

(1) $\lambda < 0$，式 (3.27) 的通解为

$$Z_1(z_1) = C_1 e^{\sqrt{-\lambda} z_1} + C_2 e^{-\sqrt{-\lambda} z_1} \tag{3.28}$$

式中，C_1、C_2 为任意常数，代入 $Z_1(0) = Z'_1(H_1 + H_2) = 0$ 中，得到以 C_1、C_2 为未知量的二元一次方程组：

$$\begin{cases} C_1 + C_2 = 0 \\ C_1 \sqrt{-\lambda} e^{\sqrt{-\lambda}(H_1 + H_2)} - C_2 \sqrt{-\lambda} e^{-\sqrt{-\lambda}(H_1 + H_2)} = 0 \end{cases} \tag{3.29}$$

3.2 固结机理

从系数行列式

$$\begin{vmatrix} 1 & 1 \\ \sqrt{-\lambda}\mathrm{e}^{\sqrt{-\lambda}(H_1+H_2)} & -\sqrt{-\lambda}\mathrm{e}^{-\sqrt{-\lambda}(H_1+H_2)} \end{vmatrix} \neq 0 \tag{3.30}$$

所以方程组 (3.29) 只有零解 $C_1 = C_2 = 0$，从而 $Z_1(z_1) = 0$。因此 $\lambda < 0$ 时，式 (3.27) 无非零解。

(2) $\lambda = 0$，式 (3.27) 的通解为

$$Z_1(z_1) = C_1 + C_2 z_1, \quad Z_1(z_1) = C_1 + C_2 z_2 \tag{3.31}$$

同样代入 $Z_1(0) = Z_1'(H_1 + H_2) = 0$ 中得

$$Z_1(0) = C_1 = 0, \quad Z_1'(H_1 + H_2) = C_2 = 0 \tag{3.32}$$

所以方程组 (3.29) 也只有零解 $C_1 = C_2 = 0$，从而 $Z_1(z_1) = 0$。因此 $\lambda = 0$ 时，式 (3.27) 也无非零解。

(3) $\lambda > 0$，式 (3.27) 解为

$$Z_1(z_1) = C_1 \cos \sqrt{\lambda} z_1 + C_2 \sin \sqrt{\lambda} z_1 \tag{3.33}$$

代入 $Z_1(0) = Z_1'(H_1 + H_2) = 0$ 中得

$$Z_1(0) = C_1 = 0 \tag{3.34}$$

所以，欲使 $Z_1(z_1) \neq 0$，则必须使 $C_2 \neq 0$，又

$$Z_1'(H_1 + H_2) = C_2 \sqrt{\lambda} \cos \sqrt{\lambda}(H_1 + H_2) = 0 \tag{3.35}$$

而 $\lambda > 0$ 即 $\sqrt{\lambda} \neq 0$，欲使 $C_2 \neq 0$，必须要 $\cos \sqrt{\lambda}(H_1 + H_2) = 0$，则只有

$$\lambda = \lambda_k = \frac{(2k-1)^2 \pi^2}{4(H_1 + H_2)^2} \quad (k = 1, 2, 3, \cdots) \tag{3.36}$$

即 $\lambda_k = \dfrac{(2k-1)^2 \pi^2}{4(H_1 + H_2)^2}$ 时，式 (3.27) 有非零解：

$$Z_1(z_1) = C_k \sin \frac{(2k-1)\pi}{2(H_1 + H_2)} z_1 \quad (k = 1, 2, 3, \cdots) \tag{3.37}$$

2) 求 $T(t)$

将式 (3.37) 代入式 (3.33) 中得

$$T'(t) + \frac{(2k-1)^2\pi^2}{4(H_1+H_2)^2}C'_\text{v}B_{\text{w}k}T(t) = 0 \tag{3.38}$$

求得其通解为

$$T(t) = D_k\text{e}^{-\int \frac{(2k-1)^2\pi^2}{4(H_1+H_2)^2}C'_\text{v}B_{\text{w}k}\text{d}t} = D_k\text{e}^{-\frac{(2k-1)^2\pi^2}{4(H_1+H_2)^2}C'_\text{v}B_{\text{w}k}t} \tag{3.39}$$

则式 (3.19) 的解为

$$P_k(z_1,t) = Z_k(z_1)T_k(t)$$
$$= M_k\text{e}^{-\frac{(2k-1)^2\pi^2}{4(H_1+H_2)^2}C'_\text{v}B_{\text{w}k}t}\sin\frac{(2k-1)\pi}{2(H_1+H_2)}z_1 \quad (k=1,2,3,\cdots) \tag{3.40}$$

式中，$M_k = C_k D_k$ 仍为任意常数。

则泥石流浆体的上覆应力为

$$P(z_1,t) = \sum_{k=1}^{\infty} P_k(z_1,t)$$
$$= \sum_{k=1}^{\infty} M_k\text{e}^{-\frac{(2k-1)^2\pi^2}{4(H_1+H_2)^2}C'_\text{v}B_{\text{w}k}t}\sin\frac{(2k-1)\pi}{2(H_1+H_2)}z_1 \quad (k=1,2,3,\cdots) \tag{3.41}$$

又由初始条件为

$$P(z_1,0) = \sum_{k=1}^{\infty} P_k(z_1,0) = \sum_{k=1}^{\infty} M_k\sin\frac{(2k-1)\pi}{2(H_1+H_2)}z_1 = \sigma_{z_1} \tag{3.42}$$

将式 (3.42) 左右两边同时乘以 $\sin\dfrac{(2m-1)\pi}{2(H_1+H_2)}z_1$，其中 $m=1,2,3,\cdots$，并对 z_1 从 0 到 H_1+H_2 积分，得

$$\sum_{k=1}^{\infty}M_k\int_0^{H_1+H_2}\sin\frac{(2m-1)\pi}{2(H_1+H_2)}z_1\sin\frac{(2k-1)\pi}{2(H_1+H_2)}z_1\text{d}z_1$$
$$= \sigma_{z_1}\int_0^{H_1+H_2}\sin\frac{(2m-1)\pi}{2(H_1+H_2)}z_1\text{d}z_1 \tag{3.43}$$

3.2 固结机理

对式 (3.43) 左右两边分别求解：

$$\int_0^1 \sin\frac{(2m-1)\pi}{2(H_1+H_2)}z_1 \sin\frac{(2k-1)\pi}{2(H_1+H_2)}z_1 \mathrm{d}z_1 = \begin{cases} 0 & (m \neq k) \\ \dfrac{1}{2} & (m = k) \end{cases} \tag{3.44}$$

$$\int_0^{H_1+H_2} \sin\frac{(2m-1)\pi}{2(H_1+H_2)}z_1 \mathrm{d}z_1 = \frac{2(H_1+H_2)}{(2k-1)\pi} \quad (m = k) \tag{3.45}$$

由式 (3.43)~ 式 (3.45) 得

$$M_k = \frac{4(H_1+H_2)}{(2k-1)\pi}\sigma_{z_1} \quad (k=1,2,3,\cdots) \tag{3.46}$$

则

$$P(z_1,t) = \frac{4(H_1+H_2)\sigma_{z_1}}{\pi} \sum_{k=1}^{\infty} \frac{1}{2k-1} \mathrm{e}^{-\frac{(2k-1)^2\pi^2}{4(H_1+H_2)^2}C'_v B_{wk}t} \sin\frac{(2k-1)\pi}{2(H_1+H_2)}z_1 \tag{3.47}$$

其中，$k=1,2,3,\cdots$。

2. 饱和区应力–应变状态

在非饱和泥石流体产生的可变荷载以及饱和泥石流浆体自身的重力作用下，浆体中将产生超静孔隙水压力，导致其中的孔隙水逐渐排出，沉积体被压缩，从而使沉积体的强度提高。随着时间的推移，超静孔隙水压力逐步消散，沉积体的有效应力逐步增大，直至超静孔隙水压力完全消散，压缩过程也就停止了。这种由孔隙水的渗透而引起的压缩过程，称为渗透固结 (即主固结)。然而，对于黏性泥石流沉积物而言，超静孔隙压力完全消散以后，整个沉积体仍会随时间继续发生变形，即产生次固结效应。这种效应是由泥石流沉积物所具有的流变性质产生的。在泥石流沉积物的固结全过程中，主固结和次固结是同时进行的。

作为黏塑性 Bingham 体的泥石流沉积浆体，为了在固结过程中更好地研究其流变性状，在本书中应用 Bingham 流变模型 (图 3.30) 来辅助研究，其流变方程为

$$\dot{\varepsilon} = \frac{(\sigma' - \sigma_{\mathrm{SB}})t}{\eta} \quad (\sigma' > \sigma_{\mathrm{SB}}) \tag{3.48}$$

式中，σ' 为沉积体所受的有效应力，$\sigma' = P + \gamma_2 z - u$，kPa；$\sigma_{\mathrm{SB}}$ 为沉积体的屈服应力，它为与法向应力无关的常数；η 为沉积体的黏滞系数，Pa·s；其他变量含义同前。

由于 $\sigma' \leqslant \sigma_{\mathrm{SB}}$ 时，饱和浆体不发生应变，所以本书暂不予讨论。

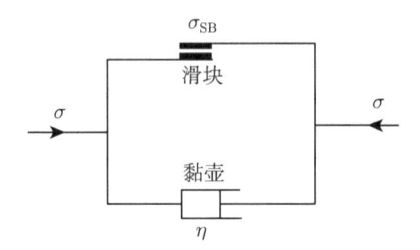

图 3.30　泥石流沉积物流变模型

固结开始前，即固结时间 $t=0$ 时，饱和浆体的应力状态为

$$\sigma_z = P_0$$
$$u = \sigma_z \tag{3.49}$$
$$\sigma_x = K_0(\sigma_z - u) + u = \sigma_z$$

式中，σ_z 为饱和浆体所受的竖向应力，kPa；σ_x 为饱和浆体所受的水平应力，kPa；P_0 为主固结开始时的附加外荷载，kPa；K_0 为侧向土压力系数，$K_0 = \dfrac{\mu}{1-\mu}$，这里 μ 为饱和浆体的泊松比；u 为超静孔隙水压力，kPa。

随着时间的流逝，饱和浆体的一维固结也在不断进行中，其力学模型如图 3.31 所示，受力状态为

$$\sigma_z = P + \sigma_c = P + \gamma_2 z$$
$$\sigma_x = K_0(\sigma_z - u) + u \tag{3.50}$$

式中，σ_c 为饱和泥石流浆体的自重应力，kPa；γ_2 为饱和泥石流浆体的容重，kN/m³；z 为单元体在泥石流浆体中的高度，m；其余变量含义同前。

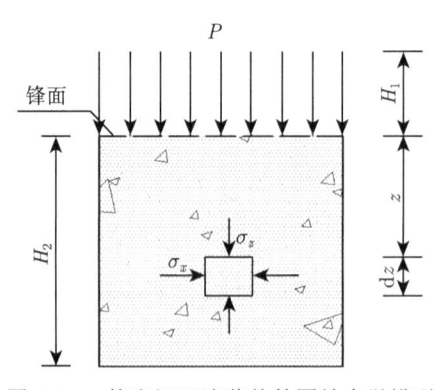

图 3.31　饱和泥石流浆体的固结力学模型

按照土力学中的应力–应变关系可以推导得出

$$\frac{\partial z}{\partial t} - \frac{\gamma_2}{\eta}z = \frac{p-u-\sigma_{\mathrm{SB}}}{\eta} \tag{3.51}$$

按照一阶线性微分方程 $\dfrac{\mathrm{d}y}{\mathrm{d}x}+P(x)y=Q(x)$ 的通解 $y=\mathrm{e}^{-\int P(x)\mathrm{d}x}\left(\int Q(x)\mathrm{e}^{\int P(x)\mathrm{d}x}\mathrm{d}x+C\right)$，求解式 (3.50) 为

$$z = \mathrm{e}^{-\int -\frac{\gamma_2}{\eta}t}\left(\int \frac{p-u-\sigma_{\mathrm{SB}}}{\eta}\mathrm{e}^{\int \frac{\gamma_2}{\eta}\mathrm{d}t}\mathrm{d}t + C\right) \tag{3.52}$$

利用 $z(0)=0$ 的初始条件，则式 (3.52) 中常数 $C=\dfrac{p-u-\sigma_{\mathrm{SB}}}{\gamma_2}$，即

$$z(t) = \frac{p-u-\sigma_{\mathrm{SB}}}{\gamma_2}\left(\mathrm{e}^{\frac{\gamma_2}{\eta}t} - 1\right) \tag{3.53}$$

饱和泥石流浆体的顶面透水、底面不透水，整个沉积体在固结时会产生自下向上的渗流，假定每秒钟流入单元体的水体积为 q，则流出单元体的水体积为 $q+\dfrac{\partial q}{\partial z}\mathrm{d}z$；如果流出的水多，流入的水少，则单元体内在 $\mathrm{d}t$ 时间内减少的水体积为

$$\left[\left(q+\frac{\partial q}{\partial z}\mathrm{d}z\right) - q\right]\mathrm{d}t = \frac{\partial q}{\partial z}\mathrm{d}z\mathrm{d}t \tag{3.54}$$

那么在 $0\sim t$ 时间内，单元体减少的总水体积 ΔV_{w} 为

$$\Delta V_{\mathrm{w}} = \int_0^t \frac{\partial q}{\partial z}\mathrm{d}z\mathrm{d}t \tag{3.55}$$

取 z 轴向上，那么超静孔隙水压力 u 下大上小，$\dfrac{\partial u}{\partial z}<0$，而水力梯度 $i>0$，因此

$$i = -\frac{\partial u}{\gamma_{\mathrm{w}}\partial z} \tag{3.56}$$

将式 (3.55) 代入达西定律，得

$$q = kiA = -\frac{k\partial u}{\gamma_{\mathrm{w}}\partial z}A \tag{3.57}$$

式中，k 为 z 方向的渗透系数，cm/s；A 为单元体的过水面积，cm^2，$A = \mathrm{d}x\mathrm{d}y$。

将式 (3.57) 代入式 (3.55) 中，得

$$\Delta V_\mathrm{w} = -\int_0^t \frac{kA}{\gamma_\mathrm{w}} \cdot \frac{\partial^2 u}{\partial z^2} \mathrm{d}z\mathrm{d}t \tag{3.58}$$

在 $t = 0$ 时，假定浆体的孔隙比为 e_0，而 $\sigma'_z = 0$；在 t 时刻，孔隙比为 e，而 $\sigma'_z = P + \sigma_\mathrm{c} - u$；在饱和泥石流浆体的一维固结过程中，令压缩系数 α 为常量，则

$$\Delta e = e_0 - e = \alpha(p + \sigma_\mathrm{c} - u) \tag{3.59}$$

于是单元体的体积减小量为

$$\Delta V = \Delta e V_\mathrm{s} = \alpha(p + \gamma_2 z - u)V_\mathrm{s} = \frac{\alpha(p + \sigma_\mathrm{c} - u)A}{1 + e_0} \mathrm{d}z \tag{3.60}$$

式中，V_s 为饱和泥石流浆体中的固相颗粒体积，$V_\mathrm{s} = \dfrac{A\mathrm{d}z}{1 + e_0}$，m^3；其余变量含义同前。

对于饱和泥石流体，$\Delta V = \Delta V_\mathrm{w}$，则

$$-\int_0^t \frac{kA}{\gamma_\mathrm{w}} \cdot \frac{\partial^2 u}{\partial z^2} \mathrm{d}z\mathrm{d}t = \frac{\alpha(p + \sigma_\mathrm{c} - u)A}{1 + e_0} \mathrm{d}z \tag{3.61}$$

等式两边同时除以 $A\mathrm{d}z$，并对 t 求偏导数得

$$\frac{k}{\gamma_\mathrm{w}} \cdot \frac{\partial^2 u}{\partial z^2} = \frac{\alpha}{1 + e_0}\left(\frac{\partial u}{\partial t} - \frac{\partial p}{\partial t} - \frac{\partial \sigma_\mathrm{c}}{\partial t}\right) \tag{3.62}$$

令 $C_\mathrm{v} = \dfrac{k(1 + e_0)}{\gamma_\mathrm{w}\alpha}$，即固结系数，则式 (3.62) 可以变成

$$C_\mathrm{v} \frac{\partial^2 u}{\partial z^2} = \frac{\partial u}{\partial t} - \frac{\partial p}{\partial t} - \gamma_2 \frac{\partial z}{\partial t} \tag{3.63}$$

将式 (3.62) 代入式 (3.63) 中，有

$$C_\mathrm{v} \frac{\partial^2 u}{\partial z^2} = \frac{\partial \left(u \mathrm{e}^{\frac{\gamma_2}{\eta}t}\right)}{\partial t} - \frac{\partial \left[(p - \sigma_\mathrm{SB})\mathrm{e}^{\frac{\gamma_2}{\eta}t}\right]}{\partial t} \tag{3.64}$$

3.2 固结机理

且式 (3.63) 的初始条件和边界条件为

$$\begin{cases} t=0 \text{且} 0 \leqslant z < H_2 \text{时}, & u = P_0 \\ t > 0, \dfrac{\partial u}{\partial z}\bigg|_{z=H_2} = 0 \text{时}, & u|_{z=0} = 0 \\ t = \infty, 0 \leqslant z \leqslant H_2 \text{时}, & u = 0 \end{cases} \quad (3.65)$$

参考 Terzaghi 单层地基一维固结方程的解 $u(z,t) = \sum\limits_{m=1}^{\infty} \dfrac{1}{m} \dfrac{4p}{\pi} \mathrm{e}^{-\frac{m^2\pi^2 C_v t}{4H^2}} \sin \dfrac{m\pi z}{2H}$，假定式 (3.63) 的解 $u(z,t)$ 为

$$u(z,t) = \sum_{m=1}^{\infty} T_m(t) \sin \dfrac{m\pi z}{2H_2} \quad (3.66)$$

式中，m 为正奇数；$T_m(t)$ 为待求的时间函数。

将式 (3.66) 代入式 (3.64) 中，得

$$T'_m(t) + M T_m(t) - \dfrac{f(z,t)}{N} = 0 \quad (3.67)$$

式中，$f(z,t) = \dfrac{\partial \left[(p - \sigma_{\mathrm{SB}}) \mathrm{e}^{\frac{\gamma_2}{\eta} t}\right]}{\partial t}$；$M = C_v \dfrac{m^2 \pi^2}{4 \mathrm{e}^{\frac{\gamma_2}{\eta} t} H_2^2} + \dfrac{\gamma_2}{\eta}$；$N = \mathrm{e}^{\frac{\gamma_2}{\eta} t} \sum\limits_{m=1}^{\infty} \sin \dfrac{m\pi z}{2H_2}$；$m$ 为正奇数。

为了更方便地求解式 (3.67)，运用拉普拉斯变换法进行分析，进行拉普拉斯变换得

$$F_m(s) = F_{m1}(s) \left\{ T_m(0) + \dfrac{L[f(z,t)]}{N} \right\} \quad (3.68)$$

式中，

$$F_{m1}(s) = \dfrac{1}{s + M} \quad (3.69)$$

对式 (3.69) 进行拉普拉斯逆变换，得

$$T_{m1}(t) = L^{-1}[F_{m1}(s)] = L^{-1}\left(\dfrac{1}{s+M}\right) = \mathrm{e}^{-Mt} \quad (3.70)$$

同样，利用拉普拉斯变换的线性性质和卷积性质对式 (3.70) 也进行拉普拉斯逆变换，得

$$T_m(t) = L^{-1}[F_m(s)] = L^{-1}\left\{ F_{m1}(s) T_m(0) + F_{m1}(s) \dfrac{L[f(z,t)]}{N} \right\}$$

$$= T_m(0)T_{m1}(t) + \frac{T_{m1}(t)f(z,t)}{N} = T_{m1}(t)\left[T_m(0) + \frac{f(z,t)}{N}\right] \quad (3.71)$$

把式 (3.70) 代入式 (3.71)，可以得到时间函数 $T_m(t)$ 的表达式为

$$T_m(t) = \mathrm{e}^{-Mt}\left[T_m(0) + \frac{f(z,t)}{N}\right] \quad (3.72)$$

再将式 (3.71) 代入式 (3.63) 中，得

$$\begin{aligned}u(z,t) &= \sum_{m=1}^{\infty}\mathrm{e}^{-Mt}\left[T_m(0) + \frac{f(z,t)}{N}\right]\sin\frac{m\pi z}{2H_2}\\&= \mathrm{e}^{-Mt}\sum_{m=1}^{\infty}T_m(0)\sin\frac{m\pi z}{2H_2} + \sum_{m=1}^{\infty}\mathrm{e}^{-Mt}\frac{f(z,t)}{N}\sin\frac{m\pi z}{2H_2}\end{aligned} \quad (3.73)$$

将式 (3.73) 代入式 (3.65) 中，有

$$\text{当}\,t = 0, 0 \leqslant z \leqslant H_2\text{时}\ u(z,0) = \sum_{m=1}^{\infty}\mathrm{e}^{-M\cdot 0}\left[T_m(0) + \frac{f(z,0)}{N}\right]\sin\frac{m\pi z}{2H_2}$$

$$= \sum_{m=1}^{\infty}T_m(0)\sin\frac{m\pi z}{2H_2} = p_0$$

将 $\displaystyle\sum_{m=1}^{\infty}T_m(0)\sin\frac{m\pi z}{2H_2} = p_0$ 代入式 (3.68) 中，有

$$\begin{aligned}&u(z,t)\\&= \sum_{m=1}^{\infty}\mathrm{e}^{-Mt}\left[T_m(0) + \frac{f(z,t)}{N}\right]\sin\frac{m\pi z}{2H_2}\\&= \mathrm{e}^{-Mt}p_0 + \sum_{m=1}^{\infty}\mathrm{e}^{-Mt}\frac{f(z,t)}{N}\sin\frac{m\pi z}{2H_2}\\&= \mathrm{e}^{-Mt}\left[p_0 + \sum_{m=1}^{\infty}\frac{f(z,t)}{N}\sin\frac{m\pi z}{2H_2}\right]\\&= \mathrm{e}^{-Mt}\left\{p_0 + \sum_{m=1}^{\infty}\frac{1}{\mathrm{e}^{\frac{\gamma_2}{\eta}t}\displaystyle\sum_{m=1}^{\infty}\sin\frac{m\pi z}{2H_2}}\cdot\frac{\partial\left[(p - \sigma_{\mathrm{SB}})\mathrm{e}^{\frac{\gamma_2}{\eta}t}\right]}{\partial t}\sin\frac{m\pi z}{2H_2}\right\}\end{aligned}$$

3.2 固结机理

$$= \mathrm{e}^{-Mt}\left\{p_0 + \sum_{m=1}^{\infty}\frac{1}{\mathrm{e}^{\frac{\gamma_2}{\eta}t}\sum_{m=1}^{\infty}\sin\frac{m\pi z}{2H_2}}\left(\mathrm{e}^{\frac{\gamma_2}{\eta}t}\frac{\partial p}{\partial t} + \frac{\gamma_2 p}{\eta}\mathrm{e}^{\frac{\gamma_2}{\eta}t} - \frac{\gamma_2 \sigma_{\mathrm{SB}}}{\eta}\mathrm{e}^{\frac{\gamma_2}{\eta}t}\right)\sin\frac{m\pi z}{2H_2}\right\}$$

$$= \mathrm{e}^{-Mt}\left\{p_0 + \sum_{m=1}^{\infty}\frac{1}{\sum_{m=1}^{\infty}\sin\frac{m\pi z}{2H_2}}\left[\frac{\partial p}{\partial t} + \frac{\gamma_2(p-\sigma_{\mathrm{SB}})}{\eta}\right]\sin\frac{m\pi z}{2H_2}\right\} \quad (3.74)$$

将式 (3.52) 代入式 (3.53) 中，可以得到在可变附加应力和自重应力双重作用影响下的超静孔隙水压力表达式为

$$u(z,t) = \mathrm{e}^{-Mt}\left(p_0 + \sum_{m=1}^{\infty}Q\sin\frac{m\pi z}{2H_2}\right) \quad (m\text{为正奇数}) \quad (3.75)$$

式中，$M = C_\mathrm{v}\dfrac{m^2\pi^2}{4\mathrm{e}^{\frac{\gamma_2}{\eta}t}H_2{}^2} + \dfrac{\gamma_2}{\eta}; Q = \sum\limits_{m=1}^{\infty}\dfrac{1}{\sum\limits_{m=1}^{\infty}\sin\dfrac{m\pi z}{2H_2}}\left[\dfrac{\partial p}{\partial t} + \dfrac{\gamma_2\left(p-\sigma_{\mathrm{SB}}\right)}{\eta}\right]$ ($k = 1, 3, 5, \cdots$); 其余变量含义同前。

根据式 (3.75)，在固结 t 时刻，饱和泥石流沉积物浆体的其他相关土力学参数如下。

平均超静孔隙水压力:

$$\overline{u(t)} = \frac{1}{H_2}\int_0^{H_2}u\mathrm{d}z = \frac{1}{H_2}\int_0^{H_2}\mathrm{e}^{-Mt}\left(p_0 + \sum_{m=1}^{\infty}Q\sin\frac{m\pi z}{2H_2}\right)\mathrm{d}z$$

$$= \frac{1}{H_2}\mathrm{e}^{-Mt}\left(p_0 z - \frac{2H_2}{m\pi}\sum_{m=1}^{\infty}Q\cos\frac{m\pi z}{2H_2}\right)\bigg|_0^{H_2} = \mathrm{e}^{-Mt}p_0 + \frac{2\mathrm{e}^{-Mt}}{m\pi}\sum_{m=1}^{\infty}Q \quad (3.76)$$

平均固结度:

$$U(t) = \frac{u_0 - \overline{u(t)}}{u_0} = \frac{p_0 - \mathrm{e}^{-Mt}p_0 - \dfrac{2\mathrm{e}^{-Mt}}{m\pi}\sum\limits_{m=1}^{\infty}Q}{p_0} = 1 - \mathrm{e}^{-Mt} - \frac{2\mathrm{e}^{-Mt}}{m\pi p_0}\sum_{m=1}^{\infty}Q \quad (3.77)$$

压缩量:

$$s(t) = m_\mathrm{v}\int_0^{H_2}(u_0 - u)\,\mathrm{d}z = m_\mathrm{v}\int_0^{H_2}\left[p_0 - \mathrm{e}^{-Mt}\left(p_0 + \sum_{m=1}^{\infty}Q\sin\frac{m\pi z}{2H_2}\right)\right]\mathrm{d}z$$

$$= m_{\mathrm{v}} \left[p_0 z - \mathrm{e}^{-Mt} p_0 z + \frac{m\pi \mathrm{e}^{-Mt}}{2H_2} \sum_{m=1}^{\infty} Q \cos \frac{m\pi z}{2H_2} \right] \Big|_0^{H_2}$$

$$= m_{\mathrm{v}} \left[p_0 H_2 - \mathrm{e}^{-Mt} p_0 H_2 - \frac{m\pi \mathrm{e}^{-Mt}}{2H_2} \sum_{m=1}^{\infty} Q \right] \tag{3.78}$$

式中，u_0 为饱和泥石流沉积物浆体的初始超静孔隙水压力，即 $u_0 = P_0$，kPa；m_{v} 为饱和泥石流沉积物浆体的体积压缩系数，MPa^{-1}；其他变量含义同前。

通过以上的分析可以知道，当 $z_1 = H_1 + H_2$ 时，饱和泥石流沉积物浆体已全部转化为非饱和黏土体，即泥石流沉积物的固结过程已结束。通过实测泥石流淤埋公路现场的沉积物的相关物理力学指标，利用式 (3.75)∼ 式 (3.78) 计算出泥石流淤埋物随时间而变化的相关土力学参数，如平均超静孔隙水压力、平均固结度、压缩量等。最终，运用这些计算结果并结合现场勘察资料，可以更快速准确地制定出合适的公路泥石流淤埋灾害应急减灾方案。

另外还需要补充说明的是，在泥石流沉积物固结初期，泥石流沉积物表层还没有结成硬壳 (即 $P = 0$) 时，饱和泥石流浆体是在自身重力作用下产生固结沉降，那么其固结方程可以由式 (3.62) 改写为

$$C_{\mathrm{v}} \frac{\partial^2 u}{\partial z^2} = \frac{\partial u}{\partial t} - \gamma_2 \frac{\partial z}{\partial t} \tag{3.79}$$

式中符号含义同前，且由式 (3.52) 得

$$z(t) = \frac{p - u - \sigma_{\mathrm{SB}}}{\gamma_2} \left(\mathrm{e}^{\frac{\gamma_2}{\eta}t} - 1 \right) = \frac{0 - u - \sigma_{\mathrm{SB}}}{\gamma_2} \left(\mathrm{e}^{\frac{\gamma_2}{\eta}t} - 1 \right)$$

$$= \frac{u + \sigma_{\mathrm{SB}}}{\gamma_2} \left(1 - \mathrm{e}^{\frac{\gamma_2}{\eta}t} \right) \tag{3.80}$$

式 (3.79) 初始条件和边界条件分别为

$$\begin{cases} t = 0 \text{且} 0 \leqslant z < H_2 \text{时}, \quad u = 0 \\ t > 0, \dfrac{\partial u}{\partial z}\Big|_{z=0} = 0 \text{时}, \quad u|_{z=H_2} = 0 \\ t = \infty \text{时}, \quad u = 0 \end{cases} \tag{3.81}$$

求解式 (3.75)，得出无外荷载作用下泥石流沉积物固结产生的超静孔隙水压力为

$$u(z,t) = \sum_{m=1}^{\infty} \mathrm{e}^{-Mt} Q' \sin \frac{m\pi z}{2H_2} \tag{3.82}$$

3.2 固结机理

式中，$Q' = \dfrac{-\gamma_2 \sigma_{\mathrm{SB}}}{\eta \sum\limits_{m=1}^{\infty} \sin \dfrac{m\pi z}{2H_2}}$；其他变量含义同前。

同理，可以得到无外荷载作用下泥石流沉积物固结产生的压缩量 $s(t)$ 为

$$s(t) = m_{\mathrm{v}} \int_0^{H_2} (u_0 - u)\mathrm{d}z = m_{\mathrm{v}} \int_0^{H_2} \left[0 - \sum_{m=1}^{\infty} \mathrm{e}^{-Mt} Q' \sin \frac{m\pi z}{2H_2} \right] \mathrm{d}z$$

$$= m_{\mathrm{v}} \sum_{m=1}^{\infty} -\mathrm{e}^{-Mt} Q' \int_0^{H_2} \sin \frac{m\pi z}{2H_2} \mathrm{d}z = m_{\mathrm{v}} \sum_{m=1}^{\infty} \frac{2H_2}{m\pi} \mathrm{e}^{-Mt} Q' \cos \frac{m\pi z}{2H_2} \bigg|_0^{H_2}$$

$$= m_{\mathrm{v}} \sum_{m=1}^{\infty} \frac{2H_2}{m\pi} \mathrm{e}^{-Mt} Q' \tag{3.83}$$

第二篇

泥石流地貌演化

泥石流地貌演化是泥石流动力作用的物理表征，是泥石流物源的空间输运和三维空间格局变化，事关泥石流灾害靶向工程防治，包括沟谷泥石流和坡面泥石流。岸坡冲蚀槽的形成及悬岸体稳定性劣化，是沟谷泥石流地貌演化的关键动力机制；强降雨及高山高寒地区冰雪融水是坡面泥石流的关键触发因素。

第 4 章 沟谷泥石流

4.1 岸坡冲蚀槽形成机理

路基基脚岩土体受到河流的冲刷，形成冲蚀槽，根据不同的河道边界变化形态，包括弯曲河道、突变河道、顺直河道，弯曲河道与突变河道近岸水流呈现环流与水平涡流流动，水流掏蚀路基基脚岩土体形成冲蚀槽，所以掏蚀路基的水流包括弯道环流与水平涡流两种。将弯道环流与突变涡流考虑为涡量不变的流体。

弯曲河道：河床弯段（深水区或深泓区）与过渡段（浅滩）相间，任意两相邻浅滩之间的距离为河宽的 5~7 倍，河道弯曲度大于 1.5。河道弯曲度 s 为河道长度与河谷长度之比。

突变河道：河道宽度发生突然增大或减小。

顺直河道：相当于顺直河床，河床沿岸平直，平水期，深槽浅滩交错出现，两侧的边滩犬牙交错，沿河两相邻浅滩间 10 倍于宽度距离内弯曲度不计。

4.1.1 沿河路基水流形式

1. 冲刷类型

根据沿河路基结构物的坡面特性、冲刷形态、成因，可将沿河路基冲刷破坏分为侧部冲刷、深部冲刷、局部冲刷三种类型。

1) 侧部冲刷

在河流弯道处，路基临水侧边坡遭受水流的直接冲击而发生冲刷，在直线河段的护岸不连续段或河床沉积物变化段，会由于河床质的非平衡输移而发生冲刷。当洪水来临时，侧部冲刷力增大，或水位超出护坡之上，引起边坡上部无防护部分的冲刷。路基边坡土体冲刷流失，最终失稳破坏，其冲刷形态如图 4.1(a) 所示。

2) 深部冲刷

当沿河侧路基边坡修建了坡面防护结构物时，坡脚处的冲刷将引起护坡基础底部的掏空，由于基础埋置深度不足，最终坡面防护结构坍塌、失效。而当路基底部的坡脚部位为天然的较为松散的砂砾层时，也会由于水流的作用，带走松散物质，使坡脚掏空，引起路基边坡的坍塌破坏，其冲刷形态如图 4.1(b) 所示。

3) 局部冲刷

在与沿河路基相连的构造物，如桥台、丁坝、护岸等部位，水流形态发生剧烈改变。由于受结构物的阻挡，有一部分下降水流下降折向河底，绕过结构物。结构物头部附近的垂线平均流速分布，自水面向槽底逐渐增大，结构物头部附近下降水流单宽流量集中，底部流速较大的特征，是桥台、丁坝头部局部冲刷的主要原因，其冲刷形态如图 4.1(c) 所示。

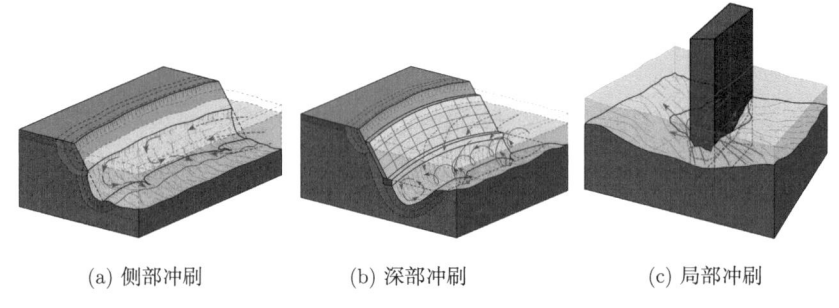

(a) 侧部冲刷　　　(b) 深部冲刷　　　(c) 局部冲刷

图 4.1　沿河路基冲刷图示

在以上三种类型中，深部冲刷、局部冲刷是最为常见的冲刷形式。

水流对沿河路基冲刷有两种作用：一种是水流直接作用于路基的边坡坡面，冲刷坡面上的泥沙颗粒，并将它带走，形成坡面冲刷；另一种是弯道、顶冲、绕流产生的螺旋流、旋涡等水流冲刷坡脚，使坡面高度和坡度增大，使上部边坡因重力作用而坍塌，形成坡脚冲刷。一般上述两种作用是同时存在的。另外，沿河公路路基由于侵占河道，压缩河床过水断面，长期或间断性地遭受水流的冲刷、浸泡作用而发生洪灾。由于修建年限较长、超限服务，公路等级低、设计标准低，以及公路路基参数设计不合理等，公路路基自身稳定性不足，也会使公路路基抗洪灾能力降低，导致路基坍塌。

2. 冲刷的影响条件

合理确定在河道岸边上修建路基防护构造物的基础埋置深度的一个非常重要的依据就是在一定的水流流速条件下，确定河床冲刷深度[17,18]。计算冲刷深度较小，导致防护构造物基础被掏空，构造物倒塌，进而冲毁路基；计算冲刷深度过大，不仅浪费大量投资，而且由于基础埋置过深，施工困难。

1) 洪水流量

公路设施的基本尺寸，取决于设计流量的大小。设计流量过大将造成经济上的浪费，过小则结构物不够安全。为了合理地选择设计流量，需要一个设计标准。目前公路设施多采用设计洪水频率作为设计标准。在《公路工程水文勘测设计规范》(JTG C30—2015) 中规定了常见构造物在一定公路等级下的设计洪水频率，如表 4.1 所示。

2) 洪水水位

洪水水位反映了洪水淹没范围，与流量密切相关。河流条件一定时，流量越大，对应的洪水水位越高。对于沿河公路而言，只有当洪水水位达到路基范围时，才可能对路基造成直接的危害，即对路基的稳定构成威胁。一系列试验研究表明，在维持其他条件不变，仅变化水深时，沿河路基最大冲刷深度是随着水深的增加而增大的，但是当水深增大到一定程度时，冲刷深度稳定在某一范围，不再随水深的增加而加大。例如与凹岸河堤顶面标高相等，或与沿河公路的路面齐平(漫过挡土墙、护坡顶)，可认为凹岸最大冲刷深度随水深增大而增加的趋势明显变缓。

表 4.1 设计洪水频率

构造物名称	公路等级				
	高速公路	一级	二级	三级	四级
特大桥	1/300	1/300	1/100	1/100	1/100
大、中桥	1/100	1/100	1/100	1/50	1/50
小桥	1/100	1/100	1/50	1/25	1/25
涵洞及小型排水构造物	1/100	1/100	1/50	1/25	不作规定
路基	1/100	1/100	1/50	1/25	按具体情况确定

注：二级公路的特大桥及三级、四级公路的大桥，在水势猛急、河床易于冲刷的情况下，可提高一级洪水频率算基础冲刷深度。

3) 洪水流速

洪水流速一般指水流进入弯道时的平均流速，试验资料表明，当水流流速达到河床面泥沙起冲流速时，河床局部冲刷坑出现，此后冲刷深度随流速的增大而增加，但是当水流流速达到和大于河床面泥沙的起动流速 V_c 时，由于床面泥沙普遍起动，从而对冲刷坑槽产生某种泥沙补偿作用，使冲刷坑槽的深度随流速增大而增加的速度明显减缓，冲刷深度随泥沙的运动特性在某一范围内波动，甚至可能有所减小。所以，可以认为当水流流速达到泥沙的起动流速时，冲刷深度达到一个最大值或处于最大冲刷深度的范围。洪水流速反映了水流的冲刷强度和冲击能力，是造成沿河公路洪灾的直接原因。它与流量、水位、河流形态等因素有密切关系，一般情况下，流量越大，对应的流速也大；而流量一定时，流速越大，水位越低；河段的比降(底坡)大、跌坎多，则水流速度越大，流动变化越剧烈。对于砂卵石质河床，水流速度越大，冲刷强度越大，冲刷深度也越大，对沿河公路路基的坡脚冲刷越强烈，造成洪灾的可能性也越大。

4) 河流形态

河流形态对沿河公路路基洪灾的影响，主要是通过水流边界条件的改变，导致水流对路基的不利作用，加剧洪灾的强度和规模，其主要考虑河流断面形态、平面形态等因素的影响，具体表现为：河湾凹岸的冲刷，河流断面受到压缩产生的上游壅水淹没和压缩断面的集中冲刷，因地形变化造成水流方向改变导致的对路基的顶冲或斜冲，河底出现明显跌坎的下游水流速度突然增大等。

5) 河床质

不论哪一类河床质河段，发生较大洪水时，都可能出现不同程度的沿河公路洪灾；不同河床质的河段，发生洪灾的水流形态有所不同。同一河流的不同位置(上游或下游、顺直河段或弯曲河段等)，发生洪水时的水流特征有所不同，例如，上游流量较小、下游流量逐渐增大，上游流速较大、下游流速可能会减小，顺直河段与弯曲河段的水流方向变化规律不同等。

不同河床质的河段，发生沿河公路洪灾的类型有所不同。以基岩、巨石、大漂石为主的河床，因水流速度大、流动变化剧烈，具有十分强烈的冲击力，易造成沿河公路的路基、防护工程的冲毁；而河床质以卵石、砂及细颗粒泥沙为主的河床，因河流较宽、水流速度有所减小，且水位较低、变化较为平缓，其沿河公路路基洪灾主要是因为坡脚冲刷或坡面冲刷。综上所述，河床质的作用大小，是与其他影响因素混合在一起表现出来的。河床质不同的河床，发生洪水时，沿河路基洪灾发生的程度可能都比较严重，也可能有些比较严重，有些比较轻微，难以作出明确的判别。

6) 洪水持续时间

洪水持续时间对公路洪灾的影响，与河流的洪水特点有关。山区河流的洪水大多是由暴雨造成的，由于洪水过程线变化较为复杂，对公路洪灾的影响难以作出明确判断；对于降雨强度不是很大但持续时间较长的降雨所引起的洪水，虽然洪水持续时间较长，但洪峰流量不是很大，对沿河公路路基的损坏一般不是很严重。沿河公路洪灾主要发生在汛期，汛期多强度较大的集中降雨，洪水持续时间从几小时到几天不等。一般来说，洪水持续时间越长，对沿河公路的威胁越大。

4.1.2 弯道环流

1. 弯道环流结构

弯道水流受惯性离心力作用，凹岸水流速度快，大于凸岸部分的水流速度。根据能量守恒定律，在同一过流断面上，凸岸处流体表面高程大于凹岸处流体表面高程，流体表面产生横向比降，表层流体从凹岸沉向沟底使凹岸受到强烈冲刷，因为弯道水流受横纵向压力与路基边坡壁成角度的冲击，在凹岸曲率最大岸壁(后面称"弯顶")位置上游靠近边壁的水流为主流所衍生的涡旋流呈回环形，水质点间相互碰撞、摩擦消耗水流能量，内部耗能，副流速度比主流速度小，主流与岸壁的接触点在弯顶位置，凹岸最大冲刷点在弯顶位置处(图 4.2)。

在弯顶附近，通常存在一凹岸旋涡，其方向与主流方向相反，其位置距凹岸约 1 倍平均水深。涡弯道环流分为凹岸环流与主环流，凹岸环流是主环流的衍生环流，即二次环流，凹岸环流在上，主环流在下，两环流的分岔点的切线与凹岸壁的交点为滞点 O，滞点以上为凹岸环流上掏刷，滞点以下为主环流下掏刷，在

4.1 岸坡冲蚀槽形成机理

滞点处为纵向掏刷，在滞点处掏刷最强烈，由于主环流作用对象为河床基岩，上部凹岸环流作用对象为路基填土，所以上掏刷作用强，主要考虑凹岸环流的上掏刷作用。以主环流与凹岸环流共同分布于河流横向剖面的弯道水流，弯道进口段与弯顶附近河道在近凹岸壁处呈现上层水流为凹岸环流，下层水流为主环流的上下分层水流，两种环流对路基基脚严重冲刷，上层环流掏刷路基基脚岩土体，下层环流掏刷河床，由于河床为基岩，岩体强度高，相对于上层环流对路基基脚岩土体的掏刷掏蚀慢，所以以上掏刷为主。形成涡旋流的客观条件：河岸是平缓的就不存在凹岸旋涡；凹岸旋涡在中等弯曲程度以上的弯道中可以观察到，在微弯(小曲率)中观察不到；Rozovskii 认为在宽深比较大的弯道中，岸壁作用可以忽略。然而，我国西南地区路基缺口出现在河谷发育的早期阶段，河谷多为 V 形深窄谷，由此，必须考虑凹岸旋涡的作用。

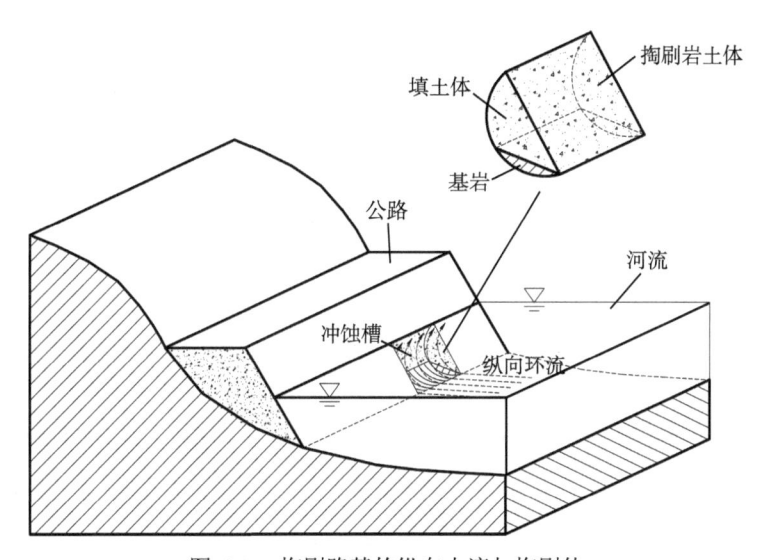

图 4.2 掏刷路基的纵向水流与掏刷体

2. 冲蚀槽半径

1) 路基近壁最大切应力

以岸坡边壁附近区域水流切应力来量化导致沿河路基冲蚀水毁的冲蚀作用的大小。明渠水流中，不分河床和河岸时，水流作用在边壁上的平均切应力为

$$\tau = \gamma RJ \tag{4.1}$$

式中，τ 为平均水流切应力，N/m²；R 为水力半径，m；J 为水力坡度；γ 为水的容重，kN/m³。

为便于工程应用，采用曼宁公式计算水力坡度 J：

$$J = \left(nu/R^{2/3}\right)^2 \tag{4.2}$$

式中，n 为糙率；R 为水力半径，m；宽浅河流可用水深 h 代替水力半径 R；J 为水力坡度；u 为水流平均速度，m/s。

杨树清对 Einstein 水力半径分割法进行深入分析，得出河岸边壁坡度为任意角度时水流对边壁的切应力计算式为

$$\tau_{\mathrm{w}}(y) = \begin{cases} \gamma J y \tan\alpha, & 0 < y \leqslant h\cot\alpha \\ \gamma J(h/\sin\beta - y)\tan\beta, & h\cot\alpha < y \leqslant h/\sin\beta \end{cases} \tag{4.3}$$

式中，$\tau_{\mathrm{w}}(y)$ 为水流作用于边壁的切应力，N/m^2；y 为以坡脚为原点沿边壁的坐标；h 为水深，m；α 为边壁与河床的夹角，($°$)；$\beta = 180° - 2\alpha$。

式 (4.3) 得出的河道水流作用于路基边壁的最大切应力，可能导致沿河路基边壁岩土体的冲蚀破坏，因此采用式 (4.3) 计算河道水流作用于沿河路基边壁上的冲蚀作用大小。

2) 冲蚀槽半径计算公式

本书采用建立在力学机理分析基础上的 Osman 和 Thorne 方法考虑横向后退距离。Osman 和 Thorne 提出，在 Δt 时间内黏性河岸被水流冲刷后退的距离为

$$R = \frac{C_{\mathrm{t}}\Delta t(\tau - \tau_{\mathrm{c}})\mathrm{e}^{1.3\tau_{\mathrm{c}}}}{\gamma_{\mathrm{s}}} \tag{4.4}$$

式中，R 为 Δt 时间内路基被水流横向冲刷后退的距离，m；C_{t} 为横向冲刷系数，是一常数，Osman 和 Thorne 根据室内试验研究成果得到 $C_{\mathrm{t}} = 3.64 \times 10^{-4}$；$\tau$ 为作用在岸坡上的水流切向力，N/m^2；τ_{c} 为河岸土体的起动切应力，N/m^2。

式 (4.4) 是针对黏性土岸坡的后退距离经验公式。有关崩岸发生段的岸坡土体组成资料显示，崩岸段土体组成多为二元结构，上层为亚黏土和粉质黏土，下层为砂层，主要是粉细砂及中砂。显然，二元结构中的细砂层抗冲性能相对于上层黏土层极差，最易起动和分散搬运。对于无黏性土组成的岸坡，国内外现还未见理论上或经验上的计算公式反映水流侧向冲刷对其形状的影响。本书在 Osman 和 Thorne 公式的基础上，对此类无黏性土坡体考虑一影响因子 $m(m>1)$，以修正砂质岸坡被水流横向冲刷后退的距离。m 的大小与砂土的物理力学性质，岸坡的形状、组成及渗流状态等因素有关。对于概化模型坡体，砂的干容重 $\gamma_{\mathrm{s}} = 15.0\mathrm{kN/m}^3$，水流切向力 $\tau = 7.5\mathrm{kPa}$，砂体起动切应力 $\tau_{\mathrm{c}} = 1.5\mathrm{kPa}$。修正因子 $m = 2.0$ 时，由式 (4.4) 可得到：前端水流掏刷 1h 后坡体后退距离 $\Delta B = 0.15\mathrm{m}$，前端水流掏刷 2h 后坡体后退距离 $\Delta B = 0.30\mathrm{m}$，前端水流掏刷 4h 后坡体后退距离 $\Delta B = 0.60\mathrm{m}$。

4.1 岸坡冲蚀槽形成机理

4.1.3 突变河道水平涡流

在河道各段，边界条件发生改变而引起边界水质点脱离主流线，流体质点的惯性导致在河道突变点不能立即充填整个河道，在突变处边界流体质点偏离主流向而形成边角涡流。河道不规则，水流一般为紊流，突变河道的河谷地势平坦，坡降变化连续，将水流运动考虑为层流，水流结构体现为涡量方向直立的水平涡流，洪水位以下，涡流掏蚀基脚，路基土体沿洪水位高度后退 (图 4.3)。以窄河谷流向宽河谷为例，在突变边界点，边界水流质点以速度 v 射流不断脱离主流体，在突变点下游一段距离 L 内形成副流——水平涡流，水平涡流形成区与主流扩散区的分界点为最大冲刷点，即为平面掏蚀点。

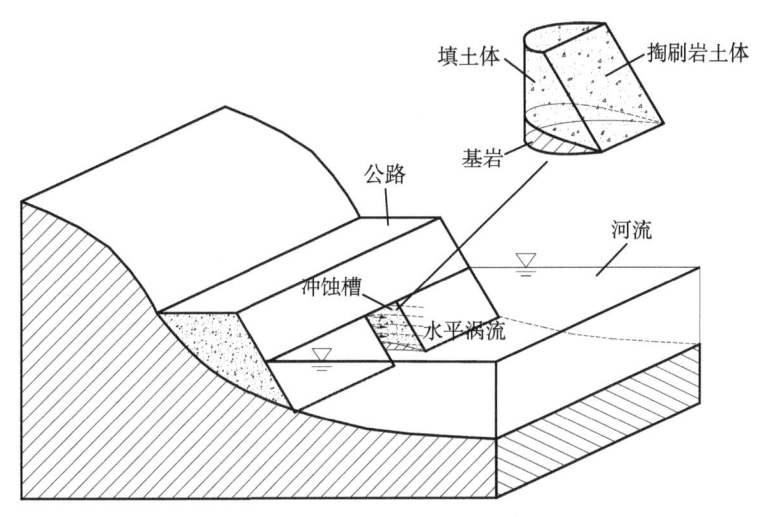

图 4.3 岸坡水平涡流与掏刷体

1. 水平涡流结构

根据流体力学，在边壁宽度不变的边界内的水流速度为均匀流，上游远处到突变进口段看成不变的边界。实际情况中，突变点前后的河道宽度不发生大的差异变化，这里说的突变点为河道宽度发生变化的临界点 O，进口段水流为匀速，出口段水流亦为匀速，在突变段附近经历了涡流区，以及中间稳定流与涡流的混合区，根据质量守恒定律，出口段宽度增大，水流流速减小，所以进口段流速大于出口段流速。在进出口过渡段的水平涡流区，涡流的产生与掺混过程伴随着机械能的损失，出口段的总机械能小于进口段的总机械能，涡流的产生与掺混过程损失的能量作用于边壁上，对边壁进行冲刷，涡流产生损失的能量大于掺混损失的能量，由此可知，涡流区河道两岸可能成为岸坡缺口主要的形成部位，如图 4.4 所示。

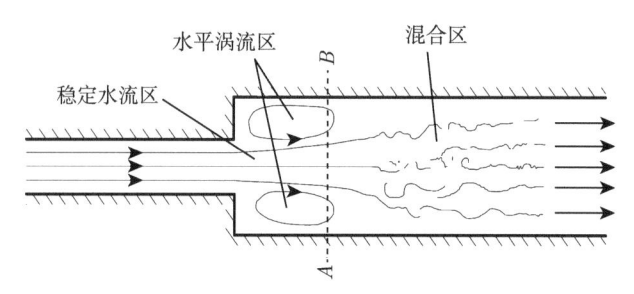

图 4.4 突变河道水平涡流掏蚀机理

突变河道由于河道宽度的变化,不管是由窄变宽,还是由宽变窄,近壁处水流的约束发生变化,水质点会沿河道边界移动形成涡流,中间自由水质点未立即反映河道的突变,在惯性作用下继续流动,在近涡流区下游段,中间稳定水流与涡流混合形成水流紊乱区,在河道突变远处水流适应现有河道而变成稳定流流动。突变河道路基缺口的形成区域在突变点下游的涡流区处(水质点水平涡流运动)。

突变河道在突变区域会形成水平涡流,水平涡流横向掏蚀路基基脚,基脚岩土体会形成与洪水同高的圆柱体冲蚀槽,基脚岩土体被带走,洪水作用下水位以下路基平行后退,圆柱体凹槽扩大,R 增大,当圆柱冲蚀槽在洪水位处的半径 R 达到临界值时,岸坡上覆岩土体在自重作用下剪切破坏而形成圆柱状缺口(图 4.5)。

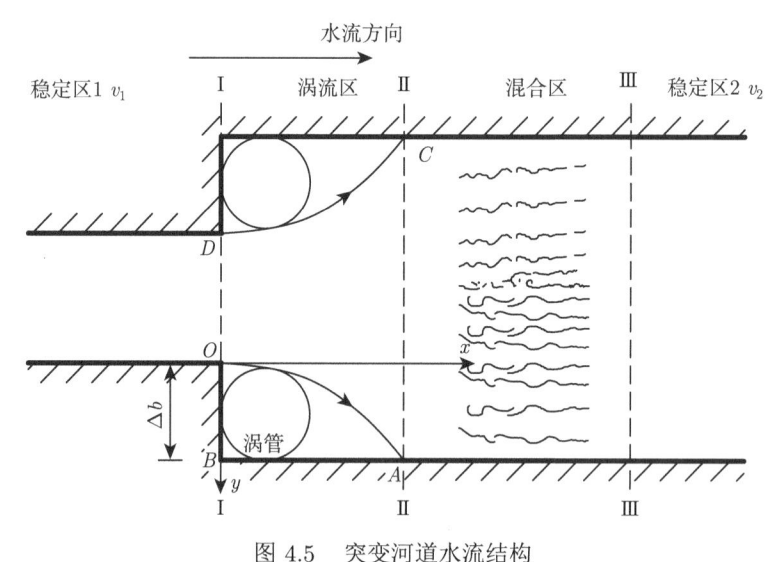

图 4.5 突变河道水流结构

断面 I-I 与断面 III-III 之间水头损失:
根据理想正压流体质量力为重力作用下的流体运动方程——伯努利方程,断

4.1 岸坡冲蚀槽形成机理

面 I-I 与断面 III-III 之间水头损失为

$$h_\mathrm{m} = \left(z_1 + \frac{p_1}{\gamma} + \frac{\alpha v_1^2}{2g}\right) - \left(z_2 + \frac{p_2}{\gamma} + \frac{\alpha v_2^2}{2g}\right) \tag{4.5}$$

取断面 I-I、断面 III-III 与岸壁所包围的流动区域为隔离体，隔离体的动量方程为

$$\sum F = \beta_2 \rho Q v_2 - \beta_1 \rho Q v_1 \tag{4.6}$$

式中，$\sum F$ 为作用在所取流体上的全部轴向外力之和。

作用于环形段上的压力为 p_1，阿切尔实验表明，在包含环形面积的 I-I 面上的压力基本满足静水压力分布规律，则

$$P_1 = p_1 A_1 + p_1(A_2 - A_1) = p_1 A_2 \tag{4.7}$$

断面 III-III 上的压力 $P_2 = p_2 A_2$，边壁的切力与其他力比起来微小，忽略不计。隔离体上质量力 $G = \gamma A_2(z_1 - z_2)$，对水平方向压力的影响不明显。动量方程变为

$$(p_1 A_2 + \beta_1 \rho Q v_1) + \gamma A_2(z_1 - z_2) - (p_2 A_2 + \beta_2 \rho Q v_2) = 0 \tag{4.8}$$

将 $Q = v_2 A_2$ 代入式 (4.8)，整理得

$$\left(z_1 + \frac{p_1}{\gamma}\right) - \left(z_2 + \frac{p_2}{\gamma}\right) = \frac{v_2}{g}(\beta_2 v_2 - \beta_1 v_1) \tag{4.9}$$

代入伯努利方程：

$$h_\mathrm{m} = \frac{\alpha_1 v_1^2}{2g} - \frac{\alpha_2 v_2^2}{2g} + \frac{v_2}{g}(\beta_2 v_2 - \beta_1 v_1) \tag{4.10}$$

对于紊流，$\alpha_1 = \alpha_2 = 1$，$\beta_1 = \beta_2 = 1$，水头损失：

$$h_\mathrm{m} = \frac{(v_1 - v_2)^2}{2g} \tag{4.11}$$

这就是包达公式，将连续方程 $v_1 A_1 = v_2 A_2$ 代入式 (4.11) 中，得水头损失公式：

$$h_\mathrm{m} = \left(\frac{A_2}{A_1} - 1\right)^2 \frac{v^2}{2g} \tag{4.12}$$

突然扩大的水头损失公式见式 (4.12)，设出口阻力系数 $\varsigma_1 = \left(\frac{A_1}{A_2} - 1\right)^2$，突然缩小的水头损失公式中，$\varsigma = 0.5\left(1 - \frac{A_2}{A_1}\right)$。

2. 假定条件

(1) 沿程水流考虑为层流，河道上游无穷远处与下游无穷远处过流断面上的速度均匀分布；

(2) 水流存在自由面，与大气接触，流体质点自动调整保证质点间的压力随空间时间不变，所以将水流考虑为不可压缩流体；

(3) 将流体考虑为理想、质量力有势的正压流体。在河道突变角处产生的涡旋流由黏性作用引起，水流在突变点下游仍考虑为理想、质量力有势的正压流体。

3. 平面掏蚀点位置

从 O 点流出的流体以 OA 线水平移动，OA 为流线，流体质点到达 A 点后与岸壁撞击，由于流体的涡流产生与流体的黏性、正压与否、质量力有势与否有关，一般流体都为质量力有势、正压、有黏性，在 OB、AB、OA 曲线区域内会形成涡旋流，流体质点从 O 点出发，由于压力作用，中间流体质点挤压边界运动的流体质点向 AB 边界移动，在挤压作用和水平流速作用下形成弧线流动，流动质点间压力变化，边界流体质点流动方向偏转，撞击边界，在角点处形成涡旋流 (图 4.5)，形成涡流的初期，涡旋流场内质点运动混乱，涡流具有扩散性质，每个质点混乱，形成大的涡管。以 O 点与涡管的接触形成的抛物线流线作为涡流区与混合区的分界线，涡流区与混合区同时消耗能量，A 点就是边界上最大冲击点，也就是路基缺口的形成点。A 点水流质点冲击壁岸后水流方向发生变化，与中部水流质点相互碰撞、摩擦、能量交换等机械运动混合，形成全部质点有旋的运动，混合区远处，水流质点运动方向趋于稳定，整个断面上的流速与 v_2 相等。这里有两部分的能量损失，即边壁的突然变化能量损失 E_1 与质点的混合能量损失 E_2，整个变化过程包括稳定段 1、突变涡流段、稳定段 2。由于黏性产生涡流，涡流段始终存在，涡流生成之后将其考虑为理想流体。

4. 冲蚀槽圆心位置

1) 冲蚀槽圆心位置确定方法

水流从窄河谷流入宽河谷，假设谷底坡降不变，涡流区的水流结构非常复杂，突变角区为涡流区，图 4.5 中间区域 $OACD$ 流体质点速度方向在空间内变化，涡流与中间区域的接触面上的变化需要根据涡流区水流情况而定，涡流区基本方程求解复杂，需要的边界条件 (流线 OA) 未知，所以求解涡流区与中间区域 $OACD$ 水流质点的速度受到方程求解与边界条件未知的制约而困难，这里做近似求解，仅对水流表面流线 OA 上的速度进行求解。设窄河谷的过流断面的尺寸 (宽，高) $= (b_1, h_1)$，宽河谷的过流断面尺寸 $= (b_2, h_2)$，以图中 $OACD$ 区域为研究对象，建立坐标体系 $Oxyz$，取出 Oxy 坐标面如图 4.5 所示，Oxz 如图 4.6 所示，

4.1 岸坡冲蚀槽形成机理

Oyz 如图 4.7 所示，河谷变宽与流体质点的自重及黏性作用产生的切应力有关，设在 $OACD$ 区域内水流质点 x 方向流速 $u = v_1$，y 方向流速为 v，z 方向流速为 w。设弧线 OA 的抛物线方程为 $y = kx^2$，设 $OB = b_0$，$b_0 = 1/2(b_2 - b_1)$，$n = BA = \sqrt{\dfrac{b_0}{k}}$。

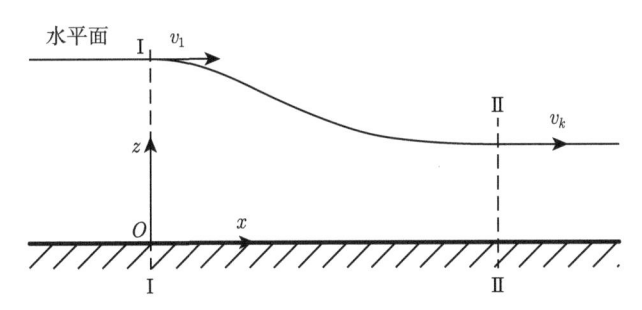

图 4.6 河流纵剖面图

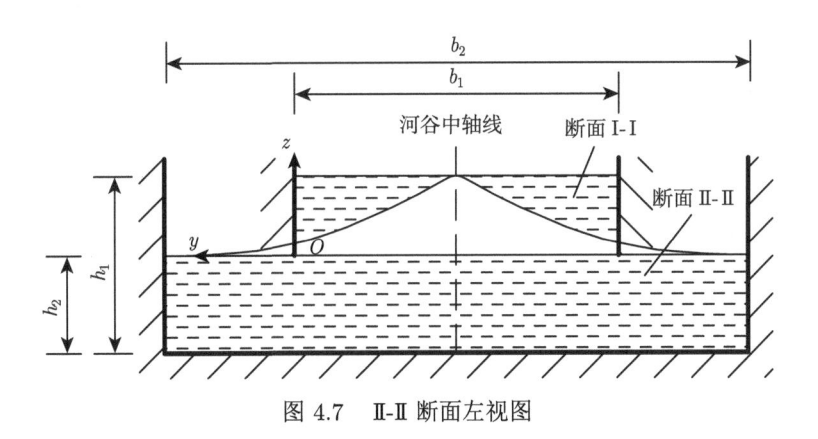

图 4.7 II-II 断面左视图

河流纵剖面 x 方向水流表面考虑为斜直线，沿程水力梯度为

$$i = \frac{h_1 - h_2}{n} \tag{4.13}$$

沿 x 方向上任意一点与剖面 II-II 的水头差为

$$z = \frac{(n - x)(h_1 - h_2)}{n} \tag{4.14}$$

中心水流在宽河谷由于水质点自重与水平切力的作用而向侧向流动，z 方向的加速度为 g，y 方向的加速度为 a_y：

$$a_y = \frac{n\left(\dfrac{b_1}{2} + kx^2\right)g}{(n-x)(h_1-h_2)} \tag{4.15}$$

式中，$x = v_1 t$，代入式 (4.15)，并对 t 两次积分，初始条件为：$t = 0$，$v = 0$；$t = 0$，$s = 0$。求得 y 方向的位移为

$$b_0 = f(t) = \frac{gk}{h_1-h_2}\left\{\frac{v_1 t^3}{6} + \frac{nt^2}{2} + \left(\frac{n}{v_1} - \frac{nb}{2v_1 k}\right)\left[t + \frac{n}{v_1}\ln(v_1 t - n)\right]\right\} \tag{4.16}$$

求解方程，得到流体质点从 O 到 A 点的时间：

$$t = f^{-1}(b_0) \tag{4.17}$$

A 点水平位置 s：

$$s = v_0 t \tag{4.18}$$

2) 涡流区 A 点的速度 v_A

A 点速度：

$$v_A = \sqrt{v_y^2 + v_1^2} \tag{4.19}$$

A 点 y 方向速度：

$$v_y = \frac{n\left(\dfrac{b_1}{2} + kx^2\right)gt}{(n-x)(h_1-h_2)} \tag{4.20}$$

5. 冲蚀槽半径 R

水流以 θ 角冲击路基边坡，速度为 v_A，路基内部冲蚀槽的扩大是以 A 为圆心 (图 4.8)、R 为半径由外往内扩大，每次扩大深度为定值 S，掏蚀半径 $R = nS$，则半径的求解转换为求 S。设掏蚀深度 S 需要的时间为 t_0，掏蚀半径需要的时间为 t，$R = \text{Int}(t/t_0)S$，这里 Int 为取整函数，取一层 S 作为研究对象，S 的取值由水流切应力 τ 确定，水流切应力随时间不发生变化，τ 不变，脱落层 S 的值不变。冲蚀槽受力在 z 方向不发生变化，考虑为平面运动问题。

水流速度平行于冲蚀槽表面，并且水平，脱落层 S 的受力情况如图 4.9 所示，由于路基土体中大颗粒的存在，大颗粒成为水流冲击脱落的起动原因，表层的大颗粒径向方向与水流的夹角为 θ_0，颗粒的起动角根据颗粒表面磨圆度、光滑度而定，须由试验确定，这里取为与水流方向成 45° 方向起动。颗粒起动的过程是颗粒在切应力作用下发生旋转，当旋转到起动角，在水流切力作用下被带出。整个

4.1 岸坡冲蚀槽形成机理

过程包括两部分时间,即旋转时间 t_0 和脱落时间 t_1,这里脱落时间相对于旋转时间很小,忽略不计,脱落层 S 的破坏时间为 t_0。

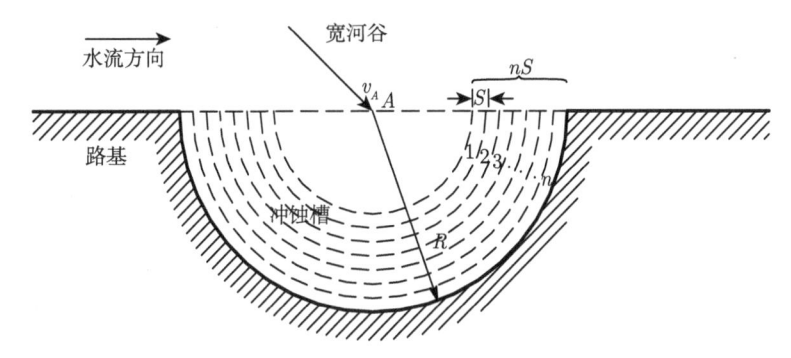

图 4.8 水平面上冲蚀槽形态

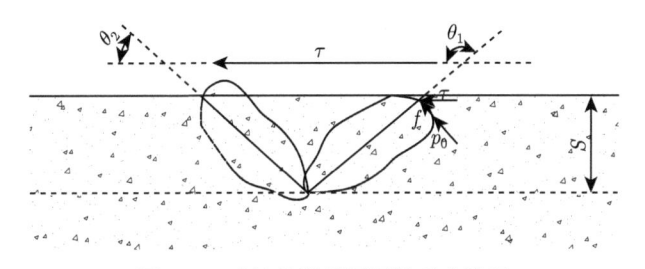

图 4.9 冲蚀槽脱落层颗粒受力情况

1) 切应力 τ

切应力 τ 与速度的关系式采用前面弯道环流的公式 (4.3)。

2) 脱落层厚 S

近水流岸壁的路基土体受力情况如图 4.10 所示。路基填土中颗粒大小不一,颗粒排列以及颗粒与切应力的夹角不一样,需要采用统计方法求解半径。这里做简化,采用中值粒径 d,以及 $45°$ 夹角代替统计值。脱落层厚取为 $S = d\sin 45°$。

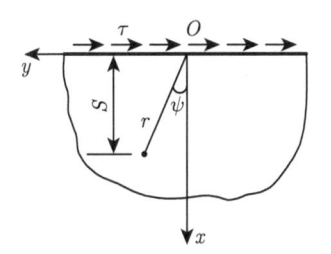

图 4.10 脱落层受力极坐标系

3) 脱落层的破坏时间 t_0

颗粒考虑为椭球体，尺寸参数为 (a, b, c)，颗粒受到水平切应力 τ、上下表层的摩擦力 f、土压力 p，在三力作用下发生旋转，水平切应力 τ、摩擦力 f 在转动过程中不变，垂直土压力为 γh，侧向膨胀系数 $K=1$，水平土压力初始值为 γh，在转动过程中随孔隙比发生变化，孔隙比与土压力的关系如图 4.11 所示。

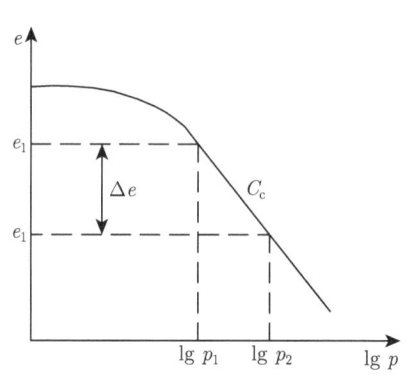

图 4.11 压缩试验曲线

颗粒运动过程中摩擦力 f 为

$$f = 2u_f \gamma hab \tag{4.21}$$

式中，a 为颗粒长轴长，m；b 为颗粒短轴长，m；γ 为上覆土体容重，kN/m^3；h 为路面与河水位高差，m；u_f 为摩擦系数。

颗粒转动过程中的压力为 p_1，孔隙比为 e_1，初始压力为 γh，孔隙比为 e_0，转动过程中颗粒尖端 p_1 为

$$C_c \lg \frac{p_1}{p_2} = e_1 - e_2$$

$$p_2 = p_1 10^{\frac{(V_1 - lA)e_1}{V_1}} = \gamma h 10^{\frac{(V_1 - lA)e_1}{V_1}} \tag{4.22}$$

颗粒尖端沿环向的加速度 a 为

$$a = \frac{2u_f \gamma h + \gamma h 10^{\frac{(V_1 - lA)e_1}{V_1}}}{\pi abc\rho} \tag{4.23}$$

速度 v 为

$$v = \int \frac{2u_f \gamma h + \gamma h 10^{\frac{(V_1 - lA)e_1}{V_1}}}{\pi abc\rho} dt \tag{4.24}$$

由初始位置转动到起动位置，颗粒尖端的位移为 $(\theta_1 - \theta_2)S$：

$$(\theta_1-\theta_2)S\cos(180-\theta_1) = \int\left(v_A\cos\frac{vt}{a} - \int\frac{2u_\mathrm{f}\gamma h + \gamma h 10^{\frac{(V_1-lA)e_1}{V_1}}}{\pi abc\rho}\mathrm{d}t\right)\mathrm{d}t \quad (4.25)$$

求解深度 S 脱离路基的时间 $t=t_0$。

4) 冲蚀槽半径 R 计算公式

冲蚀槽半径 R 为

$$R = \mathrm{Int}(t/t_0)S \quad (4.26)$$

4.2 悬岸体形成机制

公路泥石流是指发育在公路沿线对公路建构筑物的安全与稳定造成严重影响并导致公路交通中断的泥石流灾害，从公路水毁角度可分为冲淤变动型沟谷泥石流、冲击破坏型沟谷泥石流和淤积破坏型沟谷泥石流，尤其是大型及特大型公路泥石流，如新疆天山山区及四川省凉山彝族自治州美姑河流域的公路泥石流，通常具有大冲大淤、损毁作用强烈等特点。对于公路泥石流而言，国内外尚处于初步研究阶段，相关技术规范对公路泥石流防治尚未具有较强的针对性，这是迄今公路泥石流灾害比较发育的根本原因。公路泥石流研究应该紧密结合公路建构筑物的特征，力求从能量角度使公路与泥石流协同组合，遵循泥石流发育及能量传输突变规律，因势利导，实施研究及防治。研究过程中，应高度重视泥石流与防治结构及泥石流沟岸坡、沟床等的相互作用，利用演化的观点认识公路泥石流，利用泥石流两相流力学、流体力学及泥沙运动力学等建立泥石流能量传输突变理论。

在我国西部地区，公路穿越泥石流沟的方式主要包括直接纵向穿越和间接纵向穿越两类。对于后者，主要指公路沿着泥石流沟通行一定距离后在适当位置纵向穿越，而在泥石流沟岸建造的公路也称沿溪公路，这种类型的公路在我国累计800km 左右，在泥石流爆发期间极易被损毁。例如西昌至木里的干线公路雅砻江小关沟在 1998 年 7 月发生两次泥石流，致使长约 3km 的沿溪公路全部被毁，路基冲蚀殆尽 (图 4.12)，工程恢复耗资 2000 万元左右。可见，作为公路泥石流研究的核心内容之一，开展泥石流沟岸在泥石流作用下的冲蚀动力学研究，对于公路建造及养护具有比较重要的指导借鉴价值。

4.2.1 地貌演进模式

泥石流对岸坡的冲蚀主要体现在泥石流沟的弯道凹岸部位，可用地貌学方法分析岸坡冲蚀演绎机理。作为一种特殊的流体，泥石流的运动通常具有直进性[1]，在从直道或凸岸进入凹岸过程中，泥石流与岸坡线呈较大角度相交。而作为固液两相体系的泥石流体液相对岸坡起到冲击、冲刷破坏作用,而固相则对岸坡除了冲击作用外尚有显著的刻划磨蚀作用。对于特定的泥石流沟,一定频率的泥石流所产生的冲蚀能量沿泥石流沟基本恒定,则岸坡的冲蚀模态主要受控于岸坡自身抗蚀能力。

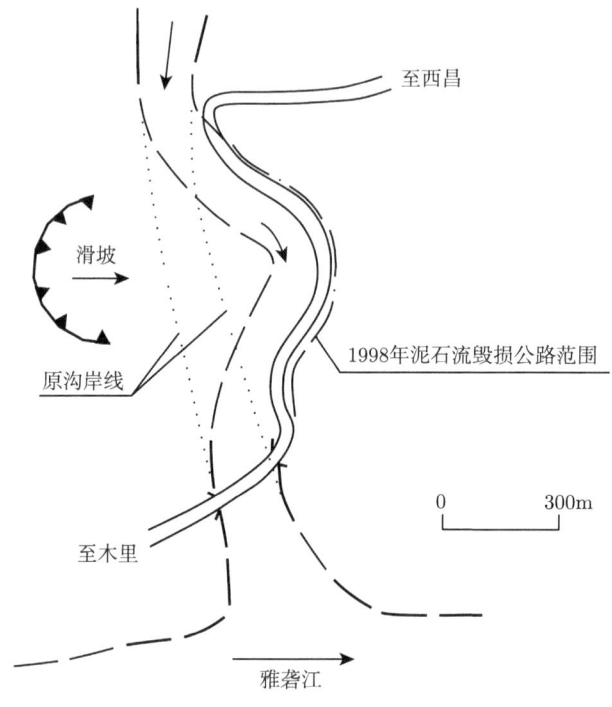

图 4.12　雅砻江小关沟泥石流公路水毁

岸坡冲蚀是泥石流冲蚀能、岸坡抗蚀能耦合作用的表象。从地貌学的观点看,物质组成比较均质的岸坡的冲蚀发育具有链式特性,换言之,岸坡在泥石流作用下的后退呈现冲蚀 → 坍塌 → 后退的宏观演绎过程,其中,冲蚀阶段和后退阶段具有渐变性,而坍塌阶段具有突变性。而在岸坡的每一次坍塌形成过程中,多数情况是一次或几次泥石流活动的直接结果,可称之为岸坡冲蚀的微观演绎过程。本书所指岸坡泥石流冲蚀演绎机理主要针对微观演绎过程 (图 4.13),可分为四个阶段。

阶段一:冲蚀槽形成阶段。泥石流沟凹岸坡体中下部在泥石流停息时期内通常处于河流或溪流流水浸泡及冲刷过程中,岩土体强度通常较低,局部地方已经形成向岸坡内部凹陷的空腔,可称之为初始冲蚀槽。而初始冲蚀槽在泥石流活动期间,被泥石流体不断地冲刷、切割、撞击,初始冲蚀槽规模逐渐扩大,对于比较松软的土质岸坡,初始冲蚀槽向岸坡内部伸及的长度可达 2m 左右、高度 2~3m,

4.2 悬岸体形成机制

而比较坚硬的岩质岸坡，其初始冲蚀槽长度可达 0.4~0.6m、高度 0.5m 左右。

(a) 冲蚀槽形成阶段　　(b) 泥石流顶托底部拉裂阶段

(c) 自重顶部拉裂变形阶段　　(d) 坍塌阶段

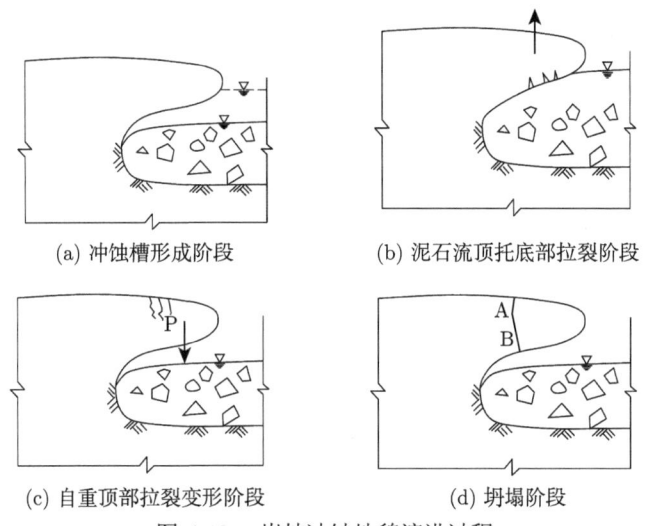

图 4.13　岸坡冲蚀地貌演进过程

阶段二：泥石流顶托底部拉裂阶段。岸坡内初始冲蚀槽在泥石流活动期间的逐渐扩大过程中，由于高速运动的泥石流体强烈楔入初始冲蚀槽，泥石流体除了继续冲蚀槽内侧壁并使槽向岸坡内部的长度逐渐增大外，泥石流体的竖向动力膨胀对槽上部逐渐凸出的岸坡岩土体 (成为悬岸) 产生向上的顶托力。在泥石流顶托力作用下悬岸底部受荷拉裂，产生由下至上的拉张裂缝。

阶段三：自重顶部拉裂变形阶段。当初始冲蚀槽发展到一定程度时，岸坡悬岸演绎到临界变形阶段，在自重作用下悬岸岩土体顶部变形加剧，出现拉裂缝。尤其是公路位于悬岸顶部时，车辆及人畜荷载等可以加剧悬岸拉裂变形进程。

阶段四：坍塌阶段。当悬岸顶部及底部拉裂缝逐渐发育至一定程度时，裂缝桥突然断裂，悬岸体处于失稳阶段而发生坍塌。

岸坡演绎的四个阶段中，核心是悬岸的产生及失稳。对于阶段四即岸坡坍塌，需要经过阶段二、阶段三的多次重复，每一次重复均导致悬岸规模的进一步增大以及变形的增大、强度的衰减。调查发现，对于顶部距离泥石流沟床 15m 左右的土质岸坡，当冲蚀槽向岸坡内部的长度超过 4m、高度超过 5m 时，易于发生坍塌；岩质岸坡当冲蚀槽向岸坡内部的长度超过 8m、高度超过 7m 时，也比较容易发生岸坡坍塌。

4.2.2　冲蚀动力效应

岸坡悬岸岩土体坍塌过程具有突变性，通过 1999~2003 年对平川泥石流沟流通区西岸坡悬岸的观察发现，悬岸坍塌失稳均发生在泥石流爆发期间。研究表明，岸坡发生坍塌时岸坡冲蚀槽多数未被泥石流体完全冲填，说明坍塌主要是在泥石流强烈的动力作用下突然失稳。泥石流体沿冲蚀槽内快速流动过程中，产生强烈冲击力和向下吸力，使得岸坡产生纵向振动，增加荷载效应，减小了悬岸岩土体的刚度，诱发了悬岸体的坍塌。岸坡冲蚀动力效应的物理模型见图 4.14。

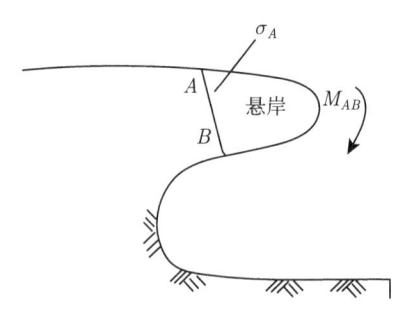

图 4.14 岸坡冲蚀动力效应物理模型

根据岸坡的破坏特点，将悬岸体视为悬臂梁，泥石流体对沟岸的纵向振动效应可以简化为悬臂结构连续体系的纵向振动，其振动结构荷载及力学模型分别见图 4.15 和图 4.16。结构承受的激励 $p(x,t)$ 形式如下：

$$p(x,t) = p_0 \left(1 - \frac{x}{l}\right) \cos \Omega t \tag{4.27}$$

式中，p_0 为激励峰值，可由试验获得。

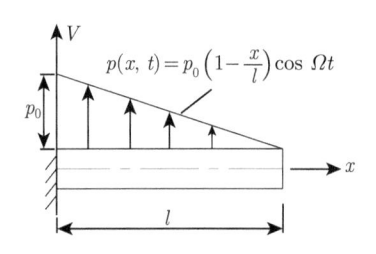

图 4.15 岸坡冲蚀动力效应荷载模型 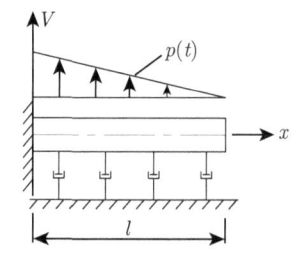　　图 4.16 岸坡冲蚀动力效应力学模型

根据连续体纵向振动理论能得到结构振动微分方程：

$$\frac{\partial^2}{\partial x^2}\left(EI \frac{\partial^2 v}{\partial x^2}\right) + \rho A \frac{\partial^2 v}{\partial t^2} = p(x,t) \tag{4.28}$$

式中，E 是材料的弹性模量；I 是截面惯性矩；ρ 是悬臂体的密度；A 是悬臂体的截面面积。

4.2 悬岸体形成机制

当用截面平均 I、A 近似代替其实际值时,式 (4.28) 的通解 (齐次解) 有如下结果:

$$V_i(x,t) = C\{\cosh(\lambda_i, x) - \cos(\lambda_i, x) \\ - k_i[\sinh(\lambda_i, x) - \sin(\lambda_i, x)]\}\cos(\omega_i t - \alpha) \quad (4.29)$$

式中,C 是任意常数幅值,可由试验获得。其中参数 k_i 由下式计算:

$$k_i = \frac{\cosh(\lambda_i, L) + \cos(\lambda_i, L)}{\sinh(\lambda_i, L) + \sin(\lambda_i, L)} \quad (4.30)$$

设式 (4.28) 有形式 $V(x,t) = p(x)\cos\Omega t$ 的特解。将 $V(x,t)$ 代入式 (4.28),同时与式 (4.27) 合并得到

$$EI\frac{\partial^4 p}{\partial x^4} + \rho A\frac{\partial^2 p}{\partial t^2} = p_0\left(1 - \frac{x}{l}\right) \quad (4.31)$$

令式 (4.31) 有如下形式的解:

$$p(x) = B_0 + B_1 x + B_2 x^2 + B_3 x^3 + B_4 x^4 + B_5 x^5 \quad (4.32)$$

将式 (4.32) 代入式 (4.31) 得

$$120EIB_0 x - \rho A\Omega^2\left(B_0 + B_1 x + B_2 x^2 + B_3 x^3 + B_4 x^4 + B_5 x^5\right) = p_0\left(1 - \frac{x}{l}\right) \quad (4.33)$$

求解式 (4.33) 可得

$$p(x) = \frac{p_0}{\rho A\Omega^2}\left(\frac{x}{l} - 1\right) \quad (4.34)$$

并且

$$V(x,t) = p\left(\frac{x}{l} - 1\right)\cos\Omega t \quad (4.35)$$

合并式 (4.29) 和式 (4.35) 即可得到连续体系纵向振动微分方程的解答:

$$V(x,t) = C\sum_{i=1}^{\infty}\{\cosh(\lambda_i, x) - \cos(\lambda_i, x) - k_i[\sinh(\lambda_i, x) \\ - \sin(\lambda_i, x)]\}\cos(\omega_i t - \alpha) + \frac{p_0}{\rho A\Omega^2}\left(\frac{x}{l} - 1\right)\cos\Omega t \quad (4.36)$$

式中,悬岸体在泥石流冲击作用下的自振频率为 $\omega_i = \dfrac{(\lambda_i L)^2}{L^2}\left(\dfrac{EI}{\rho A}\right)^{\frac{1}{2}}$,而且 $(\lambda_i L)$ 的前 4 项解为

$$\begin{cases} \lambda_1 L = 1.8751 \\ \lambda_2 L = 4.6941 \\ \lambda_3 L = 7.8548 \\ \lambda_4 L = 10.996 \end{cases}$$

实用中,i 取前 $1 \sim 2$ 项即可保证计算结果的精度要求。得到连续体系纵向振动位移方程 (4.36) 后,再利用牛顿第二定律,即可计算出运动使凸出部分沟壁产生的附加动力大小,从而求解振动对沟岸坡崩塌的作用。

第 5 章 坡面泥石流

5.1 坡面泥石流演化模式

自然斜坡及边坡表面一定厚度的第四纪残积物、坡积物等松散土体，以及较陡峻的地形条件是产生坡面泥石流的基本条件，而强降雨及冰雪融水是形成坡面泥石流的主要诱发因素。值得指出的是，高寒高海拔地区，寒冻风化作用强烈，地表植被覆盖度差，寒冻风化物在边坡表面运动而形成流沙坡灾害。显然，坡面泥石流是流沙坡灾害类型之一，如图 5.1 所示。

(a) 川藏公路　　(b) 天山公路 K616

图 5.1　流沙坡灾害

从地貌演化角度，可将坡面泥石流演化模式概化为三类，即顶部刮铲型 (图 5.2)、溯源挖掘型 (图 5.3) 和局部饱和孕滑型 (图 5.4)，均符合四阶段演化过程。

(1) 顶部刮铲型坡面泥石流演化模式：蠕滑 → 滑流 → 刮铲滑流 → 淤埋沉积。

(2) 溯源挖掘型坡面泥石流演化模式：前缘开裂 → 崩滑 → 链式崩滑 → 淤埋沉积。

(3) 局部饱和孕滑型坡面泥石流演化模式：局部饱和 → 蠕滑 → 滑流 → 淤埋沉积。

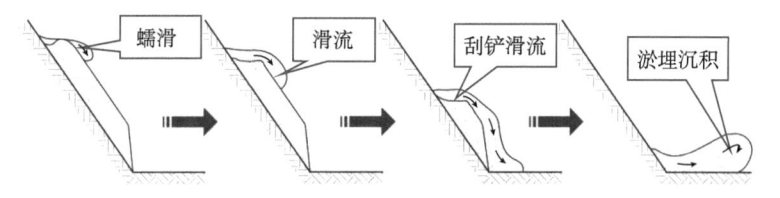

图 5.2　顶部刮铲型坡面泥石流演化过程

图 5.3　溯源挖掘型坡面泥石流演化过程

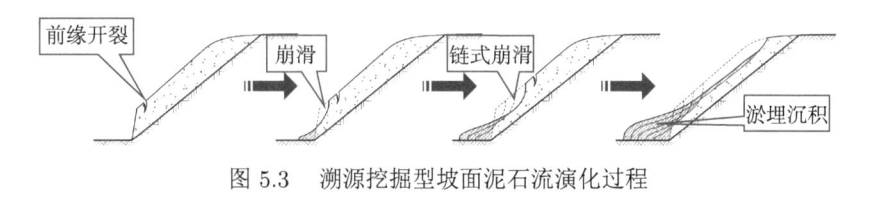

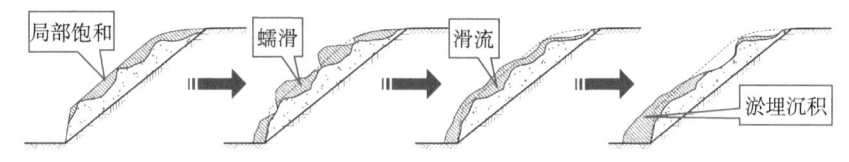

图 5.4　局部饱和孕滑型坡面泥石流演化过程

资料分析和现场调查发现，坡面泥石流的三种演化模式均需要强降雨或高强度冰雪融水作用，主要区别表现为：斜坡表面的松散土体厚度较小时，坡面泥石流基本遵循第一种模式演化；土体厚度较大且缺乏足够的前期降雨时，坡面泥石流基本遵循第二种模式演化；而土体厚度较大且有较大前期降雨时，坡面泥石流主要遵循第三种模式演化[19,20]。

5.2　坡面泥石流局部饱和演化模式试验解译

5.2.1　试验装备

人工降雨试验采用重庆交通大学泥石流动力模型，建造坡面泥石流试验模型(图 5.5)，基岩面沿斜坡倾向方向长度 5.5m，沿斜坡走向方向宽 4.3m，高 2.65m，基岩面倾角 30°，坡面土体填筑厚度 60cm；降雨装置为具有自主知识产权的"智能降雨装置"(ZL201110113318.7)，该装置能模拟小雨至特大暴雨，有效降雨面积 15m×8m。

含水量测试设备采用美国生产的 TRASETDR 时域水分仪，孔隙水压力测量采用的是 SL-406 振弦式孔隙水压力计和 SL-406 系列读数仪。

在试验模型坡脚前方 2m 处安置 pco.1200hs 型高速摄像仪，用于连续观测试验过程中坡面泥石流的形成过程。

5.2.2　试验设计

1. 试验土体

试验土体取自重庆交通大学后山开采的侏罗系泥岩，岩性为粉质黏土，其物理参数见表 5.1，矿物成分通过 XD-3 射线衍射仪获得，黏土矿物中亲水性矿物含量达到 31.2%。将土体分 10 层铺设在试验模型斜坡表面，填筑过程中从人工压

5.2 坡面泥石流局部饱和演化模式试验解译

实土层内取样进行土工试验,为减小填土过程中对土体密实度的影响,先从两边铺筑,其宽度为 55cm,然后分层铺筑中间部分。按照天然重度 $(18\pm0.1)\text{kN/m}^3$ 控制土体密实度。

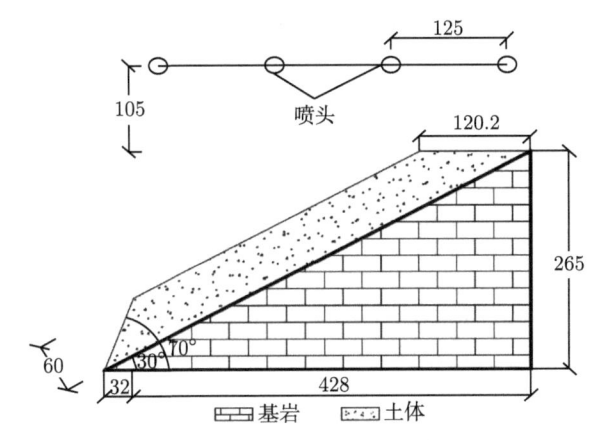

图 5.5 坡面泥石流试验模型 (单位:cm)

表 5.1 模型试验土体物性参数

天然重度/(kN/m^3)	土石比 (2mm 界)	天然含水量/%	饱和含水量/%	孔隙比	矿物成分含量/%	渗透系数/(cm/s)
18	47:53	9.36	25	0.58	石英 66.7,方解石 2,黏土矿物 31.2 (高岭石 11.8,蒙脱石 9.7,绿泥石 9.7)	8.4×10^{-4}

2. 试验降雨工况

依据模式 (3) 坡面泥石流演化需求,将降雨工况设为前期降雨量和降雨强度两个因子组合拟定试验工况。

前期降雨量:累计降雨总量为 120mm,采用 5mm/10min 雨强,共需降雨历时 240min,分为 4 阶段,降 1h,停 2h。4 次降雨在 1 天内完成。前期降雨中间的停顿时间为 2h,模拟的是非饱和土体自由入渗阶段需要的较长停顿时间。

降雨强度:15mm/10min。在前期降雨的第 4 次完成后,停 2h,进行短历时强降雨,降雨 1h,停 30min。分 4 阶段完成,强降雨阶段停顿 30min,降雨间断时间较短,因为形成大面积的坡面泥石流需要较强的坡面径流。

5.2.3 试验过程

传感器的埋设孔位布置图如图 5.6 所示。设置 TRASETDR 的采样为 2min/次,SL-406 孔隙水压力计的采样为 2min/次。土样含水量取样位置:基本与 3 孔传感器的地表高程相同,横向距离坡壁约 0.2m,每次前期降雨完成后立即取样,土样自表层向下垂直深度分别为 5cm、8cm、12cm、15cm，采用烘干法获取其含水量，取样量少，避免同一位置重复，基本未扰动坡面土体结构。

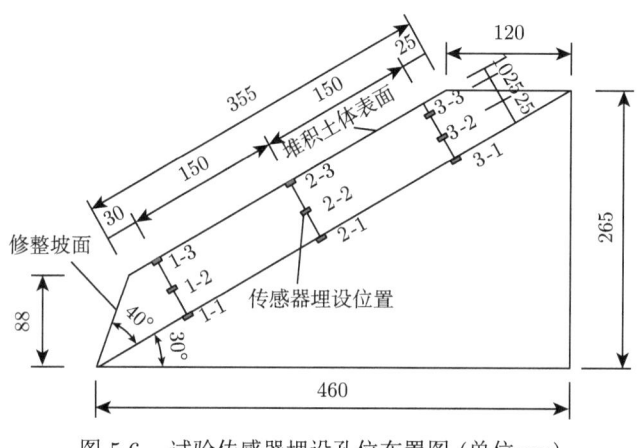

图 5.6　试验传感器埋设孔位布置图 (单位:cm)

模型试验程序：建造试验模型基岩面 → 铺设试验土体 → 在模型前方架设高速摄像仪 → 打开高速摄像仪 → 开启智能降雨装置 → 采用高速摄像仪记录试验过程中边坡表面土体的变形特征，记录传感器的读数，现场采样测试其含水量。

5.2.4　试验结果分析

1. 前期降雨阶段

前期降雨分四阶段采用 5mm/10min 模拟的降雨蒸发过程，在这个阶段土体处于降雨非饱和自由入渗阶段到逐步饱和阶段。

1) 质量含水量的变化

从图 5.7 可知，测点 3 位置在从地表垂直向下 5cm、8cm、12cm、15cm 深，对于前 4 次降雨后的质量含水量，5cm 处在第 2 次前期降雨后就接近饱和，8cm 处在前期第 3 次降雨后接近饱和，12cm 处在前期第 4 次降雨后未达到饱和，含水量已达到 22.8%，接近土体饱和。经历前期 4 次降雨，降雨历时 240min，降雨饱和深度测试值约 10cm，低于按照饱和渗透系数 8.4×10^{-4}cm/s 计算的饱和深度 12.1cm。坡面土体浅表层实现了从非饱和到饱和的自由入渗阶段，此阶段土体入渗率即渗透系数 8.4×10^{-4}cm/s 与降雨雨强 5mm/10min 接近，降雨基本入渗，不形成坡面径流。

2) 土体体积含水量曲线

从图 5.8 可知，以测点 3 为例，对同一埋设孔位的不同深度进行比较，土体的体积含水量变化趋势是上部含水量比下部含水量先增加，土体自由阶段，水是

5.2 坡面泥石流局部饱和演化模式试验解译

逐渐向下渗透的,使下部含水量也在逐渐增加,在土体表层,含水量的变化与降雨相关性明显,稍有滞后现象,在降雨间隙阶段,含水量约有下降趋势,在第 4 次前期降雨后,含水量下降明显,存在明显的波动现象,这主要是由于此时浅表层土体开裂明显,中层含水量在降雨入渗阶段的初期,含水量变化不明显,在前期降雨的第 3 次、第 4 次,含水量增加就明显了,而土体底层,在前 4 次前期降雨阶段,含水量增加不明显。

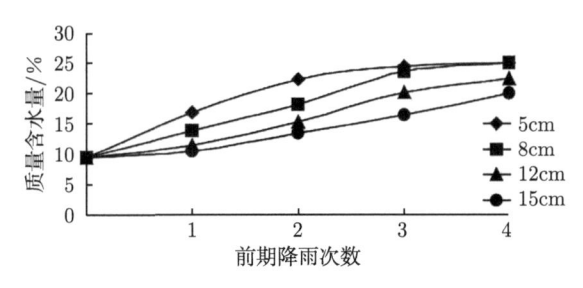

图 5.7 测点 3 的质量含水量图

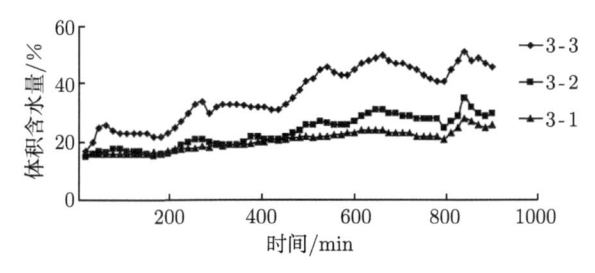

图 5.8 测点 3 土体体积含水量曲线图

3) 孔隙水压力线

从图 5.9 可知,以测点 3 为例,对同一埋设孔位的不同深度孔隙水压力进行比较,土体从表层到深部,孔隙水压力是逐步增加的,在前期降雨的第 1 阶段,土体出现负孔隙水压力,随时间的增加,表层的孔隙水压力转为正,在中下部的孔隙水压力仍为负;在前期降雨的第 2 阶段,中间土体的孔隙水压力逐渐转为正,出现负值可能与土体中的基质吸力有关,然后底层土体的孔隙水压力也变为正,且随着时间的增加,孔隙水压力增加很快,很快超过前表层的孔隙水压力,一直持续增长;在前期降雨的第 3 阶段后,孔隙水压力曲线出现波动,土体已开裂;在第 4 阶段降雨完成后,孔隙水压力曲线波动更明显,开裂在进一步加剧。

2. 强降雨阶段

1) 局部饱和阶段

前期降雨期间,试验模型表面土体含水量逐渐增大,直到第 1 次强降雨前,边坡表面深度 10cm 范围内土体达到饱和，含水量由天然状态的 9.36% 增大到 25%。第 1 次强降雨结束后，试验模型浅表层土体含水量进一步增大，通过高速摄像观察到模型中上部出现 2 个饱和区，边缘开裂，有地下水渗出，其浅层部分土体随地表径流而流失，面积分别约为 $0.4m^2$ 和 $1.1m^2$，饱和层厚度分别约为 13cm 和 15cm，并在饱和区后部出现多条拉张裂缝。饱和区的形成主要与斜坡表面下凹微地貌及局部土体密实度较小有关，这种现象在自然界的边坡表面易于出现，如图 5.10(a) 所示。

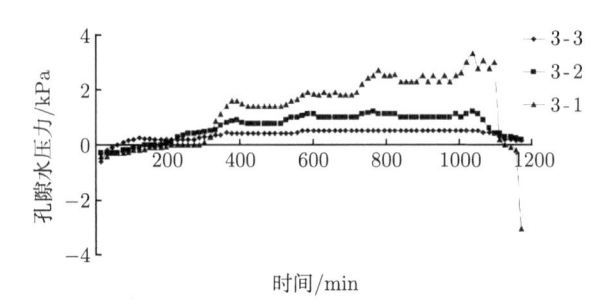

图 5.9　测点 3 土体孔隙水压力曲线图

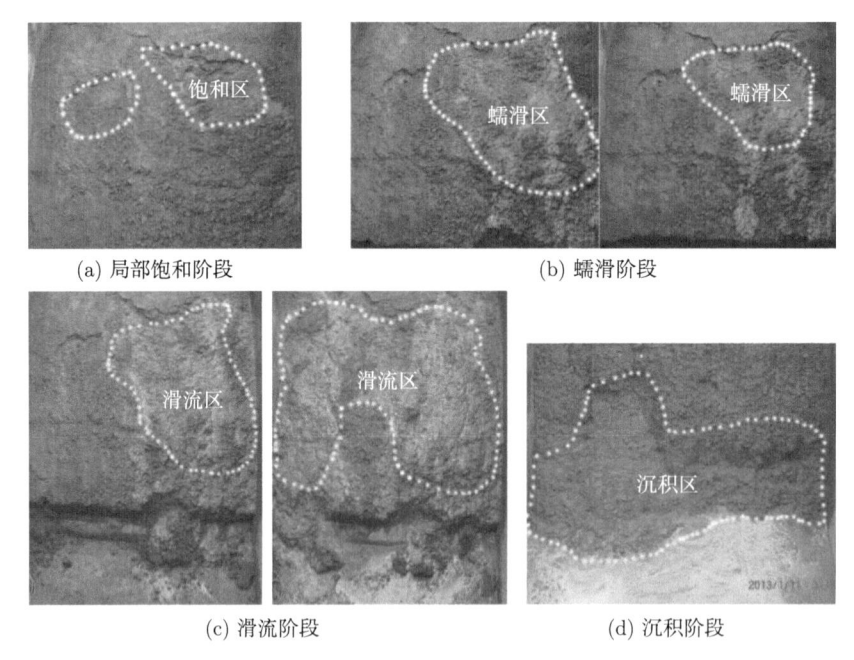

(a) 局部饱和阶段　　(b) 蠕滑阶段

(c) 滑流阶段　　(d) 沉积阶段

图 5.10　局部饱和孕滑型坡面泥石流演化过程

2) 蠕滑阶段

第 2 次强降雨结束后，坡面泥石流演化进入蠕滑阶段。斜坡中上部在局部饱和阶段出现的 2 个饱和区逐渐融合形成面积约 $1.9m^2$ 的蠕滑区 (图 5.10(b))，区内的土体处于基本饱和状态，平均含水量增大到 21.2%，蠕滑区基本饱和土体的厚度在 27cm 左右，区内土体在自重作用下沿下部未饱和土体顶部向坡下滑动，滑动速度较慢，在 2~4cm/10min。蠕滑区面积增大到 $3.2m^2$ 左右，其前部沿坡向下 30cm 范围的自然斜坡被蠕滑而来的初始泥石流体覆盖，如图 5.10(b) 所示。

3) 滑流阶段

第 3 次强降雨结束后，坡面泥石流进入滑流阶段。初期，滑流区面积由蠕滑区演化而来，面积达到 $3.6m^2$，随后在斜坡左侧出现新的滑流区，使滑流区总面积达到 $6.7m^2$。滑流区内土体含水量达到 22.3%，土体呈现流动状态，泥石流体流动速度 20~30cm/10min，泥石流体进入坡脚地貌平台，如图 5.10(c) 所示。

4) 沉积阶段

在第 4 次强降雨结束后，坡面泥石流演化过程全面进入沉积阶段，大量的泥石流体沉积在坡脚的地貌平台上，淤埋作用强烈，沉积区面积约 $4.4m^2$，区内泥石流体淤埋厚度可及 27cm。此时，斜坡表面滑流区底部处于非饱和状态的土体或基岩面出露，两次强降雨所形成的地表径流沿坡快速下泄，如图 5.10(d) 所示。

第三篇
泥石流断道机制与安全防控新技术

作为一种特殊外荷载，泥石流作用在路基及桥梁墩台，极易引发断道灾害。提出"礼让出境"公路泥石流减灾新思想，着眼于泥石流断道机制的靶向防控，研发泥石流拦挡与束流排导、冲击方向水力调控、磨蚀灾害防控、断道灾害应急修复等系列新技术，推动干线公路重大泥石流灾害创新治理及战备保障新进展。

第 6 章 泥石流断道力学机制

6.1 路基沉陷

6.1.1 路基吸水渗透-浸泡软化机理

路基破坏多是由水引发的，水是路基边坡稳定性中最重要的外部决定因素。宏观上，由于公路紧邻河道，在汛期时河水位快速上涨，沿河路基脚被水淹没，路基土中会渗入大量河水，使下部路基处于饱和状态；在汛期过后，河水位快速下降，路基中的水体会向坡面渗漏，在渗流过程中水体的浮托力减小，土体有效重度增加，同时产生的渗透力也不利于路基边坡的稳定；其次，遇到强降雨时，大量的地表水渗入路基坡面或裂隙中，导致坡体自重增加，也不利于路基的稳定。

微观上，由于河水位的反复升降，路基中出现反复渗流，路基水体的反复渗流会产生溶滤作用，带走土体中的小颗粒，路基出现侵蚀现象。其次，当有水体浸入天然非饱和路基土体中时，原有土颗粒之间的胶结作用遭到破坏，土颗粒表面的结合水膜变厚，从而使颗粒之间的基质吸力降低，弱化了土体黏结力以及抗剪强度，即表现为土体的浸泡软化现象。当路基下部土体长期浸泡软化后，路基坡体会出现蠕变，影响到路面时则表现为路面的不均匀深陷或路基溜滑失稳破坏。

6.1.2 路基吸水渗透计算

1. 路基简化模型

沿河公路路基主要分为挖方路基和填方路基两类，本书只针对上述两类土质路基进行路基沉陷分析计算。土质路基基材多以坡积碎石土或杂填土为主，土体结构松散，透水性强，在遭受河水长期渗透浸泡时路基土体会产生软化变形，极易出现路基沉陷破坏。沿河公路天然土质路基大多如图 6.1 所示，若为填方路基，则位于原始坡面上；若为挖方路基，则位于稳定的基岩上面。为方便研究，本书将上述天然土质路基模型简化为图 6.2 所示，路基底部和后壁均为不透水层，公路为双车道，路基顶面宽度为 b，底面宽度为 B，高为 H，坡面倾角为 θ，路基一侧紧邻河道，河流水位高度 h_w。

2. 基本假设

(1) 河流水位年均变化幅值较小，将其作为定水位计算；

(2) 沿河路基为非饱和土体，河水在土体中发生的是非饱和吸水渗透且渗透方向为水平方向；

(3) 路基为均质土，其密实度和含水量等物理力学参数在整个路基中均匀分布。

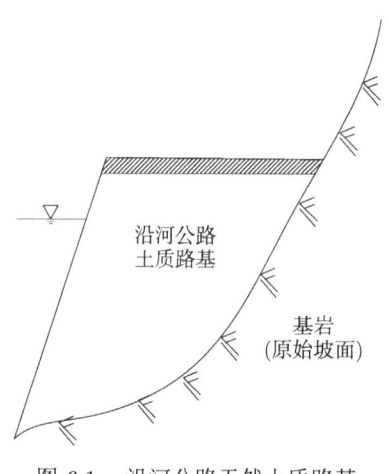

图 6.1　沿河公路天然土质路基

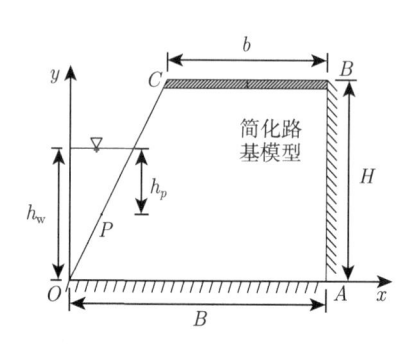

图 6.2　沿河路基简化模型

3. 非饱和路基吸水渗透浸润锋面

天然状态下的挖方或填方路基土体大都为非饱和状态，河水在路基土体中发生非饱和渗流，非饱和土体中的水流渗透特性依然满足达西定律，且将非饱和土吸水渗透的平均流速表示为

$$V = k_{us}\frac{dh}{ds} \tag{6.1}$$

式中，V 为孔隙中水的平均流速，m/s；k_{us} 为非饱和土渗透系数，m/d；dh 为水头高差，m；ds 为水渗流路径，m。

由式 (6.1) 可见，各点的渗透速率与水力梯度呈线性关系，非饱和路基接触河水后快速吸水，然后开始饱和渗透，不断重复吸水-渗透的过程使河水逐渐渗透浸入路基中。由于路基坡面各点初始水头不同，不同高程处的水流平均渗透速率存在差异，浸润锋面为弧线形，如图 6.3 所示，不同时刻对应有不同的浸润锋面，随着时间的推移，若路基不发生破坏则浸润锋面最终会与水位线齐平，此时路基中的水土达到了平衡状态，下部路基全部浸泡在河水中。

为进一步研究水流在路基土体中的非饱和渗透特性，这里基于上文中的简化路基模型，以路基坡脚为原点，建立坐标轴 xOy，在水位线以下的路基坡面上任取一点 $P(x_p, y_p)$，经过点 P 沿水平方向取一土条进行吸水渗透特征研究，如图 6.4 所示。当河水渗透到图 6.4 所示位置时，在锋面上取一长度为 ds 的微元体，

6.1 路基沉陷

设水流渗过该微元体所花的时间为 $\mathrm{d}t$,得到

$$v_x \mathrm{d}t = \mathrm{d}s \tag{6.2}$$

式中,v_x 为浸润锋面渗流速度,m/s。

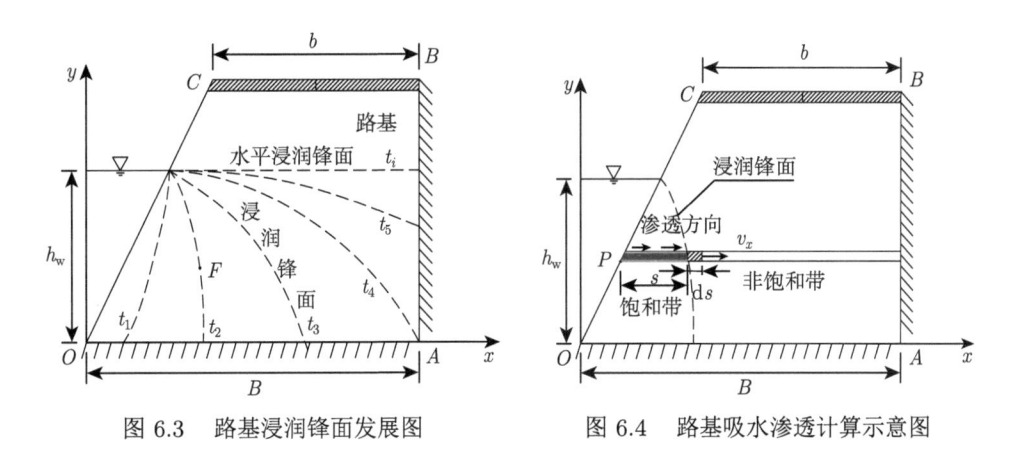

图 6.3 路基浸润锋面发展图

图 6.4 路基吸水渗透计算示意图

将沿程水头差代替水力梯度,把式 (6.1) 代入式 (6.2) 得到

$$k_{\mathrm{us}} \frac{h_{\mathrm{wp}}}{s} \mathrm{d}t = \mathrm{d}s \tag{6.3}$$

式中,h_{wp} 为 P 点水头高度,m,$h_{\mathrm{wp}} = h_{\mathrm{w}} - y_p$;$s$ 为渗流路径长度,m;其余变量含义同上。

将式 (6.3) 分离变量积分后,可得到不同水头高度处水流的渗透距离与渗流时间的关系:

$$s = \sqrt{2k_{\mathrm{us}}(h_{\mathrm{w}} - y_p)t} \tag{6.4}$$

t 时刻在浸润锋面上任取一点 $F(x,y)$ 如图 6.4 所示,则该点需满足

$$s + y\cot\theta = x \tag{6.5}$$

将式 (6.4) 代入式 (6.5) 中便可得到任一时刻路基土体中的浸润锋面函数表达式:

$$x = y\cot\theta + \sqrt{2k_{\mathrm{us}}(h_{\mathrm{w}} - y)t} \tag{6.6}$$

当河水渗透到模型图 6.4 上的 A 点时,浸润锋面不再向路基深部推进,转而向上部发展,最终与河水位齐平,所以式 (6.6) 只适用于描述弧形段浸润锋面。

6.1.3 路基稳定性计算

通过现场考察及查阅分析相关文献后发现,沿河土质路基的沉陷破坏和降雨诱发滑坡的机理类似,其滑动面通常为圆弧状,本书基于圆弧滑动,采用瑞典条分法对沿河浸水土质路基进行稳定性分析。假设路基破坏时滑动面后缘在公路中线处,如图 6.5 所示,设圆弧滑动面的圆心为 $O(x_0, y_0)$,半径为 R,与 t 时刻的浸润锋面交于点 $G(x_g, y_g)$,G 点坐标应满足

$$\begin{cases} x_g = y_g \cot\theta + \sqrt{2k_{\text{us}}(h_\text{w} - y_g)t} \\ (x_g - x_0)^2 + (y_g - y_0)^2 = R^2 \end{cases} \quad (6.7)$$

其圆心坐标可由下列方程组来求得:

$$\begin{cases} x_0^2 + y_0^2 = R^2 \\ (y_0 - H)^2 + (x_0 - b/2 - H\cos\theta)^2 = R^2 \end{cases} \quad (6.8)$$

联合式 (6.7) 和式 (6.8) 即可求出交点 G 的坐标。

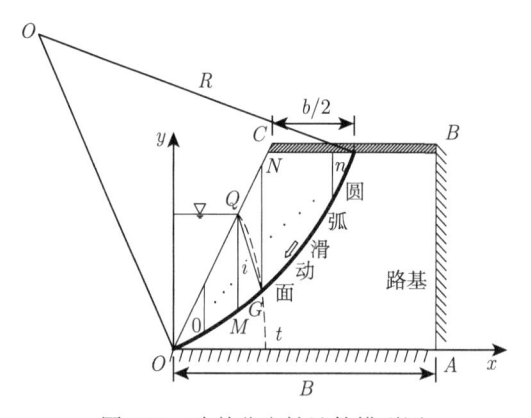

图 6.5 路基稳定性计算模型图

划分条块时为方便计算,将路基与水面的交点 Q 和 G 点作为条块的角点,并将 QG 段浸润锋面进行线性简化 (图 6.5),考虑到路基土体在吸水渗透-受浸泡软化后各项主要物理力学参数会出现劣化,所以在此引入土体参数劣化系数 η,根据饱和土体莫尔-库仑 (Mohr-Coulomb) 准则,土体抗剪强度为

$$\tau_\text{f} = \eta c + \sigma' \tan(\eta\varphi) \quad (6.9)$$

式中,τ_f 为土体抗剪强度,kPa;c 为天然土体黏结力,kPa;σ' 为有效应力,kPa;φ 为天然土体内摩擦角,(°)。

6.1 路基沉陷

对于非饱和土体，由于其内部存在基质吸力，抗剪强度特性与饱和土体有较大差别，Fredlund 提出了非饱和土体的抗剪强度表达式：

$$\tau_f = c + \sigma \tan \varphi + \tau_s \tag{6.10}$$

式中，σ 为土体总应力，kPa；τ_s 为等效非饱和土体吸附强度，kPa，其与非饱和土的基质吸力成线性相关，可由实验得出；其余变量含义同上。

图 6.6 中 G 点以下的滑动面上采用饱和土体抗剪强度计算式，G 点以上采用非饱和土体强度公式进行路基稳定性计算。取条块 $QMGN$ 进行受力分析，如图 6.6 所示，瑞典条分法不考虑条块间的作用力。

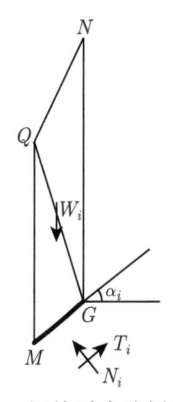

图 6.6 滑块受力分析示意图

条块重力：$W_i = W_{is} + W_{iu}$；
条块下滑力：$F_i = W_i \sin \alpha_i$；
条块抗滑力：$T_i = (W_i \cos \alpha_i - u_i l_i) \tan \eta \varphi' + \eta c'_i l_i$（饱和带滑动面）；
$T_i = W_i \cos \alpha_i \tan \varphi + c_i l_i + \tau_s l_i$（非饱和带滑动面）。

式中，W_{is} 为饱和土重力，kN；W_{iu} 为非饱和土重力，kN；l_i 为条块滑面长度，m；α_i 为滑块滑面切线与水平线的交角，(°)。

除上述荷载外，路基顶面还受到了车辆荷载，可将车辆荷载叠加到条块自重上计算，荷载大小根据公路等级按相关规范取值。进一步，将所有土条下滑力与抗滑力对圆心取矩，再运用抗滑力矩和下滑力矩的比值便可计算出路基土体的稳定系数。

路基沉陷算例分析

以四川凉山彝族自治州普格县二级公路普三路 K3+300 弯道处路基沉陷段为例进行算例分析。该段为填方路基，路基高 $H = 4.6\mathrm{m}$，路面宽 $b = 6\mathrm{m}$，路基坡面倾角 $\theta = 50°$，水深 $h_w = 2.2\mathrm{m}$，天然路基填土重度 $\gamma = 18.7\mathrm{kN/m^3}$，内摩擦角 $\varphi = 25°$，黏结力 $c = 25\mathrm{kPa}$。根据相关文献及工程经验：非饱和土体吸水渗透系

数 $k_{us} = 6.6 \times 10^{-7}$m/s，土体参数劣化系数 $\eta = 0.4$，等效非饱和土体吸附强度 $\tau_s = 30$kPa。通过路基简化模型，考虑河水的反压作用，运用岩土理正软件可搜索出天然路基中最不稳定的滑面 (图 6.7)，得到圆心坐标 $O(0.12, 7.24)$，圆弧半径 $R = 7.241$，此时天然状态的稳定系数 $K = 2.126$，处于稳定状态。

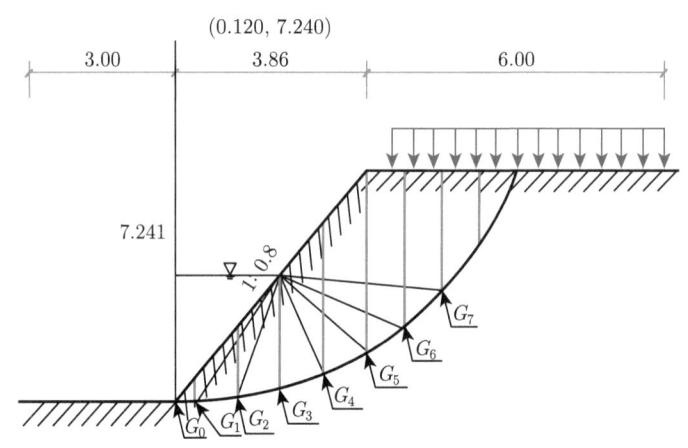

图 6.7 岩土理正软件计算结果示意图

进一步可导出各条块的参数，如表 6.1 所示。由于从式 (6.7) 中解出由时间 t 来表示的 G 点坐标比较困难，函数形式非常复杂，此处利用反分析法，将连续函数离散化，假设 G 点发展到 $G_0, G_1, \cdots, G_i$ 点时 (图 6.7) 所对应的时间为 $t_0, t_1, \cdots, t_i$，同时不同的 G 点对应有不同的路基稳定系数 $K_0, K_1, \cdots, K_i$，从而可得到路基稳定系数与吸水渗透时间 t 的关系，如表 6.2 所示。计算结果表明，当路基不断通过吸水渗透以及浸泡软化时，路基的整体稳定性会随时间逐渐降低，当第 310 天左右时路基稳定系数为 1.05，处于欠稳定状态，当第 618 天时稳定系数为 0.97<1，此时路基处于不稳定状态，易发生沉陷溜滑破坏。

表 6.1 瑞典条分法中各条块参数表

条块序号 i	条块起始横坐标 x_i	条块圆弧长度 l_i/m	条块圆弧切线角 $\alpha_i/(°)$
1	0	0.24	0
2	0.24	0.91	4.54
3	1.14	0.93	11.8
4	2.05	0.96	19.25
5	2.95	1.02	27.07
6	3.86	0.91	34.71
7	4.61	1.02	42.35
8	5.36	1.2	51.11
9	6.11	1.61	62.23

表 6.2　路基动态稳定性计算结果参数表

条块序号 i	G_i	G 点 y_i 坐标	G 点 x_i 坐标	渗透时间 t/d	路基稳定系数 K_i
1.00	G_0	0.00	0.00	0.00	2.13
2.00	G_1	0.00	0.24	1.13	1.89
3.00	G_2	0.09	1.14	23.65	1.53
4.00	G_3	0.30	2.05	74.08	1.20
5.00	G_4	0.63	2.95	157.74	1.15
6.00	G_5	1.11	3.86	310.51	1.05
7.00	G_6	1.66	4.61	618.37	0.97
8.00	G_7	2.37	5.36	4490.10	0.90
9.00	G_8	3.36	6.11	—	—

6.2　路基缺口

6.2.1　路基缺口地貌演化

1. 滑动失稳型路基缺口

滑动失稳型缺口属于重力型缺口，是路基上部岩土体在重力作用下发生滑动破坏所致，其主要以"基脚冲蚀—冲蚀槽扩展—中部路基土体滑动失稳"的过程发展演变。路基基脚土体抗冲能力以及基脚水流的冲刷力控制冲蚀槽发展的快慢，路基土体的抗剪强度控制抗滑力。当路基为土体时，路基土体的重心位于冲蚀槽最内点的内侧，滑动失稳型路基缺口为压剪型缺口。由于是前方支撑降低所引起的滑动，滑动失稳型路基缺口的形成是前缘减载诱发型，在冲刷的作用下冲蚀槽不断扩大过程中，路基内部形成潜在滑动面，降水浸润路基的作用成为诱发因素，但主要还是由前段冲蚀槽的扩大诱发产生。当滑动面上下滑力大于抗滑力时，路基沿滑动面发生压剪滑移破坏而形成路基缺口。在河流冲刷作用下冲蚀槽发生变化，冲蚀槽在水流作用下深度增大、高度增加，当冲蚀槽半径发展到临界大小 R_f 时路基滑动体在重力作用下发生滑移破坏形成路基缺口。

滑动失稳型路基缺口为公路的下边坡失稳破坏问题，路基缺口的路面与水面的高差最大为 4m，超出这个范围的路基破坏为高边坡路基破坏，只发生不超过 50cm 的纵向位移，发生沉陷，不会滑塌形成缺口。大部分缺口的表面形态为内接于圆弧的三角形到 n 边形，但对于路面为碎石土的公路，几乎为圆弧破坏 (图 6.8 和图 6.9)，侧表面多为碗状的滑动面，在后面的分析中将滑动体表面的破坏形态考虑为外接圆的圆弧破裂线，滑动失稳型路基缺口的长度在 8m 以内，宽度在 4m 以内，高度为路面距离河床的实际高度，路基破坏方量最大为 40m³。在洪水期，山区河流某些地段河道弯曲，因为离心力作用，弯道凹岸水位高且水流流速大，流体 (洪水或泥石流) 冲刷切割路基土颗粒剧烈，冲蚀槽发育快，或是流域支流汇集于主流处，主流过流断面流量大，路基受流体冲刷的范围大，冲蚀槽的位置高，路基都易形成缺口。滑动失稳型路基缺口的流体面未浸没路基。

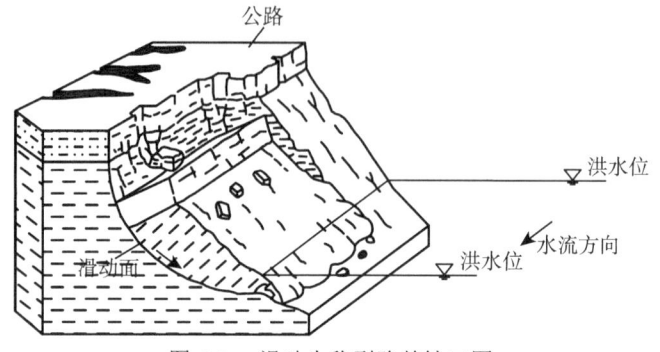

图 6.8　滑动失稳型路基缺口图

图 6.9　四川普三路 K83+300 路基缺口

由于洪水的水位较高，水流急，环流的冲蚀以向下冲蚀的主环流作用为主，另外主流的沟谷谷坡比降在 0.055 ~ 0.1，支流的比降在 0.06 ~ 0.12。在高水位洪水流体加上局部河谷比降较大的河谷段，在流动中势能转化为动能的能量大，冲击力大，易形成缺口。流域形态决定主流水流的大小，支流汇集到主流的汇集度越大，主流沿线路基形成缺口的可能性越大。四川成都平原西部为辫状水系，易形成路基缺口；然而藏北高原的星状水系没有主流，以及云南澜沧江及支流构成格状水系的支流只有 30% 左右的水流汇集到主流，不易形成路基缺口。

洪水的冲蚀与泥石流的冲蚀过程没有本质的区别，但泥石流为高稠度浆体与固相颗粒 ($d > 2$mm) 混合形成的两相体，高稠度决定了泥石流具有直进性，泥石流体在弯道顶点处堆积，冲蚀槽的进流量大于出流量，在冲蚀槽内形成高压缩性流体，挤压冲蚀槽壁，泥石流的挤压作用大于水流的静水压力，高挤压力导致冲蚀槽端部形成拉裂纹。冲蚀槽的形成具有渐进性，然而滑动失稳型缺口具有突发性。洪水的冲蚀作用下缺口形成过程同泥石流作用的过程：冲蚀—坍塌—后退，

6.2 路基缺口

图 6.10 为弯道凹岸河流的作用下滑动失稳型路基缺口形成的地质模型，在缺口位置取剖面 $ABCD$ 作为研究面分析其发展过程，路基基脚处形成向岸坡内部凹陷的空腔，称为冲蚀槽，冲蚀槽的形态考虑为球形，冲蚀槽大小以球半径 R (R 在后面机制分析中通用) 来衡量。

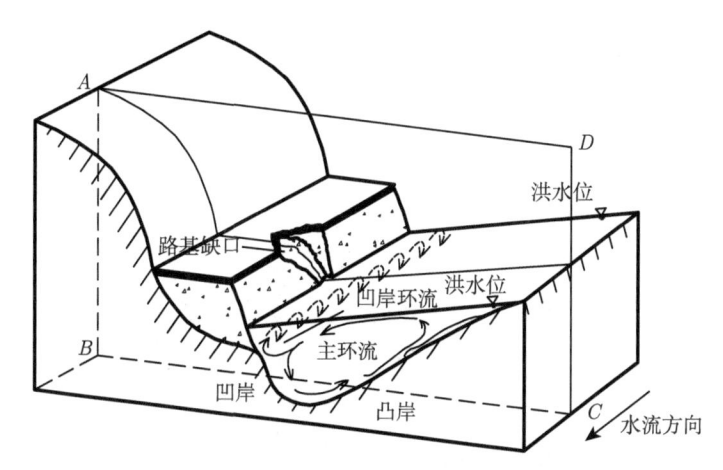

图 6.10 弯曲河道环流冲蚀路基形成的滑动失稳型路基缺口

2. 倾倒失稳型路基缺口

岩质路基内部洪水位以下存在不连续结构面或强度不同的岩体接触层，在水流作用下沿结构面破坏或差异冲蚀而形成空腔，上部路基岩体在自重作用下开裂发生倾倒失稳破坏而形成缺口，这就是倾倒失稳型缺口。

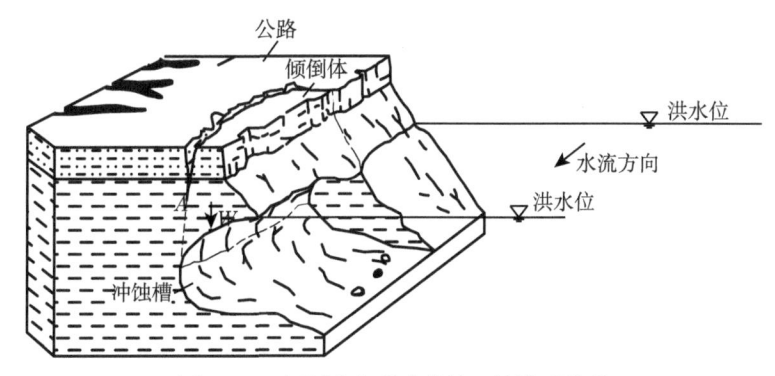

倾倒失稳型路基缺口的地质模型如图 6.11 所示，倾倒失稳型路基缺口主要以"基脚冲蚀—冲蚀槽发展—上部拉裂—倾倒失稳"的过程发展演变。下部空腔的形成主要受到洪水的两种作用：裂隙中裂隙水压力的作用，以及洪水冲刷作用。裂

图 6.11 倾倒失稳型路基缺口的地质模型

隙水压力作用于结构面并劣化结构面的抗剪强度，结构面贯通形成水下空腔，洪水冲击强度差异岩层，抗冲蚀能力弱的岩体冲蚀强烈而形成冲蚀槽。上部路基以悬臂梁的形式存在，随着空腔的不断内扩，悬臂路段变长，当达到临界凹腔深度 d 时，路基沿支撑点 A 转动拉裂破坏，形成沿河路基缺口。此类缺口的形成始于路面裂隙，悬臂路基重心位于潜在结构面下部支点 (图 6.11 中 A 点) 的外侧，潜在结构面由上部路面裂隙向下延伸形成，同样属于重力型路基破坏。下部路基的抗冲蚀能力和上部路基土体的抗拉强度是决定此类缺口形成快慢和规模大小的关键。

水下凹腔受路基岩体内不连续面的控制，下部形态由结构面确定，下部存在凹腔后，在公路上边坡落石冲击作用下悬空体绕支点旋转倾倒。倾倒失稳型路基缺口的形态不定，但主要由下部凹腔的形态决定，并多形成于岩基中 (图 6.12)。

图 6.12　倾倒失稳型路基缺口

3. 坠落失稳型路基缺口

坠落失稳型路基缺口主要以"下部冲蚀—冲蚀槽发展—上部挂空—剪切坠落"的过程发展形成。此类缺口主要形成于岩质路基中，岩质路基中部岩体破坏形状不规则，由结构面形态确定，填土路基形成的缺口大多为规则圆柱体。岩质路基中，下部岩体凹腔的形成跟倾倒失稳凹腔的形成相同。中部岩土体在重力作用下沿根部 (图 6.13 中 B 点) 往上延伸到路面，拉断中部路基土体，路基土体坠落失稳，悬空路基重心在路基空腔支撑点 B 点外侧，路基内部岩土体沿岩层及软弱结构面从下往上崩落或悬空路基沿支撑点向上延伸贯通到路面的不稳定岩土体整体坠落，形成路基缺口。岩体的破坏沿与路基边坡反倾的结构面破坏，土体产生直立的破坏面。

如果坠落失稳型路基缺口形成于岩体内，则缺口形成需要的时间长，可能经

6.2 路基缺口

历多次洪水期才能达到临界冲蚀槽，中部路基岩体沿反倾结构面拉裂破坏，岩质路基形成的缺口都分布在凹岸强冲蚀力水流作用的路段。如果坠落失稳型路基缺口形成于土体内，则缺口大多发生在洪峰期，当冲蚀槽半径达到临界半径时，路基发生直立的坠落，多发生在窄河谷到宽河谷的过渡段，如图 6.14 所示，红线区域为圆柱状坠落缺口。

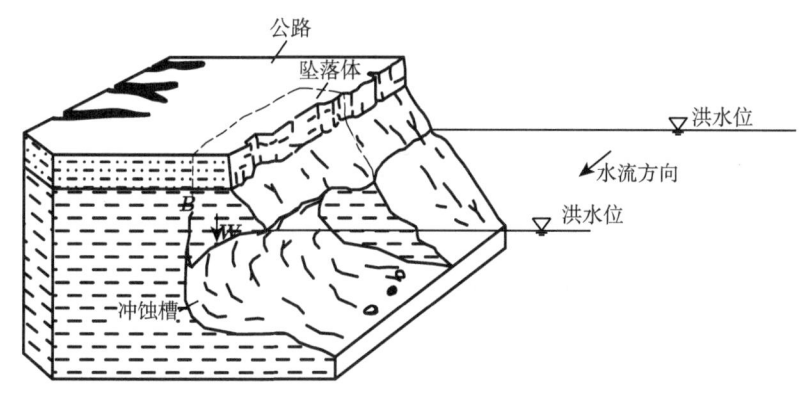

图 6.13　坠落失稳型缺口

图 6.14　四川普格县 S212 线 87K+800 坠落失稳型缺口

位于突变河段或是河谷平坦的弯道路段的填土体路基多形成圆柱体坠落体，缺口处河谷比降在 0.5 左右，冲刷水流为水平涡流，冲蚀槽是以洪水位处的路基平面为掏蚀顶面，由外向内不断扩展。这种路基缺口的长度范围为 0~17m，宽度范围为 0~8.5m，高度范围为 0~5m，路基缺口出现在国道以下等级中，国道的路面宽度取值最大为 5m，根据野外调查，路基缺口形成的路基高度最大为 3m，由此，路基缺口的最大塌方量为 235.5m^3。填土路基缺口的地质模型如图 6.15 所示，图中涡流区缺口为直立的圆柱体，轴线位置固定，基脚冲蚀槽为柱体，以底面半径 R 为冲蚀槽大小的衡量值，取出缺口处的横剖面 $ABCD$，分析其形成过程, 如图 6.16 所示。

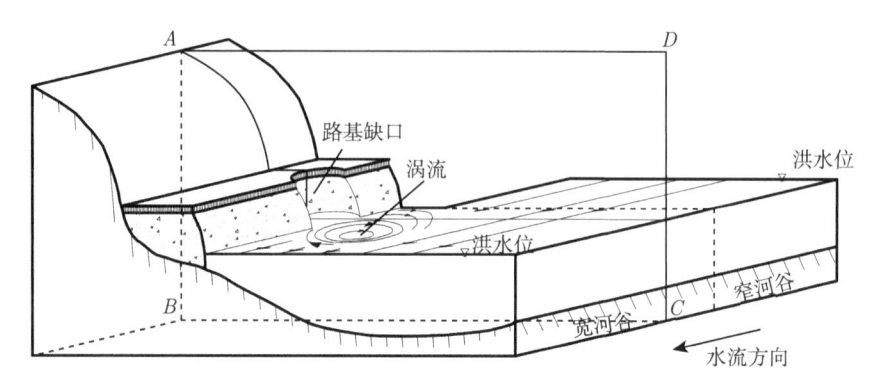

图 6.15　河道突变产生的水平涡流掏蚀路基立面图

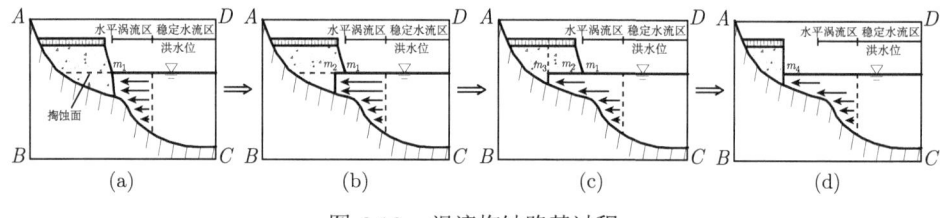

图 6.16　涡流掏蚀路基过程

(1) 冲蚀槽的初始发展阶段 ($R = 0$ 或 R_0)。

枯水期, 河流水位位于路基基岩出露面以下, 冲蚀槽没有发展。洪水初期, 水位上涨, 水平涡流在河道突变点下游 ($b, 2b$) 范围内强烈冲刷洪水位以下 (图 6.16(a) 中 m_1 点以下) 路基, b 为河谷宽度突变量。上一次洪水冲蚀槽作为本次洪水掏蚀的初始冲蚀槽, 半径为 R, R 的取值为 0 或 R_0。

(2) 冲蚀槽的扩展阶段 ($R > 0$ 或 R_0)。

基脚土体受到冲刷而形成与洪水同高的直立圆柱体冲蚀槽 (图 6.16(b)), 洪峰前期, 路基土颗粒受洪水切割, 当洪水切应力大于土颗粒的抗切力时, 土颗粒脱离路基起动, 不断的水平涡流作用使路基土体后退, 圆柱体冲蚀槽扩大, 图 6.16(b) 中 m_1 到 m_2 点, 圆柱体底面半径不断增大。

(3) 中部路基土体的坠落破坏阶段 ($R = R_f$)。

洪峰期, 冲蚀槽的发展速度达到最大值, 在短时间内, 冲蚀槽半径 R 达到临界半径 R_f, 图 6.16(c) 中 m_3 点位置为冲蚀槽的最内点, 此时, 上覆路基土体 (图中虚线以外土体) 在自重作用由下往上伸展坠落, 当土体侧面剪切力大于抗剪强度时, 土体在自重作用下剪切破坏而形成圆柱体缺口。

6.2 路基缺口

(4) 路基边坡稳定阶段 ($R=0$)。

洪峰过后,路基缺口形成,路基边坡达到一种新的平衡态,维持暂时的稳定,路基基脚冲蚀槽消失,半径 $R=0$ (图 6.16(d)),m_4 点为新的掏蚀点,在下次洪水期整个过程重复阶段 (1) 到阶段 (4)。

4. 泥石流冲击型路基缺口

泥石流冲击型路基缺口是指公路沿线沟谷泥石流冲击路基,致使路基部分岩土体的缺失,一般地,动力源——泥石流——位于上边坡沟谷内以及公路对岸沟谷内 (图 6.17 和图 6.18)。缺口出现的公路段大多位于泥石流的流通区,流通区沟段狭窄,沟谷比降大,泥石流厚度大、流速大、冲击力强。日本于 1975 年 7 月 13 日和 8 月 23 日,在烧岳山上冲沟泥石流观测站采用安装在坝上的压痕计和应变仪观测得到的泥石流最大冲击力值为 $3.228 \times 10^4 \text{kPa}$,是至今国内外对泥石流冲击力现场测量的最大冲击力值。

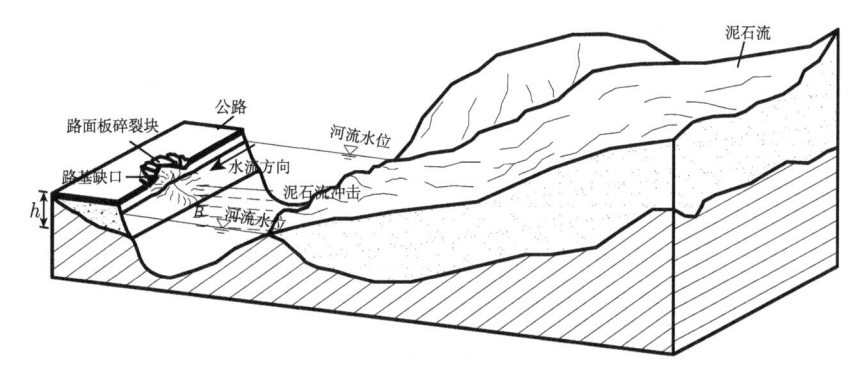

图 6.17 泥石流冲击路基缺口图

图 6.18 四川省道 S307 沪 (州) 盐 (源) 路凉山州段泥石流冲毁路基实例

泥石流根据成分分为水石流、泥石流、泥流。水石流冲击力的主要承载体为水中离散的大块石，泥石流的冲击为泥石流中大块石和泥石流浆体的冲击，泥流的冲击为黏性浆体的冲击。大块石冲击路基在冲击处形成凹陷，凹陷四周鼓胀，凹陷及鼓胀的岩土体开裂破坏。浆体冲击体现在不断的高速来流冲击侵蚀下，路基缺口逐渐扩大，洪水消退，或是泥石流流体枯竭，路基稳定，缺口停止扩大。泥石流浆体为高稠度浆体，它的流动具有直进性，与路基成一定角度 θ 冲击，把 θ 定义为冲击角，在某角度区间内泥石流冲击路基不会淤积，其作用同于水流掏蚀作用，路基缺口发展始于泥石流的形成而终于泥石流的枯竭，缺口的形成是一个动态过程；如果超过这个角度区域，泥石流冲击路基破坏的同时淤埋路基，路基的变形破坏在泥石流冲击的瞬间，在一次汛期路基缺口后没有发展，路基缺口的大小由冲击角、冲击强度决定。产生这两种状态的临界角——冲淤角 θ_0——必须通过试验确定，θ_0 由泥石流稠度、泥石流速度确定。

1) 大块石冲击路基

大块石以某角度冲击路基，在路基边坡表面形成同于大块石表面形态的冲击坑，冲击坑周围开裂凸起，形成塑性区，泥石流中水分渗入塑性区路基土体中，塑性区边缘土体脱落，形成冲击槽。如果冲击槽顶点达到路基顶面为路基缺口，冲击坑位置在块石与路基接触点处，缺口形态为球体。缺口大小与泥石流冲击力、冲击角以及路基抗剪强度有关，泥石流冲击力越大，冲击角越大，缺口越大；路基抗剪强度越大，缺口越小。路基形成冲击坑的底值冲击强度 P 为抗剪强度 P_0。

2) 浆体掏蚀路基 ($\theta < \theta_0$)

冲击角 θ 小于冲淤角 θ_0 时，泥石流对路基的作用表现为流体的掏蚀，在冲刷位置泥石流的冲淤量平衡。泥石流的流动为层流状态，纵向上流动速度分布均匀，路基掏蚀呈现平行后退，形成直立柱体缺口。如果路基表面与泥石流上表面高差大于 0，则形成坠落型路基缺口；反之，形成直立柱体缺口。泥石流流动导致缺口发展停止，一次汛期，缺口的大小为累积掏蚀量，缺口大小与泥石流活动时间 t、冲击强度 P、抗剪强度 P_0、冲击角 θ 有关。

3) 浆体冲击后淤埋路基 ($\theta > \theta_0$)

冲击角 θ 大于冲淤角 θ_0 时，泥石流对路基的作用表现为泥石流浆体的先冲后淤，仅有泥石流龙头冲击路基，路基的破坏发生在龙头对路基的冲击瞬间，形成缺口的强度要求为冲击强度 P 大于抗剪强度 P_0，路基缺口的大小与冲击强度 P、抗剪强度 P_0、冲击角 θ 有关。

我国西南地区泥石流冲击型路基缺口形成范围广，区域性强，由于沟谷变道，路基缺口具体位置具有不确定性，但每年形成期固定，大致在 8～9 月。例如，横穿雅砻江河谷地区的西 (昌) 木 (里) 路，在平川、金河、小关沟等小流域，泥石流大冲大淤，从 1998 年以来，沉积区在每年的雨季一般要淤高 4～5m，致使

6.2 路基缺口

300～400m 长的公路年年被淤被毁，且每年的泥石流冲击路径变动幅度很大，可及 30m 左右，导致泥石流对路基的破坏作用强烈而损毁部位具有明显的不确定性。泥石流的滞后效应致使此类缺口多发生在强降雨之后。

5. 渗透型路基缺口

山区河流形态多变，野外观测到的缺口不仅出现在弯道、河谷宽度极具变化的河段，也会少数出现在顺直河道，主要由地下水的渗透作用导致，也就是渗透型路基缺口。洪水期，路基内地下水与洪水处于同一水位，洪峰过后，河流水位突然下降，地下水位与外界水位水头差使路基岩土体沿基岩面滑动。

山区溪流对暴雨极为敏感，峰涨峰落，强降雨后短时间内水位急剧上升，降雨停止后水位快速降落，这种水位骤升骤降对沿河路基的稳定性非常不利，尤其是水位降低期间路基内易于产生动水压力，向临空面拉拽路基岩土体，造成路基破坏。对于坐落在岩体边坡上的填土路基，路基与岩体之间的界面易于汇集地下水，弱化界面土体的抗剪强度，易于产生沿基岩面的滑动路基缺口，如图 6.19 所示。这种路基缺口通常长度较大，演化成路基缺失。

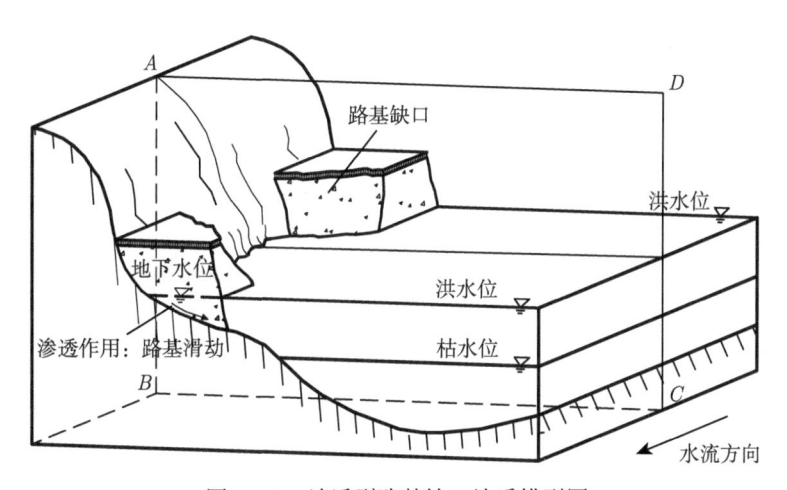

图 6.19 渗透型路基缺口地质模型图

6.2.2 路基缺口力学模型

力学问题在满足工程要求下，可采用二维力学解答，但准确地讲它是三维问题。实际情况中，对于沿河公路路基缺口不稳定体的力学分析，不稳定体的大小形状各异，长、宽、高三向尺寸接近，不稳定块体的受力不具备简化为平面问题的条件，则平面分析的结果会大大偏离实际情况。路基缺口的不稳定块体为不规则体，块体三个方向的边界受力不同，因此，将路基缺口的形成机制考虑为三维问题。

路基缺口形成机制的研究对象为缺口区域的原路基填土体。渗透型路基缺口的长度方向受力均匀，可将其考虑为平面问题处理。本章仅对具有三维特征的其他三类路基缺口的地质模型进行分析：滑动失稳型、坠落失稳型、泥石流冲击型。首先分析不稳定体受力，再采用极限平衡法分析潜在滑动体的形成机制，同时求解冲蚀槽临界半径 R_f。

1. 滑动失稳型路基缺口

根据野外对公路水毁的调查，山区公路路面在超荷作用下开裂形成平面上的纵横裂纹，在雨季，外界条件达到某种程度时，会形成路基常见的水毁情况——路基缺口。水流对路基近水处土体不断地掏蚀，当基脚掏蚀空洞达到临界槽时路基滑塌，路基缺口的形态多呈现出不规则形态。

据此，路基土体的下部掏蚀以及中部滑塌作为力学分析的主要部分，中部土体的滑塌为边坡的稳定问题，将其作为空间问题，进行三维力学分析，滑动失稳型路基缺口的力学机制采用三维条分分析法。

路基土体属于弹塑性体，在破坏前会发生蠕动，本书将其考虑为不变形的刚体，虽这种刚性假定不切实际，但此类缺口方量小，这种假定影响不大，能达到理想结果。由于滑动面上的抗剪强度随滑面变化，不稳定体的力学分析需对其进行条分，分析各条柱的力平衡条件和弯矩平衡条件以及不稳定体的整体平衡条件，由平衡条件求解临界半径 R_f。

1) 基本假定

(1) 将不稳定体作为空间问题分析，满足均质、各向同性、连续假定；

(2) 下覆冲蚀槽为球体，冲蚀槽的半径为 R；

(3) 路基不稳定块体和滑床下岩土体均满足刚性假定，滑床为连续滑面；

(4) 每条柱底滑面为平面，底滑面中心点为滑弧上的点。

2) 滑动面的确定

滑动失稳型路基缺口的路基边坡在有护坡时，与一般边坡一样，路基填土体由人工扰动的砂、土、碎石混合的填料构成，人工填料为黏结力 $c \neq 0$ 的黏性土。由于黏性土的黏结力作用使其不同于非黏性土的滑动，黏性土的受力情况在整个土坡内不同，坡面上任一单元体受力不能代表整个边坡的受力，由此，黏性土坡的滑动为非平面滑动。二维的边坡问题中黏性土坡的滑动为圆弧滑动，将二维路基边坡问题拓展到三维，三维的边坡滑动面为球面。在弯道河流的弯顶处，水流冲刷最强烈，基脚掏蚀最严重，滑动失稳型路基缺口的基脚掏蚀水流为弯道环流。均质黏性路基土体的破坏机理是在支撑减弱下引起下滑力增大而发生不稳定体绕

6.2 路基缺口

球心滑动的破坏，属于前缘诱发型缺口。

A. 冲蚀槽的球心位置

路基冲蚀槽位置如图 6.20 所示。冲蚀槽的作用力为弯道环流，在弯道的弯顶处冲刷最强烈，平面上冲蚀槽位置在弯顶处；在水面下环流存在一个最大冲刷位置，冲蚀槽的冲刷起点即为此点，图中冲蚀槽球心位置为 O 点，O 点为洪水位以下深度为 z 的路基边坡点，冲蚀槽以 O 点为源点，以 O 点为圆心，R 为半径逐渐扩大，$R \in (0, z]$。O 点为路基边坡上水流冲刷最强烈的点，从水流表面到 O 点的水流重力势最大，冲刷速度大，冲击力大，图中上掏刷的动力为弯道环流，下掏刷的动力为弯道主环流，掏蚀分界点 N 位于路基填土还是基岩不确定，这里假定路基土体不管受下掏刷还是上掏刷，其掏蚀半径相同。

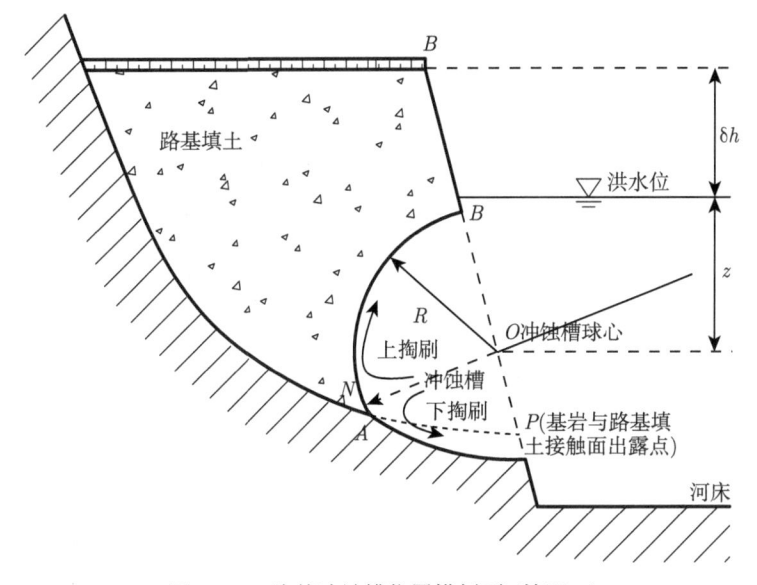

图 6.20　路基冲蚀槽位置横剖面 (情况 1)

B. 剪出口位置

路基基脚岩土体包括基岩以及路基填土，河流冲刷路基基脚，掏蚀基岩和路基填土而形成冲蚀槽，冲蚀槽出露有两种不同性质的岩土体，出露的填土与基岩的不连续接触面为连接弱面，剪应力最大。图 6.21 为冲蚀槽作用位置的公路横剖面图，图中 A 点为基岩与路基填土接触面的出露点，为冲蚀槽表面剪应力最大的地方。由于冲蚀槽在河流的掏蚀下不断内移，A 点位置也随冲蚀槽的内迁而往里移动，A 点在基岩与路基填土的交界面上由外往内移动 $A_1, A_2, A_3, A_4, \cdots, A_f$，当冲蚀槽达到临界冲蚀槽 R_f 时，剪应力最小的 A 点才能真正成为滑动面的剪出口，也就是路基缺口形成的下界面破坏点 A_f，此时路基土体与基岩的交点为终结点。冲蚀槽不会出露于洪水面, 当冲蚀槽的上顶点 B 达到洪水位线, 但冲蚀槽未达到临界冲蚀槽, 则路基土体不会发生破坏, 当下一次洪峰来临, 洪水位超过本次洪峰水位, 冲蚀槽继续扩大, 直至达到临界冲蚀槽, 路基岩土体在自重作用下沿圆弧面滑动。

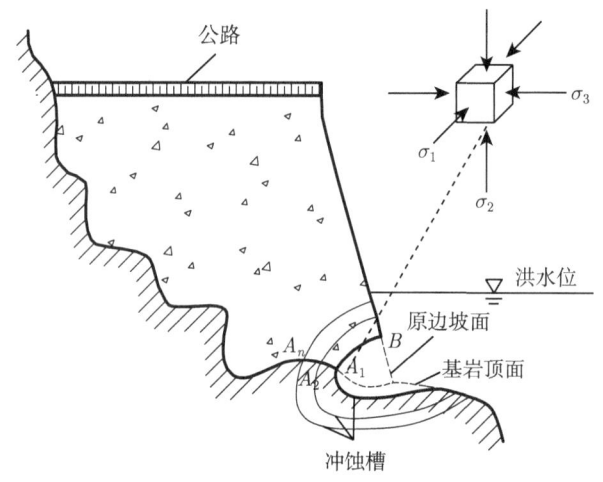

图 6.21 公路冲蚀槽位置横剖面 (情况 2)

C. 路基滑动面的确定

取出冲蚀槽作用位置的公路横剖面图, 前面确定了冲蚀槽最大剪应力位置在路基填土与基岩的交界面上。当达到极限时冲蚀槽路基填土沿滑动面滑动, 滑动面为球面, 下界线为基岩–填土接触面的出露线, 滑动面为以 O_1 为球心、半径为 R_1 的球面 (图 6.22)。A 为基岩–填土接触面上的点, 以 A 为圆弧上的点, 作半径为 r 的圆弧, A 为一动点, 设为 $A = (A_1, A_2, A_3, \cdots, A_f)$, 以弧 AB 作为中部路

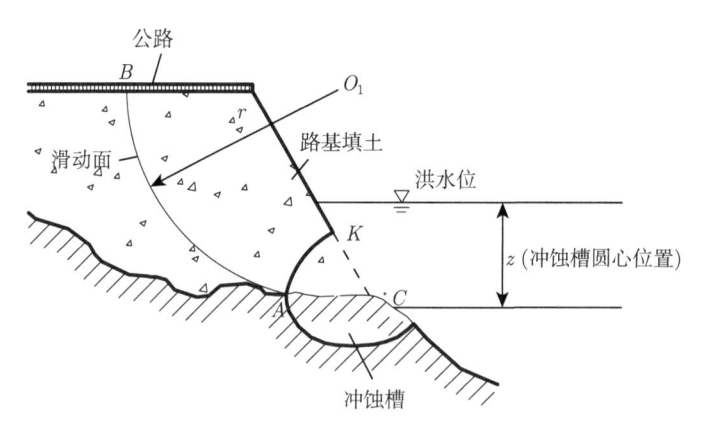

图 6.22 公路冲蚀槽位置横剖面 (情况 3)

6.2 路基缺口

基土体的滑动弧,当冲蚀槽的剪出点 A 与 A_f 重合时,路基稳定性达到临界状态。这只是滑坡体中轴面上的滑动面,以球心与半径 r 得到的球面交路基边坡,即为形成的缺口不稳定体,如图 6.23 所示。

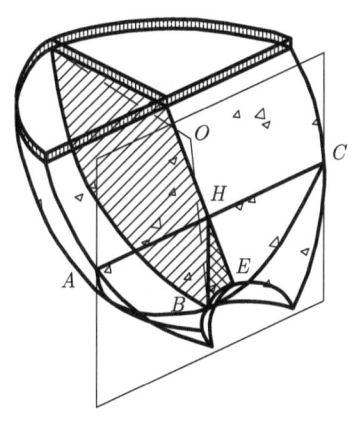

图 6.23 路基滑动体形态

3) 滑动体的起动机制

黏性土路基的滑动面为球面,冲蚀槽的形状同样考虑为球面,冲蚀槽的掏蚀深度用半径 R 来衡量,不稳定体如图 6.23 所示,滑动失稳型路基缺口的三维图如图 6.24 所示。

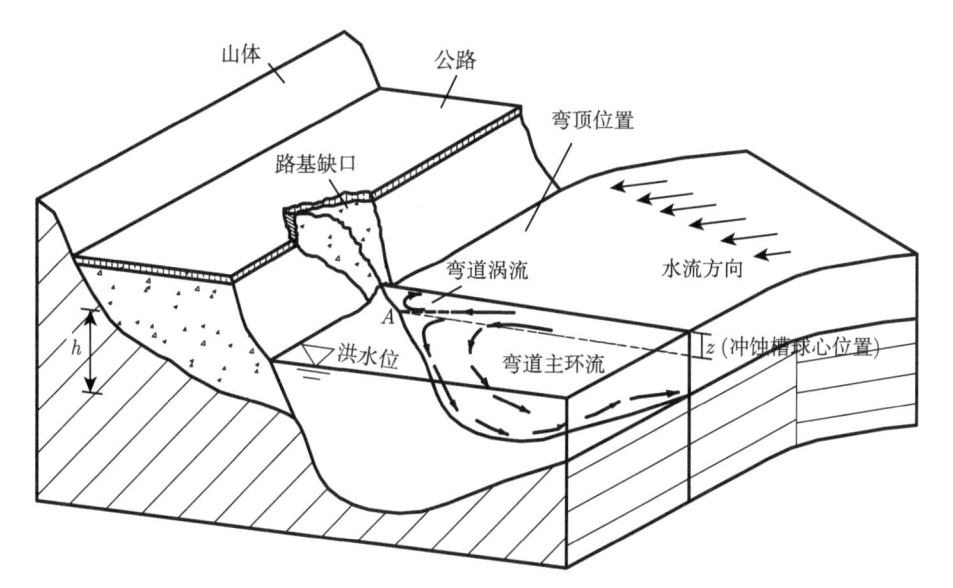

图 6.24 滑动失稳型路基缺口示意图

A. 受力分析

洪水期，河谷水位上升，淹没路基土体，水位以下路基土体受到孔隙水压力。除此之外，冲蚀槽受水流剪切力作用，剪切力削切路基土颗粒，其剪切力作用于路基土体颗粒上，对整体路基土体没有影响。但是水位以下路基土体表面受到水压力的作用，随着冲蚀槽的变化，路基表面也发生变化，表面上的水压力随即发生变化。掏刷力作用于路基土颗粒上，不计入路基土体受力中，这里考虑的受力包括：滑动面上受到的剪应力 S（随压力变化），滑动面上的支撑力 N，滑动体自重 W（随体积变化），洪水位以下路基表面受到的静水压力 P_0。

滑动体自重 W：
$$W = V\rho \tag{6.11}$$

滑动面上受到的剪应力 S：由 Mohr-Coulomb 准则，
$$S^{i,j} = \frac{C^{i,j}A^{i,j} + \tan\varphi^{i,j}N^{i,j}}{F_s} \tag{6.12}$$

冲蚀槽水压力计算：冲蚀槽位于水面以下，冲蚀槽顶部到水面的水压力忽略不计，冲蚀槽表面实际受到河流的动水压力，由于静压比动压小，静水压力作用对稳定性的计算更有利，这里只计算冲蚀槽表面的静水压力作用 P_0。

冲蚀槽内不同位置的水压力为
$$P_0 = \gamma h \tag{6.13}$$

土体内冲蚀槽总水压力计算：设水压力为 $\boldsymbol{f} = f_x\boldsymbol{i} + f_y\boldsymbol{j} + f_z\boldsymbol{k}$，$f = \gamma(h-z)$，这里，
$$f_x = \gamma\left(\frac{1}{2}h - z\right)\cos\alpha, \quad f_y = \gamma\left(\frac{1}{2}h - z\right)\cos\beta, \quad f_z = \gamma\left(\frac{1}{2}h - z\right)\cos\gamma \tag{6.14}$$

$$\mathrm{d}\boldsymbol{A} = \mathrm{d}S \cdot \boldsymbol{n} = \mathrm{d}S_{yOz}\boldsymbol{i} + \mathrm{d}S_{xOz}\boldsymbol{j} + \mathrm{d}S_{xOy}\boldsymbol{k} \tag{6.15}$$

在冲蚀槽表面上受到的水压力合力 F 为
$$\begin{aligned}F &= \iint \boldsymbol{f} \cdot \mathrm{d}\boldsymbol{A} = \iint f_x\mathrm{d}y\mathrm{d}z + f_y\mathrm{d}x\mathrm{d}z + f_z\mathrm{d}x\mathrm{d}y \\ &= \iint \left(\frac{1}{2}\gamma h - \gamma z\right)\cos\alpha\,\mathrm{d}y\mathrm{d}z + \left(\frac{1}{2}\gamma h - \gamma z\right)\cos\beta\,\mathrm{d}x\mathrm{d}z \\ &\quad + \left(\frac{1}{2}\gamma h - \gamma z\right)\cos\gamma\,\mathrm{d}x\mathrm{d}y\end{aligned} \tag{6.16}$$

其中，$\cos\alpha = \dfrac{x}{R}$，$\cos\beta = \dfrac{y}{R}$，$\cos\gamma = \dfrac{z}{R}$。

6.2 路基缺口

B. 坐标系规定与条柱剖分

将不稳定体置于三维坐标系内，Oxy 平面与水平面一致，z 轴平行于铅垂面，ABC 平面平行于 Oxz 平面，x、y、z 符合右手螺旋定则，z 轴铅直，将不稳定体放在 $Oxyz$ 坐标系的 I 象限，将其划分为在 Oxy 平面上投影为正方形网格的条柱，如图 6.25 所示，Oxy 平面上的网格线对应的平行于 Oxz 与 Oyz 的平面，将不稳定体划分为 $m \times n$ 的条柱，m 代表 x 坐标上的网格数，n 代表 y 坐标上的网格数，条柱顶部为路面与路基边坡，条柱底面为滑动面的一部分。图 6.25 中，L 面为直立的圆柱面，L 面位于冲蚀槽的最内点 A_n 处，设 L 面以内的滑动体为 II，L 面以外的滑动体为 I。滑动体的主滑方向平行于滑动体的中轴面，如图 6.25 与图 6.26 所示。滑动失稳型路基缺口的不稳定体方量较小，并且上表面无外荷载，则条柱的离散宽度不能太小，条分的宽度与长度不能比高度小太多，否则会出现不收敛。条柱的长、宽取为高的 0.3~0.7 倍。

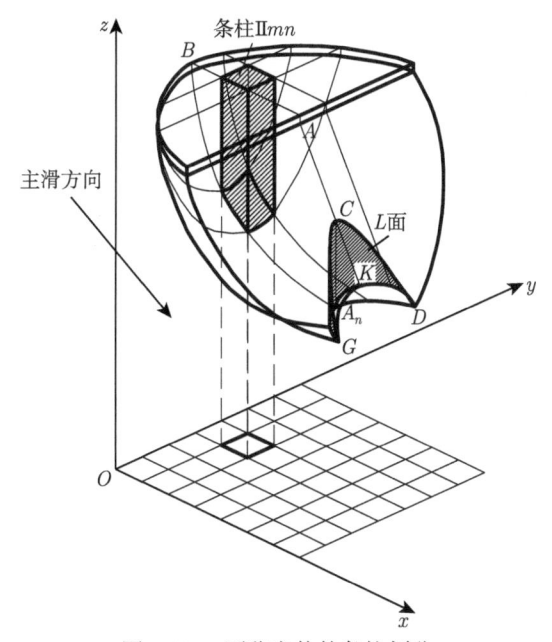

图 6.25　不稳定体的条柱划分

C. 条柱的受力分析

考虑到每条块之间不产生相对滑动，每个条块滑动是整体滑动，所以采用整体稳定系数 F_s，基脚冲蚀槽的形成导致前方支撑力降低，路基土体下滑力增大，当达到临界时冲蚀槽路基土体发生滑动。

由于受力不同，滑动体 II 部分的下表面为冲蚀槽表面，受到静水压作用以及自重作用；滑动体 I 部分下表面为滑面，受到剪应力、支撑力以及自重作用，由此两部分的条柱分别进行条分，滑动体 II、I 中条柱的受力如图 6.27 所示。图中受力符号的上标 i 和 j 分别代表条柱为第 i 行和第 j 列；下标 x、y、z 代表受力的坐标方向；下标 xz、yz 分别代表平行于 Oxz 与 Oxy 平面；$W^{i,j}$ 为第 i 行第 j 列的条块重量；$P^{i,j}$ 为条块上表面车辆荷载；$N^{i,j}$ 为底滑面的法向应力；$S_{x,z}^{i,j}$、$S_{y,z}^{i,j}$ 分别为底滑面上平行于 Oxz 与 Oxy 平面的剪力分量；$E_x^{i,j}$、$E_y^{i,j}$ 为条块侧面上的水平推力；$H_{x,z}^{i,j}$、$H_{y,z}^{i,j}$，$T_x^{i,j}$、$T_y^{i,j}$ 分别为侧面上的垂向和水平方向的剪应力；$\alpha_{xz}^{i,j}$ 和 $\alpha_{yz}^{i,j}$ 分别为底滑面上与 x、y 轴的夹角；Δx、Δy 分别为条块在 x、y 方向的宽度；$\theta_1^{i,j}$ 与 $\beta_1^{i,j}$ 分别为底面上剪应力分量 S_{yz}、S_{xz} 与剪应力 $S^{i,j}$ 的夹角。设剪应力 $S^{i,j}$ 与 z 方向夹角为 γ，$S^{i,j}$ 在 xOy 平面上的投影与 x 方向的夹角为 w，在条柱中 $\alpha_{xz}^{i,j}$、$\alpha_{yz}^{i,j}$、$\theta_1^{i,j}$、$\beta_1^{i,j}$ 为已知，与 γ、w 可以相互转化。

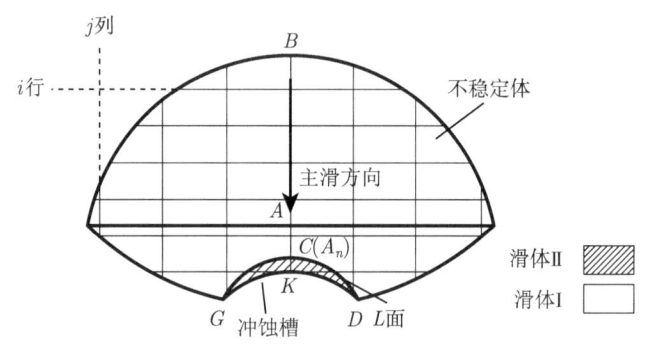

图 6.26 不稳定体的条柱划分水平投影图

(a) II 部分条柱的受力 (b) I 部分条柱的受力

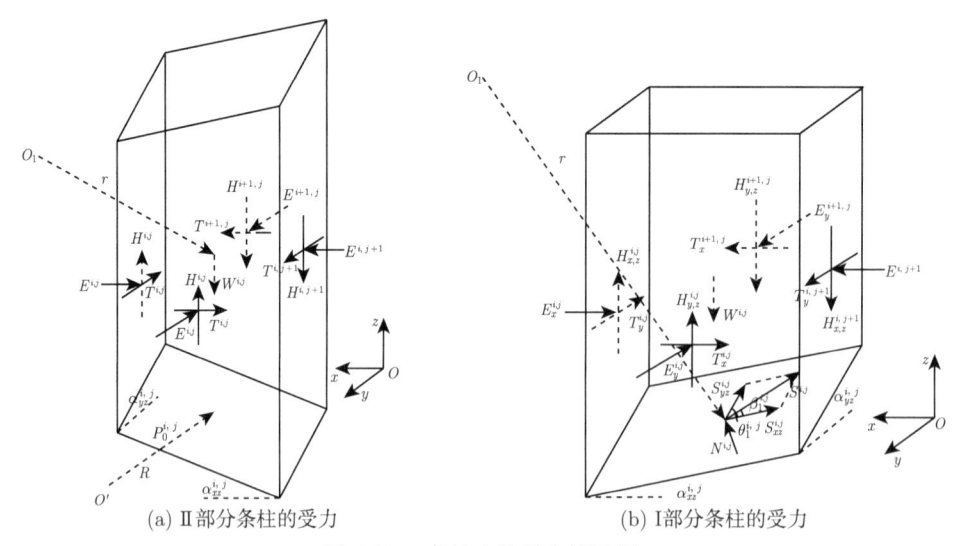

图 6.27 条柱上的受力情况图

6.2 路基缺口

用 $\alpha_{xz}^{i,j}$、$\alpha_{yz}^{i,j}$、$\theta_1^{i,j}$、$\beta_1^{i,j}$ 表示 γ、w：

$$\tan w = \frac{\sin(\theta - \beta)\cos\alpha_1}{\sin\beta\cos\alpha_2} \tag{6.17}$$

$$\tan \gamma = \frac{\cos w[\sin\beta\sin\alpha_1 + \sin(\theta - \beta)\cos\alpha_1]}{\sin(\theta - \beta)\cos\alpha_1} \tag{6.18}$$

在下面的平衡方程中采用柱坐标角 γ、w。设滑动体 I 的柱坐标角为 γ_1、w_1，滑动体 II 的柱坐标角为 γ_2、w_2。

这里不考虑变形，此处已知条件与未知数的个数如表 6.3 所示。

表 6.3 滑动体的已知条件与未知数的个数

已知条件	个数	未知数	个数
各条柱 z 方向平衡	mn	滑动球面的球心	1
安全系数定义	1	底滑面剪应力 ($S^{i,j}$)	mn
Mohr-Coulomb 准则	mn	底滑面正应力 ($N^{i,j}$)	mn
整体弯矩 M 平衡	1	稳定系数 F_s	1
安全系数最小	1	滑动面半径 r	1
滑动面的剪出点为冲蚀槽上基岩与路基填土接触点	1	冲蚀槽半径 R	1

不稳定体两部分 I、II 的受力根据 x、y、z 方向受力平衡与整体弯矩平衡有如下规律。

I 部分受力平衡：

x 方向受力平衡为

$$E_x^{i,j} - E_x^{i+1,j} + T_x^{i,j} - T_x^{i+1,j} + S^{i,j}\sin\gamma_1^{i,j}\sin w_1^{i,j} - N^{i,j}\cos\gamma_1^{i,j}\sin w_1^{i,j} = 0 \tag{6.19}$$

y 方向受力平衡为

$$E_y^{i,j} - E_y^{i,j+1} + T_y^{i,j} - T_y^{i,j+1} + S^{i,j}\sin\gamma_1^{i,j}\cos w_1^{i,j} - N^{i,j}\cos\gamma_1^{i,j}\cos w_1^{i,j} = 0 \tag{6.20}$$

z 方向受力平衡为

$$H_{x,z}^{i,j+1} - H_{x,z}^{i,j} + H_{y,z}^{i+1,j} - H_{y,z}^{i,j} - S^{i,j}\cos\gamma_1^{i,j} - N^{i,j}\sin\gamma_1^{i,j} - W_{i,j} = 0 \tag{6.21}$$

II 部分受力平衡：

x 方向受力平衡为

$$E_x^{i,j} - E_x^{i+1,j} + T_x^{i,j} - T_x^{i+1,j} + P_0^{i,j}\cos\gamma_2^{i,j}\sin w_2^{i,j} = 0 \tag{6.22}$$

y 方向受力平衡为

$$E_y^{i,j} - E_y^{i,j+1} + T_y^{i,j} - T_y^{i,j+1} - P_0^{i,j} \cos \gamma_2^{i,j} \cos w_2^{i,j} = 0 \tag{6.23}$$

z 方向受力平衡为

$$H_{x,z}^{i,j+1} - H_{x,z}^{i,j} + H_{y,z}^{i+1,j} - H_{y,z}^{i,j} + P_0^{i,j} \sin \gamma_2^{i,j} - W^{i,j} = 0 \tag{6.24}$$

滑动体整体弯矩 M 平衡 (条柱沿滑动面绕球心 O 转动):

滑动体 I 条块的 $i = (1, 2, \cdots, k)$, $j = (1, 2, \cdots, q)$; 滑动体 II 条块的 $i = (k+1, \cdots, m)$, $j = (q+1, \cdots, n)$, 则

$$\sum_{i=1}^{k} \sum_{j=1}^{q} W_{\text{I}}^{i,j} l_{\text{I}}^{i,j} - \sum_{i=1}^{k} \sum_{j=1}^{q} S_{\text{I}}^{i,j} \cdot r + \sum_{i=k+1}^{m} \sum_{j=q+1}^{n} W_{\text{II}}^{i,j} \cdot l_{\text{II}}^{i,j} - \sum_{i=k+1}^{m} \sum_{j=q+1}^{n} P_{\text{II}}^{i,j} e_{\text{II}}^{i,j} = 0 \tag{6.25}$$

Mohr-Coulomb 准则中, $S^{i,j} = \dfrac{c^{i,j} A^{i,j} + \tan \varphi^{i,j} N^{i,j}}{F_{\text{s}}}$, 为了求得冲蚀槽的临界半径 R_{f}, 则需取 $F_{\text{s}} = 1$, $S_{\text{f}}^{i,j} = c^{i,j} A^{i,j} + \tan \varphi^{i,j} N^{i,j}$, 解得 $N^{i,j}$ 为

$$N^{i,j} = \frac{S_{\text{f}}^{i,j} - c^{i,j} A^{i,j}}{\tan \varphi^{i,j}} \tag{6.26}$$

将 $N^{i,j}$ 代入式 (6.21), 求解 $S_{\text{f}}^{i,j}$ 为

$$H_{x,z}^{i,j+1} - H_{x,z}^{i,j} + H_{y,z}^{i+1,j} - H_{y,z}^{i,j} - S^{i,j} \cos \gamma_1^{i,j} - \frac{c'^{i,j} A_{i,j} - S^{i,j}}{\tan \varphi'^{i,j}} \sin \gamma_1^{i,j} - W_{i,j} = 0 \tag{6.27}$$

这里, 设 $\Delta H_{x,z}^{i,j} = H_{x,z}^{i,j+1} - H_{x,z}^{i,j}$, $\Delta H_{x,z}^{i,j} = H_{y,z}^{i+1,j} - H_{y,z}^{i,j}$, 由于条柱间没有相对滑动, 假设 $\Delta H_{x,z}^{i,j} = 0$, $\Delta H_{x,z}^{i,j} = 0$, 抗剪强度 c 不变, 解得 $S_{\text{f}}^{i,j}$ 为

$$S_{\text{f}}^{i,j} = \frac{\tan \varphi'^{i,j} W^{i,j} - c^{i,j} A^{i,j} \sin \gamma_1^{i,j}}{\cos \gamma_1^{i,j} \tan \varphi'^{i,j} - \sin \gamma_1^{i,j}} \tag{6.28}$$

图 6.27(a) 中剖面平行于 xOz 平面在路基边坡中任取的一剖面, 图 6.27(b) 中 $e_{\text{II}}^{i,j}$ 为

$$e_{\text{II}}^{i,j} = s \cos \gamma_{\text{II}}^{i,j} \tag{6.29}$$

将式 (6.13)、式 (6.24)、式 (6.27)、式 (6.28) 和式 (6.29) 代入式 (6.25), 解得 R_{f} 为

$$R_{\text{f}} = \frac{z}{\displaystyle\sum_{i=k+1}^{m} \sum_{j=q+1}^{n} \cos \gamma_{\text{II}}^{i,j}}$$

6.2 路基缺口

$$-\frac{\sum_{i=1}^{k}\sum_{j=1}^{q}W_{\mathrm{I}}^{i,j}l_{\mathrm{I}}^{i,j} - r\sum_{i=1}^{k}\sum_{j=1}^{q}S_{\mathrm{f}}^{i,j} + \sum_{i=k+1}^{m}\sum_{j=q+1}^{n}W_{\mathrm{II}}^{i,j} \cdot l_{\mathrm{II}}^{i,j}}{s\rho g \sum_{i=k+1}^{m}\sum_{j=q+1}^{n}A_{\mathrm{II}}^{i,j}\cos\gamma_{\mathrm{II}}^{i,j}\cos w_{\mathrm{II}}^{i,j}} \quad (6.30)$$

式中左边为 R_f，右边第二项的分子中第三项有 R_f，求解临界半径时需要对滑动体条分后迭代求解。下面作简化，使 R_f 变成隐含式，采用软件计算。

滑动体 II 所分条块的重力作用下的弯矩等于滑动体 II 整体重力作用下的弯矩，则有

$$\sum_{i=k+1}^{m}\sum_{j=q+1}^{n}W_{\mathrm{II}}^{i,j} \cdot l_{\mathrm{II}}^{i,j} = W_{\mathrm{II}} \cdot l_{\mathrm{II}} \quad (6.31)$$

由图 6.28 看出，$V_{ABD} = V_{ACD} - V_{ABO} + V_{ACO}$

$$W_{\mathrm{II}} = \rho g V_{ABD} = \rho g(V_{ACD} - V_{ABO} + V_{ACO}) \quad (6.32)$$

式中，$V_{ABD} = V(R)$，则

$$W_{\mathrm{II}} = \rho V_{ABD} = \rho g[V_{ACD} - V(R) + V_{ACO}] \quad (6.33)$$

式 (6.30) 变成

$$R_\mathrm{f} = \frac{z}{\sum_{i=k+1}^{m}\sum_{j=q+1}^{n}\cos\gamma_{\mathrm{II}}^{i,j}} - \frac{\sum_{i=1}^{k}\sum_{j=1}^{q}W_{\mathrm{I}}^{i,j}l_{\mathrm{I}}^{i,j} - r\sum_{i=1}^{k}\sum_{j=1}^{q}S_{\mathrm{f}}^{i,j} + \rho g l_{\mathrm{II}}'[V_{ACD} - V(R_\mathrm{f}) + V_{ACO}]}{l\rho g \sum_{i=k+1}^{m}\sum_{j=q+1}^{n}A_{\mathrm{II}}^{i,j}\cos\gamma_{\mathrm{II}}^{i,j}\cos w_{\mathrm{II}}^{i,j}} \quad (6.34)$$

式中，z 为冲蚀槽球心位置的水深，m；$\gamma_{\mathrm{II}}^{i,j}$ 为冲蚀槽表面水压力 z 方向上的方向角，(°)；$W_{\mathrm{I}}^{i,j}$ 为滑动体 I 的第 i 行第 j 列条块的重力，N；$l_{\mathrm{I}}^{i,j}$ 为滑动体 I 第 i 行第 j 列条块重心与滑面球心的水平距离，m；r 为滑面的半径，m；$l_{\mathrm{II}}^{i,j}$ 为滑动体 II 第 i 行第 j 列条块重心与滑面球心的水平距离，m。

求解 R_f 时需要先假定一个 R_f 的值，假定中部滑动体的球心位置在中轴面上，剪出口与球心位置的距离为滑弧半径 r，在此条件下搜索路基土体内的滑动面，将中部滑动体划分条块，根据式 (6.34) 求解 R_f，使得求解出来的 R_f 值与假

定值一样，如果此假定的 R_f 条件下找不到这个滑动面，重新假定 R_f 继续前面的过程，直到假定的 R_f 与沿某滑动面滑动用式 (6.34) 求得的 R_f 相同，假定的 R_f 即为所求的临界半径。

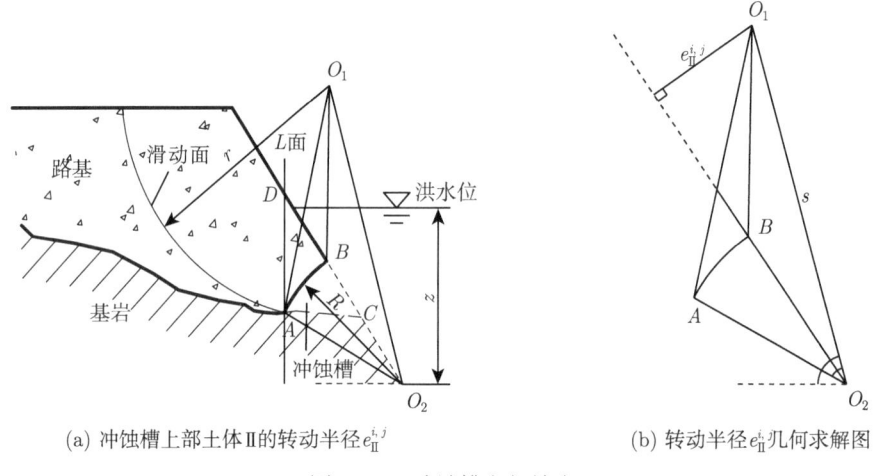

(a) 冲蚀槽上部土体 II 的转动半径 $e_{II}^{i,j}$

(b) 转动半径 $e_{II}^{i,j}$ 几何求解图

图 6.28　冲蚀槽上部填土

D. 滑动体的起动机制

冲蚀槽临界半径 R_f 为路基边坡极限稳定状态的冲蚀槽半径，根据冲蚀槽实际半径，判定路基稳定状态：

$R < R_f$，路基稳定；

$R = R_f$，路基处于临界稳定状态；

$R > R_f$，路基滑塌破坏。

实际情况中，$R > R_f$ 的情况不存在，冲蚀槽半径最大能达到 R_f。当 R 达到 R_f 后滑塌，冲蚀槽半径变为 0。

算例分析

普格县位于四川凉山彝族自治州，地处北亚热带气候区，该县五道箐镇拖木沟气象哨海拔 2218m，多年平均气温 11.9°C，8 月平均气温 18.1°C。采阿咀沟所在地是全县的多雨和暴雨中心，全年平均降水量 1172.7mm (拖木沟气象哨)，每年 5～10 月为雨季，降水量达 1037.4mm，占全年的 88%；年均大暴雨 2.19 次，最多一年达到 9 次，最大日降水量 157.9mm，为四川公路水毁频发地区。普格位于采阿咀沟流域内，出露岩性主要为震旦系古六组和开建桥组的长石砂砾岩、长石粗砂岩、粉砂岩和凝灰质砂岩夹页岩。

2008 年普格县普三路 K3+300 弯道处路基缺口见图 6.29，实际缺口形态为球状滑动面，滑动面半径为 8.706m，冲蚀槽临界半径为 0.74m，路基宽度为 8.5m，

6.2 路基缺口

填土高 3.8m，根据资料，路基基岩面等高线如图 6.30 所示，滑动体冲蚀槽临界半径计算中，路基填土物理力学参数见表 6.4。弯顶处路基形态尺寸见表 6.5，冲蚀槽临界半径计算结果见表 6.6。将每次计算的不稳定体都划分为行 × 列 $(i \times j)$ 为 8×8 的条柱。

图 6.29 2008 年普格县普三路 K3+300 弯道环流作用下形成的路基缺口

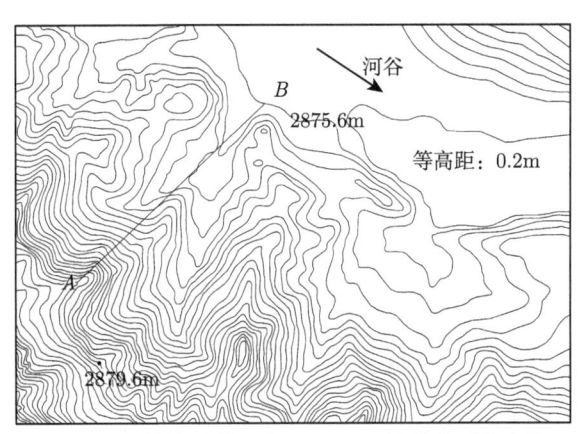

图 6.30 普格县普三路 K3+300 处基岩面等高线

表 6.4 路基填土物理力学参数

参数	取值
填土重度 $\gamma/(kN/m^3)$	18.7
填土黏结力 c/kPa	25.8
内摩擦角 $\varphi/(°)$	33

表 6.5 弯顶处路基形态尺寸

参数	取值	参数	取值
路基顶面宽/m	8.50	冲蚀槽球心深度/m	1.05
路基边坡坡角/(°)	71	河流水面与路基顶面高差/m	3.70
路基高/m	4.88	水深/m	8.17
河流水面宽/m	13.83	弯道曲率半径/m	8.32

表 6.6 冲蚀槽临界半径 R_f 计算表

试算次数 n	试算半径 R/m	最不利滑面的半径 r/m	最不利滑面的稳定系数 F_s
1	0	2.555	3.54
2	0.3	4.254	3.12
3	0.6	5.691	2.73
4	0.9	8.586	2.08
5	1.2	7.425	1.78
6	1.5	8.035	1.51
7	1.8	8.305	1.37
⋮	⋮	⋮	⋮
18	1.106	8.706	1.05

根据临界冲蚀槽半径的定义，R_f 为不稳定体临界起动时的冲蚀槽半径，将计算条件转化为稳定系数 F_s，由此，当达到临界半径时，不稳定体的稳定系数 $F_s=1$，作为临界冲蚀槽计算的终止条件。这里，半径的初始计算步长为 0.3m，计算到第 7 次时稳定系数为 1.37，在稳定系数降到 1.50 以内以后采用半径计算步长为 0.05m，计算到第 18 次时 F_s 的误差在 0.1 以内，能够达到所要的精度，得到冲蚀槽临界半径 $R_f=0.852$m，而根据缺口形成后基脚内壁曲面量得冲蚀槽半径为 0.74m，计算值与实测值接近。

2. 坠落失稳型路基缺口

水平涡流的掏蚀作用是坠落失稳型路基缺口形成的诱发因素，是前缘诱发型缺口。坠落体受力简单，起动机制分析时不需做任何处理。冲蚀槽为水面以下的直立柱体，坠落体沿冲蚀槽侧面由下往上发生滑移破坏，当侧面上剪应力达到抗剪强度时，坠落体在重力作用下发生剪切滑移破坏。这里采用下部冲蚀槽临界半径 R_f 确定悬空填土体的稳定状态，当冲蚀槽半径增大到临界半径 R_f 时，路基土体坠落破坏。分析坠落型路基缺口机制的核心是确定缺口临界半径 R_f。

1) 坠落体的形态

山区河谷边界常出现由窄变宽、由宽变窄的衔接变化河段，由于河水的流动具有瞬变性，从而河段变化使水流在突变边角处形成补偿性回流，产生水平涡流。河道在突变前与突变后的宽度固定，则涡流的涡量、涡旋中心不发生变化，由此，掏蚀柱体的底面圆心位置固定，为第 5 章讨论过的水平涡流的最大冲刷位置，如图 6.31 所示，将地质模型图放到三维坐标体系下，最大冲刷位置水平坐标为 $y=y_0$。冲蚀槽的大小由掏蚀半径 R 决定，冲蚀槽临界半径为 R_f。水平涡流与弯道环流的掏蚀中心不变，也就是说水平涡流掏蚀的水平圆柱体底面的圆心位置不发生变化。

坠落体的破坏是由自下往上的剪切破坏形成，坠落体为冲蚀槽以上的柱状路基填土体。把路基不稳定体视为侧面直立的柱体，坠落体沿掏蚀柱体侧面往垂向方向发展，形成底面水平、以路基边坡面为顶面的柱体。坠落体形态有两种形式：

6.2 路基缺口

临界冲蚀槽最内点 C 垂直延伸到表面的交点 D 位于路基边坡表面，以及 D 位于路面，如图 6.32 所示。

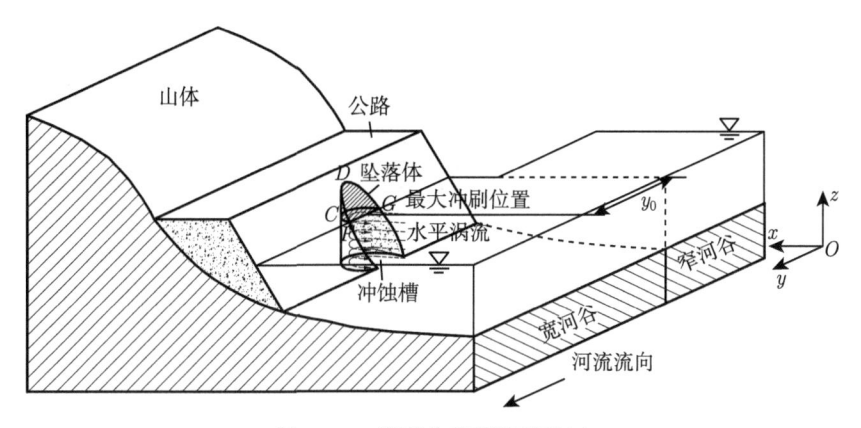

图 6.31　坠落失稳型路基缺口

(a) I 类坠落体形态　　　　(b) II 类坠落体形态

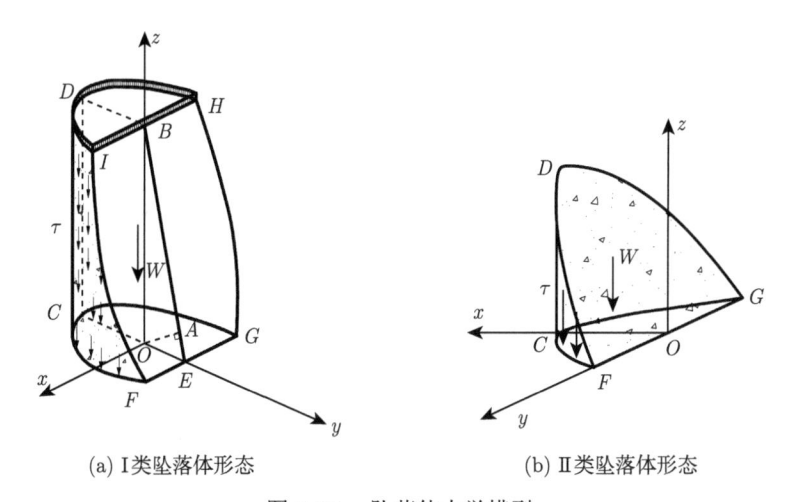

图 6.32　坠落体力学模型

剪出口迹线 GCF 为冲蚀槽在 xOy 平面上投影的边界线。以 GCF 为母线往上垂向延伸到表面得到的平行于 z 轴的侧表面为滑动破坏面，侧面与路面面层以及路基边坡面相交得到坠落体，坠落体的下表面 GCF 为以 O 为圆心的圆弧。I 类坠落体 (图 6.32(a)) 外表面为路面 IDH 与边坡表面 $IHGF$，II 类坠落体 (图 6.32(b)) 外表面为边坡表面 FDG。斜表面为椭圆的一部分。

2) 坠落体的破坏机制

坠落失稳型路基缺口的形成是坠落体侧表面的剪切破坏所造成的路基岩土体的失稳破坏，所以采用破坏体的侧表面的抗滑力 τ_f 与下滑力 τ 的比值作为路基缺口的稳定系数，$F_s = \tau_f/\tau$，路基缺口的抗剪强度参数为 c、φ。坠落体侧面受到重力作用形成侧表面切应力，坠落体侧面切应力 $\tau = W/S$，这里 S 为侧表面面积。

A. I 类坠落体的冲蚀槽临界半径 R_f

坠落体的受力包括坠落体侧面的切应力 τ 和坠落体自重 W。坠落体底面与水平面重合，不受水压力作用，受力情况如图 6.33 所示。切向应力 τ 作用由路基土体自重产生，侧表面面积为 S。水流掏蚀作用只作用于水面以下路基填土，冲蚀槽以半径 R 增大，冲蚀槽扩大，悬空填土自重增大，侧面切力增大，达到抗剪强度，路基破坏。不稳定体底面与 xOy 平面重合，中轴面 $DNEC$ 与 zOy 平面重合，坐标轴原点 O 为中轴面上边坡顶点 B 的投影。取出不稳定体中轴面 $DNEC$ 如图 6.34 所示，顶视图如图 6.35 所示。

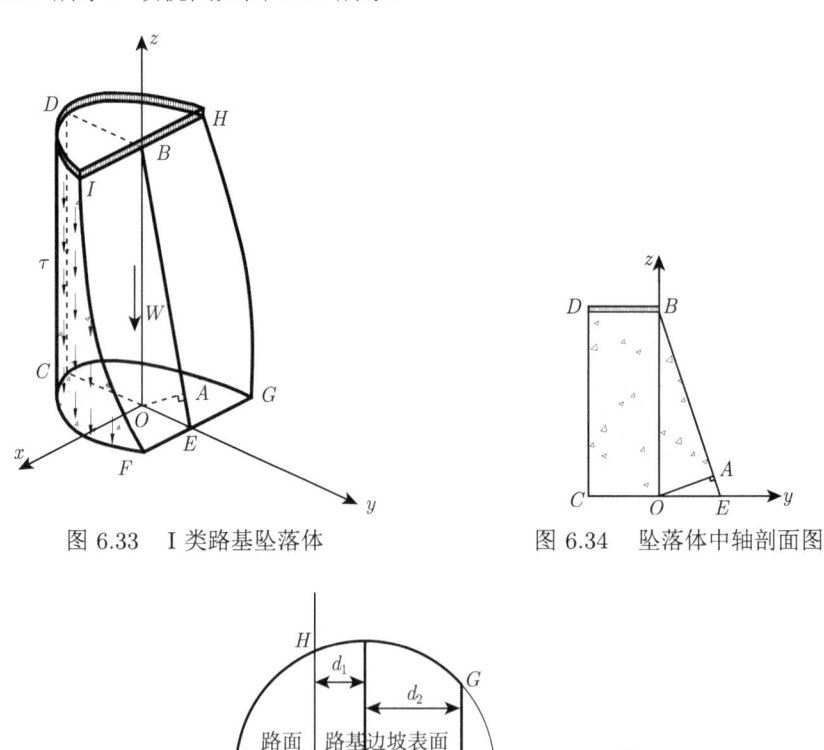

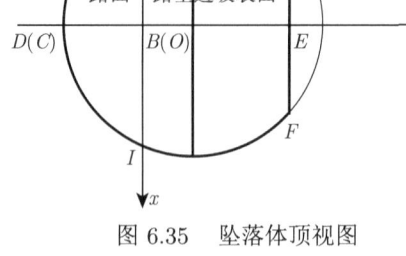

图 6.33　I 类路基坠落体

图 6.34　坠落体中轴剖面图

图 6.35　坠落体顶视图

6.2 路基缺口

坠落体的自重 W：考虑路基填土体为均质材料，密度 ρ 为定值，坠落体的自重 $W = \rho V_I g$。已知路基边坡与 z 轴的夹角为 θ，O 点与路面的垂向距离为 h，冲蚀槽的半径为 R，也就是坠落体底面的半径，坠落体体积 V_I 的求解如下。

W 为不稳定块体的重力，S 为坠落体的侧表面积，W 为

$$W = \rho V_I g \tag{6.35}$$

式中，$V_I = V_1 + V_2$，根据图 6.33，有

$$V_1 = S_1 h_2 = \frac{\pi R^2 \arccos \dfrac{d_1}{R}}{360} - d_1 \sqrt{R^2 - d_1^2} \tag{6.36}$$

$$V_2 = \iiint\limits_{V_2} \mathrm{d}v \tag{6.37}$$

式中，V_1、V_2 分别为图 6.36 中 y 负半轴和正半轴坠落体体积，m^3。

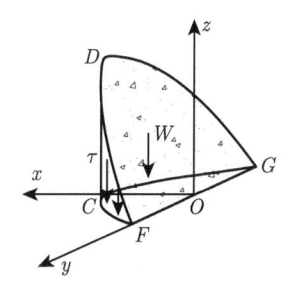

图 6.36 Ⅱ 类坠落体坐标系

采用积分求解第二部分不稳定体的体积 V_2。

倾斜面方程采用法向式，设斜截面的方向向量为 $\boldsymbol{n} = (0, b, c)$，$B(0, 0, h_2)$ 为 zOy 截面上的一点，这里 h_2 为路面与水平面的高差，点法式方程为

$$by + c(z - h_2) = 0 \tag{6.38}$$

图 6.33 ∼ 图 6.35 中所需参数为

$$OA = \frac{h_2 \times (d_1 + d_2)}{\sqrt{h_2^2 + (d_1 + d_2)^2}} \tag{6.39}$$

$$\cos \alpha = \frac{h_2}{\sqrt{h_2^2 + (d_1 + d_2)^2}} \tag{6.40}$$

$$\sin\alpha = \frac{d_1 + d_2}{\sqrt{h_2^2 + (d_1 + d_2)^2}} \tag{6.41}$$

$$b = OA\cos\alpha = \frac{h_2^2 \times (d_1 + d_2)}{\sqrt{h_2^2 + (d_1 + d_2)^2}} \tag{6.42}$$

$$c = OA\sin\alpha = \frac{h_2^2 \times (d_1 + d_2)}{\sqrt{h_2^2 + (d_1 + d_2)^2}} \tag{6.43}$$

斜截面的方向向量为

$$\boldsymbol{n} = \left(0, \frac{h_2^2 \times (d_1 + d_2)}{\sqrt{h_2^2 + (d_1 + d_2)^2}}, \frac{h_2^2 \times (d_1 + d_2)}{\sqrt{h_2^2 + (d_1 + d_2)^2}}\right)$$

斜截面方程为

$$\frac{h_2^2 \times (d_1 + d_2)}{\sqrt{h_2^2 + (d_1 + d_2)^2}} y + \frac{h_2^2 \times (d_1 + d_2)}{\sqrt{h_2^2 + (d_1 + d_2)^2}} (z - h_2) = 0 \tag{6.44}$$

最终斜截面方程简化为

$$h_2 y + (d_1 + d_2)(z - h) = 0 \tag{6.45}$$

第二部分的体积 V_2 为

$$V_2 = \iint\limits_{S_2} \left(h_2 - \frac{h_2 y}{d_1 + d_2}\right) \mathrm{d}\sigma$$

$$= 2h_2 \left[\int_0^{d_1+d_2} \sqrt{R^2 - (y - d_1)^2} \mathrm{d}y\right] + \frac{2h_2}{d_1 + d_2} \left[\int_0^{d_1+d_2} y\sqrt{R^2 - (y - d_1)^2} \mathrm{d}y\right] \tag{6.46}$$

设积分 $A = \int_0^{d_1+d_2} \sqrt{R^2 - (y - d_1)^2} \mathrm{d}y$, $B = \int_0^{d_1+d_2} y\sqrt{R^2 - (y - d_1)^2} \mathrm{d}y$, 积分 A、B 的求解如下：

$$A = R^2 \int_{-\arcsin\frac{d_1}{R}}^{\arcsin\frac{d_2}{R}} \cos^2 t \mathrm{d}t$$

$$= \frac{\pi R^2}{360}\left(\arcsin\frac{d_2}{R} + \arcsin\frac{d_1}{R}\right) + \frac{R^2}{4}\left[\sin\left(2\arcsin\frac{d_2}{R}\right) + \sin\left(2\arcsin\frac{d_1}{R}\right)\right] \tag{6.47}$$

6.2 路基缺口

$$B = \int_0^{d_1+d_2} y\sqrt{R^2-(y-d_1)^2}\,\mathrm{d}y$$
$$= Ad_1 - R^3\left[\cos^3\left(\arcsin\frac{d_2}{R}\right) - \cos^3\left(\arcsin\frac{d_1}{R}\right)\right] \quad (6.48)$$

由此，V_2 为

$$V_2 = (2h_2+d_1)A + \frac{2h_2}{d_1+d_2} + \frac{R^3}{3}\left[\cos^3\left(\arcsin\frac{d_1}{R}\right) - \cos^3\left(\arcsin\frac{d_2}{R}\right)\right] \quad (6.49)$$

其中，

$$A = \frac{\pi R^2}{360}\left(\arcsin\frac{d_2}{R} + \arcsin\frac{d_1}{R}\right) + \frac{R^2}{4}\left[\sin\left(2\arcsin\frac{d_2}{R}\right) + \sin\left(2\arcsin\frac{d_1}{R}\right)\right]$$

坠落体侧面的剪应力 τ：
根据坠落体 z 方向受力平衡，

$$\tau = W/S \quad (6.50)$$

$$S = S_{梯形} = (l_上 + l_下) \times h_2 \times \frac{1}{2}$$
$$= \frac{h_2}{2}\left(2\pi R + \frac{2\pi R\theta_1}{180} - \frac{2\pi R\theta_2}{180}\right) \quad (6.51)$$

掏蚀半径 R_f：
根据 $F_s = \tau_f S/W$，求解得

$$F_s = \frac{\tau_f}{\dfrac{2\rho g\left[\dfrac{\pi R^2 h_2 \arccos(d_1/R)}{360°} - d_1 h_2\sqrt{R^2-d_1^2} + V_2\right]}{2\pi Rh_2 + 2\pi\theta_1 Rh_2/180 - 2\pi\theta_2 Rh_2/180}} \quad (6.52)$$

抗剪强度 $\tau_f = \sigma\tan\varphi + c$，坠落体 $\sigma = 0$，$\tau_f = c$。

$$F_s = \frac{c}{\dfrac{2\rho g\left[\dfrac{\pi R^2 h_2 \arccos(d_1/R)}{360°} - d_1 h_2\sqrt{R^2-d_1^2} + V_2\right]}{2\pi Rh_2 + 2\pi\theta_1 Rh_2/180 - 2\pi\theta_2 Rh_2/180}} \quad (6.53)$$

当 $F_s = 1$ 时，$R = R_f$，R_f 的隐式方程为

$$c = \frac{2\gamma\left[\dfrac{\pi R_f^2 h_2 \arccos(d_1/R_f)}{360°} - d_1 h_2\sqrt{R_f^2-d_1^2} + V_2\right]}{2\pi R_f h_2 + 2\pi\theta_1 R_f h_2/180 - 2\pi\theta_2 R_f h_2/180} \quad (6.54)$$

式中，c 为路基填土的黏结力，kPa；γ 为路基填土容重，kN/m³；R_f 为冲蚀槽临界半径，m；h_2 为路面与水平面的高差，m；d_1 为坠落体形态尺寸，m，具体意义见图 6.35；V_2 为 y 轴正半轴坠落体体积，m³；R_f 的求解采用 MATLAB 或 Excel 进行。

B. Ⅱ 类坠落体的冲蚀槽临界半径 R_f

剪力坐标系见图 6.36 和图 6.37，此类坠落体的受力与 Ⅰ 类的区别在于坠落体的形态不同，体积与侧表面积计算公式不同，设 $W_Ⅱ = \rho g V_Ⅱ$，采用积分方法计算 $V_Ⅱ$，跟 Ⅰ 类坠落体体积计算方法一样，这里不再重复计算。参量与 Ⅰ 类一样。

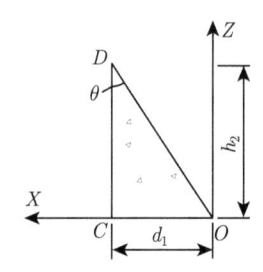

图 6.37　Ⅱ 类坠落体中轴剖面图

坠落体的体积 $V_Ⅱ$：
根据积分求得 $V_Ⅱ$ 为

$$V_Ⅱ = 2 \iint\limits_{S_{FCG}} \left(h_2 - \frac{h_2 y}{R + d_1} \right) \mathrm{d}x \mathrm{d}y \tag{6.55}$$

最终求解体积为

$$V_Ⅱ = \frac{4}{3}(d_1^{\frac{2}{3}} - R^{\frac{2}{3}})h_2 - \frac{h_2(R-d_1)}{2} \tag{6.56}$$

坠落体表面积 $S_Ⅱ$：
侧表面展开为三角形，$S_Ⅱ$ 计算式为

$$S_Ⅱ = \pi R h_2 - \frac{R h_2 \pi \cos(d_1/R)}{180} \tag{6.57}$$

切应力 τ：
切应力是由重力产生，$\tau = W/S$ 计算式为

$$\tau = \frac{\rho g \left[\dfrac{4}{3}(d_1^{\frac{2}{3}} - R^{\frac{2}{3}})h_2 - \dfrac{h_2(R-d_1)}{2} \right]}{\pi R h_2 - \dfrac{R h_2 \pi \cos(d_1/R)}{180}} \tag{6.58}$$

6.2 路基缺口

临界半径 R_f：

临界半径 R_f 是 $\tau = \tau_f = c$ 时求得的半径，即

$$c = \frac{\gamma\left[\dfrac{4}{3}(d_1^{\frac{2}{3}} - R_f^{\frac{2}{3}})h_2 - \dfrac{h_2(R_f - d_1)}{2}\right]}{\pi R_f h_2 - \dfrac{R_f h_2 \pi \cos(d_1/R_f)}{180}} \tag{6.59}$$

式中，c 为路基填土的黏结力，kPa；γ 为路基填土容重，kN/m³；R_f 为冲蚀槽临界半径，m；h_2 为路面与水平面的高差，m；d_1 为坠落体形态尺寸，m；R_f 的求解为隐函数的求解，需要使用 MATLAB 或 Excel。

C. 坠落体形态确定

坠落体形态确定需要进行验算，首先采用 II 类坠落体的计算公式 (6.58) 计算其侧表面切应力 τ，式中 h_2 取 h 值，如果求得的 $\tau < \tau_f$，坠落体的形态为 I 类坠落体，则采用 I 型计算公式 (6.54) 求解冲蚀槽临界半径 R_f；反之，坠落体的形态为 II 类坠落体，则采用 II 型计算公式 (6.59) 计算冲蚀槽临界半径 R_f。

D. 坠落体起动机制

同滑动失稳型路基缺口一样，采用半径值判定坠落体稳定状态，坠落体的起动机制：

$R < R_f$，路基稳定；

$R = R_f$，路基处于临界稳定状态；

$R > R_f$，路基滑塌破坏。

3. 泥石流冲击型路基缺口

1) 基本假定

(1) 假定路基材料满足均质、各向同性、连续性假定，并假定路基为刚性材料；

(2) 泥石流浆体的冲击力沿冲击迹线均匀分布；

(3) 泥石流浆体冲击的路基破坏体不取冲击作用下的塑性区，根据刚性假定，假定破坏体形态为楔形体；

(4) 大块石冲击作用下的路基破坏体取为塑性区范围。

泥石流流速大多在 4~12m/s，介于静力作用 (0m/s) 与高速冲击作用 ($10^2 \sim 10^3$m/s) (产生应力波) 之间。研究表明，在冲击过程中，冲击能量主要转化为接触面上的弹塑性应变能，以应力波等形式耗散的能量只占总输入能量的 1%~2%，可以忽略不计。泥石流冲击路基的问题属于动力学问题，这里由于考虑为三维问题，要得到力学公式非常复杂，因此将本问题作为静力学问题处理。泥石流体的冲击速度比较大，路基土体实际上为弹塑性材料，由于加载速度快，来不及变形而发生脆性破坏，因此研究路基破坏问题时将路基土体考虑为刚性材料比较合理，

并采用极限平衡法进行计算。泥石流中包括大块石和泥石流浆体，泥石流浆体的冲击体现在龙头对路基的作用形成近椭圆球面的冲击坑，大块石的冲击形成近球体面的冲击坑。

2) 泥石流浆体冲击路基

A. 路基破坏体形态

泥石流冲击路基模型见图 6.38。泥石流龙头的泥深为 h_1，路基填土高度为 h。如果 $h_1 < h$，则由于泥石流具有较大速度，冲击时以刚性冲击为主，只会在泥石流作用高度形成路基的凹陷，不会形成缺口。所以，形成路基缺口的条件为 $h_1 > h$，$P > P_f$，这里 P_f 为剪切强度。

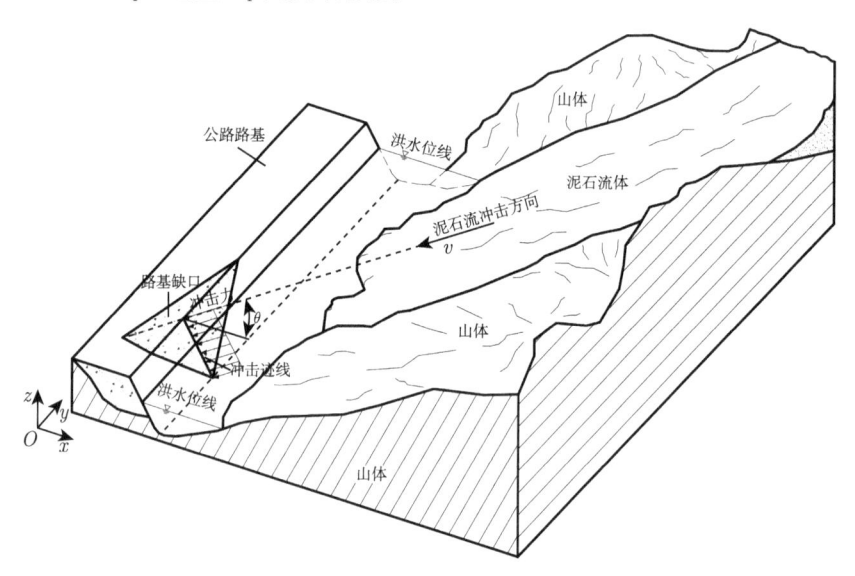

图 6.38　泥石流冲击路基模型

虽将路基土体考虑为刚性材料，但是可以将路基作为理想弹塑性材料，根据路基受到泥石流龙头冲击力的作用，用 ANSYS 模拟路基的内部应力情况，采用理想弹塑性体的 Mohr-Coulomb 破坏准则得到路基的破坏形态。破坏形态即是路基塑性区的形态。然而，实际缺口并非塑性区，实际上要比塑性区小。

路基土体根据 Mohr-Coulomb 破坏准则，得到路基上表面的破坏迹线为圆弧线，路基缺口面为中轴与短轴相等的椭球体。由于泥石流冲击具有一定速度，在冲击过程中路基破坏呈现脆性破坏，破坏面接近平面。

B. 受力分析

在图 6.38 的地质模型图中取出不稳定体，构建其力学模型 (图 6.39)。由于泥石流冲击过程中排开水流并阻隔水流，水流对路基边坡的动静水压力相对于泥石流冲击作用甚微，则水压力作用忽略不计，由此，受力包括：不稳定体重力 W，

6.2 路基缺口

泥石流冲击力 P，两滑动面上的切力 T_1、T_2 以及支撑力 N_1、N_2。

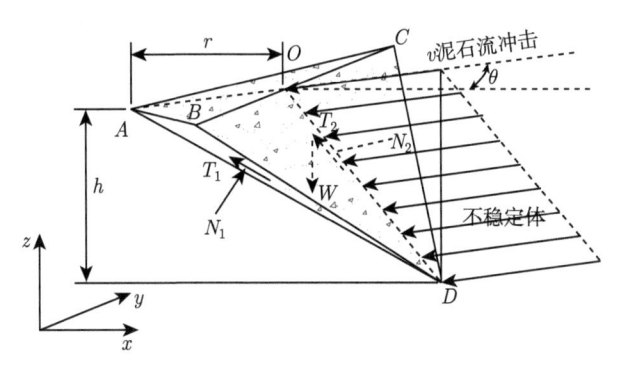

图 6.39 不稳定体的受力图

图中，$OB = OA = OC = r$，r 为破坏体的半径，速度与路基边坡横剖面的夹角为 θ，速度 v 与 θ 同 r 公式中的 v 与 θ，h 为路基填土高。

不稳定体重力 $W = V\rho g$，则有

$$W = \frac{\sqrt{2}}{6}(\sqrt{5}-1)^{\frac{3}{2}} r^2 h \rho g = 0.324 r^2 h \rho g \tag{6.60}$$

C. 泥石流浆体对路基的破坏机制

楔形体破坏按照立体问题分析，平面 ABD 和平面 ACD 的法向反力 R_A 和 R_B 如图 6.40 所示，图中 ξ 为楔形体的张角，θ 为楔形体张角的平分线与水平线的夹角。

(a) 垂直交线的剖面图　　(b) 沿交线的视图

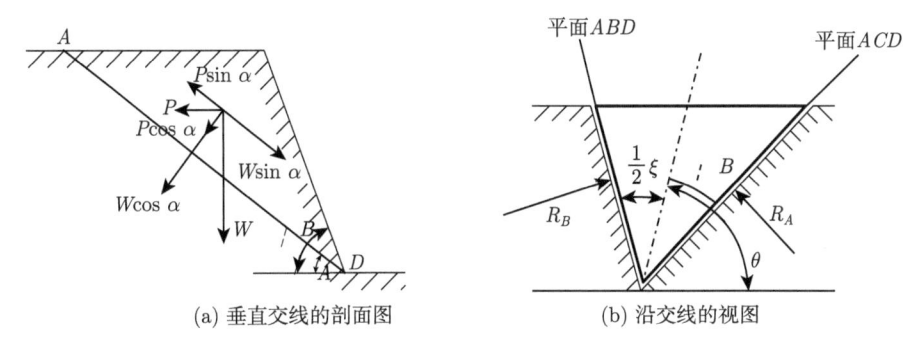

图 6.40 楔形体的平面受力图

在沿交线的视图上对力作水平方向和垂直方向的分解，有

$$R_A \sin\left(\theta - \frac{1}{2}\xi\right) = R_B \sin\left(\theta + \frac{1}{2}\xi\right) \tag{6.61}$$

$$R_A \cos\left(\theta - \frac{1}{2}\xi\right) = R_B \cos\left(\theta + \frac{1}{2}\xi\right) = W\cos\alpha + P\sin\alpha \tag{6.62}$$

$$R_A + R_B = (W\cos\alpha + P\sin\alpha)\frac{\sin\theta}{\sin\left(\frac{1}{2}\xi\right)} \tag{6.63}$$

滑动体沿两个面往上滑动破坏，潜在滑动面上的切力 T 为

$$T = P\cos\alpha - W\sin\alpha$$

抗剪强度 T_f 为

$$T_f = (W\cos\alpha + P\sin\alpha)\frac{\sin\theta}{\sin\left(\frac{1}{2}\xi\right)}\tan\varphi + c(\triangle ABC + \triangle ABD)$$

根据极限破坏时，$T = T_f$，有

$$P\cos\alpha - W\sin\alpha = (W\cos\alpha + P\sin\alpha)\frac{\sin\theta}{\sin\left(\frac{1}{2}\xi\right)}\tan\varphi + c(\triangle ABC + \triangle ABD) \tag{6.64}$$

将式 (6.60) 代入式 (6.64) 中，求解冲击力与 r 的破坏关系

$$r = \sqrt{\frac{P\cos\alpha\sin\left(\frac{1}{2}\xi\right) - P\sin\alpha\sin\theta\tan\varphi - \frac{1}{2}\mathrm{ch}(l_1 + l_2)}{\rho gh\left[\cos\alpha\sin\theta\tan\varphi + \sin\alpha\sin\left(\frac{1}{2}\xi\right)\right]}} \tag{6.65}$$

式中，r 为破坏半径，m；P 为泥石流浆体冲击力，$P = 0.2564\rho_f a_f h$，kN，这里 ρ_f 为泥石流液相浆体的密度，kg/m³，a_f 为泥石流液相浆体运动加速度，m/s²；ξ 为楔形体的张角，(°)；θ 为楔形体张角的平分线与水平线的夹角，(°)；φ 为路基土体的摩擦角，(°)；c 为路基土体的黏结力，kPa。

3) 泥石流中大块石冲击破坏路基

A. 大块石的冲击力

将大块石与路基都考虑为弹塑性体，得到路基在大块石的冲击作用下的冲击力。泥石流大块石的塑性变形的轴向最小冲击速度 $v_{y\min}$ 为

$$v_{y\min} = 3.6\frac{p_y^{\frac{5}{2}}R^{\frac{3}{3}}}{E^2\cos\theta} \tag{6.66}$$

6.2 路基缺口

当 $v > v_{y\min}$ 时,路基内没有塑性变形,近表面产生弹性变形,大块石的冲击力为

$$p_{\max} = \frac{3}{2\pi}\left(\frac{4E}{3R^{3/4}}\right)^{4/5}\left[\frac{5}{4}m(v\cos\theta)^2\right]^{1/5} \tag{6.67}$$

式中,$p_{\max}$ 为冲击过程中的最大压应力,kPa;E 为等效弹性模量,$\frac{1}{E} = \frac{1-\mu_1^2}{E_1} + \frac{1-\mu_2^2}{E_2}$,kPa,这里 E_1 和 μ_1 分别为大块石的弹性模量 (kPa) 和泊松比,E_2 和 μ_2 分别为路基的弹性模量 (kPa) 和泊松比;m 为等效质量,$\frac{1}{m} = \frac{1}{m_1} + \frac{1}{m_2}$,这里 m_1 和 m_2 分别为大块石和路基屈服区域的质量,kg;v 为大块石的冲击速度,m/s;θ 为大块石冲击速度与垂直于构筑物方向的夹角,(°)。

当 $v < v_{y\min}$ 时,路基会产生塑性变形,大块石的冲击力为

$$P = \frac{4}{3}ER^{\frac{1}{2}}\left[\frac{15m(v\cos\theta)^2}{16R^{\frac{1}{2}}E}\right]^{3/5} - 2\pi\int_0^{a_p}[p(r)-p_y]r\mathrm{d}r \tag{6.68}$$

式中,a_p 为塑性区的半径,m;$p(r)$ 为接触压应力,kPa;r 为两接触物体间接触点到物体内部点的距离,m;p_y 为接触屈服压应力,kPa。

式 (6.68) 中三个参数 p_y、$p(r)$、a_p 待定,根据式 (6.67) 和式 (6.68) 确定:

$$\begin{cases} p_y = 1.61^3\dfrac{\pi R(1-\mu^2)^2}{6E}\sigma_y^3 \\ \mu = 0.3 \end{cases} \tag{6.69}$$

$$p(r) = \frac{2ER^{\frac{1}{2}}}{\pi a^2}\left[\frac{15m(v\cos\theta)^2}{16R^{\frac{1}{2}}E}\right]^{\frac{3}{5}}\left[1-\left(\frac{r}{a}\right)^2\right]^{1/2} \tag{6.70}$$

$$a_p = \sqrt{R\left[\frac{15m(v\cos\theta)^2}{16R^{\frac{1}{2}}E}\right]^{\frac{2}{5}} - \left(\frac{p_y\pi R}{2E}\right)^2} \tag{6.71}$$

式中,产生变形后两物体完全接触部分为圆形,a 为其半径,m;其他符号含义同上。

B. 大块石冲击破坏机制

大块石定义为泥石流体中直径 1m 以上的固相颗粒,具有与泥石流液相相同的速度。建立坐标如图 6.41 所示,x、y、z 分别为路基的宽、长、高。设路基边坡法向量的方向角为 α、0 和 γ,路基边坡的法向量 $\boldsymbol{n} = (\cos\alpha, 0, \cos\gamma)$,设泥石流速度方向为 $\boldsymbol{v} = (\cos\alpha_1, \cos\beta_1, \cos\gamma_1)$,速度在路基边坡法线方向的投影为

$v_n = \boldsymbol{n} \times \boldsymbol{v}$。路基要破坏，则泥石流的速度 v 必须小于 $v_{y\min}$，冲击力公式采用式 (6.70)。根据何思明的大块石冲击建构筑物的塑性区半径公式 (6.71) 判定是否形成路基缺口，将两式中的 $v\cos\theta$ 换成 v_n 可以求解冲击力与塑性区半径，塑性区上边界必须达到图 6.41 中路基边坡上边界线 l 时才能形成路基缺口。大块石的冲击位置确定，如图 6.42 所示，冲击位置到路面的垂直高度为 h，速度作用位置为塑性区的球心位置，a_p 为塑性区半径，a_{ph} 为塑性区底部到球体高度为 h 处的水平面上的塑性区半径。

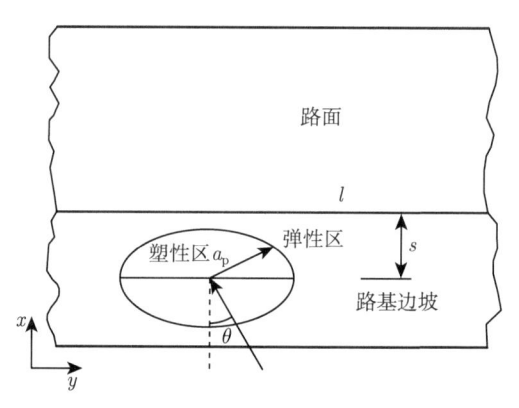

图 6.41 大块石冲击路基的塑性区顶视图

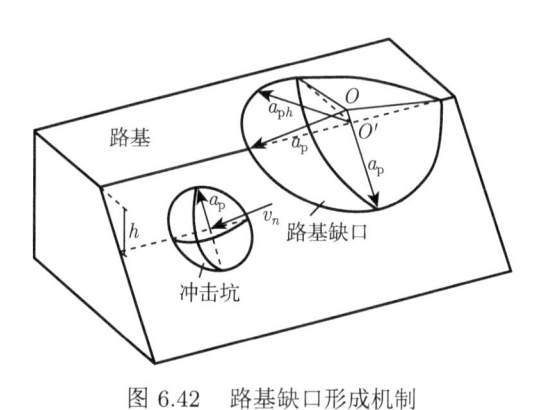

图 6.42 路基缺口形成机制

路基缺口的破坏机制为：

$h < \alpha_p \cos\gamma$，形成路基缺口，为球体被边坡面与路面切割形成的球体的一部分；

$h > \alpha_p \cos\gamma$，形成路基边坡冲击坑，冲击坑为以路基边坡为界的半球体。

这里，h 为冲击点到路面的垂直高度；γ 为法向量 $\boldsymbol{n}$ 的 z 方向上的方向角。

6.3 混凝土路面板悬空

6.3.1 钢筋混凝土路面板等效

截至 2023 年底，我国西南地区公路总里程约 127 万 km（四川 43.8 万 km、重庆 16.7 万 km、贵州 21 万 km、云南 32.9 万 km、西藏 12.32 万 km），约 40%路段属于沿河公路，多采用水泥混凝土路面形式。水泥混凝土面层设计通常采用普通混凝土，在某些特殊场合和部位，需考虑钢筋的配制。当普通混凝土面层纵向自由边缘下的基础薄弱，以及横缝为未设传力杆的平缝时，可在相应面层边缘的下部配制钢筋。根据使用经验，通常选用直径为 12~16mm 的螺纹钢筋，置于面层底面之上 1/4 厚度处。钢筋混凝土面层是指在混凝土面层内配制一定数量的纵横向钢筋，配筋的目的是把环境因素导致开裂的混凝土面层紧拉在一起，使裂面上的集料(aggregate)嵌锁以传递荷载，而不是增大抗弯强度。显然，钢筋混凝土面层相较于普通混凝土面层耐久性好，维护费用低，而相较于连续配筋混凝土面层配筋量少，施工简单；同时由于配筋增大了混凝土面层的长度，减少了接缝，因而改善了路面的使用品质。

钢筋混凝土悬空路面板是指在泥石流及洪水冲刷作用下沿河路基下部被掏蚀，其上的钢筋混凝土路面板悬空的一种水毁类型。其广泛分布于西部山区沿河公路中，近几年统计显示，此种水毁类型在四川、重庆、西藏、贵州、云南、甘肃分别发生 185 例、113 例、14 例、141 例、168 例、96 例。2007 年 7 月 2 日四川通江县特大洪灾中，省道 S302 线万阿路冲毁混凝土路面 1206m²，形成悬空路面板 560m²；省道 S201 线通宣路路基沉陷 3760m²，悬空路面板 72m²，该次洪灾导致逾千万元经济损失。该类型具有较强的隐蔽性，由于路面上的通行车辆不易觉察路面以下路基冲蚀情况，当重载车辆驶过悬空路面板时，容易导致悬空路面板断裂破坏，造成重大交通事故，使人民生命财产安全遭受巨大损失。

按照形态分类法，可将悬空路面板破坏模式分为平行悬空和角部悬空两种。平行悬空破坏模式是指弯曲河道凹岸受泥石流直冲时，带走大量路基土体，随着路基填料的掏蚀，路面板悬空部分从外侧逐渐向公路内侧推进，导致路面板悬空在长度方向发展很有优势，大多超过 10m，表现为平行悬空形式，在车辆荷载作用下出现悬空路面板断裂破坏现象。角部悬空破坏模式是指突变河道承受泥石流水平涡流掏蚀，带走大方量的路基土体，随着路基填料的掏蚀，路基在自重作用下纵向拉裂路面板形成位于路面板角部的水平圆柱体缺口。

两种破坏模式的核心均为路面板的断裂破坏问题，为了简化钢筋混凝土路面板的断裂破坏分析和相关数值模拟研究，可考虑将钢筋混凝土路面板等效为均质板。弹性模量是路面板的重要物理参数，求解等效均质板的弹性模量对后续悬空路面板断裂分析至关重要。在此背景下，本书尝试找出一种钢筋混凝土悬空路面板等效弹性模量的求解方法。针对悬空路面板典型公路水毁形式的弹性模量求解思路和方法，属于基础性科学研究，亦可为类似问题提供参考。

1. 复合材料力学研究方法

常规复合材料力学研究方法有两种，一种是宏观力学方法，另一种是细观力学方法。宏观力学方法从唯象学的观点出发，将复合材料当作均匀介质，视增强相和基体为一体，不考虑组分相的相互影响，仅考虑复合材料的平均表现性能。宏观力学方法应用于复合材料强度准则、弹塑性变形、损伤破坏等方面的研究，取得了大量研究成果。但是宏观力学方法无法揭示复合材料细观特征对其性能和损坏规律的影响，无法得到与增强相尺寸同一量级的细观尺度上的细观应力、应变场，因而也就难以对复合材料构件的损伤、断裂等行为进行深入的定量研究。而细观力学方法却为这些问题的解决提供了新的方法和途径，因此随着复合材料研究的深入，复合材料细观力学方法得到了越来越多的重视和应用。

复合材料细观力学的核心任务是建立宏观性能同其组分性能及细观结构之间的定量关系，并揭示复合材料结构在一定工况下的响应规律及其本质，为复合材料的优化设计、性能评价提供必要的理论依据及手段。对于复合材料而言，其组分材料、含量、细观结构等参数稍有变化，则将得到不同宏观性能的材料，因此，试图通过试验测得所有材料组合的综合性能是不现实的。

2. 混凝土弹性模量预测模型

混凝土是一种多相复合材料，严格来说，其包含了至少七个相，即粗骨料、细骨料、未水化的水泥颗粒、水泥凝胶颗粒、凝胶孔、毛细管空腔，以及拌制过程中引进的气体。而对于钢筋混凝土而言，组成相相互作用更加复杂。这些组成相自身的力学性质以及相与相之间黏结面的咬合程度势必对混凝土的弹性模量有不同程度的影响，工程中往往需要对混凝土的弹性模量进行预测，因此，有必要对混凝土弹性模量的细观力学分析方法进行讨论。

1) 混合率模型

传统的细观力学模型通常是引入代表性体积元或单胞的概念，在每一代表性体积元内，各组分材料分布的概率特性是相同的。

最简单的细观力学模型是基于 Voight 的等应变假设 (并联模型) 以及基于 Reuss 的等应力假设 (串联模型) 而得到的混合率模型。基于 Voight 假设的并联模型是

$$P = P_1 f_1 + P_2 f_2 \tag{6.72}$$

式中，P 为材料性质；f 是体积分数；下标 1、2 分别代表各组分材料。

6.3 混凝土路面板悬空

基于 Reuss 假设的串联模型是

$$\frac{1}{P} = \frac{f_1}{P_1} + \frac{f_2}{P_2} \tag{6.73}$$

以上两个模型都没有考虑组分材料之间的相互作用，由于它们比较简单，使用方便，因此在复合材料中得到广泛应用。

对于混凝土的研究，往往将其视为二相复合材料以简化其细观力学分析。将粗骨料视为粒子相，砂浆为基体相；或者将粗细骨料视为粒子相，水泥净浆为基体相。由此便可利用二相分布模型进行弹性模量的细观分析，推导出二相复合材料的弹性模量及各相体积率与自身弹性模量之间的函数关系。其中串、并联模型就是混合率模型在混凝土复合材料上的典型应用，实质是将混凝土二相进行排列组合，如图 6.43 所示。

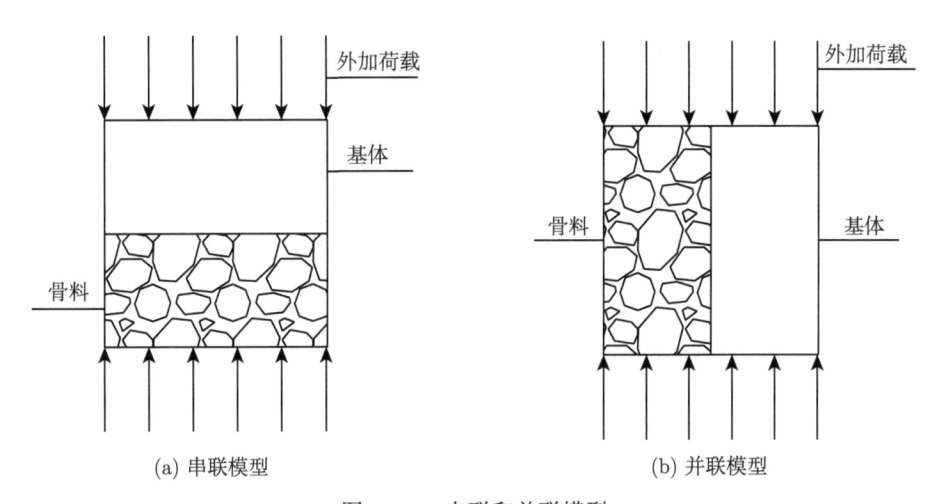

图 6.43 串联和并联模型

2) 钢筋混凝土悬空路面板弹性模量预估

钢筋混凝土路面板属于典型的复合材料，在有限元数值模拟和路面板断裂问题分析中，常需要对路面板做近似处理，将钢筋混凝土路面板视为等效均质板，以简化分析和计算量。弹性模量是路面板的重要物理参数，对钢筋混凝土路面板通过合理假定，计算出等效弹性模量作为等效均质板的弹性模量，是实现复合材料路面板均质化的一种手段。

在钢筋混凝土等效模量的分析中，如果直接套用混合率公式，则对于并联模型，由式 (6.72) 可知，钢筋的体积相对于混凝土的体积很小，使得钢筋对等效弹性模量的贡献较小，低估了钢筋的作用，这与实际工程中加入钢筋后混凝土性能提高这一事实不相符；对于串联模型，由式 (6.73) 可知，钢筋的贡献将会过大，高估了钢筋的作用。

对于钢筋混凝土悬空路面板,在板自重和车辆荷载作用下,其上部受拉,下部受压。由于混凝土抗拉强度较低,在这种受力状况下,裂缝易在板面顶部形成,裂缝的扩展一般从面层顶部向面层底部进行。

由前面的分析,对于钢筋混凝土复合材料,尝试从受力机制角度出发,结合裂纹发展规律探讨钢筋混凝土悬空路面板等效弹性模量的求解方法。对于悬空路面板,在车辆荷载作用下,裂缝由面层顶部向面层底部发展过程中,受到钢筋阻裂作用,实质是钢筋对集料的约束作用,表现为集料间咬合力增强,从而延缓裂纹向底部的发展,其宏观表现为钢筋混凝土路面耐久性的增加,裂纹位置如图 6.44(a) 所示,路面板长 × 宽 × 高以 $b \times l \times h$ 表示。截取图 6.44(a) 中虚线框部分,得

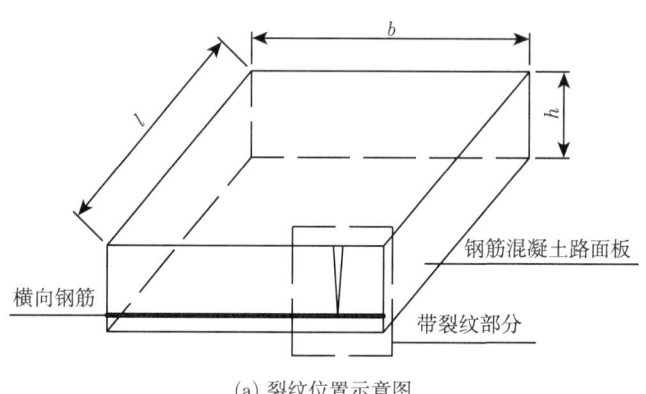

(a) 裂纹位置示意图

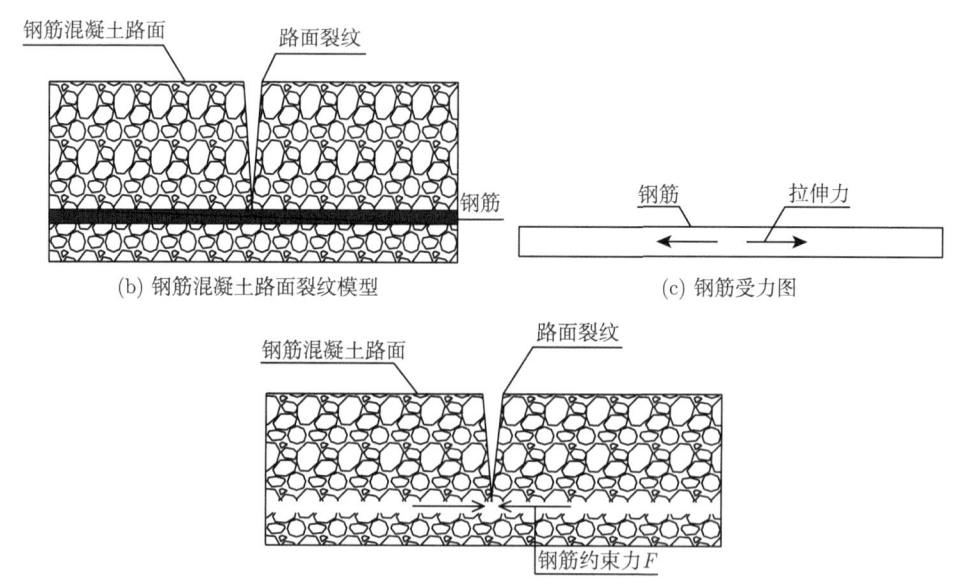

(b) 钢筋混凝土路面裂纹模型

(c) 钢筋受力图

(d) 裂纹受力模型

图 6.44 钢筋混凝土路面受力模式图

6.3 混凝土路面板悬空

到裂纹模型细部结构 (图 6.44(b))。裂纹扩展过程中，集料向两边延展，对钢筋具有拉伸作用，钢筋受到的拉伸力如图 6.44(c) 所示。同时，根据作用力与反作用力的原理，钢筋对混凝土集料具有反作用力，即钢筋对集料的约束力，如图 6.44(d) 所示。

A. 并串联体等效弹性模量预估

根据裂纹受力模式，按照裂纹发展阶段进行划分，考虑钢筋阻裂作用对钢筋以下混凝土有效，即钢筋的加入可以保护钢筋以下的混凝土，按保护效果分为钢筋以上混凝土部分和钢筋以下混凝土部分，基于此，可构建考虑钢筋阻裂效应的等效混凝土路面组合模型。

当集料用量较少时，沿路面板长度方向集料被砂浆隔断，在竖直方向与砂浆呈并联模型，分担外荷载，竖向应变相同，然后考虑钢筋对下部混凝土的保护作用，将下部混凝土的体积分数赋予钢筋，增大钢筋与并联模型进行串联后的体积分数，其目的是增加钢筋对等效弹性模量的贡献程度，模型如图 6.45 所示。

图 6.45　三维并串联体结合模型

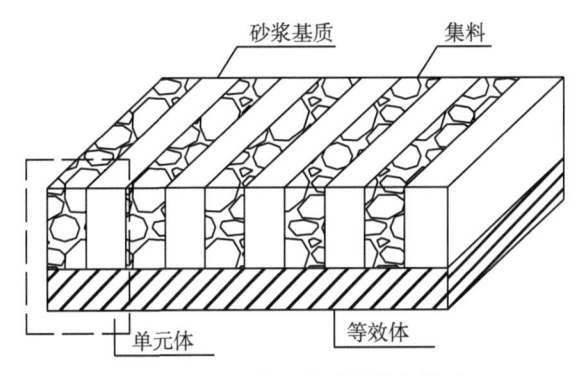

从图 6.45 三维并串联体结合模型中提取单元体进行分析，如图 6.46 所示，利用并联模型公式计算集料与砂浆基质并联混合体的混合弹性模量 E_{am}。

$$E_{am} = f_a E_a + f_m E_m \tag{6.74}$$

式中，f_a 和 f_m 分别表示集料和砂浆基质的体积分数；E_a 和 E_m 分别表示集料和砂浆基质的弹性模量。

利用串联模型公式计算等效体与并联混合体的等效弹性模量 E_e。

$$\frac{1}{E_e} = \frac{f_{am}}{E_{am}} + \frac{f_s}{E_s} \tag{6.75}$$

式中，f_{am} 和 f_s 分别表示并联混合体和钢筋的体积分数；E_{am} 和 E_s 分别表示并联混合体和钢筋的弹性模量。

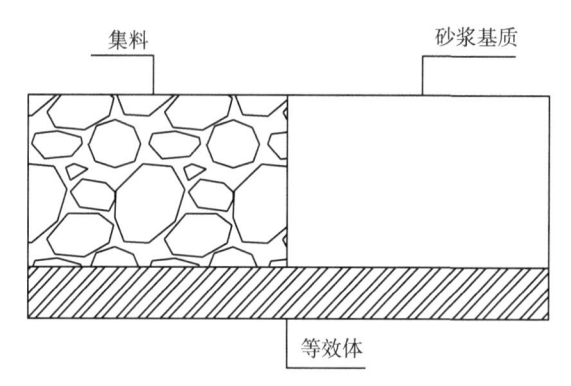

图 6.46 并串联体结合模型单元体

三种材料体积分数存在如下关系式：

$$f_{\mathrm{am}} = 1 - f_{\mathrm{s}} \tag{6.76}$$

将式 (6.74)、式 (6.76) 代入式 (6.75) 中，化简整理得

$$E_{\mathrm{e}} = \left(\frac{1-f_{\mathrm{s}}}{f_{\mathrm{a}}E_{\mathrm{a}} + f_{\mathrm{m}}E_{\mathrm{m}}} + \frac{f_{\mathrm{s}}}{E_{\mathrm{s}}} \right)^{-1} \tag{6.77}$$

B. 串联体等效弹性模量预估

当集料用量较大时，集料沿路面板长度方向连续，仍考虑将钢筋下部混凝土体积赋予钢筋，3 种材料在竖向叠放，各截面竖向受力相同，应变不同，则构成串联体结合模型，如图 6.47 所示。从三维串联体结合模型中提取单元体进行分析，如图 6.48 所示，先利用串联公式计算集料和砂浆基质串联混合体弹性模量 E_{am}。

$$E_{\mathrm{am}} = \left(\frac{f_{\mathrm{a}}}{E_{\mathrm{a}}} + \frac{f_{\mathrm{m}}}{E_{\mathrm{m}}} \right)^{-1} \tag{6.78}$$

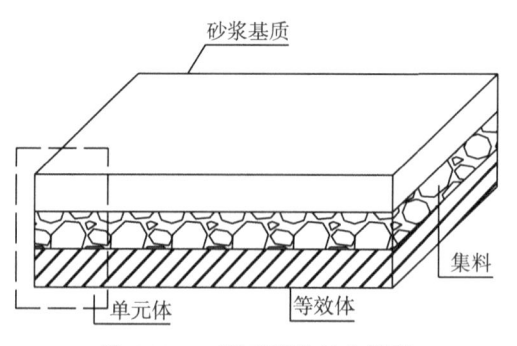

图 6.47 三维串联体结合模型

6.3 混凝土路面板悬空

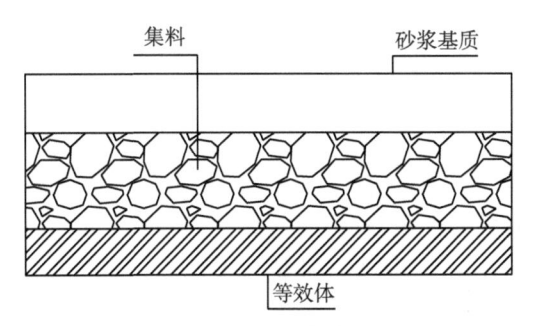

图 6.48 串联体模型单元体

再利用串联公式计算串联混合体与等效体的等效弹性模量 E_e。

$$E_\mathrm{e} = \left(\frac{f_\mathrm{am}}{E_\mathrm{am}} + \frac{f_\mathrm{s}}{E_\mathrm{s}}\right)^{-1} \tag{6.79}$$

将式 (6.76)、式 (6.78) 代入式 (6.79)，化简整理得

$$E_\mathrm{e} = \left[(1-f_\mathrm{s})\left(\frac{f_\mathrm{a}}{E_\mathrm{a}} + \frac{f_\mathrm{m}}{E_\mathrm{m}}\right) + \frac{f_\mathrm{s}}{E_\mathrm{s}}\right]^{-1} \tag{6.80}$$

算例分析

考察两种等效弹性模量预测模型与试验数据的对比情况。钢筋混凝土材料各组分体积参数、物理参数如表 6.7 所示，试验结果对比如表 6.8 所示。可见：① 当骨料弹性模量较小时，并串联结合模型预测值比弹性模量测量值偏小，且基本控制在 10% 范围内；② 当骨料弹性模量较大时，串联体模型预测值比弹性模量测量值偏大，且基本控制在 10% 范围内。可以看出，两种模型预测公式在一定范围内与实际情况能够较好地符合。

表 6.7　钢筋混凝土材料各组分参数

模型	骨料体积分数	砂浆基质体积分数	钢筋下部混凝土体积分数	砂浆基质弹性模量/GPa
并串联模型	0.5	0.4	0.1	40.8
三相串联模型	0.4	0.5	0.1	40.8

表 6.8　两种等效模型预测值与测量值比较

骨料材质	骨料弹性模量 E_a/GPa	弹性模量测量值① E_c/GPa	并串联结合模型预测值② E_c/GPa	三相串联模型预测值③ E_c/GPa	相对误差 (②−①)/①	相对误差 (③−①)/①
膨胀土	5.2	18.6	19.7	18.7	5.91%	0.54%
烧结粉煤灰	18.2	30.2	26.9	45.0	−10.93%	49.01%
石灰石	56.0	49.5	46.9	72.6	−5.25%	46.67%
砾石	54.0	51.3	45.9	71.8	−10.53%	39.96%
玻璃	79.0	52.8	55.2	77.7	4.55%	47.16%
钢	210.0	69.9	119.8	92.6	71.39%	32.47%

3. 等效弹性模量变化特性

1) 等效弹性模量随骨料弹性模量变化特性

参考表 6.8 中已知有限的弹性模量测量值，利用 MATLAB 软件，采用厄米 (Hermite) 方法进行插值运算，求得弹性模量测量值、并串联结合模型预测值、串联体模型预测值随骨料弹性模量变化规律，如图 6.49 所示。可见：① 骨料弹性模量小于 60GPa 时，并串联模型预测值比弹性模量测量值小；② 骨料弹性模量大于 60GPa 时，并串联模型预测值线性递增，比弹性模量测量值大，且偏差越来越明显；③ 串联体模型预测值和弹性模量测量值趋势符合较好，略大于弹性模量测量值。

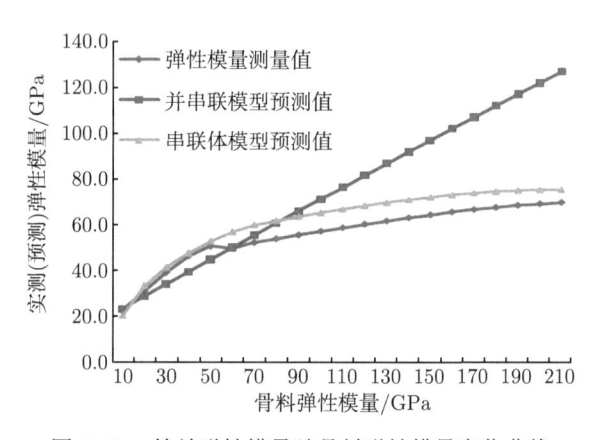

图 6.49 等效弹性模量随骨料弹性模量变化曲线

2) 钢筋混凝土等效弹性模量计算公式优化

将前面两种模式下的公式优化，以便与实际测量值更好地符合。对于骨料弹性模量小于 60GPa 的情况，取两种公式的平均值得出新的预测公式，也可以根据两种模式预测公式与实际测量值的符合程度，采取加权的方式进行处理。比如，串联体模型更加接近实测值，则选取较大的加权系数，可选取 0.6~0.9；对于并串联模型公式，选取 0.1~0.4 的加权系数进行调整，将二者组合可得新的预测公式。对于骨料弹性模量大于 60GPa 的情况，并串联公式不再适用，而串联体模型公式预测值也仅仅是趋势上的吻合，预测值普遍高于测量值，采用折减系数 (0.7~0.9) 对原公式进行调整。实际情况下，骨料的弹性模量不会太大，因此骨料弹性模量小于 60GPa 的情况可能会更多地出现，运用也相对频繁。

3) 等效弹性模量随钢筋下部混凝土体积分数的变化

根据钢筋阻裂的力学分析，结合钢筋对下部混凝土保护作用的猜想，将钢筋下部混凝土体积分数作为预测公式中的一项重要参考因素，需要对其取值进行研

6.3 混凝土路面板悬空

究，才能得到信服的结果，进而较好地在工程中使用。为此，对两种模式下钢筋混凝土体积分数的合理取值进行探究。参考表 6.8 提供的数据，通过改变钢筋下部混凝土的体积分数，计算对应的等效弹性模量预测值，与测量值进行对比，得出相对误差，绘制误差变化情况 (图 6.50)。可见，对于并串联模式，可知：随着体积分数的增加，膨胀土的相对误差先增大后减小再增大，最小相对误差在体积分数为 0.2 时取得；烧结粉煤灰土的相对误差先减小后增大再减小，最小相对误差在体积分数为 0.12 时取得；石灰石的相对误差一直增大；砾石的相对误差一直增大；玻璃的相对误差一直减小。从整个误差分布看，除膨胀土外，体积分数在 0.1 ~ 0.16 时能确保大多数点的误差落在 ±10% 以内，可为今后选择钢筋下部混凝土体积分数提供依据。对于串联体模式，可知：随着体积分数的增加，膨胀土的相对误差一直减小，最小相对误差在体积分数为 0.24 时取得；烧结粉煤灰、石灰石、砾石、玻璃的相对误差均按照先减小后增大的规律，最小相对误差均在体积分数为 0.4 时取得。从整个误差分布看，除膨胀土外，体积分数在 0.1 以下时能确保大多数点的误差控制在 ±10% 以内，可为今后选择钢筋下部混凝土体积分数提供依据。

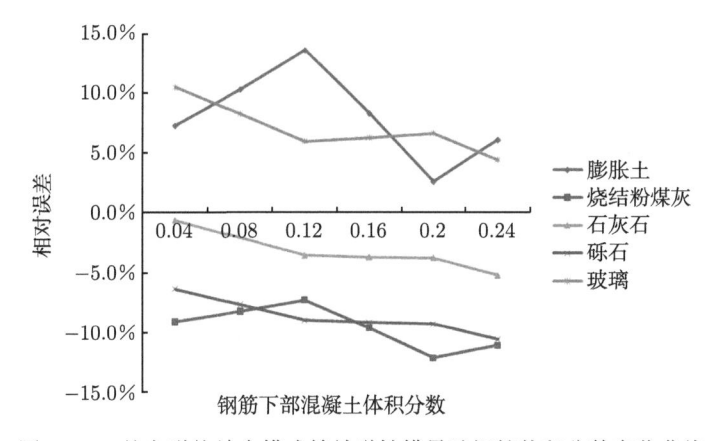

图 6.50 并串联体结合模式等效弹性模量随钢筋体积分数变化曲线

6.3.2 平行悬空路面板断裂破坏机制

路基掏空是山区沿河公路水毁中的一种泛生性现象，路面板底悬空加快了路面板开裂和断板过程，使得路面使用性能迅速下降，使用寿命迅速降低。路面出现悬空后，板内荷载应力比依据现行设计方法得出的荷载应力要大，路面板下悬空面积越大，荷载应力越大，并且荷载应力的增大不一定是线性的。因此，路面板底悬空变化对板内荷载应力的影响将成为水泥路面结构设计的重要研究内容。

1. 水泥混凝土路面有限元模型

目前针对山区沿河公路悬空路面板尚没有一个标准的、公认的参考模型,也没有规范可依。《公路水泥混凝土路面设计规范》(JTG D40—2011,后文简称"规范")中的有限元模型为非悬空模型,因此,本书的论证思路可以表述为:首先建立一个非悬空有限元模型,如果这一模型的荷载应力解与规范采用的拟合公式解较为符合,则推断本书的有限元模型与规范采用的有限元模型符合较好。然后,就可以通过修改非悬空模型的边界条件,得到悬空路面板有限元模型,进而推测这样的悬空路面板有限元模型具有合理性,能够较好地符合实际情况。

对于有限尺寸的路面板,采用解析法计算行车荷载作用下路面板内荷载应力比较困难,目前只能在几个特殊位置有精确的解析解,因此,本书采用弹性地基上三维有限元方法求解水泥混凝土路面荷载应力。调查山区沿河公路水毁情况,按照弹性地基单层板模型建立非悬空路面结构模型,分析车辆荷载作用下的路面结构荷载应力,以验证模型计算精度。进一步在模型上改变悬空形式和悬空比,计算悬空路面的荷载应力。

1) 模型结构尺寸和材料参数

路面板和路基空间尺寸采用路面常用尺寸(表6.9),材料物理参数见表6.10。

表 6.9 混凝土路面板和路基尺寸

部位	厚度/cm						长度/cm	宽度/cm
混凝土路面板	22	24	26	28	30	32	500	400
路基	600						700	600

表 6.10 混凝土路面板材料物理参数

结构层	当量模量/MPa						泊松比	密度/(kg/m³)
混凝土路面板	30000						0.15	2500
路基	200	400	600	800	1000	1200	0.2	2000

路面板相对刚度半径计算采用下式:

$$r = 0.537 h_c \sqrt[3]{\frac{E_c}{E_t}} \tag{6.81}$$

式中,r 为路面板相对刚度半径,m;h_c 为路面板厚度,m;E_c 为路面板混凝土弹性模量,MPa;E_t 为路基弹性模量,MPa。

将表 6.9 和表 6.10 中相关数据代入式 (6.81),得到混凝土路面板相对刚度半径,计算结果见表 6.11。可见,路面板相对刚度半径变化范围在 0.345~0.913m,基本可以涵盖水泥路面板相对刚度半径常用变化范围。分析可知,路面板相对刚度半径随路基模量的增加而减小,随面板厚度的增加而增加。

6.3 混凝土路面板悬空

表 6.11　路面板相对刚度半径　　　　（单位：m）

路面板厚度/m	路基模量/MPa					
	200	400	600	800	1000	1200
0.22	0.628	0.498	0.435	0.395	0.367	0.345
0.24	0.685	0.544	0.475	0.431	0.400	0.377
0.26	0.742	0.589	0.514	0.467	0.434	0.408
0.28	0.799	0.634	0.554	0.503	0.467	0.440
0.3	0.856	0.679	0.593	0.539	0.501	0.471
0.32	0.913	0.725	0.633	0.575	0.534	0.502

2) 计算结果分析

根据规范，施加 BZZ-100 标准轴载于非悬空路面板临界荷位，有限元模型计算的荷载应力见表 6.12。

表 6.12　非悬空路面荷载应力有限元解　　　　（单位：MPa）

路面板厚度/m	路基模量/MPa					
	200	400	600	800	1000	1200
0.22	1.269	1.034	0.925	0.859	0.814	0.781
0.24	1.173	0.962	0.865	0.807	0.767	0.738
0.26	1.088	0.898	0.811	0.758	0.723	0.696
0.28	1.015	0.840	0.761	0.714	0.682	0.658
0.3	0.950	0.789	0.716	0.673	0.644	0.595
0.32	0.893	0.743	0.676	0.634	0.610	0.590

为验证有限元模型的合理性与计算的准确度，与规范推荐的荷载应力计算公式进行对比，式 (6.82) 中材料属性和结构尺寸与有限元模型相同。

$$\sigma_{\mathrm{ps}} = 1.47 \times 10^{-3} r^{0.7} h_{\mathrm{c}}^{-2} P_{\mathrm{s}}^{0.94} \tag{6.82}$$

式中，P_{s} 为标准设计轴载，取值 100kN。

将表 6.9 中路面板厚度 h_{c}、表 6.11 中路面板相对刚度半径 r 代入式 (6.82)，可得到规范推荐公式的荷载应力计算结果，见表 6.13。

表 6.13　非悬空路面荷载应力解析解　　　　（单位：MPa）

路面板厚度/m	路基模量/MPa					
	200	400	600	800	1000	1200
0.22	1.563	1.280	1.140	1.049	0.984	0.934
0.24	1.415	1.160	1.032	0.950	0.891	0.846
0.26	1.292	1.059	0.942	0.868	0.814	0.772
0.28	1.188	0.973	0.866	0.797	0.748	0.710
0.3	1.098	0.900	0.801	0.737	0.691	0.656
0.32	1.020	0.836	0.744	0.685	0.642	0.610

将规范推荐的荷载应力计算结果与有限元模型的计算结果进行比较，进而判断有限元模型的合理性。其对比结果见表 6.14。比较方法为：(有限元解−解析解)/解析解。可以看出，本书建立的非悬空有限元模型，其有限元解接近规范推荐的公式解，总体数值小于规范推荐的解析解。就一般趋势分析和影响因素探讨而言，可以满足要求。通过前面的比较可以发现，本书建立的非悬空有限元模型与规范采用的有限元模型符合较好，则后续建立的悬空有限元模型可以通过修改非悬空模型边界条件得到。

表 6.14 荷载应力有限元解与解析解的比较

路面板厚度/m	路基模量/MPa					
	200	400	600	800	1000	1200
0.22	−0.188	−0.192	−0.188	−0.181	−0.173	−0.164
0.24	−0.171	−0.171	−0.162	−0.151	−0.139	−0.127
0.26	−0.158	−0.152	−0.139	−0.126	−0.111	−0.099
0.28	−0.145	−0.137	−0.121	−0.105	−0.088	−0.073
0.3	−0.135	−0.123	−0.106	−0.087	−0.069	−0.093
0.32	−0.125	−0.111	−0.091	−0.074	−0.051	−0.032

2. 平行悬空路面板有限元分析[21]

1) 平行悬空路面板破坏模式特征

弯曲河道凹岸受泥石流直冲时，带走大量路基土体，随着路基填料的掏蚀，路面板悬空部分从外侧逐渐向公路内侧推进，导致路面板悬空在长度方向发展很有优势，大多超过 10m，在车辆荷载作用下出现悬空路面板断裂破坏现象。针对弯曲河道公路水毁破坏特征，可概化为水泥混凝土路面平行悬空破坏模式，如图 6.51 所示。

图 6.51 平行悬空混凝土路面板

6.3 混凝土路面板悬空

2) 平行悬空路面板模型图

在洪水冲刷作用下,将实物图概化为相应的模型图,取单块行车路面板为研究对象,按照弹性地基单层板模型建立平行悬空路面结构模型,如图 6.52 所示。平行悬空路面板模型的几何尺寸为:路基,7m×9.42m×6m ($L \times B \times H$);水泥混凝土路面板,5m×4m×0.3m ($l \times b \times h$)。定义悬空比 R 为水泥混凝土悬空面积 A_k 与水泥混凝土面板总面积 A 之比,图 6.52 所示为悬空比 $R = 0.2$ 时的情况。路面板所受荷载包括路面板自重和车辆荷载,图中黑色填充区域表示单轴-双轮车辆荷载位置 (简称荷位) A_1 (即车辆荷载作用于纵缝边缘时),其余两种车辆荷位在图中以字母表示 (纵缝中部 A_2 和板中 A_3)。

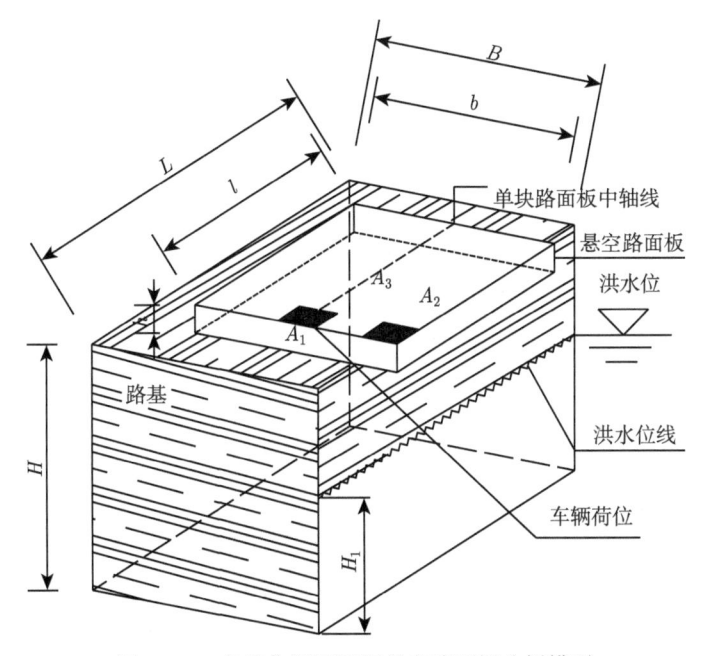

图 6.52 车载作用下平行悬空路面板分析模型

3) 平行悬空路面板有限元模型

为了简化模型建立过程,在建模前做如下假定。

(1) 沿河公路简化为近似均质弹性半空间体地基上的板。路基超宽对板中受荷的应力和弯沉影响较小,可忽略;面板纵缝中部受荷,只有临荷侧的基层超宽对应力和弯沉影响较大,其他三边影响均很小,可忽略;板角受荷时,与该角隅相对两边的路基超宽影响可忽略。

(2) 沿河公路路基竖向尺寸的设定,考虑不影响分析精度和便于有限元求解的原则而确定为 6m。当有限元路基厚度超过 3m 时,荷载应力随路基厚度变化很小,不影响计算精度。

(3) 各结构层假定为线弹性体且各向同性。

(4) 边界条件设定：层间水平、竖向位移连续，路基底部各向位移为零，路基侧面水平位移为零。

按照假定，采用 ANSYS10.0 有限元软件建立平行悬空路面板模型，以 solid95 单元模拟路基路面结构，模型竖直方向按照 0.5m 对单元进行划分，其中 0.3m 厚的路面板在厚度方向上单独划分为两段，水平面方向同样按照 0.5m 对单元进行划分，水平面上对荷载施加部分的网格划分按照 0.1m 进行加密，以提高计算精度。该模型共划分 13302 个单元、2836 个节点，其中对荷载施加部分的网格划分进行加密，以提高计算精度，有限元模型如图 6.53 所示。

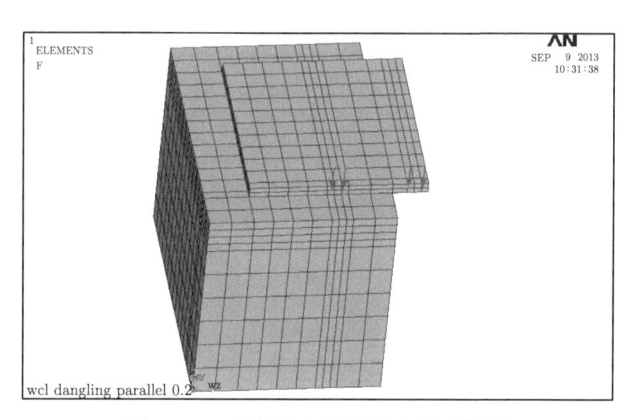

图 6.53　平行悬空路面板有限元模型

4) 车辆荷载及工况设计

A. 荷载的等效简化

以往力学分析采用圆形荷载计算层状体系应力，结合前人研究经验，将荷载作用形式简化为单轴-双轮矩形分布形式是合理的。图 6.54 中矩形区域表示车辆轮胎与路面板接触范围，与图 6.52 中阴影区域车辆荷位 A_1 相对应，行车方向箭头所示为沿路面板纵向行驶。

B. 行车荷位布置

水泥混凝土板底悬空位置不同，则最不利行车荷位亦不同。规范针对非悬空路面板推荐的最不利行车荷位在纵缝中部，对于悬空路面板并未给出最不利行车荷位。根据研究经验，可采用如图 6.55 所示的几种行车荷位布载方式，对角部悬空路面板最不利行车荷位进行探讨并对悬空路面在最不利行车荷位下的应力场、车辆荷载等因素进行研究。

图 6.55 为单块路面板俯视图，纵向长度以字母 l 表示，横向宽度以字母 b 表示。每块路面板沿宽度方向从右往左悬空，三种行车荷位即纵缝边缘荷位、纵缝

6.3 混凝土路面板悬空

中部荷位和板中荷位，分别以 A_1、A_2 和 A_3 表示。

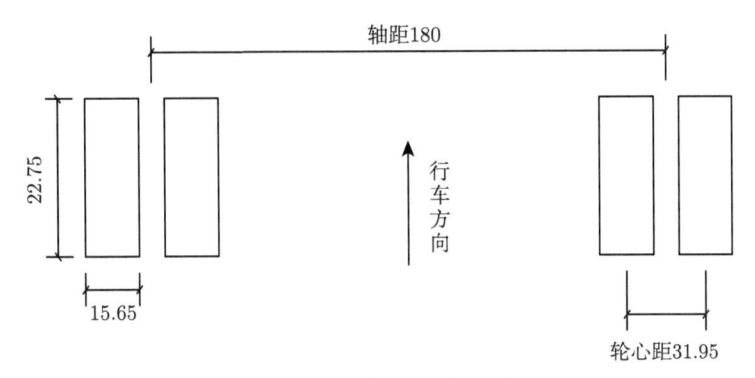

图 6.54 单轴-双轮荷载图 (单位：cm)

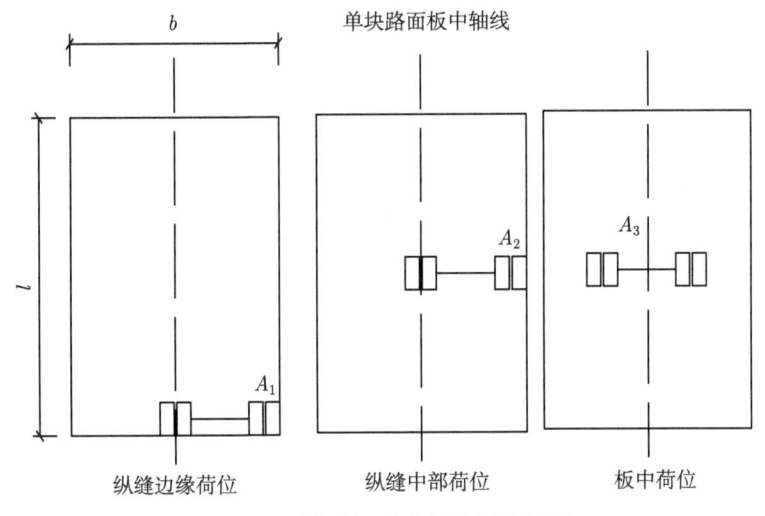

图 6.55 轴 (轮) 载作用位置俯视图

C. 物理参数与工况设计

按照各结构层为线弹性体的假设，材料参数如表 6.15 所示。本书主要针对水毁掏蚀的角部悬空形式，研究悬空比、轴载和行车荷位 3 个因素对水泥混凝土路面板荷载应力及其分布的影响规律。工况拟定中，悬空比采用 4 个水平，即 $R=0$（非悬空模型）、0.2、0.4 和 0.6；轴载采用 3 个水平，即 $V=100\text{kN}$、150kN 和 200kN；三种行车荷位如图 6.56 所示。

5) 标准荷载下路面板最不利行车荷位

目前规范中针对非悬空水泥混凝土路面板，提出的最不利行车荷位位于路面板纵缝中部，对于悬空路面板尚未提出相应的最不利荷位，因此这里对该问题进行探究，补充悬空路面板最不利荷位的结论。本书的研究中采用等效强度理论，认为只要最大拉应变达到材料拉伸断裂时的最大应变值，则材料断裂。于是，在 ANSYS10.0 通用后处理器中提取等效应力进行讨论。

表 6.15 平行悬空混凝土路面板材料参数表

结构层	弹性模量/MPa	泊松比	密度/(kg/m^3)
混凝土路面板	30000	0.15	2500
地基	1200	0.2	2000

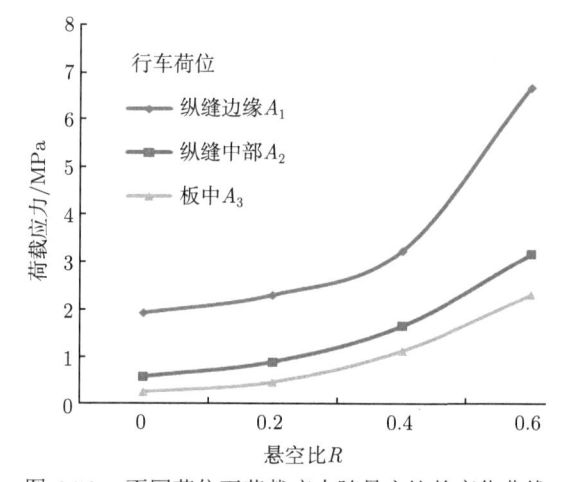

图 6.56 不同荷位下荷载应力随悬空比的变化曲线

标准轴载 $V = 100$kN 作用下，分析平行悬空路面最不利荷位，超载情况下，最不利行车荷位与之类似。平行悬空模型下，荷载应力随行车荷位变化规律如表 6.16 及图 6.56 所示。可见：

(1) 对于平行悬空路面板，在任一悬空比 R 下，行车荷位在纵缝边缘时，荷载应力值显著地大于其他行车荷位的情况，即平行悬空最不利行车荷位在纵缝边缘处；

(2) 对任一行车荷位，随着悬空比 R 的增加，荷载应力值增加，当 $R = 0.6$ 时，荷载应力值显著增加；

(3) 在最不利行车荷位 A_1 下，随着悬空比的增加，荷载应力相对于 $R = 0$ (即非悬空路面) 分别增加 19.5%、68.5%、247.6%，可以看出，按照规范推荐的混凝土路面设计强度无法保证在平行悬空模式下的行车安全；

(4) 对于悬空比 $R = 0$ 的非悬空模型，行车荷位在纵缝边缘 A_1 取得最大荷载应力值，这与规范推荐的临界荷位不同，出现这种情况的原因可能是实际情况下，路面板横缝之间设置传力杆，可以传递一部分行车荷载，因而最不利行车荷位不会出现在纵缝边缘角部，而该模型中并未考虑传力杆的连接传力作用，因此

6.3 混凝土路面板悬空

最不利行车荷位与规范有一定差异。

表 6.16 荷载应力随行车荷位的变化特性 (单位：MPa)

行车荷位	悬空比 R			
	0	0.2	0.4	0.6
纵缝边缘 A_1	1.921	2.295	3.237	6.677
纵缝中部 A_2	0.595	0.901	1.658	9.157
板中 A_3	0.262	0.472	1.134	9.307

6) 平行悬空拉应力分布规律

平行悬空时最不利荷位下，水泥混凝土路面板拉应力分布范围随悬空比的变化规律如图 6.57 所示。可见，随着悬空比的增加，拉应力区范围扩大，当 $R=0.4$ 时，拉应力分布区占整个路面板面积一半以上，当 $R=0.6$ 时，整个路面板几乎全部分布着拉应力区，极易导致路面板开裂和断板。特别在 $R=0.6$ 时，应禁止车辆通行。

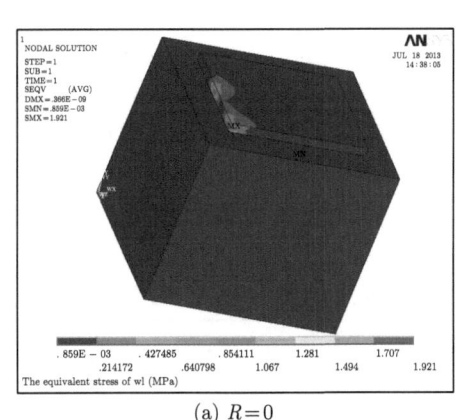

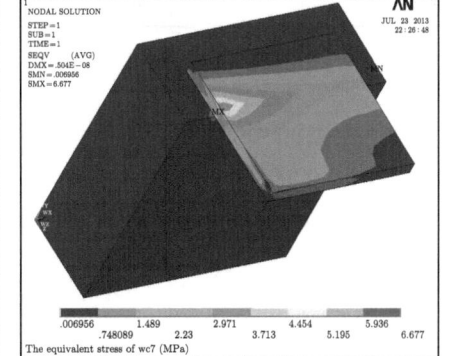

(a) $R=0$

(b) $R=0.2$

(c) $R=0.4$

(d) $R=0.6$

图 6.57 平行悬空混凝土路面板模拟拉应力云图

7) 不同车辆轴载下路面板应力变化

规范中给出了标准轴载作用下非悬空混凝土路面板拉应力计算方法,对于超重车辆轴载以及悬空路面板形式尚未给出设计依据。因此,这里在最不利行车荷位 A_1 时,探究轴载变化对平行悬空混凝土路面板荷载应力影响规律。

不同轴载下荷载应力随悬空比的变化规律如表 6.17 及图 6.58 所示。可以看出:

(1) 同一车辆轴载下,随着悬空比 R 的增加,荷载应力增加,当 $R > 0.4$ 时荷载应力显著增加。

(2) 在同一悬空比下,随着轴载增加,荷载应力增加。$R = 0$ 时,随着轴载增加,荷载应力值分别增加 48.3%、96.6%;$R = 0.2$ 时,增加比例为 45.6% 和 91.2%;$R = 0.4$ 时,增加比例为 39.7% 和 79.4%;$R = 0.6$ 时,增加比例为 36.8% 和 73.6%。可见超载导致非悬空路面和平行悬空路面荷载应力的增长比较显著。

(3) 在最不利荷位 A_1 下一定悬空比范围内,路面板内荷载应力与悬空比近似服从线性正相关,在悬空路面荷载应力计算中,考虑了悬空比因素,为拟合新的荷载应力计算公式提供了依据。

(4) 悬空比 $R = 0.6$ 时,荷载应力值陡增,实际情况下路面板可能在自重作用下已经垮落。而本模型的层间条件设置中,将路面板和路基的连接设置为连续接触,这是一种理想的假设,实际中可能出现层间滑移、黏结不牢等现象。连续接触使得路面板和路基共同承受车辆荷载的能力增强,会导致路面板内有限元计

表 6.17　不同轴载下荷载应力随悬空比的变化规律　(单位:MPa)

车辆轴载/kN	悬空比 R			
	0	0.2	0.4	0.6
100	1.921	2.295	3.237	6.677
150	2.849	3.342	4.522	9.134
200	3.777	4.389	5.808	11.592

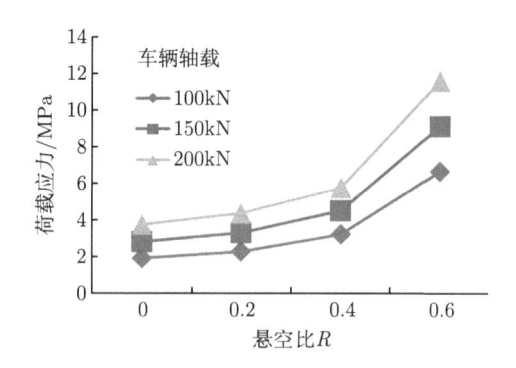

图 6.58　不同轴载下荷载应力随悬空比的变化规律

算的荷载应力值比实际情况偏大,而实际中可能未达到有限元计算值就发生破坏。因此,不再讨论悬空比大于 0.6 的情况,且以后对悬空比的讨论控制在 0.6 以内。

3. 基于断裂力学的平行悬空混凝土路面板的极限承载力

平板断裂问题广泛存在于土木工程中,目前常采用断裂力学来分析混凝土这一脆性材料的断裂特性,一般需对其应力强度因子大小和裂缝端口张开位移发展进行研究。

1) 薄板弯曲简介

对地基支承上的水泥混凝土路面,宜采用薄板理论。在弹性力学里,两个平行面和垂直于这两个平行面的柱面或棱柱面所围成的物体,称为平板,或简称为板,如图 6.59 所示。这两个平行面称为板面,而这个柱面或棱柱面称为侧面或板边。两个板面之间的距离 δ 称为板的厚度,而平分厚度 δ 的平面称为板的中间平面,或简称为中面。如果板的厚度 δ 远小于中面的最小尺寸 b,这个板就称为薄板,否则称为厚板。

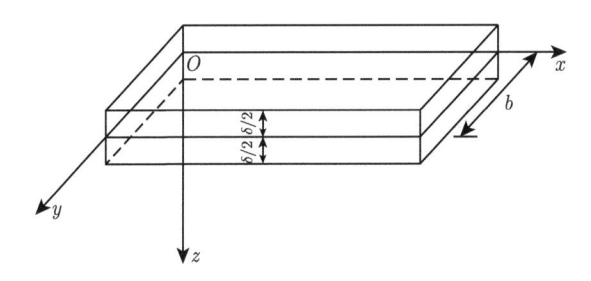

图 6.59 薄板示意图

薄板理论一般是指小挠度薄板,这种板在荷载下的挠度 ω 与板厚 δ 相比是一个微小量 ($\omega \ll \delta$),此时板的刚度较大,在弯曲时中间面上的横向应力很小,为简化理论可忽略不计,即假设板在弯曲时中间面没有横向变形和应力,成为一个中性曲面。对一般行驶汽车的道路路面,都属于小挠度薄板的范畴。

当薄板受有一般荷载时,总可以把每个荷载分解为两个分荷载,一个是平行于中面的所谓纵向荷载,另一个是垂直于中面的所谓横向荷载。对于纵向荷载,可以认为它们沿薄板厚度均匀分布,因而它们所引起的应力、形变和位移,可以按平面应力问题进行计算。横向荷载将使薄板弯曲,它们所引起的应力、形变和位移,可以按照薄板弯曲问题进行计算,薄板弯曲问题属于空间问题。

当薄板弯曲时,中面所弯成的曲面,称为薄板弹性曲面,而中面内各点在垂直于中面方向的位移,称为挠度。取薄板的中面为 xy 面,如图 6.59 所示。为了简化空间问题的基本方程,弹性力学中作出如下假定:

(1) 垂直于中面方向的线应变,即 ε_z,可以不计;

(2) 应力分量 τ_{xz}、τ_{yz} 和 σ_z 远小于其余三个应力分量, 因而是次要的, 它们所引起的形变可以不计;

(3) 薄板中面内的各点都没有平行于中面的位移。

薄板的小挠度弯曲问题是按位移求解的, 只取挠度 $\omega = \omega(x,y)$ 作为基本未知函数。最终可以得到用挠度表示的应力, 见式 (6.83), 以及薄板的弹性曲面微分方程, 或称挠曲微分方程, 见式 (6.84)。

$$\begin{aligned}
\sigma_x &= -\frac{Ez}{1-\mu^2}\left(\frac{\partial^2 \omega}{\partial x^2} + \mu\frac{\partial^2 \omega}{\partial y^2}\right) \\
\sigma_y &= -\frac{Ez}{1-\mu^2}\left(\frac{\partial^2 \omega}{\partial y^2} + \mu\frac{\partial^2 \omega}{\partial x^2}\right) \\
\tau_{xy} &= \tau_{yx} = -\frac{Ez}{1-\mu^2}\frac{\partial^2 \omega}{\partial x \partial y} \\
\tau_{zx} &= \frac{E}{2(1-\mu^2)}\left(z^2 - \frac{\delta^2}{4}\right)\frac{\partial}{\partial x}\nabla^2 \omega \\
\tau_{zy} &= \frac{E}{2(1-\mu^2)}\left(z^2 - \frac{\delta^2}{4}\right)\frac{\partial}{\partial y}\nabla^2 \omega \\
\sigma_z &= -\frac{E\delta^3}{6(1-\mu^2)}\left(\frac{1}{2} - \frac{z}{\delta}\right)^2\left(1 + \frac{z}{\delta}\right)\nabla^4 \omega
\end{aligned} \quad (6.83)$$

$$D_{刚}\nabla^4 \omega = q \quad (6.84)$$

式中, $D_{刚}$ 为薄板的弯曲刚度, 表达式见式 (6.85); q 为薄板每单位面积内的横向荷载, 包括横向面力及横向体力; E、μ 分别为薄板的弹性模量、泊松比。

$$D_{刚} = \frac{E\delta^3}{12(1-\mu^2)} \quad (6.85)$$

薄板横截面上的内力, 称为薄板内力, 是指薄板横截面的单位宽度上由应力合成的主矢量和主矩。由于板是按照内力来设计的, 因此需要求出内力。又由于在板的侧面上, 通常很难使应力分量精确地满足应力边界条件, 但板的侧面是板的次要边界, 可应用圣维南原理, 用内力的边界条件来代替应力的边界条件。

为了求出薄板横截面上的内力, 从薄板内取出一个平行六面体, 它的三边长度分别为 $\mathrm{d}x$、$\mathrm{d}y$ 和板的厚度 δ, 如图 6.60 所示。薄板所有内力的正方向如图 6.61 所示。

通过对横截面上应力分量沿面板厚度方向积分, 可以得到各横截面上内力表达式:

6.3 混凝土路面板悬空

$$M_x = -D_{刚}\left(\frac{\partial^2 \omega}{\partial x^2} + \mu \frac{\partial^2 \omega}{\partial y^2}\right), \quad M_y = -D_{刚}\left(\frac{\partial^2 \omega}{\partial y^2} + \mu \frac{\partial^2 \omega}{\partial x^2}\right)$$

$$M_{xy} = M_{yx} = -D_{刚}(1-\mu)\frac{\partial^2 \omega}{\partial x \partial y} \tag{6.86}$$

$$F_{sx} = -D_{刚}\frac{\partial}{\partial x}\nabla^2 \omega, \quad F_{sy} = -D_{刚}\frac{\partial}{\partial y}\nabla^2 \omega$$

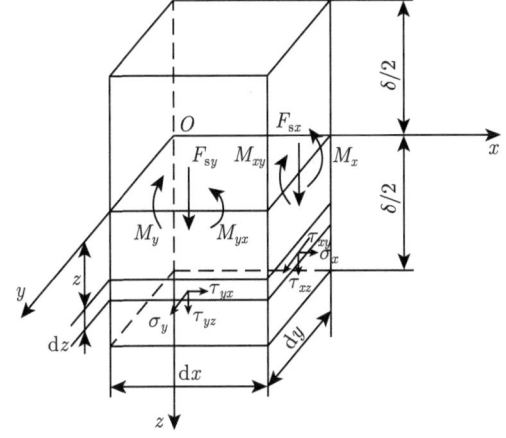

图 6.60 薄板横截面内力示意图

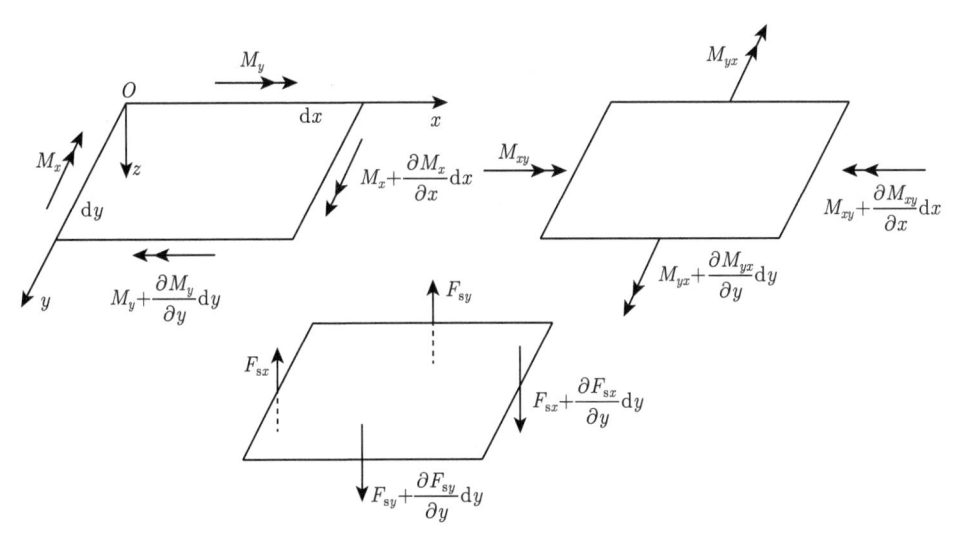

图 6.61 薄板内力正方向图示

利用式 (6.83) 和式 (6.86)，消去 ω，可以得出各应力分量与弯矩、扭矩、横向剪力或荷载之间的关系：

$$\sigma_x = \frac{12M_x}{\delta^3}z, \quad \sigma_y = \frac{12M_y}{\delta^3}z$$

$$\tau_{xy} = \tau_{yx} = \frac{12M_{xy}}{\delta^3}z$$

$$\tau_{xz} = \frac{6F_{sx}}{\delta^3}\left(\frac{\delta^2}{4} - z^2\right), \quad \tau_{yz} = \frac{6F_{sy}}{\delta^3}\left(\frac{\delta^2}{4} - z^2\right) \tag{6.87}$$

$$\sigma_z = -2q\left(\frac{1}{2} - \frac{z}{\delta}\right)^2\left(1 + \frac{z}{\delta}\right)$$

沿着板的厚度, 应力分量 σ_x、σ_y、τ_{xy} 的最大值发生在板面, τ_{xz} 和 τ_{yz} 的最大值发生在中面, 而 σ_z 的最大值发生在板的上面, 各个最大值如式 (6.88) 所示:

$$(\sigma_x)_{z=\frac{\delta}{2}} = -(\sigma_x)_{z=-\frac{\delta}{2}} = \frac{6M_x}{\delta^2}$$

$$(\sigma_y)_{z=\frac{\delta}{2}} = -(\sigma_y)_{z=-\frac{\delta}{2}} = \frac{6M_y}{\delta^2}$$

$$(\tau_{xy})_{z=\frac{\delta}{2}} = -(\tau_{xy})_{z=-\frac{\delta}{2}} = \frac{6M_{xy}}{\delta^2} \tag{6.88}$$

$$(\tau_{zx})_{z=0} = \frac{3F_{sx}}{2\delta}, \quad (\tau_{zy})_{z=0} = \frac{3F_{sy}}{2\delta}$$

$$(\sigma_z)_{z=-\frac{\delta}{2}} = -q$$

正应力 σ_x 和 σ_y 分别与弯矩 M_x 及 M_y 成正比, 因而称为弯应力; 切应力 τ_{xy} 与扭矩 M_{xy} 成正比, 因而称为扭应力; 切应力 τ_{xz} 及 τ_{yz} 分别与横向剪力 F_{sx} 及 F_{sy} 成正比, 因而称为横向切应力; 正应力 σ_z 与荷载 q 成正比, 称为挤压应力。

由弹性力学知识可知, 在薄板弯曲问题中, 弯应力和扭应力在数值上最大, 因而是主要的应力; 横向切应力在数值上较小, 是次要应力; 挤压应力在数值上更小, 是更次要的应力。因此, 在计算薄板的内力时, 主要计算弯矩和扭矩, 横向剪应力一般都无须计算。

2) 弹性地基上薄板分析

当板置于弹性地基上并与之共同工作时, 给出两个假设: ① 在变形过程中, 板与地基的接触面始终是吻合的, 即板底面与地基表面的垂直位移是相同的; ② 在板与地基的接触面上没有摩阻力, 即两相接触的面上剪应力等于零。Winkler 弹性地基上的板工作模式如图 6.62 所示。

由薄板的弹性曲面微分方程 (6.84), 结合前面两点假设, 此时弹性地基板的弹性曲面微分方程为

$$D_{刚}\nabla^4\omega = q - p \tag{6.89}$$

6.3 混凝土路面板悬空

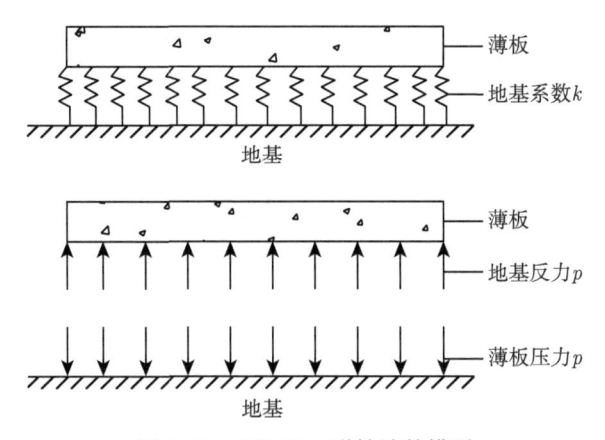

图 6.62 Winkler 弹性地基模型

Winkler 假设地基每单位面积上承受的压力与地基的垂直位移成正比，即

$$p = k\omega \tag{6.90}$$

式中，k 为常数，称作地基反应模量，或基床系数、垫层系数。

将式 (6.90) 代入式 (6.89) 得到 Winkler 地基板弹性曲面微分方程，对直角坐标系为

$$D_{刚}\nabla^4\omega(x,y) + k\omega(x,y) = q(x,y) \tag{6.91}$$

3) 沿河公路平行悬空路面板的应力场解析解

支承于地基上薄板理论的一个重要问题就是如何考虑地基假设。目前，较常使用的有两种不同的假设，其一是以地基系数 k 表征地基强度的 Winkler 地基假设，其二是以弹性模量 E_0 和泊松比 μ_0 表征地基强度的弹性半空间地基假设。如果将混凝土路面假设为无限大薄板，基于第一种假设，在特殊的点位可以得到内力和应力状态的解析解，Westergarrd 就是基于 Winkler 假设，得到了无限大矩形薄板在板边、板中和板角几个特殊点位受车辆荷载作用的挠度、内力和应力场的解析表达式。基于第二种假设，理论解较难获得，而有限元分析或者其他数值模拟计算可以得到内力和应力状态。如果将混凝土路面按照实际尺寸 (有限边界薄板) 分析，则在上述两种地基假设下，求解有限边界薄板的内力和应力状态时会面临特殊而复杂的边界条件处理，使得理论解的获得十分困难。而此时采用有限元方法分析，则可能较好地解决该问题。

本书研究的山区沿河公路悬空路面板的边界条件不同于 Westergarrd 公式的边界条件。首先，Westergarrd 公式以 Winkler 假设下的无限大板为研究对象，与本书有限尺寸的路面板存在区别。其次，Westergarrd 理论假定地基支承良好，区别于本书中的悬空路面板。虽然有文章采用 Westergarrd 公式来分析板底悬空路

面板的断裂问题，但是在上述边界条件的差异下，可以看出，利用 Westergarrd 解析式分析悬空路面板断裂问题时的合理性与所得结果的可靠性将受到一定的质疑。因此，针对山区公路典型水毁路面形式之一的悬空混凝土路面板，这里参考 Westergarrd 理论的思路，探讨板内应力场分布，进一步求出极限荷载和断裂条件，以期为有限尺寸和悬空两大问题的求解提供新的思路和方法，同时对划分安全行车区域具有一定的科研价值和工程实际意义。本书将重点讨论基于 Winkler 假设下的悬空路面板断裂问题。

弯曲河道凹岸受泥石流直冲时，带走大量路基土体，随着路基填料的掏蚀，路面板悬空部分从外侧逐渐向公路内侧推进，导致路面板悬空在长度方向发展很有优势，大多超过 10m，在车辆荷载作用下出现悬空路面板断裂破坏现象。针对弯曲河道公路水毁破坏特征，可概化为水泥混凝土路面平行悬空破坏模式。取单块行车路面板为研究对象，按照弹性地基单层板模型建立平行悬空路面结构模型，平行悬空模型的几何尺寸为：路基，$L \times B \times H$；水泥混凝土路面板，$l \times b \times h$。悬空部分由 1～8 号点组成的长方体构成，悬空段支出宽度 b_2，非悬空段宽度 b_1。定义悬空比 R 为水泥混凝土悬空面积 A_k 与水泥混凝土面板总面积 A 之比，图 6.63 所示为 $R = 0.2$ 时的情况。

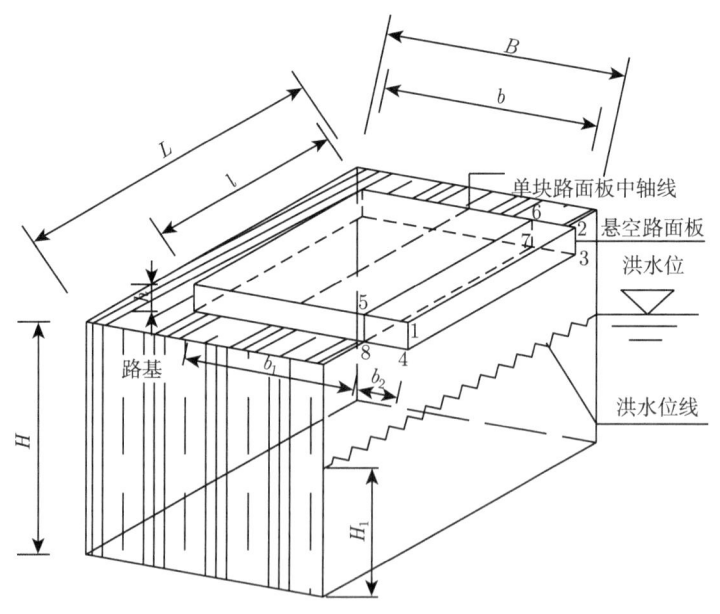

图 6.63 平行悬空模型路面板应力场分析模型

4) 悬空路面板在自重作用下的等效受力分析

Westergarrd 公式基于弹性地基上的非悬空薄板进行求解，为参考 Wester-

6.3 混凝土路面板悬空

garrd 理论的思路求解应力场，本书将悬空路面板假定为刚体，按照材料力学的方法将路面板悬空部分的自重平移至受剪面 (5-6-7-8)，可得到受剪面上的内力，包括剪力和附加弯矩，于是实现了将平行悬空路面板等效转化为非悬空路面板的形式。考虑到悬臂部分的重力由受剪面上的材料共同承担，因此沿路面板长度方向取单宽均布荷载，体现受剪面均匀分担剪力的力学状态，在后面处理非悬空路面板内力边界条件时趋于合理。路面板受剪面上自重等效受力模型如图 6.64 所示。

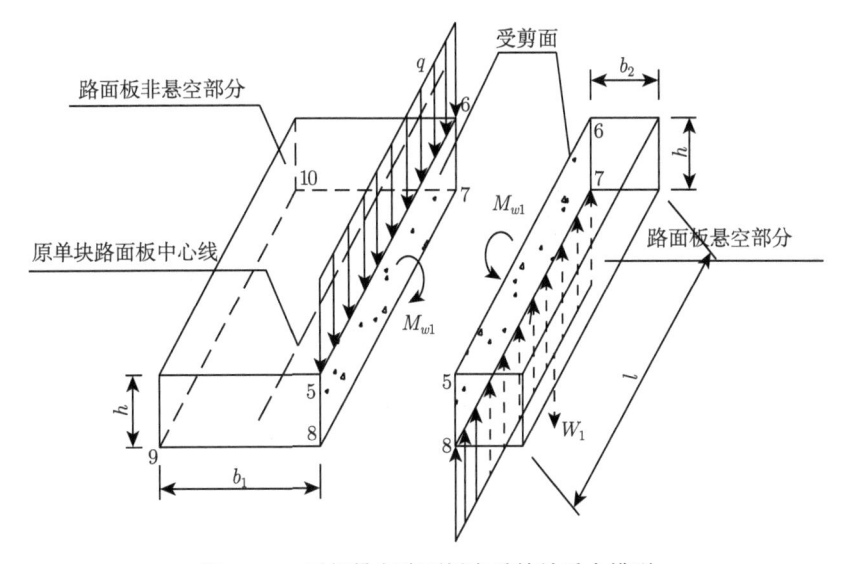

图 6.64 平行悬空路面板自重等效受力模型

路面板悬空部分受自重 W_1，其作用点位于路面板悬空部分体心。受剪面上受到由剪力等效的均布荷载 q，弯矩 M_{w1}。根据作用力和反作用力可知，路面板非悬空部分受剪面受到相反作用力 q，其中，非悬空部分板底 7-8-9-10 面上地基支撑力沿底板均布，方向向上，为作图清晰，未在图中表示，其不影响后续分析，往后处理类似。由图 6.64 可知，

$$W_1 = lhb_2\gamma \tag{6.92}$$

$$q = \frac{W_1}{l} = hb_2\gamma \tag{6.93}$$

$$M_{w1} = W_1 \times \frac{b_2}{2} = \frac{1}{2}lhb_2^2\gamma \tag{6.94}$$

5) 悬空路面板在车辆荷载作用下的等效受力分析

悬空路面板在路面行驶车辆的作用下，其断裂破坏过程加剧。根据平行悬空路面板在车辆荷载作用下的有限元分析结果可知，平行悬空模式下的最不利车辆

荷位在板角，从设计的最不利工况出发，此处仅讨论车辆荷载作用于板角的应力场和变形情况。

考虑到路面悬空程度不同，同一轴承上的两侧车轮可能同时位于悬空部分，也可能只有一侧车轮位于悬空部分。此处仍然以悬空比 $R = 0.2$ 时，考虑单侧车轮作用于路面板悬空部分的情况。将单轮荷载 Q 向受剪面形心 O 简化，可以得到截面内力，包括弯矩 M_Q 和扭矩 T_Q，以及剪力(车辆荷载) Q，均通过受剪面 5-6-7-8 截面形心，等效受力如图 6.65 所示。

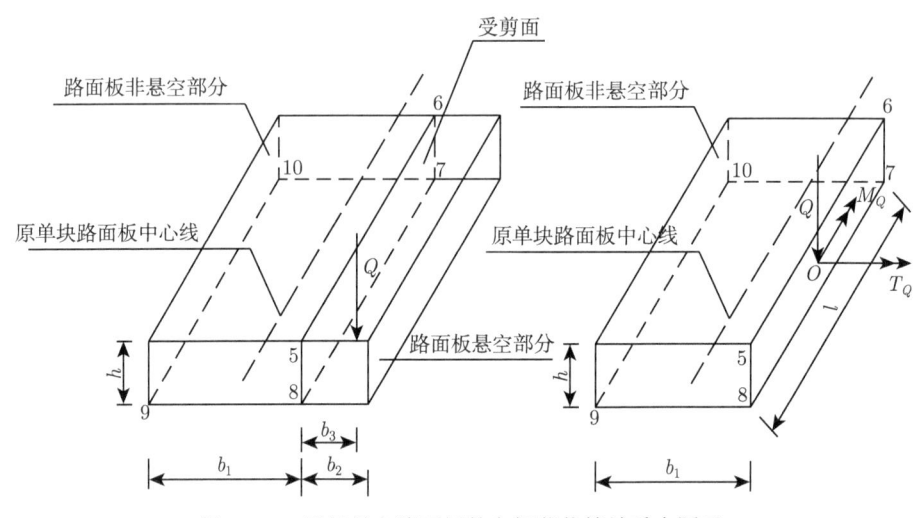

图 6.65 平行悬空路面板的车辆荷载等效受力图示

由图 6.65 可知，

$$M_Q = Qb_3 \tag{6.95}$$

$$T_Q = \frac{1}{2}Ql \tag{6.96}$$

6) 基于挠度解的悬空路面板应力场

前面对悬空路面板在自重和车辆荷载作用下进行等效处理，现综合考虑两种因素的作用，根据弹性薄板弯曲理论，可取中面代替整块路面板进行力学分析，所取中面如图 6.66 中的 xOy 平面。针对本书探讨的沿河公路悬空路面板，选取中面并建立坐标系，将各力系向受剪面形心(也即中面长边中点) O 进行简化，分析其受力模式如图 6.66 所示。

已知 Winkler 地基板弹性曲面挠度微分方程为

$$D_{刚}\nabla^4 \omega(x,y) + k\omega(x,y) = q(x,y) \tag{6.97}$$

6.3 混凝土路面板悬空

式中，k 为常数，称作地基反应模量，或基床系数、垫层系数；$D_{刚}$ 为薄板的弯曲刚度，其表达式为式 (6.98)；q 是薄板单位面积内的横向荷载，包括横向面力及横向体力。

$$D_{刚} = \frac{E\delta^3}{12(1-\mu^2)} \tag{6.98}$$

其中，E、μ 分别为薄板的弹性模量、泊松比。

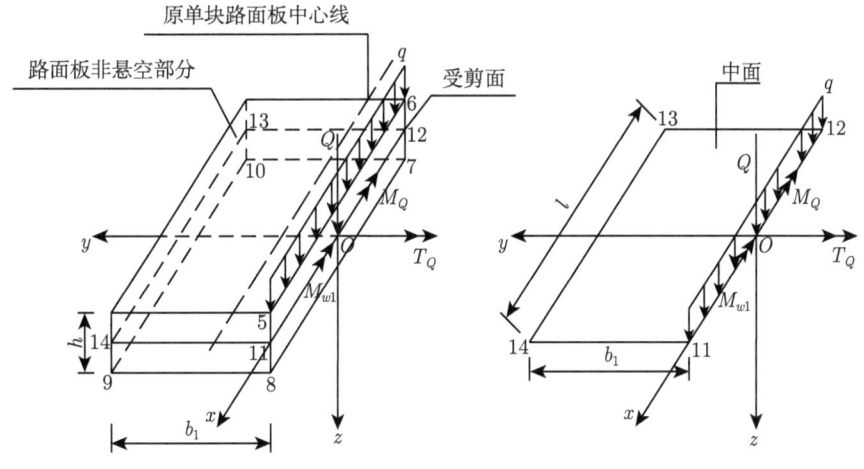

图 6.66　等效路面板中面受力示意图

式 (6.97) 的挠度解为对应齐次方程的通解与非齐次方程的特解之和，而非悬空路面板沿板长边受等效荷载 (板边荷载)，板面内单位面积上不受横向荷载作用，所以特解为零。因此，求解弹性曲面非齐次微分方程，此处等价于求解对应的齐次方程之通解，即求解：

$$\nabla^4 \omega(x,y) + \frac{k}{D_{刚}} \omega(x,y) = 0 \tag{6.99}$$

采用 Westergaard 求解思路，可将弹性薄板微分方程的解分解为

$$\omega = \omega_1 + \omega_2 \tag{6.100}$$

其中，ω_1 与 x 无关，即相当于外荷载作用下，使沿 x 轴所取平行于 y 轴单位宽度板条产生挠度 ω_1；ω_2 则与变量 x、y 均有关，反映板的实际变形，其中也包括了 ω_1 的剩余影响。

将 ω_1 代入式 (6.99)，解得

$$\omega_1 = e^{-\frac{y}{\sqrt{2}l}} \left(A\cos\frac{y}{\sqrt{2}l} + B\sin\frac{y}{\sqrt{2}l} \right) + e^{\frac{y}{\sqrt{2}l}} \left(C\cos\frac{y}{\sqrt{2}l} + D\sin\frac{y}{\sqrt{2}l} \right) \tag{6.101}$$

式中，A、B、C、D 为待定系数，可由边界条件确定。

由边界条件 $\omega_1|_{y=b_1}=0$，得

$$\mathrm{e}^{-\frac{b_1}{\sqrt{2}l}}\left(A\cos\frac{b_1}{\sqrt{2}l}+B\sin\frac{b_1}{\sqrt{2}l}\right)+\mathrm{e}^{\frac{b_1}{\sqrt{2}l}}\left(C\cos\frac{b_1}{\sqrt{2}l}+D\sin\frac{b_1}{\sqrt{2}l}\right)=0 \quad (6.102)$$

对式 (6.101) 求导得

$$\begin{aligned}\frac{\mathrm{d}\omega_1}{\mathrm{d}y}=&\left(-\frac{1}{\sqrt{2}l}\cos\frac{y}{\sqrt{2}l}\mathrm{e}^{-\frac{y}{\sqrt{2}l}}-\frac{1}{\sqrt{2}l}\sin\frac{y}{\sqrt{2}l}\mathrm{e}^{-\frac{y}{\sqrt{2}l}}\right)A\\&+\left(-\frac{1}{\sqrt{2}l}\sin\frac{y}{\sqrt{2}l}\mathrm{e}^{-\frac{y}{\sqrt{2}l}}+\frac{1}{\sqrt{2}l}\cos\frac{y}{\sqrt{2}l}\mathrm{e}^{-\frac{y}{\sqrt{2}l}}\right)B\\&+\left(\frac{1}{\sqrt{2}l}\cos\frac{y}{\sqrt{2}l}\mathrm{e}^{\frac{y}{\sqrt{2}l}}-\frac{1}{\sqrt{2}l}\sin\frac{y}{\sqrt{2}l}\mathrm{e}^{\frac{y}{\sqrt{2}l}}\right)C\\&+\left(\frac{1}{\sqrt{2}l}\sin\frac{y}{\sqrt{2}l}\mathrm{e}^{\frac{y}{\sqrt{2}l}}+\frac{1}{\sqrt{2}l}\cos\frac{y}{\sqrt{2}l}\mathrm{e}^{\frac{y}{\sqrt{2}l}}\right)D\end{aligned} \quad (6.103)$$

对式 (6.103) 求导得

$$\begin{aligned}\frac{\mathrm{d}^2\omega_1}{\mathrm{d}y^2}=&\frac{1}{l^2}\sin\frac{y}{\sqrt{2}l}\mathrm{e}^{-\frac{y}{\sqrt{2}l}}A-\frac{1}{l^2}\cos\frac{y}{\sqrt{2}l}\mathrm{e}^{-\frac{y}{\sqrt{2}l}}B\\&-\frac{1}{l^2}\sin\frac{y}{\sqrt{2}l}\mathrm{e}^{\frac{y}{\sqrt{2}l}}C+\frac{1}{l^2}\cos\frac{y}{\sqrt{2}l}\mathrm{e}^{\frac{y}{\sqrt{2}l}}D\end{aligned} \quad (6.104)$$

对式 (6.104) 求导得

$$\begin{aligned}\frac{\mathrm{d}^3\omega_1}{\mathrm{d}y^3}=&\left(\frac{1}{\sqrt{2}l^3}\cos\frac{y}{\sqrt{2}l}\mathrm{e}^{-\frac{y}{\sqrt{2}l}}-\frac{1}{\sqrt{2}l^3}\sin\frac{y}{\sqrt{2}l}\mathrm{e}^{-\frac{y}{\sqrt{2}l}}\right)A\\&+\left(\frac{1}{\sqrt{2}l^3}\sin\frac{y}{\sqrt{2}l}\mathrm{e}^{-\frac{y}{\sqrt{2}l}}+\frac{1}{\sqrt{2}l^3}\cos\frac{y}{\sqrt{2}l}\mathrm{e}^{-\frac{y}{\sqrt{2}l}}\right)B\\&+\left(-\frac{1}{\sqrt{2}l^3}\cos\frac{y}{\sqrt{2}l}\mathrm{e}^{\frac{y}{\sqrt{2}l}}-\frac{1}{\sqrt{2}l^3}\sin\frac{y}{\sqrt{2}l}\mathrm{e}^{\frac{y}{\sqrt{2}l}}\right)C\\&+\left(-\frac{1}{\sqrt{2}l^3}\sin\frac{y}{\sqrt{2}l}\mathrm{e}^{\frac{y}{\sqrt{2}l}}+\frac{1}{\sqrt{2}l^3}\cos\frac{y}{\sqrt{2}l}\mathrm{e}^{\frac{y}{\sqrt{2}l}}\right)D\end{aligned} \quad (6.105)$$

由弯矩边界条件 $(M_y)_{y=0}=M_{w1}+M_{wQ}$，以及弹性薄板理论知

$$M_y=-D_{刚}\left(\frac{\partial^2\omega}{\partial y^2}+\mu\frac{\partial^2\omega}{\partial x^2}\right) \quad (6.106)$$

6.3 混凝土路面板悬空

将式 (6.104) 和式 (6.106) 代入弯矩边界条件中，得

$$-D_{刚}\left(-\frac{1}{l^2}B + \frac{1}{l^2}D\right) = M_{w1} + M_{WQ} \tag{6.107}$$

由剪力边界条件 $(F_{sy})_{y=0} = -(Q+W_1)$，又

$$F_{sy} = -D_{刚}\frac{\partial}{\partial y}\nabla^2\omega \tag{6.108}$$

将式 (6.104) 代入式 (6.108)，得

$$F_{sy} = -D_{刚}\frac{d^3\omega_1}{dy^3} \tag{6.109}$$

将式 (6.105) 代入式 (6.109)，联立边界条件可得

$$\frac{D_{刚}}{\sqrt{2}l^3}(A+B-C+D) = Q+W_1 \tag{6.110}$$

由边界条件 $(\theta)_{y=b_1} = 0$，又 $\theta = \dfrac{d\omega_1}{dy}$，将式 (6.103) 代入左式，结合边界条件，可得

$$\left(-\frac{1}{\sqrt{2}l}\cos\frac{b_1}{\sqrt{2}l}e^{-\frac{b_1}{\sqrt{2}l}} - \frac{1}{\sqrt{2}l}\sin\frac{b_1}{\sqrt{2}l}e^{-\frac{b_1}{\sqrt{2}l}}\right)A$$
$$+\left(-\frac{1}{\sqrt{2}l}\sin\frac{b_1}{\sqrt{2}l}e^{-\frac{b_1}{\sqrt{2}l}} + \frac{1}{\sqrt{2}l}\cos\frac{b_1}{\sqrt{2}l}e^{-\frac{b_1}{\sqrt{2}l}}\right)B$$
$$+\left(\frac{1}{\sqrt{2}l}\cos\frac{b_1}{\sqrt{2}l}e^{\frac{b_1}{\sqrt{2}l}} - \frac{1}{\sqrt{2}l}\sin\frac{b_1}{\sqrt{2}l}e^{\frac{b_1}{\sqrt{2}l}}\right)C$$
$$+\left(\frac{1}{\sqrt{2}l}\sin\frac{b_1}{\sqrt{2}l}e^{\frac{b_1}{\sqrt{2}l}} + \frac{1}{\sqrt{2}l}\cos\frac{b_1}{\sqrt{2}l}e^{\frac{b_1}{\sqrt{2}l}}\right)D = 0 \tag{6.111}$$

联立式 (6.102)、式 (6.107)、式 (6.110)、式 (6.111) 组成四阶线性非齐次方程组，求解方程组可得各系数 A、B、C、D 表达式，如下：

$$A = -\eta_1 + \eta_2 - \frac{\eta_2\lambda_1}{(-\lambda_2 + 2\lambda_3 + \lambda_4)} + \left(1 + \eta_2\lambda_1 + \frac{\lambda_1 + 2\lambda_2 + \lambda_3 + 2\lambda_4}{-\lambda_2 + 2\lambda_3 + \lambda_4}\right)$$
$$\times \frac{\eta_2\lambda_1(2\lambda_1 - \lambda_2 + \lambda_3)}{(-2\lambda_1 + \lambda_2 + \lambda_4)(-\lambda_2 + 2\lambda_3 + \lambda_4) - (\lambda_1 + 2\lambda_2 + \lambda_3 + 2\lambda_4)(2\lambda_1 - \lambda_2 + \lambda_3)}$$
$$\tag{6.112}$$

$$B = \eta_1 - \frac{\eta_2 \lambda_1 (2\lambda_1 - \lambda_2 + \lambda_3)}{(-2\lambda_1 + \lambda_2 + \lambda_4)(-\lambda_2 + 2\lambda_3 + \lambda_4) - (\lambda_1 + 2\lambda_2 + \lambda_3 + 2\lambda_4)(2\lambda_1 - \lambda_2 + \lambda_3)} \tag{6.113}$$

$$C = \frac{-\eta_2 \lambda_1}{(-\lambda_2 + 2\lambda_3 + \lambda_4)} + \frac{\eta_2 \lambda_1 (2\lambda_1 - \lambda_2 + \lambda_3)(\lambda_1 + 2\lambda_2 + \lambda_3 + 2\lambda_4)}{[(-2\lambda_1 + \lambda_2 + \lambda_4)(-\lambda_2 + 2\lambda_3 + \lambda_4) - (\lambda_1 + 2\lambda_2 + \lambda_3 + 2\lambda_4)(2\lambda_1 - \lambda_2 + \lambda_3)](-\lambda_2 + 2\lambda_3 + \lambda_4)} \tag{6.114}$$

$$D = \frac{-\eta_2 \lambda_1 (2\lambda_1 - \lambda_2 + \lambda_3)}{(-2\lambda_1 + \lambda_2 + \lambda_4)(-\lambda_2 + 2\lambda_3 + \lambda_4) - (\lambda_1 + 2\lambda_2 + \lambda_3 + 2\lambda_4)(2\lambda_1 - \lambda_2 + \lambda_3)} \tag{6.115}$$

式中，$\lambda_1 = \cos\dfrac{b_1}{\sqrt{2}l}\mathrm{e}^{-\frac{b_1}{\sqrt{2}l}}$，$\lambda_2 = \sin\dfrac{b_1}{\sqrt{2}l}\mathrm{e}^{-\frac{b_1}{\sqrt{2}l}}$，$\lambda_3 = \cos\dfrac{b_1}{\sqrt{2}l}\mathrm{e}^{\frac{b_1}{\sqrt{2}l}}$，$\lambda_4 = \sin\dfrac{b_1}{\sqrt{2}l}\mathrm{e}^{\frac{b_1}{\sqrt{2}l}}$，$\eta_1 = \dfrac{(M_{W1} + M_{WQ})l^2}{D_{刚}}$，$\eta_2 = \dfrac{(Q + W_1)l^2}{D_{刚}}$。

由已知条件，通过式 (6.112) ～ 式 (6.115) 可求得各系数 A、B、C、D 数值，然后代入式 (6.101) 可得 ω_1 的解析表达式。

由于扭矩作用，ω_2 关于 y 轴非轴对称沉降，但关于 y 轴具有反对称性质，根据 Winkler 地基板的 Westerggard 解，可设

$$\omega_2 = \sum_{m=2,4,\cdots}^{\infty} Y_m \cos\frac{m\pi}{a}x \tag{6.116}$$

其中，a 为平行于 x 轴的一列集中荷载 Q 的间距；因 ω_2 为关于 y 轴的奇函数，而 $\cos x$ 函数具有偶函数性质，所以 Y_m 为奇函数。

$$\frac{\partial \omega_2}{\partial x} = \sum_{m=2,4,\cdots}^{\infty} Y_m \left(-\sin\frac{m\pi}{a}x\right)\frac{m\pi}{a}$$

$$\frac{\partial^2 \omega_2}{\partial x^2} = \sum_{m=2,4,\cdots}^{\infty} Y_m \left(-\cos\frac{m\pi}{a}x\right)\left(\frac{m\pi}{a}\right)^2 \tag{6.117}$$

$$\frac{\partial^2 \omega_2}{\partial y^2} = \sum_{m=2,4,\cdots}^{\infty} Y_m'' \cos\frac{m\pi}{a}x$$

$$\nabla^2 \omega_2 = \frac{\partial^2 \omega_2}{\partial x^2} + \frac{\partial^2 \omega_2}{\partial y^2} = \sum_{m=2,4,\cdots}^{\infty} Y_m \left(-\cos\frac{m\pi}{a}x\right)\left(\frac{m\pi}{a}\right)^2 + \sum_{m=2,4,\cdots}^{\infty} Y_m'' \cos\frac{m\pi}{a}x \tag{6.118}$$

6.3 混凝土路面板悬空

$$\nabla^2\nabla^2\omega_2 = \left(\frac{\partial^2}{\partial x^2} + \frac{\partial^2}{\partial y^2}\right)\left(\frac{\partial^2\omega_2}{\partial x^2} + \frac{\partial^2\omega_2}{\partial y^2}\right)$$

$$= \sum_{m=2,4,\cdots}^{\infty} Y_m \left(\cos\frac{m\pi}{a}x\right)\left(\frac{m\pi}{a}\right)^4 - 2\sum_{m=2,4,\cdots}^{\infty} Y_m'' \left(\frac{m\pi}{a}\right)^2 \left(\cos\frac{m\pi}{a}x\right)$$

$$+ \sum_{m=2,4,\cdots}^{\infty} Y_m^{(4)} \cos\frac{m\pi}{a}x \tag{6.119}$$

将式 (6.116) 和式 (6.119) 代入挠曲面微分方程 (6.118)，化简整理得

$$Y_m^{(4)} - 2Y_m''\left(\frac{m\pi}{a}\right)^2 + Y_m\left[\left(\frac{m\pi}{a}\right)^4 + \frac{K}{D_\text{刚}}\right] = 0 \tag{6.120}$$

设 $\dfrac{m\pi}{a} = \lambda_m$，$\dfrac{K}{D_\text{刚}} = l^{-4}$，$2\beta_m^2 = \sqrt{\lambda_m^4 + l^{-4}} + \lambda_m^2$，$2\gamma_m^2 = \sqrt{\lambda_m^4 + l^{-4}} - \lambda_m^2$，则有特征方程：

$$t^4 - 2(\beta_m^2 + \gamma_m^2)^2 t^2 + (\beta_m^2 + \gamma_m^2)^2 = 0$$

解得 $t = \pm(\beta_m \pm \mathrm{i}\gamma_m)$，组合成四个实数特解：

$$\mathrm{e}^{\beta_m y}\cos\gamma_m y, \quad \mathrm{e}^{\beta_m y}\sin\gamma_m y, \quad \mathrm{e}^{-\beta_m y}\cos\gamma_m y, \quad \mathrm{e}^{-\beta_m y}\sin\gamma_m y$$

则得

$$Y_m = \mathrm{e}^{-\beta_m y}(A_m\cos\gamma_m y + B_m\sin\gamma_m y) + \mathrm{e}^{\beta_m y}(C_m\cos\gamma_m y + D_m\sin\gamma_m y) \tag{6.121}$$

由前述可知 Y_m 为奇函数，因此 $A_m = C_m = 0$，$B_m = D_m$，即 $Y_m = B_m(\mathrm{e}^{\beta_m y} + \mathrm{e}^{-\beta_m y})\sin\gamma_m y$，满足 $Y_m(-y) = -Y_m(y)$ 奇函数假设。代入式 (6.116) 得

$$\omega_2 = \sum_{m=2,4,\cdots}^{\infty} B_m(\mathrm{e}^{\beta_m y} + \mathrm{e}^{-\beta_m y})\sin\gamma_m y \cos\frac{m\pi}{a}x \tag{6.122}$$

$$\frac{\partial\omega_2}{\partial x} = \sum_{m=2,4,\cdots}^{\infty} B_m(\mathrm{e}^{\beta_m y} + \mathrm{e}^{-\beta_m y})\sin\gamma_m y \left(-\sin\frac{m\pi}{a}x\right)\frac{m\pi}{a}$$

$$\frac{\partial^2\omega_2}{\partial x \partial y} = -\sum_{m=2,4,\cdots}^{\infty} \frac{m\pi}{a} B_m \sin\frac{m\pi}{a}x [\gamma_m\cos\gamma_m y(\mathrm{e}^{\beta_m y} + \mathrm{e}^{-\beta_m y})$$

$$+ \beta_m\sin\gamma_m y(\mathrm{e}^{\beta_m y} - \mathrm{e}^{-\beta_m y})] \tag{6.123}$$

为简化计算，取无穷级数的首项进行计算，由式 (6.123) 可得

$$\frac{\partial^2 \omega_2}{\partial x \partial y} = -\frac{2\pi}{a} B_2 \sin \frac{2\pi}{a} x [\gamma_2 \cos \gamma_2 y (e^{\beta_2 y} + e^{-\beta_2 y}) + \beta_2 \sin \gamma_2 y (e^{\beta_2 y} - e^{-\beta_2 y})] \tag{6.124}$$

又

$$M_{xy} = M_{yx} = -D_{刚}(1-\mu)\frac{\partial^2 \omega}{\partial x \partial y} \tag{6.125}$$

将式 (6.124) 代入式 (6.125)，联立边界条件 $(M_{xy})_{y=0} = T_Q$ 可得

$$B_2 = \frac{aT_Q}{4\pi D_{刚}(1-\mu)\gamma_2 \sin \frac{2\pi}{a} x} \tag{6.126}$$

$$\omega_2 = \frac{aT_Q \cos \frac{2\pi}{a} x \sin \gamma_2 y (e^{\beta_2 y} + e^{-\beta_2 y})}{4\pi D_{刚}(1-\mu)\gamma_2 \sin \frac{2\pi}{a} x} \tag{6.127}$$

联立式 (6.101) 和式 (6.127) 可以求出平行悬空路面板的等效挠度解析表达式如下：

$$\omega = e^{-\frac{y}{\sqrt{2}l}}\left(A\cos\frac{y}{\sqrt{2}l} + B\sin\frac{y}{\sqrt{2}l}\right) + e^{\frac{y}{\sqrt{2}l}}\left(C\cos\frac{y}{\sqrt{2}l} + D\sin\frac{y}{\sqrt{2}l}\right)$$

$$+ \frac{aT_Q \cos\frac{2\pi}{a}x \sin\gamma_2 y (e^{\beta_2 y} + e^{-\beta_2 y})}{4\pi D_{刚}(1-\mu)\gamma_2 \sin\frac{2\pi}{a}x} \tag{6.128}$$

式中，系数 A、B、C、D 由式 (6.112) $\sim$ 式 (6.115) 给出。

由弹性薄板理论知，横截面上内力表达式为

$$M_x = -D_{刚}\left(\frac{\partial^2 \omega}{\partial x^2} + \mu\frac{\partial^2 \omega}{\partial y^2}\right), \quad M_y = -D_{刚}\left(\frac{\partial^2 \omega}{\partial y^2} + \mu\frac{\partial^2 \omega}{\partial x^2}\right)$$

$$M_{xy} = M_{yx} = -D_{刚}(1-\mu)\frac{\partial^2 \omega}{\partial x \partial y} \tag{6.129}$$

$$F_{sx} = -D_{刚}\frac{\partial}{\partial x}\nabla^2 \omega, \quad F_{sy} = -D_{刚}\frac{\partial}{\partial y}\nabla^2 \omega$$

应力表达式为

$$\sigma_x = \frac{12M_x}{\delta^3}z, \quad \sigma_y = \frac{12M_y}{\delta^3}z$$

$$\tau_{xy} = \tau_{yx} = \frac{12M_{xy}}{\delta^3}z$$

$$\tau_{xz} = \frac{6F_{sx}}{\delta^3}\left(\frac{\delta^2}{4} - z^2\right), \quad \tau_{yz} = \frac{6F_{sy}}{\delta^3}\left(\frac{\delta^2}{4} - z^2\right) \quad (6.130)$$

$$\sigma_z = -2q\left(\frac{1}{2} - \frac{z}{\delta}\right)^2\left(1 + \frac{z}{\delta}\right)$$

将式 (6.128) 代入式 (6.129) 和式 (6.130) 可得内力与应力场解析式。进而，采用最不利车辆荷载工况，结合断裂力学相关知识，可以分析具有特殊边界条件的平行悬空路面板的三维断裂机制。

7) 山区沿河公路平行悬空路面板断裂机制

受洪水、泥石流冲刷路基影响，平行悬空路面板这一典型水毁形式在山区沿河公路地段广泛分布。一方面，在修筑期间，如果养护不当，或缩缝开得不及时等，会导致板内出现宏观裂缝；另一方面，在运营期间，在车辆荷载长期反复作用下，微裂纹发展、贯通成宏观裂纹。在荷载应力和温度应力的共同作用下出现疲劳裂纹，并迅速扩展，当裂纹达到某一临界值时，混凝土路面板的承载力达到极限，出现断板现象。

这里参考有限元分析得出的平行悬空模式最不利车辆荷载位置，利用求得的等效平行悬空应力场解析解，按照断裂力学的研究方法，考虑带宏观裂纹路面板在车辆荷载作用下的极限承载力和断裂问题。

带裂纹平行悬空路面板由于存在裂纹的边界条件，在裂纹尖端将出现应力集中的现象，但是针对这种更加特殊的模型，理论解的求算十分困难。因此，为了简化计算，拟采用等效平行悬空路面板的应力场解析表达式进行近似分析。同时，应该注意到，以往的研究中，弹性力学薄板理论应力场解析式的位移边界条件限定于板边，另外也有针对带裂纹非悬空模型路面板断裂问题的研究，采用的应力场解析式为基于 Winkler 假设的无限大板理论解。而本书中平行悬空模式的特殊边界条件 (位移边界、内力边界条件) 决定了需要探求新的应力场解析式，这样才能联合断裂力学知识，分析断板问题。因此，这种探讨是一种思路上的创新和方法上的尝试，对于进一步研究带裂纹边界条件的应力场解析表达式具有一定价值。

结合实际悬空路面板路况，裂纹一般从路面板上表面悬臂端发育，沿路面板纵向延伸。基于此，在路面板悬臂端受剪面 (5-6-7-8) 中间顶部位置设置一表生椭圆裂纹，考虑裂纹方向与板边平行的最不利工况，裂纹长半轴为 a，短半轴为 b，裂纹平面与板上、下表面垂直，如图 6.67 所示。车轮荷载 Q 作用于板角，以裂纹失稳扩展的外荷载为板体极限承载力 P_u。

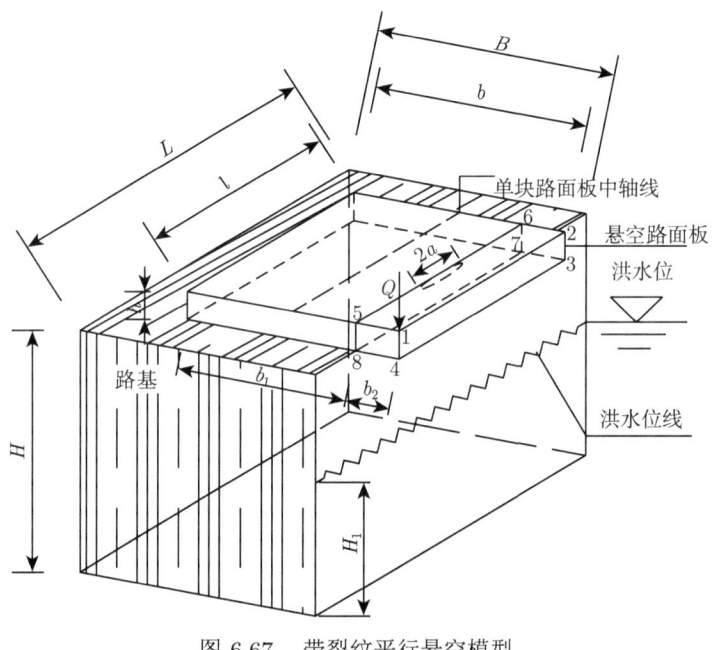

图 6.67 带裂纹平行悬空模型

裂纹尺寸及相对位置关系如图 6.68 所示，路面板受剪面 (5-6-7-8) 长 l、高 h，裂纹长半轴为 a、短半轴为 b，裂纹长轴距受剪面顶部为 h_1、距受剪面底部为 h_2、距 x 轴为 e。

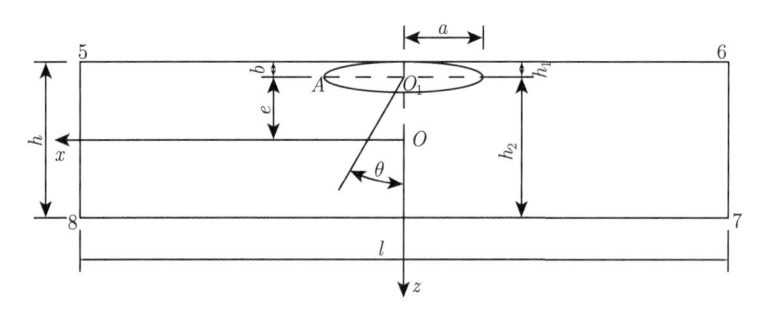

图 6.68 带裂纹受剪面

查阅应力强度因子手册，根据交替法可得应力强度因子为

$$K_\mathrm{I} = Mp\frac{\sqrt{\pi b}}{E(k)}\left[\left(\frac{b}{a}\right)^2\sin^2\theta + \cos^2\theta\right]^{1/4} \quad (6.131)$$

6.3 混凝土路面板悬空

式中，$E(k)$ 为第二类完全椭圆积分，级数表达式为式 (6.132)，数值计算中取前 3 项即可满足精度要求；$k^2 = 1 - \left(\dfrac{b}{a}\right)^2$，其中 a 为椭圆长半轴，b 为椭圆短半轴；θ 为圆周角；系数 M 通过查图表可得；p 为拉应力。

$$E(k) = \int_0^{\frac{\pi}{2}} \sqrt{1 - k^2 \sin^2 \varphi}\, \mathrm{d}\varphi = \frac{\pi}{2}\left[1 - \left(\frac{1}{2}\right)^2 k^2 - \left(\frac{1 \cdot 3}{2 \cdot 4}\right)^2 \frac{k^4}{3} \right.$$
$$\left. - \left(\frac{1 \cdot 3 \cdot 5}{2 \cdot 4 \cdot 6}\right)^2 \frac{k^6}{5} - \left(\frac{1 \cdot 3 \cdot 5 \cdot 7}{2 \cdot 4 \cdot 6 \cdot 8}\right)^2 \frac{k^8}{7} - \cdots \right] \tag{6.132}$$

图 6.67 中，使裂纹扩展的拉应力为 σ_y，根据弹性薄板理论知，

$$\sigma_y = -\frac{Ez}{1-\mu^2}\left(\frac{\partial^2 \omega}{\partial y^2} + \mu \frac{\partial^2 \omega}{\partial x^2}\right) \tag{6.133}$$

结合式 (6.128) 挠度方程求偏导，可得如下方程：

$$\frac{\partial \omega}{\partial x} = \frac{T_Q \sin \gamma_2 y (\mathrm{e}^{\beta_2 y} + \mathrm{e}^{-\beta_2 y}) \cos \dfrac{4\pi}{a}x}{2D_{\text{刚}}(1-\mu)\gamma_2 \sin^2 \dfrac{2\pi}{a}x} \tag{6.134}$$

$$\frac{\partial^2 \omega}{\partial x^2} = -\frac{\pi T_Q \sin \gamma_2 y (\mathrm{e}^{\beta_2 y} + \mathrm{e}^{-\beta_2 y})}{2aD_{\text{刚}}(1-\mu)\gamma_2} \cdot \frac{4 \sin \dfrac{4\pi}{a}x \cdot \sin^2 \dfrac{2\pi}{a}x + \sin \dfrac{8\pi}{a}x \cos \dfrac{2\pi}{a}x}{\sin^4 \dfrac{2\pi}{a}x}$$
$$\tag{6.135}$$

$$\frac{\partial \omega}{\partial y} = -\frac{1}{\sqrt{2}l}\mathrm{e}^{-\frac{y}{\sqrt{2}l}}\left(A\cos \frac{y}{\sqrt{2}l} + B\sin \frac{y}{\sqrt{2}l}\right)$$
$$+ \mathrm{e}^{-\frac{y}{\sqrt{2}l}}\left(-\frac{1}{\sqrt{2}l}A\sin \frac{y}{\sqrt{2}l} + \frac{1}{\sqrt{2}l}B\cos \frac{y}{\sqrt{2}l}\right)$$
$$+ \frac{1}{\sqrt{2}l}\mathrm{e}^{\frac{y}{\sqrt{2}l}}\left(C\cos \frac{y}{\sqrt{2}l} + D\sin \frac{y}{\sqrt{2}l}\right)$$
$$+ \mathrm{e}^{\frac{y}{\sqrt{2}l}}\left(-\frac{1}{\sqrt{2}l}C\sin \frac{y}{\sqrt{2}l} + \frac{1}{\sqrt{2}l}D\sin \frac{y}{\sqrt{2}l}\right)$$
$$+ \frac{aT_Q \cos \dfrac{2\pi}{a}x[\gamma_2 \cos \gamma_2 y(\mathrm{e}^{\beta_2 y} + \mathrm{e}^{-\beta_2 y}) + \beta_2 \sin \gamma_2 y(\mathrm{e}^{\beta_2 y} - \mathrm{e}^{-\beta_2 y})]}{4\pi D_{\text{刚}}(1-\mu)\gamma_2 \sin \dfrac{2\pi}{a}x}$$
$$\tag{6.136}$$

$$\frac{\partial^2 \omega}{\partial y^2} = \frac{A}{l^2} \sin \frac{y}{\sqrt{2}l} e^{-\frac{y}{\sqrt{2}l}} + \frac{1}{l^2} e^{\frac{y}{\sqrt{2}l}} \left[D \left(\sin \frac{y}{\sqrt{2}l} + \cos \frac{y}{\sqrt{2}l} \right) - C \sin \frac{y}{\sqrt{2}l} \right]$$
$$+ \frac{aT_Q \cos \frac{2\pi}{a} x [(\beta_2^2 - \gamma_2^2) \cos \gamma_2 y (e^{\beta_2 y} + e^{-\beta_2 y}) + 2\gamma_2 \beta_2 \cos \gamma_2 y (e^{\beta_2 y} - e^{-\beta_2 y})]}{4\pi D_{刚}(1-\mu) \gamma_2 \sin \frac{2\pi}{a} x} \tag{6.137}$$

将式 (6.135) 和式 (6.137) 代入式 (6.133) 中可得

$$\sigma_y = -\frac{Ez}{1-\mu^2} \left\{ \frac{A}{l^2} \sin \frac{y}{\sqrt{2}l} e^{-\frac{y}{\sqrt{2}l}} + \frac{1}{l^2} e^{\frac{y}{\sqrt{2}l}} \left[D \left(\sin \frac{y}{\sqrt{2}l} + \cos \frac{y}{\sqrt{2}l} \right) - C \sin \frac{y}{\sqrt{2}l} \right] \right.$$
$$+ \frac{aT_Q \cos \frac{2\pi}{a} x [(\beta_2^2 - \gamma_2^2) \cos \gamma_2 y (e^{\beta_2 y} + e^{-\beta_2 y}) + 2\gamma_2 \beta_2 \cos \gamma_2 y (e^{\beta_2 y} - e^{-\beta_2 y})]}{4\pi D_{刚}(1-\mu) \gamma_2 \sin \frac{2\pi}{a} x}$$
$$\left. - \frac{\pi \mu T_Q \sin \gamma_2 y (e^{\beta_2 y} + e^{-\beta_2 y})}{2a D_{刚}(1-\mu) \gamma_2} \cdot \frac{4 \sin \frac{4\pi}{a} x \cdot \sin^2 \frac{2\pi}{a} x + \sin \frac{8\pi}{a} x \cos \frac{2\pi}{a} x}{\sin^4 \frac{2\pi}{a} x} \right\} \tag{6.138}$$

令 $K_{\text{I}} = K_{\text{I}_c}$, 即

$$Mp \frac{\sqrt{\pi b}}{E(k)} \left[\left(\frac{b}{a} \right)^2 \sin^2 \theta + \cos^2 \theta \right]^{1/4} = K_{\text{I}_c} \tag{6.139}$$

式 (6.139) 中的拉应力 p 即为平行悬空等效模型中的拉应力 σ_y, 将式 (6.128)、边界条件 $y=0$ 代入上式, 可得

$$\frac{D}{l^2} + \frac{aT_Q(\beta_2^2 - \gamma_2^2) \cot \frac{2\pi}{a} x}{2\pi D_{刚}} = \frac{(1-\mu^2) E(k) K_{\text{I}_c}}{-MEZ\sqrt{\pi b} \left[\left(\frac{b}{a} \right)^2 \sin^2 \theta + \cos^2 \theta \right]^{1/4}} \tag{6.140}$$

将式 (6.96) 和式 (6.115) 代入式 (6.140) 可得

6.3 混凝土路面板悬空

$$Q = \dfrac{\left[\dfrac{w_1 l^2 \lambda_1(2\lambda_1 - \lambda_2 + \lambda_3)}{(-2\lambda_1+\lambda_2+\lambda_4)(-\lambda_2+2\lambda_3+\lambda_4)-(\lambda_1+2\lambda_2+\lambda_3+2\lambda_4)(2\lambda_1-\lambda_2+\lambda_3)} - \dfrac{(1-\mu^2)D_{刚}E(k)K_{\mathrm{I}c}}{MEZ\sqrt{\pi b}\left[\left(\dfrac{b}{a}\right)^2\sin^2\theta+\cos^2\theta\right]^{1/4}}\right]}{\left[\dfrac{-\lambda_1(2\lambda_1-\lambda_2+\lambda_3)}{(-2\lambda_1+\lambda_2+\lambda_4)(-\lambda_2+2\lambda_3+\lambda_4)-(\lambda_1+2\lambda_2+\lambda_3+2\lambda_4)(2\lambda_1-\lambda_2+\lambda_3)} + \dfrac{al(\beta_2^2-\gamma_2^2)\cot\dfrac{2\pi}{a}x}{4\pi}\right]} \tag{6.141}$$

式中，Q 即为带裂纹平行悬空路面板极限承载力，亦可用 P_u 表示。

混凝土悬空板断裂是裂纹尖端扩展、贯通的结果，当混凝土板达到极限承载力后，裂纹开始扩展，将这一临界点视为混凝土破坏的开始，式 (6.141) 中 Z 值即图 6.68 中的 A 点处。

算例分析

四川地区雨水丰沛，夏季降雨量较大，同时也孕育了洪水、泥石流等自然灾害，沿河公路受其影响较为严重，造成经济损失和人员伤亡。从峨边县通往美姑县的峨美公路，沿美姑河展布，在一次强降雨中，洪水冲毁路基，悬空路面板大量出现。失去路基支承的路面板，承载能力大幅降低，行驶在路面的车辆很难发现路基情况，这种隐形危险增加了事故的发生概率。如果行驶车辆荷重达到悬空路面板的极限承载力，将导致路面板出现突然的脆性断裂，带来车毁人亡的惨痛代价。

在该次强降雨中，峨美公路 K63+850～K64+000 沿线 150m 的路段，位于弯曲河道，洪水冲毁路基，带走路基填料，形成悬空混凝土路面板。图 6.69(a) 所示为处于弯曲河道的沿河公路，在洪水冲刷下，路基逐渐掏蚀，平行悬空路面板在长度方向发展很有优势。随着车辆的往返行驶，平行悬空路面板顶部裂缝发展，当发展到某一裂纹长度，在极限车辆荷载作用下，发生突然的断板现象，形成图 6.69(b) 所示的悬空路面板断裂后剩余部分的情形。

以此工程为背景，分析平行悬空路面板的极限承载力问题。已知单块悬空路面板尺寸 $l\times b\times h$ 为 5m×4m×0.3m，取悬空比 R 为 0.2，悬空段支出宽度 b_2 为 0.8m，非悬空段宽度 b_1 为 9.2m，路面板受剪面中部顶端表生椭圆裂纹长半轴 a 为 5cm，短半轴 b 为 0.5cm，第二类完全椭圆积分 $E(k)$ 取前三项为 1.1098，裂纹尖端坐标 Z 为 −0.145m，圆周角 θ 为 90°。混凝土容重 γ 为 25kN/m^3，混凝土弹性模量 E 为 30GPa，泊松比 μ 为 0.15，混凝土断裂韧度 $K_{\mathrm{I}c}$ 为 0.5kN/cm$^{1.5}$，查阅应力强度因子手册后系数 M 取 1.1，地基系数 k 为 32MPa/m。代入式 (6.140) 计算可得带裂纹平行悬空路面板的极限承载力 P_u 为 121.5kN。

(a) 峨美路 K64+000 弯曲河道水毁

(b) 平行悬空路面板断裂后剩余部分

图 6.69 混凝土路面板平行悬空灾害

改变悬空比 R，研究极限承载力随悬空比的变化特性 (表 6.18)：

(1) 随悬空比的增大，平行悬空混凝土路面板的极限承载力大幅降低。

(2) 当悬空比 $R = 0.3$ 时，极限承载力小于标准设计轴载 100kN，但是标准设计轴载作用于一般非悬空混凝土路面时，不会发生突然的脆性断裂；而在悬空路面这种情况下，标准轴载就可以使得混凝土路面发生突然的脆性断裂，这将严重威胁行驶车辆及人员安全。

(3) 考虑到悬空比 $R = 0.5$ 时, 平行悬空路面板有一半的面积处于悬空状态, 路面支承面积减少, 基底受荷增加, 整体平衡状态难以维系, 路面板依靠自重稳定已接近临界平衡状态, 此时在车辆荷载作用下, 发生路面板整体性倾覆的概率陡增, 无法达到极限承载力的条件。故对于悬空比 $R \geqslant 0.5$ 的情况, 不属于极限承载力探讨范围, 也即本书采用的等效力学处理方法在悬空比 R 处于 $(0, 0.5)$ 区间时适用。

表 6.18 极限承载力随悬空比的变化特性

悬空比 R	极限承载力 P_u/kN
0.1	152.9
0.2	121.5
0.3	72.7
0.4	50.3
0.5	42.6
0.6	29.5

悬空比 $R = 0.2$ 时, 研究极限承载力随裂纹长度变化特性 (表 6.19):

(1) 随着裂纹长度的增加, 平行悬空混凝土路面板时极限承载力显著降低; 当裂纹长度达到 10cm 时, 极限承载力接近标准轴载, 可能发生一次性脆性断裂病害; 当裂纹长度大于 15cm 时, 路面板无法承受标准设计轴载的作用, 且随着裂纹长度的增加, 路面极限承载力大幅度降低, 危险性更大。

(2) 通过表 6.19 第三、四列可知, 实测极限承载力基本上略高于预测极限承载力, 表明公式得到的极限承载力解析式计算结果偏安全, 从相对误差基本上在 5% 以内看出该极限承载力公式具有一定的合理性和可行性。

表 6.19 极限承载力随裂纹长度的变化特性

裂纹长度/cm	极限承载力预测值 P_u/kN	极限承载力实测值 P_u/kN	相对误差/%((预测值–实测值)/实测值)
5	129.1	134.0	−3.7
10	121.5	124.7	−2.6
15	98.2	101.4	−3.2
20	77.5	81.7	−5.0
25	48.3	50.4	−4.2
30	29.44	27.1	−6.5

6.3.3 角部悬空路面板断裂破坏机制

1. 有限元模拟

近 20 年来, 我国西部地区沿河公路大量修建混凝土路面, 累计长度达到 9 万千米。路面板下部的路基岩土体及填筑材料被泥石流冲蚀后, 路面板悬空部分逐渐增大，悬空路面板在车辆荷载作用下的破坏问题是混凝土路面板安全隐患的主要表现形式。基于此，本书对沿河公路水毁情况进行分析，针对角部悬空水泥混凝土路面结构形式，采用 ANSYS 有限元软件模拟，分析悬空比、车辆荷载和行车荷位 3 种因素对悬空路面板荷载应力的影响及其分布规律。

1) 有限元模型

突变河道承受泥石流水平涡流掏蚀，带走大方量的路基土体，随着路基填料的掏蚀，路基在自重作用下纵向拉裂路面板形成水平圆柱体缺口。针对突变河道公路水毁破坏特征，可概化为水泥混凝土路面角部悬空破坏模式，如图 6.70 所示。

图 6.70 四川省成都市九环线路面板角部悬空灾害

依据泥石流冲蚀作用产生的角部悬空路面板，取单块行车路面板为研究对象，按照弹性地基单层板模型建立角部悬空路面结构模型，如图 6.71 所示。角部悬空模型的几何尺寸为：地基 7m×6m×6m ($L \times B \times H$)，水泥混凝土路面板 5m×4m×0.3m ($l \times b \times h$)，L_1、L_2 为洪水冲蚀地基残留部分长度。定义悬空比 R 为水泥混凝土悬空面积 A_k 与水泥混凝土面板总面积 A 之比，图中所示为悬空比 $R = 0.2$ 时的情况。路面板所受荷载包括路面板自重和车辆荷载，图中阴影区域表示单轴–双轮车辆荷载位置 A_1 (即车辆荷载作用于纵缝边缘角部时)，其余两种行车荷位为纵缝边缘中部 A_2 和板中 A_3。

采用 ANSYS10.0 有限元软件建立角部悬空路面板模型，以 solid95 单元模拟路基路面结构，模型竖直方向按照 0.5m 对单元进行划分，其中 0.3m 厚的路面板在厚度方向上单独划分为两段，水平面方向同样按照 0.5m 对单元进行划分，水平面上对荷载施加部分的网格划分按照 0.1m 进行加密，以提高计算精度。车辆荷载及工况同平行悬空路面板有限元模型，如图 6.72 所示，共划分 67555 个单元、95956 个节点。

6.3 混凝土路面板悬空

图 6.71 角部悬空路面板模型

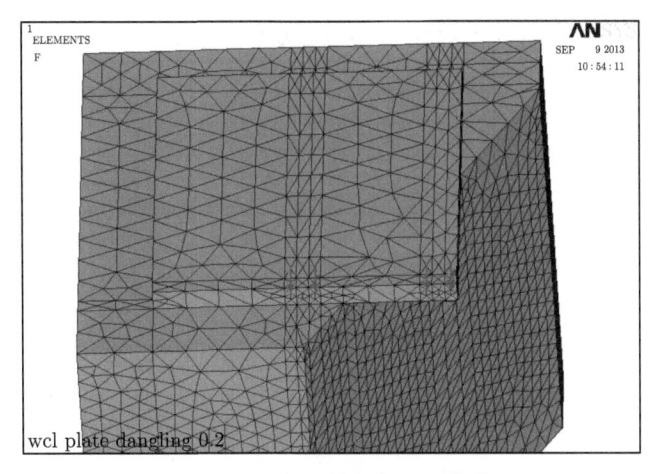

图 6.72 角部悬空有限元模型

2) 标准荷载下路面板最不利行车荷位

目前规范中针对非悬空水泥混凝土路面提出的最不利行车荷位位于路面板纵缝中部,对于悬空路面尚未提出相应的最不利荷位,因此这里对该问题进行探究,补充悬空路面板最不利荷位的结论。另外,对于三维混凝土实体结构,按照脆性材料的性质,根据强度准则可以采用第一强度理论(最大拉应力理论)和第二强度理论(最大拉应变理论或等效强度理论),而规范指出的荷载应力并未给出采用哪种强度理论。因此在本书的研究中采用等效强度理论,认为只要最大拉应变达到材料拉伸断裂时的最大应变值,则材料断裂。于是,在 ANSYS10.0 通用后处理器中提取等效应力进行讨论。

标准轴载 $V = 100$kN 作用下,分析角部悬空路面最不利荷位,超载情况下,最不利行车荷位与之类似。角部悬空模型下,荷载应力随行车荷位变化规律如表 6.20 及图 6.73 所示。主要特性如下:

(1) 对于角部悬空路面板,在任一悬空比 R 下,行车荷位在纵缝边缘时,荷载应力值显著地大于其他行车荷位的情况,即角部悬空最不利行车荷位在纵缝边缘处;

(2) 对任一行车荷位,随着悬空比 R 的增加,荷载应力值增加,当 $R = 0.6$ 时,荷载应力值显著增加;

(3) 在最不利行车荷位下,随着悬空比的增加,荷载应力相对于 $R = 0$ (即非悬空路面) 分别增加 29%、77.6%、647.9%,可以看出,按照规范推荐的混凝土路面设计强度无法保证在角部悬空模式下的行车安全,也表明悬空比作为一种重要因素,对角部悬空模式路面板具有重要影响;

(4) 对于悬空比 $R = 0$ 的非悬空模型,行车荷位在纵缝边缘 A_1 取得最大荷

表 6.20　角部悬空下荷载应力随行车荷位变化规律　(单位:MPa)

行车荷位	悬空比 R			
	0	0.2	0.4	0.6
纵缝边缘	1.92	2.48	3.41	14.36
纵缝中部	0.59	0.75	1.34	3.18
板中	0.26	0.49	0.66	1.35

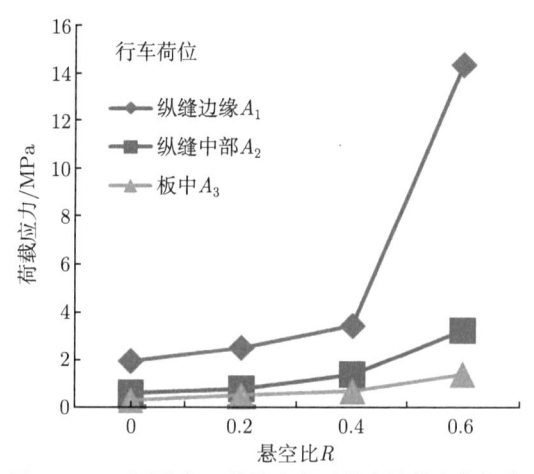

图 6.73　不同荷位下荷载应力随悬空比的变化规律

6.3 混凝土路面板悬空

载应力值，这与规范推荐的临界荷位不同，出现这种情况的原因可能是实际情况下，路面板横缝之间设置传力杆，可以传递一部分车辆荷载，从而最不利行车荷位不会出现在纵缝边缘角部，而该模型中并未考虑传力杆的连接作用，因此最不利行车荷位与规范有一定差异。

3) 角部悬空拉应力分布特性 [22]

角部悬空时最不利荷位下，水泥混凝土面板拉应力分布范围随悬空比的变化规律如图 6.74 所示。可见，随着悬空比的增加，拉应力区范围扩大但不显著，多分布在角部附近，从整个路面板受力来看，拉应力影响不大但在局部范围内最大拉应力大于平行悬空时最大拉应力，特别是 $R=0.6$ 时，角部悬空形式下的最大拉应力远大于平行悬空形式下的最大拉应力，增大将近 115%。因此，两种悬空模式表明，当悬空比 R 达到 0.6 及以上，断板的可能性极大，危险程度很高，应禁止车辆通行。

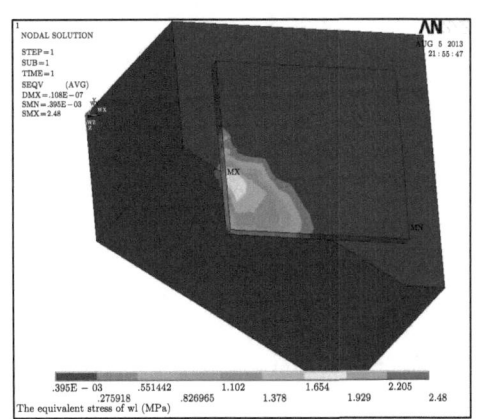

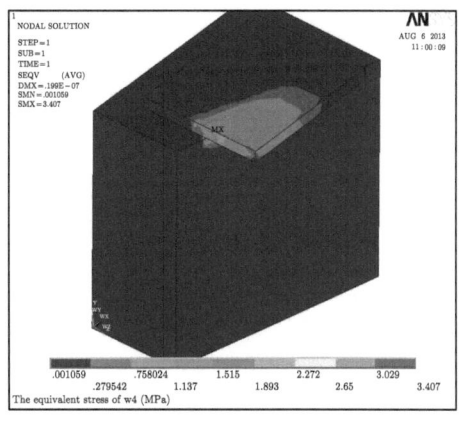

(a) $R=0.2$

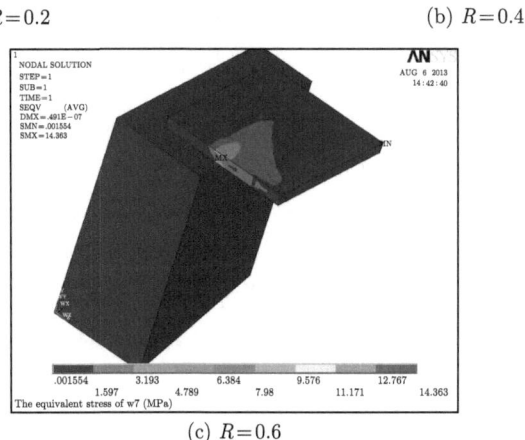

(b) $R=0.4$

(c) $R=0.6$

图 6.74　角部悬空混凝土路面板拉应力云图

4) 应力变化特性

规范中给出了标准轴载作用下，非悬空混凝土路面拉应力计算方法，而对于超重车辆轴载以及悬空路面形式尚未给出设计依据。因此，这里在最不利行车荷位 A_1 时，探究轴载变化对角部悬空混凝土路面荷载应力影响规律。不同轴载下荷载应力随悬空比的变化规律如表 6.21 及图 6.75 所示。

表 6.21　不同轴载下荷载应力随悬空比的变化规律　（单位：MPa）

车辆轴载 V/kN	悬空比 R			
	0	0.2	0.4	0.6
100	1.921	2.48	3.407	14.363
150	2.849	3.592	4.923	20.356
200	3.777	4.732	6.438	26.35

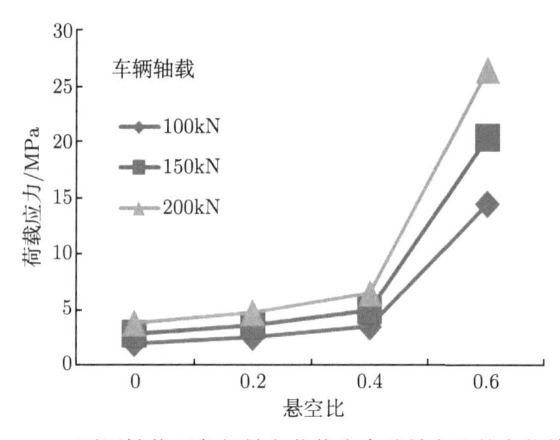

图 6.75　不同轴载下角部悬空荷载应力随悬空比的变化特性

(1) 同一车辆轴载下，随着悬空比 R 的增加，荷载应力增加，当 $R > 0.4$ 时荷载应力值显著增加。

(2) 在同一悬空比下，随着轴载的增加，荷载应力增加。$R = 0$ 时，随着轴载的增加，荷载应力值分别增加 48.3%、96.6%；$R = 0.2$ 时，增加比例为 44.8%、90.8%；$R = 0.4$ 时，增加比例为 44.5%、89%；$R = 0.6$ 时，增加比例为 41.7%、83.5%。可见超载导致非悬空路面板和角部悬空路面板荷载应力的增长比较显著。

(3) 在最不利荷位 A_1 下一定悬空比范围内，路面板内荷载应力与悬空比近似服从线性正相关，在悬空路面板荷载应力计算中，考虑了悬空比因素，为拟合新的荷载应力计算公式提供了依据。

(4) 悬空比 $R = 0.6$ 时，荷载应力值陡增，实际情况下路面板可能在自重作用下已经垮落；而本书在层间条件设置中，将路面板和路基的连接设置为连续接触，这是一种理想的假设，实际中可能出现层间滑移、黏结不牢等现象；连续接触使得路面板和路基共同承受车辆荷载的能力增强,会导致路面板内有限元计算的荷载应力值比实际情况偏大,而实际中可能未达到有限元计算值就发生破坏。因此,不再讨论悬空比大于 0.6 的情况,且以后对悬空比的讨论控制在 0.6 以内。

5) 结果与讨论

1920 年前后,C. Older 和 A. T. Goldbeck 根据材料力学原理,提出了最早的刚性路面荷载应力计算方法。由于当时所用的水泥混凝土路面板较薄,路面破坏的主要形式为角隅断裂,所以 C. Older 等认为角隅断裂主要是由板下地基局部下陷,使得板角端部呈现局部脱空现象所致。除了地基局部下陷外,面板因温度、湿度不均匀变化而产生角顶向上翘曲,也会引起面板与地基局部脱开。其中,所描述的 3 种模式中,有一种作用于外侧角隅、无传力杆连接的情况同本书描述的泥石流冲刷掏蚀后形成的角部悬空模型有相似之处,受力机制相仿。因此,这里比较分析其理论推荐公式计算值与本书数值模拟的结果。

理论公式假设车轮荷载 P 作用在角顶处,混凝土板处于一种悬臂状态;板的一端是固定的,与板内侧相连;板的另一端为自由端。由荷载 P 引起的角隅断裂线 AB 与边缘成 $45°$ 角,与顶点的距离为 a。其荷载应力公式为

$$\sigma = \frac{3P}{h^2} \tag{6.142}$$

式中,P 为车轮荷载,MN;σ 为混凝土板顶面的拉应力,MPa;h 为混凝土板厚度,m。

取悬空比 $R = 0.2$ 时进行对比,计算结果见表 6.22。可见,采用理论公式计算的荷载应力均大于相同条件下数值模拟解,说明按照材料力学得到的理论解是一种比较保守的算法,也证明数值解总的趋势和理论解之间的差距是稳定的,具有合理性。

表 6.22　理论解与数值解结果比较 ($R = 0.2$, $h = 0.3\text{m}$)

车辆荷载/kN	数值解/MPa	理论解/MPa
100	9.48	9.33
150	9.592	5.000
200	9.4732	6.667

本书仅当悬空比 R 取 0.2 时,与 C. Older 等提出的理论解才具有可比性。因为本书 $R = 0.2$ 时,也即是角部悬空端为等腰直角三角形的情况,符合理论解模型的条件。当悬空比 R 取其他数值,也即悬空比发生变化后,这种对比将失去几何尺寸相似的基础。这一点也决定了需研究新的针对不同悬空形式和程度的角部悬空路面板的解析解方法。

2. 基于断裂力学的角部悬空混凝土路面板极限承载力

2007 年 7 月 2 日四川省通江县特大洪灾中，省道 S302 线万阿路冲毁混凝土路面 1206m²，造成路面板悬空 560m²；省道 S201 线通宣路路基沉陷 3760m²，路面板悬空 72m²。该类型具有较强的隐蔽性，由于路面上的通行车辆不易觉察路面以下路基冲蚀情况，当重载车辆驶过悬空路面板时，容易导致悬空路面板的断裂破坏，造成重大交通事故，人民生命财产安全面临巨大威胁，带来不良的社会影响。

受洪水、泥石流冲刷路基影响，角部悬空路面板这一典型水毁形式在山区沿河公路地段广泛分布。一方面，在修筑期间，如果养护不当，或缩缝开得不及时等，会导致板内出现宏观裂缝；另一方面，在运营期间，在车辆荷载长期反复作用下，微裂纹发展、贯通成宏观裂纹。在荷载应力和温度应力的共同作用下出现疲劳裂纹，并迅速扩展，当裂纹达到某一临界值时，混凝土路面板的承载力达到极限，出现断板现象。

这里将对带裂纹角部悬空混凝土路面板的极限承载力的求解提供理论支撑，采用材料力学和断裂力学相结合的方法，从新的角度为悬空路面板断裂破坏力学机制提供合理解释。基于该成果，可以预测带裂纹路面板极限承载力，为科学划分安全行车区域提供指导，以期在最不利条件下，最大程度地保障交通安全。

1) 角部悬空路面板受力分析

(1) 破坏模式大量工程实例表明：突变河道承受泥石流水平涡流掏蚀，带走大方量的路基土体，随着路基填料的掏蚀，路基在自重作用下纵向拉裂路面板形成水平圆柱体缺口。针对公路水毁破坏特征，构建角部悬空混凝土路面板分析模型（图 6.76）。

(2) 角部悬空混凝土路面板受力分析取单块行车路面板为研究对象，按照弹性地基单层板模型建立角部悬空路面板结构模型，定义悬空比 R 为水泥混凝土悬空面积 A_k 与水泥混凝土面板总面积 A 之比，图 6.76 所示为悬空比例 $R=0.2$ 时的情况，其几何尺寸为：路基长×宽×高为 $L \times B \times H$，水泥混凝土路面板长×宽×高为 $l \times b \times h$，L_1、L_2 为洪水冲蚀路基后残留部分长度。悬空部分由 1~6 号点组成的六面体构成，假定沿路面板宽度方向的悬空长度为 $b/2$，沿路面板长度方向悬空长度为 l_1，长度统一用国际单位 m 表示。

角部悬空路面板受自重 W 作用和车辆荷载 F 作用，取角部悬空路面板分离体进行受力分析，图 6.77(a) 为分离体受力平衡状态示意图，受剪面 1-2-3-4 "粘贴" 在悬空部分的表面，图 6.77(b) 截取受剪面 1-2-3-4，此面 "粘贴" 在非悬空路面板部分的表面，两块面实则为同一对象，只是在不同的分离体上，内力大小相等、方向相反。根据受力平衡条件以及作用力与反作用力的相互关系，可以得到

6.3 混凝土路面板悬空

受剪面上的内力，为简洁起见，将作用力和反作用力、作用力矩和反作用力矩用同一字母标示 (由于分离体不同仅方向相反)，即剪力 F_0 和弯矩 M。

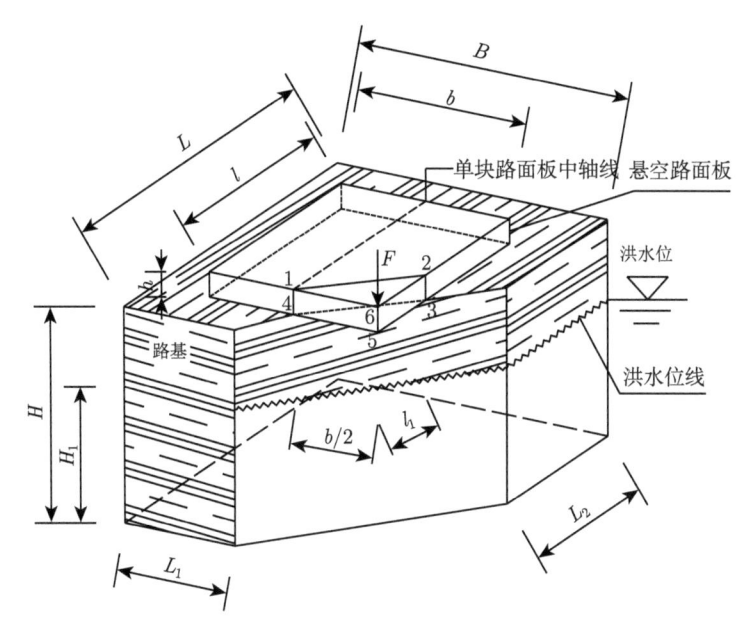

图 6.76　角部悬空混凝土路面板分析模型 ($R = 0.2$)

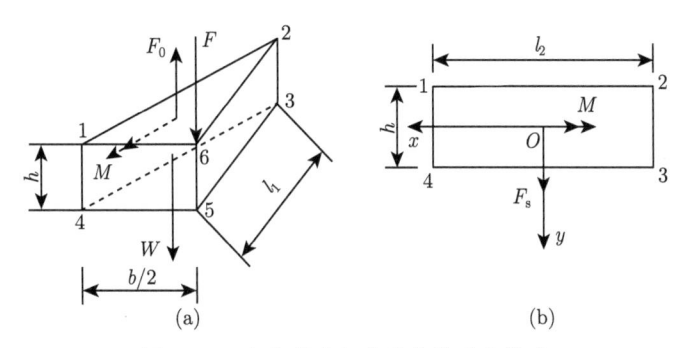

图 6.77　角部悬空部分分离体受力模型

自重 W 作用于悬空路面板重心处，其表达式如下：

$$W = \left(\frac{b}{2} \times l_1 \times \frac{1}{2}\right) \times h \times \gamma = \frac{1}{4}bl_1 h\gamma \tag{6.143}$$

式中，W 为路面板悬空部分自重，kN；γ 为混凝土路面板容重，kN/m^3；其余变量含义同前。

假定车辆荷载 F 作用于悬空路面板角点 6。根据几何关系，可以求得角点 6 至受剪面 1-2-3-4 的垂直距离为 d，其表达式如下：

$$d = \frac{bl_1}{2\sqrt{\frac{1}{4}b^2 + l_1^2}} \tag{6.144}$$

式中，d 为车辆荷载到受剪面 1-2-3-4 的力臂，m。

车辆荷载 F 产生的弯矩为

$$M_F = F \cdot d = \frac{Fbl_1}{2\sqrt{\frac{1}{4}b^2 + l_1^2}} \tag{6.145}$$

式中，M_F 为平移车辆荷载得到的弯矩，kN·m；F 为车辆荷载，kN。

自重 W 产生的弯矩为

$$M_W = \frac{1}{3} d \cdot W = \frac{b^2 l_1^2 h \gamma}{24\sqrt{\frac{1}{4}b^2 + l_1^2}} \tag{6.146}$$

式中，M_W 为平移悬空部分自重得到的弯矩，kN·m。

则受剪面所受总弯矩 M 为

$$M = M_W + M_F = \frac{12Fbl_1 + b^2 l_1^2 h \gamma}{24\sqrt{\frac{1}{4}b^2 + l_1^2}} \tag{6.147}$$

式中，M 为受剪面上的总弯矩，kN·m。

受剪面所受剪力 F_0 为

$$F_0 = F + W = F + \frac{1}{4} bl_1 h \gamma \tag{6.148}$$

式中，F_0 为受剪面上剪力，kN。

2) 考虑弯拉作用的角部悬空混凝土路面板断裂力学模型

参考有限元分析得出的角部悬空模式最不利车辆荷载位置，按照材料力学方法计算刚性路面荷载应力，从断裂力学的角度，考虑带宏观裂纹悬空路面板在车辆荷载作用下的极限承载力和断裂问题，基本假定为：

(1) 受剪面顶部存在表生裂纹，形状呈椭圆状；

(2) 主要考虑弯拉应力作用下 I 型断裂模式，裂纹沿长度方向发展；

6.3 混凝土路面板悬空

(3) 受剪面内的裂纹为受到剪力作用的 II 型断裂模式，该模式使裂纹向深度方向发展，为次要作用，忽略其作用。

假定 (1) 是结合实际悬空路面板路况，裂纹一般从路面板上表面悬臂端发育，沿路面板受剪面长度方向扩展。基于此，在路面板悬臂端受剪面 (1-2-3-4) 中间顶部位置设置一表生椭圆裂纹，裂纹长半轴为 a，短半轴为 b，裂纹平面与板上、下表面垂直，如图 6.78 所示。车轮荷载 F 作用于板角，以裂纹失稳扩展的外荷载为板体的极限承载力 P_u。

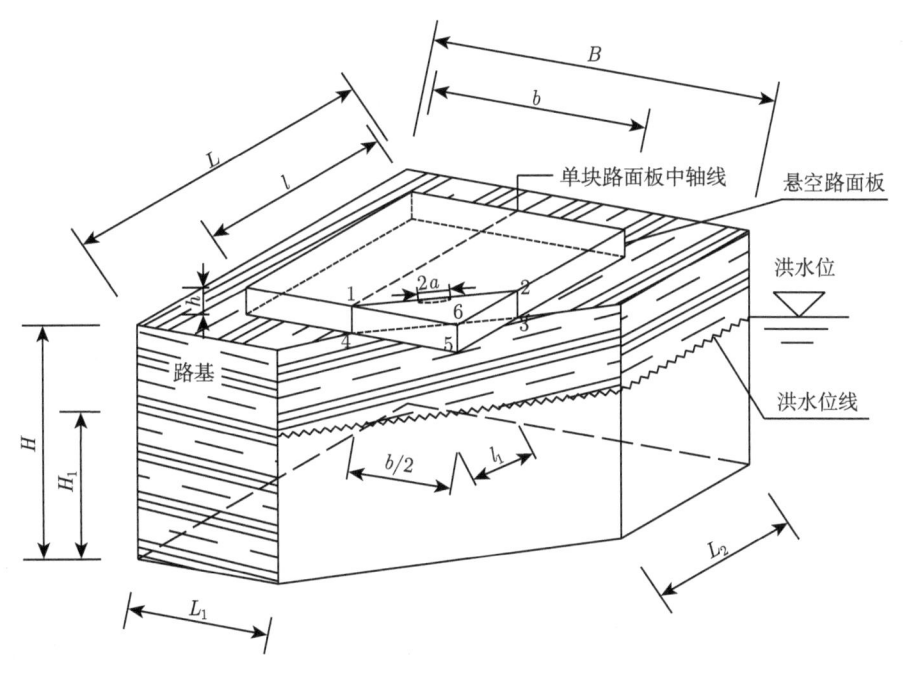

图 6.78 带裂纹角部悬空混凝土路面板

假定 (2) 的弯拉应力垂直于受剪面，属于 I 型断裂模式。

假定 (3) 考虑如下：其一，在受剪面 1-2-3-4 内，剪力平行于该平面，使椭圆裂纹沿深度方向发展，属 II 型断裂模式；其二，表生裂纹在受剪面顶部，根据材料力学知识可知，分布在顶面附近的剪应力很小，可忽略不计；其三，由剪应力产生的 II 型裂纹尖端场的剪应力分量公式 (6.35) 可知，应力强度因子 K_{II} 具有剪应力分布场场强大小的意义，受剪面内剪应力分布大小 τ_{xy} 取决于 K_{II}，而在裂纹长度一定时，K_{II} 取决于剪力产生的剪应力 τ，由于 τ 在受剪面顶部的分布值非常小，故应力强度因子 K_{II} 很小，进一步导致在等效应力强度公式 (6.36) 中的贡献很小，因此可以忽略剪力的 II 型加载断裂作用。

$$\tau_{xy} = \frac{K_{\mathrm{II}}}{\sqrt{2\pi r}} \cos\frac{\theta}{2} \left(1 - \sin\frac{\theta}{2} \sin\frac{3\theta}{2}\right) \tag{6.149}$$

式中，$K_{\mathrm{II}} = \tau\sqrt{\pi a}$，这里 τ 为剪应力。

$$K_{\mathrm{e}} = \cos\frac{\theta}{2} \left(K_{\mathrm{I}} \cos^2\frac{\theta}{2} - \frac{3}{2} K_{\mathrm{II}} \sin\theta\right) \tag{6.150}$$

裂纹尺寸及相对位置关系如图 6.79 所示，路面板受剪面 (1-2-3-4) 斜边长 l_2、高 h，裂纹长半轴为 a、短半轴为 b_1，裂纹长轴距受剪面顶部为 h_1、距受剪面底部为 h_2、距 x 轴为 e。

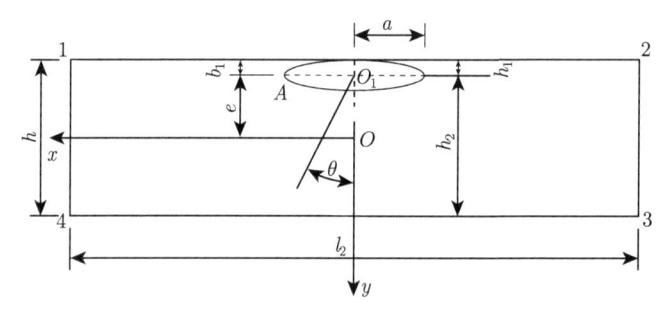

图 6.79 带裂纹受剪面

由材料力学知识，可得拉应力如下：

$$\sigma = \frac{My}{I} = \frac{12Me}{l_2 h} \tag{6.151}$$

式中，I 为受剪面惯性矩，m^4；σ 为拉应力，垂直 xy 平面向外，kPa；e 为椭圆长轴与 x 轴的距离，m。

查阅应力强度因子手册，根据交替法可得应力强度因子为

$$K_{\mathrm{I}} = M_x \sigma \frac{\sqrt{\pi b_1}}{E(k)} \left[\left(\frac{b_1}{a}\right)^2 \sin^2\theta + \cos^2\theta\right]^{1/4} \tag{6.152}$$

式中，$E(k)$ 为第二类完全椭圆积分，级数表达式见式 (6.153)，数值计算中取前 3 项即可满足精度要求；$k^2 = 1 - \left(\dfrac{b_1}{a}\right)^2$，这里 a 为椭圆长半轴，b_1 为椭圆短半轴；θ 为圆周角；系数 M_x 查手册图表可得。

$$E(k) = \int_0^{\frac{\pi}{2}} \sqrt{1 - k^2 \sin^2\varphi}\,\mathrm{d}\varphi = \frac{\pi}{2}\left[1 - \left(\frac{1}{2}\right)^2 k^2 - \left(\frac{1 \cdot 3}{2 \cdot 4}\right)^2 \frac{k^4}{3}\right.$$

6.3 混凝土路面板悬空

$$-\left(\frac{1\cdot 3\cdot 5}{2\cdot 4\cdot 6}\right)^2\frac{k^6}{5}-\left(\frac{1\cdot 3\cdot 5\cdot 7}{2\cdot 4\cdot 6\cdot 8}\right)^2\frac{k^8}{7}-\cdots\bigg] \tag{6.153}$$

令 $K_{\mathrm{I}} = K_{\mathrm{Ic}}$，即

$$M_x\sigma\frac{\sqrt{\pi b_1}}{E(k)}\left[\left(\frac{b_1}{a}\right)^2\sin^2\theta+\cos^2\theta\right]^{1/4}=K_{\mathrm{Ic}} \tag{6.154}$$

将式 (6.147)、式 (6.151) 代入式 (6.154)，可以求得混凝土悬空路面板的极限荷载 P_{u} 如下：

$$F=P_{\mathrm{u}}=\frac{\left(\frac{1}{4}b^2+l_1^2\right)hK_{\mathrm{Ic}}E(k)}{6M_xbl_1\sqrt{\pi b_1}}\left[\left(\frac{b_1}{a}\right)^2\sin^2\theta+\cos^2\theta\right]^{-1/4}-\frac{bl_1h\gamma}{12} \tag{6.155}$$

式中，F 即为带裂纹角部悬空路面板的极限承载力，亦可用 P_{u} 表示。

混凝土悬空路面板断裂是裂纹尖端扩展、贯通的结果，当混凝土板达到极限承载力后，裂纹开始扩展，将这一临界点视为混凝土破坏的开始。

3) 考虑拉剪作用的角部悬空混凝土路面板断裂力学模型

初始混凝土裂缝在拉应力作用下沿裂纹长度方向扩展，当裂纹长度达到临界值时，发生一次性断裂破坏。这里在考虑拉应力作用的同时，增加剪应力对带裂纹悬空路面板断裂破坏贡献的研究，推导拉剪联合作用 (I-Ⅲ 型复合断裂模式) 下的极限承载力问题。

三维模型中，裂纹沿两向扩展，即沿着裂纹长度方向扩展和沿着路面板深度方向扩展。弯拉应力主要使裂纹沿长度方向扩展，而剪力可以使裂纹沿深度方向扩展，也能使裂纹沿长度方向扩展。取受剪面 1-2-3-4 的裂纹为研究对象，如图 6.79 所示，剪力在该平面内属于 Ⅱ 型断裂模式，使裂纹沿深度方向扩展。取路面板俯视图内裂纹为研究对象，如图 6.80 所示，剪力垂直于该平面，使裂纹沿长度方向发展，属于 Ⅲ 型断裂模式。

查阅应力强度因子手册，选取裂纹中心受反平面集中剪力模型，可得应力强度因子为

$$K_{\mathrm{Ⅲ}}=\frac{\beta\cdot F_0}{\sqrt{\pi a}} \tag{6.156}$$

式中，$\beta=\sqrt{\dfrac{\pi a}{c}\bigg/\sin\dfrac{\pi a}{c}}$，这里 c 为虚线长度 (m)；其余变量含义同前。

$$c=\frac{1}{2}\sqrt{\frac{b^2}{4}+l_1^2}-a \tag{6.157}$$

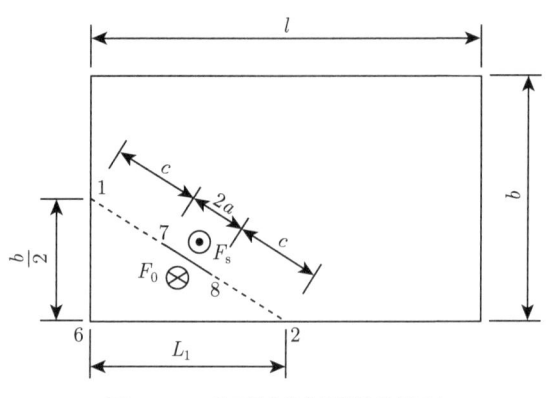

图 6.80 路面板俯视图裂纹模型

图中尺寸标注字母含义同前，其中 1-2 连线中实线段为裂纹，虚线段表示不含裂纹段

采用应变能密度因子理论 (S 准则) I、III 型复合加载下的断裂判据，即

$$\sqrt{K_{\mathrm{I}}^2 + 2.5K_{\mathrm{III}}^2} = K_{\mathrm{Ic}} \tag{6.158}$$

将式 (6.145)、式 (6.148)、式 (6.151)、式 (6.152) 和式 (6.156) 代入式 (6.158)，得

$$\frac{M_x^2 e^2 (12Fbl_1 + b^2 l_1^3 h\gamma)^2}{l_2^2 h^2 (b^2 + 4l_1^2)} \left[\left(\frac{b_1}{a}\right)^2 \sin^2\theta + \cos^2\theta \right]^{1/2}$$

$$+ \frac{2.5\beta^2 \left(F + \frac{1}{4} bl_1 h\gamma\right)^2}{\pi a} = K_{\mathrm{Ic}}^2 \tag{6.159}$$

式 (6.159) 可化为关于 F 的一元二次方程，化简整理可得

$$AF^2 + BF + C = 0 \tag{6.160}$$

式中，$A = 144\alpha_1 b^2 l_1^2 + \alpha_2$；$B = 24\alpha_1 b^3 l_1^3 h\gamma + \frac{1}{2}\alpha_2 bl_1 h\gamma$；$C = \alpha_1 b^4 l_1^4 h^2 \gamma^2 + \frac{1}{16} b^2 l_1^2 h^2 \gamma^2 - K_{\mathrm{Ic}}^2$；$\alpha_1 = \dfrac{M_x^2 e^2 \left[\left(\dfrac{b_1}{a}\right)^2 \sin^2\theta + \cos^2\theta\right]^{1/2}}{l_2^2 h^2 (b^2 + 4l_1^2)}$；$\alpha_2 = \dfrac{2.5\beta^2}{\pi a} = \dfrac{2.5}{c \sin\dfrac{\pi a}{c}}$。

由一元二次方程求根公式，可得到式 (6.160) 的解为

$$F_{1,2} = \frac{-B \pm \sqrt{\Delta}}{2A} \tag{6.161}$$

式中，$\Delta = B^2 - 4AC$。

式 (6.161) 即为考虑拉剪作用下的角部悬空路面板极限承载力公式，亦可用 P_u 表示。

算例分析

四川九环线 (九环线是成都到九寨沟环线的简称) 是四川一条重要的旅游干线，贯穿四川的部分精品旅游景区，是乘汽车从成都到九寨沟旅游的必经线路，全长 913km。在一次强降雨中，洪水冲毁路基，悬空路面板大量出现。失去路基支承的路面板，承载能力大幅降低，行驶在路面的车辆很难发现路基情况，这种隐形危险增加了事故的发生概率。如果行驶车辆荷重达到悬空路面板的极限承载力，将导致路面板突然的脆性断裂，带来车毁人亡的惨痛代价。

在该次强降雨中，九环线某路段位于突变河道，水平涡流掏蚀路基，洪水带走路基填料，形成悬空混凝土路面板。图 6.70 所示为处于突变河道的沿河公路，在洪水冲刷下，路基逐渐掏蚀，路面板在板角处形成缺口，呈角部悬空状态。随着车辆的往返行驶，角部悬空路面板顶部裂缝发展，当发展到某一裂纹长度，在极限车辆荷载作用下，突然发生断板现象。

以此工程为背景，分析角部悬空路面板极限承载力问题。已知角部悬空路面板尺寸 $l \times b \times h$ 为 5m×4m×0.3m，取悬空比 R 为 0.2，悬空段沿路面板长度方向尺寸 l_1 为 4m，路面板受剪面中部顶端表生椭圆裂纹长半轴 a 为 5cm，短半轴 b_1 为 0.5cm，第二类完全椭圆积分 $E(k)$ 取前三项为 1.1098，圆周角 θ 为 90°，混凝土容重 γ 为 25kN/m³，混凝土断裂韧度 K_Ic 为 0.5kN/cm$^{1.5}$，查阅应力强度因子手册后系数 M_x 取 1.1。代入式 (6.155) 计算可得带裂纹角部悬空路面板的极限承载力 P_u 为 90.2kN，代入式 (6.161) 计算可得带裂纹角部悬空路面板的极限承载力 P_u 为 88.8kN。

裂纹尺寸及位置保持不变，随着悬空比 R 的增大，极限承载力 P_u 的变化情况见表 6.23。可见，随着悬空比的增大，角部悬空混凝土路面板极限承载力降低；仅考虑弯拉作用下的极限承载力大于拉剪联合作用下的极限承载力，当悬空比 $R = 0.15$ 时，弯拉极限承载力达到标准设计轴载，悬空路面板可能发生断裂破坏，拉剪极限承载力已经低于标准设计轴载，发生破坏；弯拉极限荷载与拉剪极限荷载相对误差可控制在 8% 以内。因此，为了简化计算，仅考虑弯拉作用的计算方法较考虑拉剪作用时简便。

其他条件不变，悬空比 $R = 0.15$ 时极限承载力随裂纹长度的变化规律如表 6.24 所示。随着裂纹长度的增加，角部悬空混凝土路面板的极限承载力显著降低；当悬空比 $R = 0.15$，裂纹长度达到 15cm 时，极限承载力低于标准轴载，可能发生一次性脆性断裂病害。

表 6.23　极限承载力随悬空比的变化规律

悬空比 R	弯拉极限承载力 P_u/kN	拉剪极限承载力 P_u/kN	相对误差/% ((弯拉-拉剪)/拉剪)
0.1	121.6	118.9	2.3
0.15	103.5	98.8	4.8
0.2	90.2	88.8	1.6
0.25	83.9	78.9	6.3

表 6.24　极限承载力随裂纹长度的变化规律

裂纹长度/cm	弯拉极限承载力 P_u/kN	拉剪极限承载力 P_u/kN	相对误差/% ((弯拉-拉剪)/拉剪)
5	128.6	120.6	6.6
10	113.5	108.8	4.3
15	75.4	77.9	−3.2
20	61.3	58.1	5.5
25	44.7	46.4	−3.7
30	37.9	35.1	8.0

6.4　桥梁墩台破坏机制

6.4.1　泥石流淤埋桥梁变形与破坏模型试验

从 1998 年以来对四川省凉山彝族自治州公路泥石流灾害的研究发现, 有短命桥、马马河桥等 10 余座中小型桥梁被黏性泥石流淤埋后发生了显著的渐进性破坏, 桥面板局部水平位移可达 50cm, 其特征不能用泥石流冲击机理来解释, 似乎在泥石流沉积以后泥石流体给桥梁结构施加了一种量值巨大的附加荷载。这里借助于被黏性泥石流体淤埋的简支梁桥模型, 进行室内模型试验和数值模拟, 探讨黏性泥石流沉积后可能产生的泥石流附加荷载。

1. 模型试验设计

建造泥石流淤埋结构物试验模型如图 6.81 所示, 模型坡面倾角取 10°, 泥石流体最大厚度 85cm。埋置在泥石流体内的模型桥梁为简支梁桥 (图 6.82), 在桥面板上、下表面分别粘贴 4 个应变片 (图 6.83), 用于量测新拌泥石流体固结过程中产生的附加荷载在桥面板上的表现特性; 同时在模型桥底部和桥墩外侧面分别安装土压力传感器 (图 6.84), 用于量测泥石流体固结过程中产生的压力变化。采用黏土、砂、颗粒直径 1.5~3.0cm 的级配碎石, 均匀搅拌成泥石流体, 其容重为 $(19.75\pm0.14)\mathrm{kN/m}^3$, 采用 NDJ-8S 型黏度计测得配制的泥石流体的浆体黏度为 $(1.31\pm0.03)\mathrm{Pa\cdot s}$, 所配制的泥石流体属于黏性泥石流体。

2. 模型试验过程

(1) 制作模型试验平台, 安置桥梁模型, 并在模型桥相关部位安设应变片和压力传感器等量测器件。将应变片与 TST3826E-1 型应变仪相连, 压力传感器与

6.4 桥梁墩台破坏机制

XP05 型振弦频率仪相连。

(2) 配制泥石流体，并缓慢淤埋桥梁模型。泥石流体在自重作用下发生蠕动变形，所产生的附加荷载通过桥梁结构这一载体予以显示。

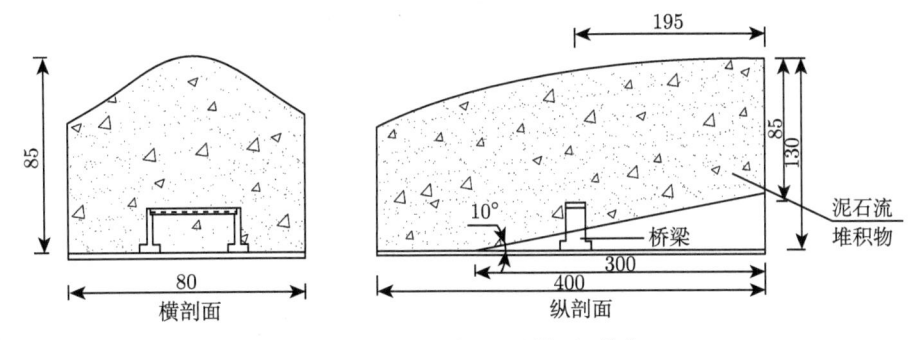

图 6.81 泥石流淤埋桥梁试验模型 (单位：cm)

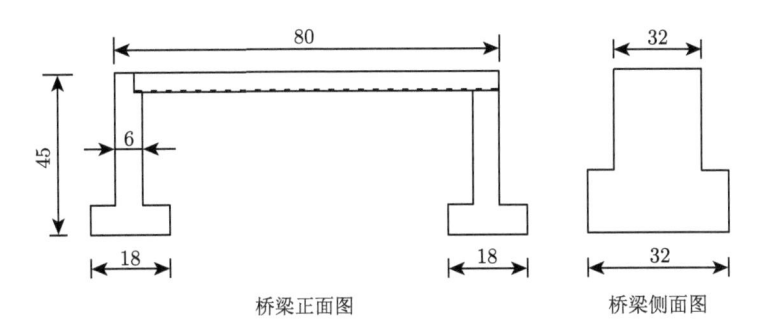

图 6.82 桥梁模型细部尺寸图 (选配 $2 \times \phi 3$ 钢筋，单位：cm)

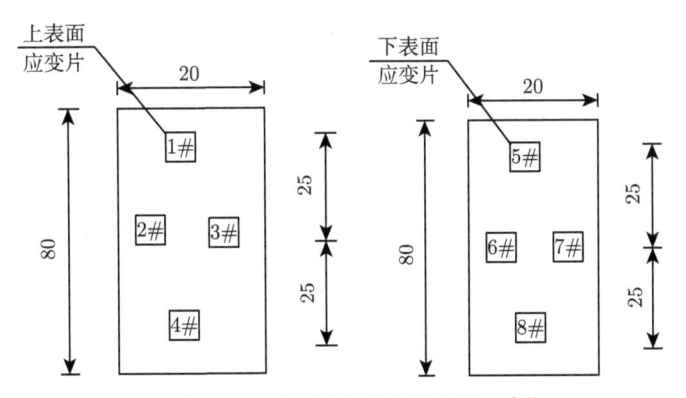

图 6.83 梁上、下表面应变片布设位置 (单位：cm)

图 6.84　梁底部和侧面安装的压力传感器

(3) 每隔 10min 由应变仪记录模型桥面粘贴的应变片的读数，测试时间为 2010 年 11 月 26 日至 2010 年 12 月 17 日；在第 0min、2min、3min、5min、10min、20min、30min、1h、2h、3h、4h、6h、1 天由振弦频率仪记录压力传感器读数，其后每天读取一次，测试时间为 2010 年 11 月 26 日至 2011 年 1 月 16 日。

3. 试验结果分析

1) 桥面板应力变化

测试结果表明，3#、4# 和 5# 应变片由于变形超过其极限值而破坏，本书对其测试结果不做讨论，其余 1#、2#、6#、7# 和 8# 应变片采集数据反映的应力变化过程分别见图 6.85 ~ 图 6.89。桥面板上部处于受压状态，应力为负，其中靠近桥梁跨中的 2# 应变片记录的压应力 (最大可及 30kPa) 大于桥梁端部的 1# 应变片的记录数据 (最大可及 14kPa)，相差 1 倍左右；桥面板下部处于受拉状态，6# 应变片记录的桥梁跨中拉应力 (最大可及 140kPa) 大于 8# 应变片记录的桥梁端部拉应力 (最大可及 30kPa)，相差近 4 倍。可见，应变片记录的桥梁荷载分布符合简支梁的受荷特性，但是桥面板上下部受力出现不均匀性，这表明被泥石流体淤埋的简支梁桥已非传统的静定结构，桥梁各构件均受到泥石流附加荷载的作用，体现出较明显的超静定特性。

泥石流在固结过程中，泥石流体内附加荷载呈现非线性增大到衰减趋势，可以从淤埋桥梁桥面板表面的应力变化予以显示，桥梁跨中出现附加荷载峰值的时间早于端部。桥梁端部的附加应力变化比较复杂，桥面板上部在泥石流固结初期及后期出现短暂的拉应力，桥面板下部在泥石流固结初期及中后期出现短暂的压应力。着眼于简支梁中部，比较图 6.88 和图 6.89 发现，桥面板顶部压应力峰值的出现时间明显滞后于桥面板下部拉应力峰值的出现时间，二者相差 6 天左右；而从图 6.85 和图 6.86 可发现，在简支梁端部，桥面板顶部压应力峰值的出现时间则明显滞后于桥面板下部拉应力峰值的出现时间，二者相差 15 天左右。在桥梁跨中，左右两个应变片解释的泥石流附加荷载存在显著差异，如图 6.88 和图 6.89

6.4 桥梁墩台破坏机制

所示，6# 应变片记录的最大拉应力可及 140kPa，而 7# 应变片记录的最大拉应力仅及 70kPa，峰值拉应力相差 1 倍，出现时间相差 10 天左右。

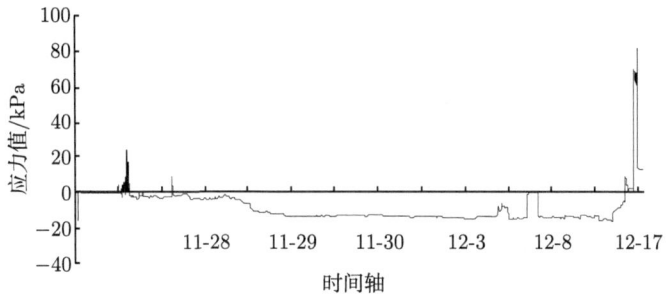

图 6.85　1# 应变片应力变化曲线

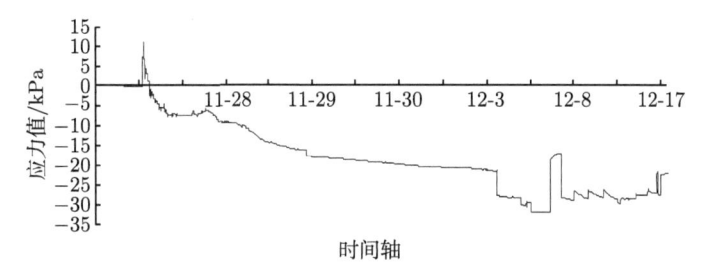

图 6.86　2# 应变片应力变化曲线

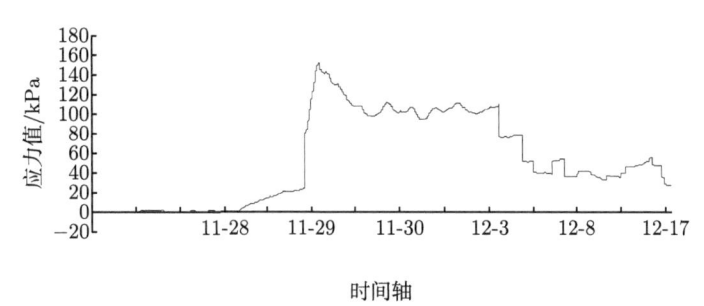

图 6.87　6# 应变片应力变化曲线

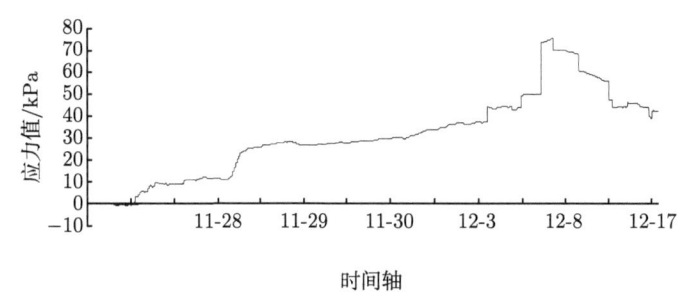

图 6.88　7# 应变片应力变化曲线

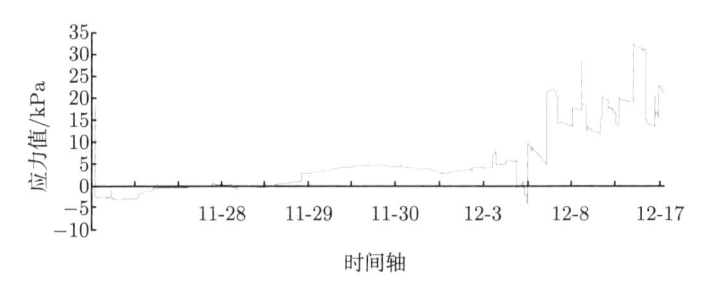

图 6.89　8# 应变片应力变化曲线

2) 泥石流体压力变化

模型桥梁下部土压力传感器量测的上覆泥石流体荷载变化曲线如图 6.90 所示，位于模型桥墩侧面的压力传感器在试验过程中滑脱，本书未对其量测结果进行分析。新拌黏性泥石流体静置初期，上覆泥石流体荷载缓慢降低，第 10～22 天泥石流荷载急剧增大，每天增幅可及 0.25kPa，第 22 天以后增幅缓慢，每天增幅仅 0.03kPa，1 个月后每天增幅仅有 0.01kPa，最大量值可及 64.83kPa。

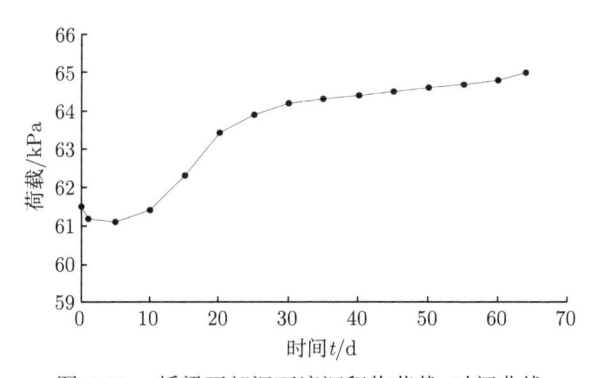

图 6.90　桥梁下部泥石流沉积物荷载-时间曲线

泥石流淤埋桥梁模型试验表明，黏性泥石流体的流变特性与泥石流体的固结过程有关，但与软土地基固结特性相比，黏性泥石流体固结的关键在于泥石流体沉积后表层失水，形成硬化壳，硬壳层为非饱和区，非饱和区和饱和区之间的锋面逐渐由外向内迁移。锋面的存在减慢了饱和泥石流体的失水速度，延长了硬壳内部泥石流体的流变过程。

通过分析被黏性泥石流体淤埋的桥梁结构渐进性破坏实例，推断泥石流在固结、流变过程中可能存在某种附加荷载，作用在结构上并导致结构变形。但是，科学量测这种附加荷载目前难度较大。本书借助于被黏性泥石流体淤埋桥梁，通过量测桥梁板的应力变化，间接揭示黏性泥石流固结过程中泥石流体内可能存在的附加荷载。试验结果表明，新拌的黏性泥石流体在静置 1～10 天后，表层开始出现硬壳，随后泥石流体内出现附加荷载，导致桥梁板顶部出现受压荷载、底部出现受拉荷载，与分布荷载作用下简支梁桥的受力状态相似，但是桥面板显示的荷载特性非常复杂，呈现非线性增加、衰减，这表明泥石流体固结过程中确实存在附加荷载，并且泥石流附加荷载具有显著非线性变化特性，随着泥石流体固结程度的增大而逐渐减小、消失。此外，通过安置在泥石流体底部的压力传感器量测的泥石流压力变化曲线也可清晰佐证泥石流附加荷载的存在。

6.4.2 泥石流淤埋作用下桥梁变形破坏数值仿真

1. 计算模型

为分析桥梁在被泥石流沉积物淤埋后的损毁机制，这里基于 ANSYS 有限元分析软件，建立如图 6.91 所示的有限元分析模型，采用 6 节点三角形单元 PLANE2，按平面应变建立有限元分析模型。计算参数见表 6.25。被淤埋桥梁桥面宽 4m，桥墩高 3m。

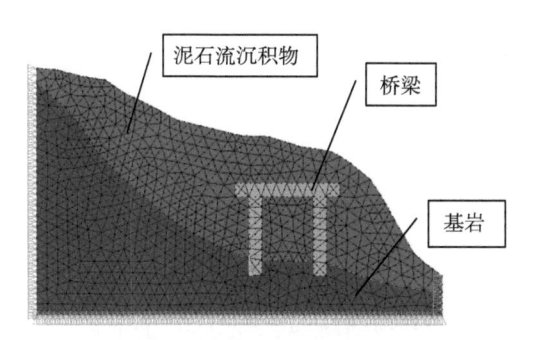

图 6.91 泥石流淤埋损毁桥梁有限元分析模型

表 6.25 泥石流淤埋损毁桥梁计算参数

分析对象	容重 $\gamma/(kN/m^3)$	弹性模量 E/MPa	泊松比 μ	黏结力 c/kPa	内摩擦角 $\varphi/(°)$
泥石流沉积物	24.18	6	0.36	9	7
桥梁结构	25	3300	0.25	—	—
基岩	20	60	0.3	—	—

2. 模拟结果分析

1) 位移变化特性

图 6.92 和图 6.93 给出了泥石流淤埋沉积物固结作用产生的位移变化云图。显然，桥梁结构对泥石流沉积物的蠕变位移有明显的限制作用；反之，说明必然有泥石流固结荷载 (附加应力) 作用在桥梁结构上。

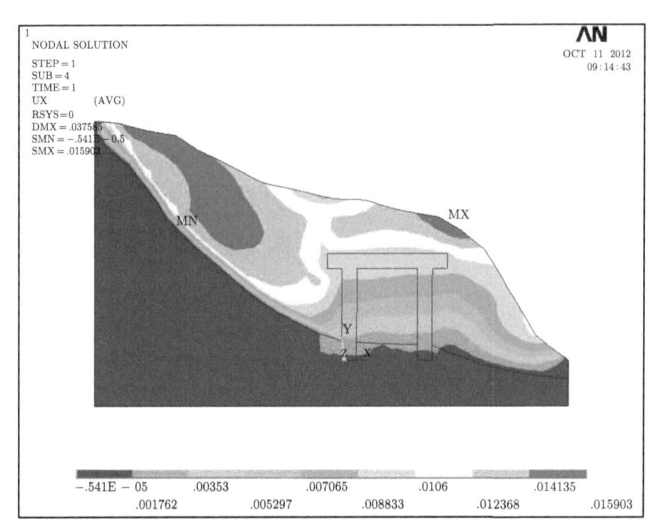

图 6.92 淤埋沉积物水平位移云图

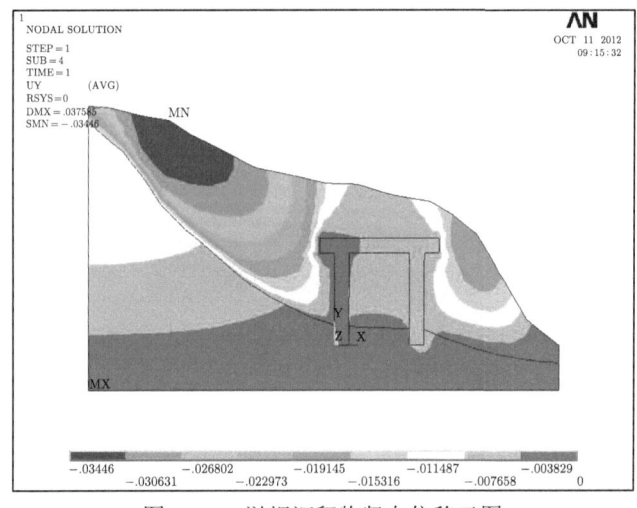

图 6.93 淤埋沉积物竖向位移云图

2) 应力变化特性

图 6.94 和图 6.95 给出了被泥石流淤埋的桥梁结构在泥石流固结作用下产生的附加应力变化云图。可见，作用在桥梁结构的最大水平应力达到 1.3 MPa，最大竖向应力达到 1.1 MPa。该量级的附加应力足以对桥梁结构产生安全隐患。从桥梁结构受到的剪应力分布图 (图 6.96) 可见，淤埋桥梁受到的泥石流剪应力分布不对称，在临空侧桥面板与立柱连接部位以及桩柱与嵌固岩土体部位剪应力集中明显。2003 年，四川省凉山彝族自治州喜德县短命桥的桥面板在泥石流附加应力作用下水平位移量达到 20cm 左右，致使该桥成为危桥。

6.4 桥梁墩台破坏机制

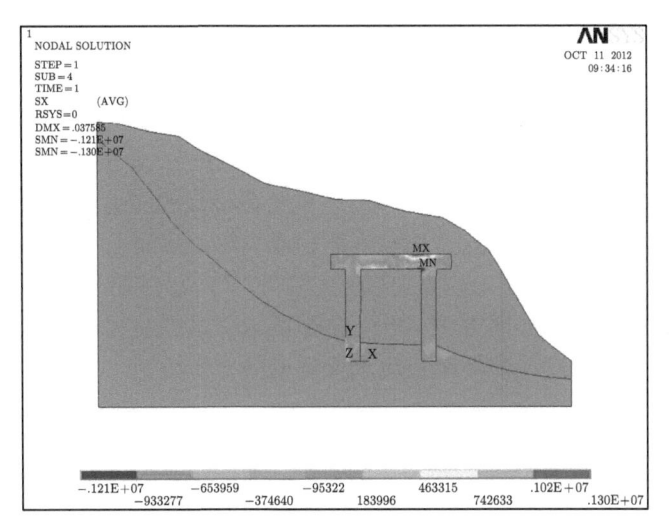

图 6.94 泥石流淤埋桥梁水平应力云图

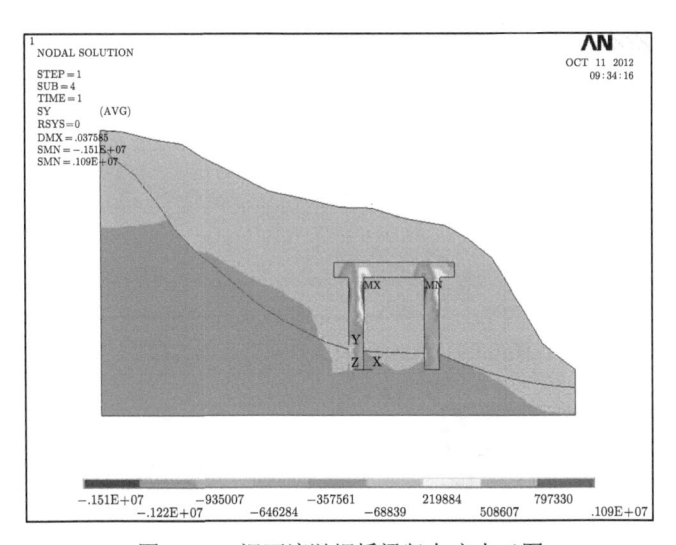

图 6.95 泥石流淤埋桥梁竖向应力云图

6.4.3 桥梁墩台泥石流损毁机制

1. 泥石流冲击桥墩力学模型

桥梁作为道路的关键点，一旦被泥石流冲毁，其损失和抢修难度较道路其他部位被毁更大。例如，2010 年 7 月 29 日下午，由冰雪融化引发的泥石流导致川藏公路索通村段 K4062+850 处一座长 76m 的桥梁彻底垮塌，造成道路中断了 7 天；1981 年 7 月 9 日 1:30，大渡河支流利子依达沟爆发泥石流，把沟口的 17m

高、一百多米长的利子依达大桥冲毁，由于通信不及时，由格里坪开往成都的 442 次直快旅客列车在 1:45 行驶距至桥梁可视范围时发现前方桥梁处只剩下空旷的山谷，虽然及时制动，但是到 1:46，仍然有两辆机车、13 号行李车、12 号邮政车及 3 辆客车车厢 (9 至 11 号) 从桥坠下，其中机车及 11 至 13 号车坠入大渡河中，9 号和 10 号车则掉在岸边，8 号硬座车厢在桥头的隧道内被强大的冲击力撞出钢轨，翻覆在隧道口外，造成 275 人死亡或失踪，后面七节车厢的 700 多名乘客幸免于难。在 2008 年汶川地震灾区，2010 年 7～9 月期间爆发了大量泥石流，造成多座桥梁被冲毁，如图 6.97 和图 6.98 所示。本书从泥石流体中的固相介质和液相浆体两方面出发，分析泥石流水毁桥墩的力学机制。

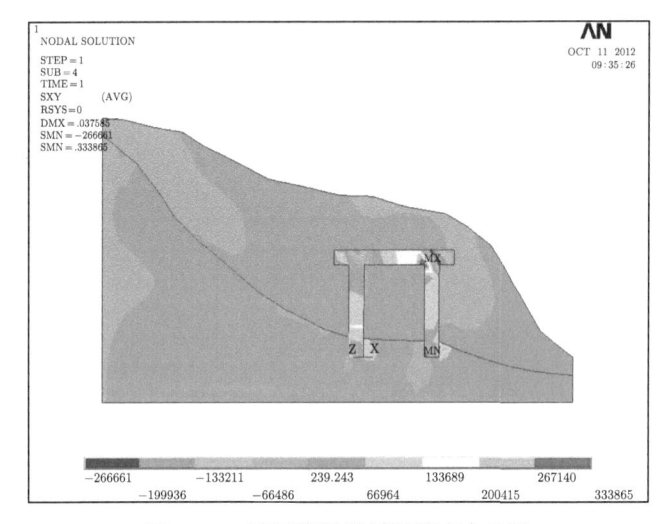

图 6.96 泥石流淤埋桥梁剪应力云图

图 6.97 汶川县映秀镇岷江大桥受泥石流冲击

图 6.98 安县 (现绵阳市安州区) 高川乡秀水村的桥梁被泥石流冲毁

此处仅讨论泥石流固相颗粒对桥墩的冲击作用。桥墩迎水面宽度通常大于泥石流固相粒径等效粒径，构建泥石流固相颗粒冲击桥墩力学模型 (图 6.99)。图中，v_0 表示泥石流固相颗粒刚接触桥墩时的速度；阻尼器表示桥墩的阻尼性质，阻尼系数为 c；弹簧表示桥墩的弹性特性，刚度系数为 k。泥石流固相颗粒冲击动力

6.4 桥梁墩台破坏机制

方程为

$$m_g \ddot{x}_q + c\dot{x}_q + kx_q = 0 \tag{6.162}$$

式中，m_g 为泥石流固相的质量，kg；k 为桥墩刚度，N/m；c 为桥墩阻尼，N·s/m；x_q 为固相颗粒冲击桥墩时桥墩的变形量，m；$\dot{x}_q$ 为固相颗粒与桥墩碰撞时的运动速度，m/s；$\ddot{x}_q$ 为固相颗粒与桥墩碰撞时的运动加速度，m/s²。

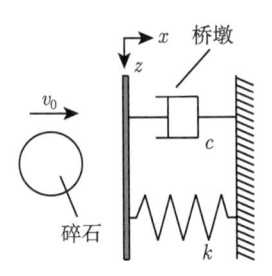

图 6.99 泥石流固相颗粒冲击桥墩力学模型

单位时间泥石流固相颗粒的质量为

$$m_g = \frac{n}{1+n}\gamma_g A v_g \tag{6.163}$$

式中，γ_g 为固相的容重，N/m³；A 为泥石流体与桥墩迎水面的接触面积，m²；v_g 为固相颗粒的流动流速，m/s；n 为泥石流的固相比。

单位时间泥石流液相介质的质量为

$$m_l = \frac{\gamma_l A v_g}{1+n} \tag{6.164}$$

式中，γ_l 为液相的容重，N/m³；其余物理量含义同前。

动力方程的初始条件为

$$x_q(0) = 0, \quad x_q(0) = v_0 \quad (t=0) \tag{6.165}$$

将式 (6.165) 代入式 (6.162) 可得固相颗粒冲击桥墩时桥墩变形量计算式：

$$x_q(t) = A\exp(-\xi\omega_n t)\sin(\omega_d t) \tag{6.166}$$

式中，$A = v_g/\omega_d$；$\xi = c/(2m_g\omega_n)$；$\omega_d = \sqrt{1-\xi^2}\omega_n$；$\omega_n = \sqrt{k/m_g}$；$t$ 为冲击时间，s；其余物理量含义同前。

根据式 (6.166) 可得固相颗粒冲击桥墩时的速度和加速度分别为

$$v'_g = x_q(t) \tag{6.167}$$

$$a_g = x(t) \tag{6.168}$$

固相颗粒对桥墩的冲击力为

$$P_{\mathrm{g}} = m_{\mathrm{g}} a_{\mathrm{g}} \tag{6.169}$$

当固相颗粒对桥墩产生最大冲击力时，有

$$a_{\mathrm{g}} = 0 \tag{6.170}$$

将式 (6.170) 和式 (6.168) 代入式 (6.166)，可得固相颗粒对桥墩最大冲击作用的出现时间：

$$t_{\max} = \frac{\arctan \dfrac{\omega_{\mathrm{d}}^3 - 3\left(\xi\omega_{\mathrm{n}}\right)^2 \omega_{\mathrm{d}}}{3\xi\omega_{\mathrm{n}}\omega_{\mathrm{d}}^2 - \left(\xi\omega_{\mathrm{n}}\right)^3}}{\omega_{\mathrm{d}}} \tag{6.171}$$

进一步，将式 (6.167) 和式 (6.168) 代入式 (6.169)，便可得到固相颗粒对桥墩的最大冲击力 $P_{\mathrm{g\,max}}$，结合泥石流液相浆体的冲击力 P_{l}，得到泥石流对桥墩总冲击力计算式：

$$P = P_{\mathrm{g\,max}} + P_{\mathrm{l}} \tag{6.172}$$

式中，P_{l} 为泥石流液相浆体的冲击力，N；其余物理量含义同前。

泥石流冲击作用下桥墩损毁类型判别：

泥石流冲击桥墩后桥梁的损毁方式主要有三种：桥墩与泥石流接触部位的混凝土被冲坏；桥墩抗滑力不够导致桥墩滑动而引起桥梁破坏；桥墩抗倾能力不够而引起桥墩倾覆破坏。

泥石流冲击作用下接触部位的泥石流冲击强度 q_{impact} 计算式为

$$q_{\mathrm{impact}} = \frac{P}{1000A} \tag{6.173}$$

式中，A 为泥石流与桥墩接触部位的面积，m^2；q_{impact} 为泥石流接触桥墩部位的泥石流冲击强度，kPa。

当 $q_{\mathrm{impact}} \geqslant f_{\mathrm{c}}$ 时，桥墩出现局部破坏；反之，桥墩处于安全状态。这里 f_{c} 为桥墩混凝土材料的单轴抗压强度，kPa。

2. 桥梁墩台地基泥石流冲蚀力学模型

桥涵结构水毁是指跨越泥石流沟的公路桥梁、涵洞结构被泥石流及山洪冲击变形与破坏的水毁类型。例如 2013 年，G213 线阿坝藏族羌族自治州共发生塌方泥石流 133 万 m^3，其中有 4 处 18 万 $\sim$ 46 万 m^3 大型泥石流，桥梁垮塌 6 座共计 740.76m；2013 年 7 月 8 日，四川省道 S210 线灵关至宝兴县城方向，K290+900 穆坪镇观沟头发生泥石流，涵洞堵塞 1 个，半幅通行。由于泥石流具有容重大、流速高、流量大、突发性强等特点，它的爆发影响着沿河公路桥涵结构的稳定性。

6.4 桥梁墩台破坏机制

本书基于突变河流对山区沿河公路路基的冲刷掏蚀原理，研究在山洪泥石流冲刷作用下桥台基础的掏蚀机理以及对于上部结构稳定性的不利影响。

1) 基本假定

本书以穿越沉积区的公路桥涵结构 (图 6.100) 为例，并做以下基本假定：

(1) 沿程泥石流考虑为层流，河谷上游无穷远处与下游无穷远处过流断面上的速度均匀分布；

(2) 将泥石流考虑为不可压缩流体，将流体考虑为理想、质量力有势的正压流体；

(3) 在河谷突变角处产生的涡旋流由黏性作用引起。

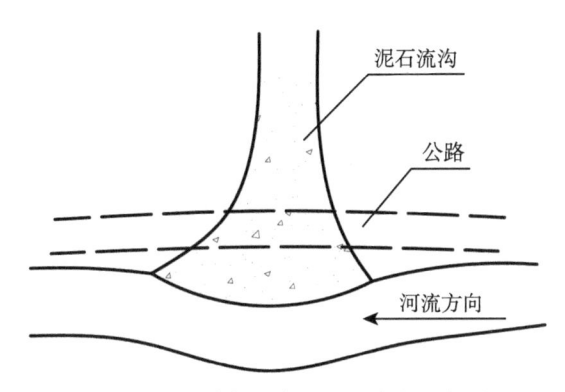

图 6.100　公路横向穿越泥石流沟组合图示

2) 冲蚀槽

河流突变段泥石流流态如图 6.101 所示。

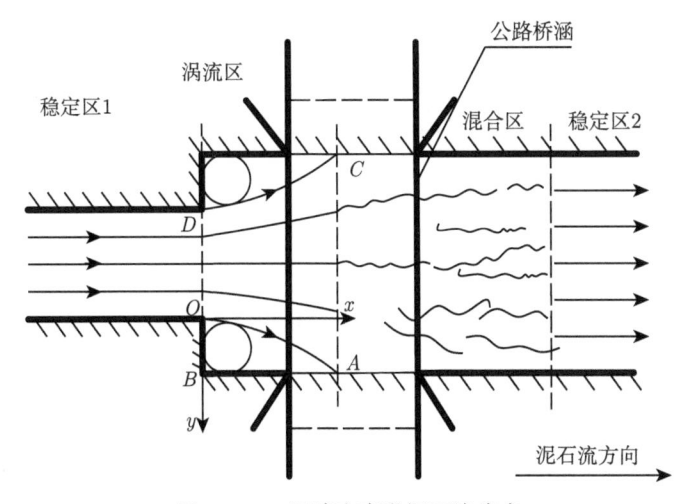

图 6.101　河流突变段泥石流流态

A. 平面掏蚀点位置

根据突变河流对于路基基脚的冲刷原理可知,在涡流区与混合区的分界线上,涡流区与混合区同时消耗能量,该流线与地基的交点即为泥石流对墩台基础下部土体的最大冲刷点。

B. 最大冲击点的速度 v_A

设窄河谷的过流断面尺寸 (宽,高)=(b_1, h_1),宽河谷的过流断面尺寸 (宽,高)=(b_2, h_2),$b_0 = 0.5(b_2 - b_1)$,设弧线 OA 的抛物线方程为 $y = kx^2$,v_A 为 A 点的速度,v_x 为 A 点在 x 方向上的流速,v_y 为 A 点在 y 方向上的速度。

假定该质点在水平方向做匀速运动,质点由 O 点运动到 A 的时间为 t_1,

$$AB = L = \sqrt{\frac{b_0}{k}}, \quad t_1 = \frac{L}{v_x}$$

A 点在 y 方向上的速度 $v_y = 2v_x\sqrt{kb_0}$。

A 点的速度 v_A 为

$$v_A = \sqrt{v_x^2 + v_y^2} = v_x\sqrt{1 + 4kb_0} \tag{6.174}$$

式中,v_x 为泥石流的流速,m/s,根据实际情况取值。

根据斯里勃内依公式

$$v_c = \frac{6.5}{a} H_c^{\frac{2}{3}} I_c^{\frac{1}{4}} \tag{6.175}$$

式中,a 为修正系数;H_c 为泥石流体平均泥深度,m;I_c 为泥石流沟床比降。

$$a = \sqrt{\frac{\gamma_c}{\gamma_w} \cdot \frac{1}{1 - S_v}} \tag{6.176}$$

式中,S_v 为泥石流固相体积比;γ_w 为水的容重,kN/m³;γ_c 为泥石流体的平均容重,kN/m³。

C. 冲蚀槽半径 R

泥石流以 θ 角冲击墩台地基下部土体,速度为 v_A,下部土体冲蚀槽的扩大以 A 点为圆心 (图 6.102)、R 为半径由外向内扩大,每次扩大深度为定值 S。

6.4 桥梁墩台破坏机制

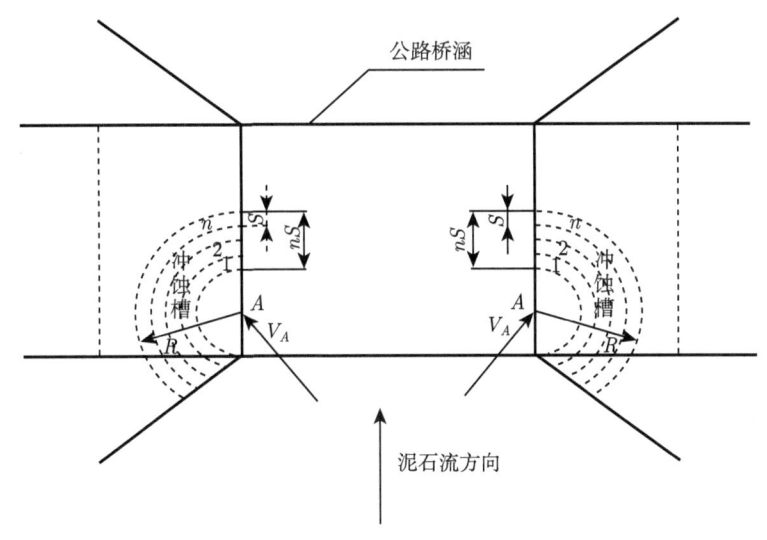

图 6.102 水平面上冲蚀槽形态

设掏蚀深度 S 所需要的时间为 t_2，掏蚀半径所需要的时间为 t，则

$$R = \text{Int} \frac{t}{t_2} \cdot S \tag{6.177}$$

D. 脱落层 S 的破坏时间 t_1

土体中大颗粒的存在成为水流冲击脱落的起动原因。颗粒起动的过程如下：在切应力作用下发生旋转，当旋转到起动角，在水流切应力作用下被带出。整个过程包括旋转时间以及脱落时间，但是脱落时间相对于旋转时间很小，这里忽略不计。

该处采用中值粒径 d，大颗粒与水流方向成 45° 方向时起动，那么脱落层厚度取为

$$S = d\sin 45°, \quad r = \frac{S}{\sin(\pi - \theta_1)} = \frac{S}{\sin \theta_1}$$

颗粒运动过程中摩擦力 f 为

$$f = 2u_\text{f} \gamma hab \tag{6.178}$$

式中，u_f 为摩擦系数；a 为颗粒长轴长，m；b 为颗粒短轴长，m；γ 为上覆土体容重，kN/m³；h 为墩台地基面与泥石流的高程差，m。

转动过程中尖端的土压力为

$$p_1 = \gamma h 10^{\frac{e_0 - e_1}{C_c}} \tag{6.179}$$

式中，e_0 为颗粒初始孔隙比；e_1 为转动过程中的孔隙比；C_c 为土体的压缩指数 (由压缩试验曲线求得)。

颗粒尖端沿环向的加速度 a 为

$$a = \frac{2u_f \gamma h a b + \gamma h 10^{\frac{e_0 - e_1}{C_c}}}{\frac{4}{3}\pi abc\rho} \tag{6.180}$$

在 t_1 时段内，则有

$$\frac{S}{\sin\theta_1} \cdot \frac{\theta_1 - \theta_2}{360°} \cdot 2\pi = \int \left(v_A \cos\frac{0.5 \cdot at^2}{r} - at\right) dt \tag{6.181}$$

联立上式，可解得 $t = t_2$，进而可以解得冲蚀槽的半径 R。

工程实例分析

2013 年，受 "7.13" 暴雨灾害影响，石棉至九龙公路蟹螺乡段 16 处约 7.8km 路基严重损毁，边坡垮塌近 $2\times10^4 \text{m}^3$，4 座桥梁不同程度受损，其中毛家湾大桥被冲毁 (图 6.103)。窄河谷的过流断面尺寸 $b_1 = 10\text{m}$，$h_1 = 10\text{m}$；宽河谷断面尺寸 $b_2 = 6\text{m}$，$h_2 = 6\text{m}$；$b_0 = 6\text{m}$，$l_{AB} = 5\text{m}$，可得弧线 OA 的抛物线方程为 $y = 0.08x^2$。

图 6.103　四川省石棉县蟹爆乡毛家湾大桥被冲毁

泥石流固相体积比 $S_v = 0.35$，水的容重 $\gamma_w = 10\text{kN/m}^3$，泥石流体的平均容重 $\gamma_c = 15.2\text{kN/m}^3$，泥石流体平均泥深度 $H_c = 5\text{m}$，泥石流沟床比降 $I_c = 5\text{m}$。土体颗粒中值粒径 $d = 0.125\text{mm}$，$S = 0.088\text{mm}$，$r = 0.124\text{mm}$，椭球体颗粒尺寸为 $a = 0.1\text{mm}$，$b = 0.1\text{mm}$，$c = 0.05\text{mm}$；摩擦系数 $u_f = 0.4$，上覆土体容重 $\gamma = 21.6\text{kN/m}^3$，墩台地基面与泥石流的高程差 $h = 1.23\text{m}$，土体密度 $\rho = 1.9 \times 10^3 \text{kg/m}^3$。

6.4 桥梁墩台破坏机制

将前述参数代入式 (6.175) 和式 (6.176)，得

$$a = 1.53, \quad v_c = v_x = 9.2\text{m/s}$$

代入式 (6.174)，得

$$v_A = \sqrt{v_x^2 + v_y^2} = v_x\sqrt{1 + 4kb_0} = 11.78\text{m/s}$$

颗粒运动过程中摩擦力 $f = 1.12 \times 10^{-4}\text{N}$，转动过程中尖端的土压 $p_1 = 3.8 \times 10^{-3}\text{N}$，颗粒尖端沿环向的加速度 $a = 1.64 \times 10^6 \text{m/s}^2$，代入式 (6.181) 可解得，$t_2 = 7.08 \times 10^{-6}\text{s}$，最终得到 $R = 2.53\text{m}$，与实情基本吻合。

第 7 章 泥石流拦挡与束流排导

7.1 泥石流导排结构

7.1.1 结构形式

我们提出了泥石流拦-导-排综合防治模式[23-28],其中速流槽纵横断面均为弧形结构(图 7.1),出口段设置优化反翘段倾角,通过模型试验和理论分析,反翘段倾角优化取值 8°~11°(图 7.2)。

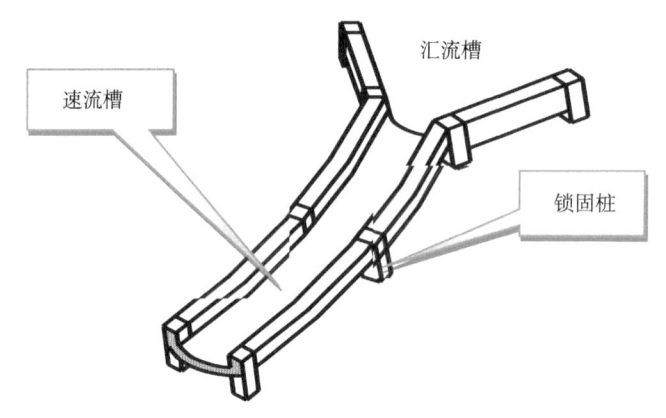

图 7.1 泥石流导排结构

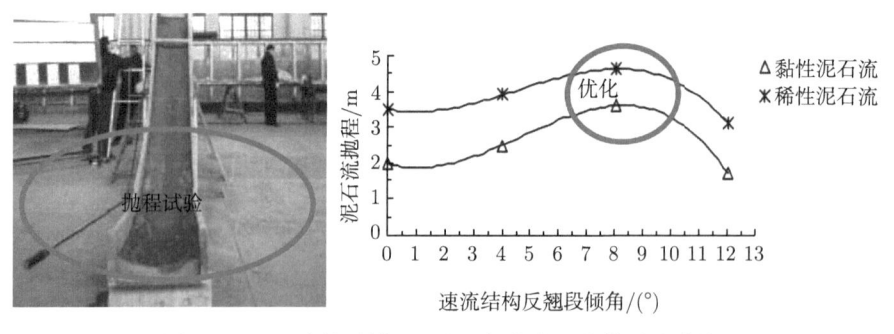

图 7.2 泥石流排导槽出口段反翘优化取值模型试验结果

该技术解决宽缓沟道型泥石流导排结构出口部位防淤堵技术难题。

7.1.2 基于泥石流抛程计算的排导槽设计方法

1. 设计理念

速流槽计算模型如图 7.3 所示。定义泥石流体在冲出速流槽后的抛程函数为 $g(x_i)$，速流槽的速排函数为 $f(y_i)$，则泥石流体的最大抛程为

$$s = g(v_2, h, \alpha) \tag{7.1}$$

$$v_2 = f(v_1, m, A) \tag{7.2}$$

式中，$m = \dfrac{L}{H}$；$A = K_A b^2$，$K_A = \dfrac{1}{24}\left(\dfrac{16}{n} + 3\pi\right)$，$n = \dfrac{b}{h_1}$，一般取 1.0~2.0。

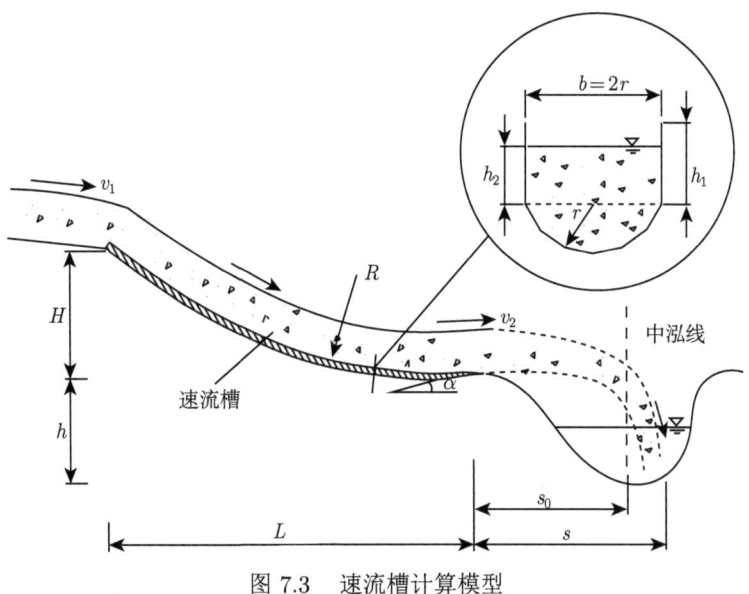

图 7.3 速流槽计算模型

令 $r = \dfrac{b}{2}$，$h_2 = \dfrac{2}{3} v_1$，则速流槽纵剖面半径计算式为

$$R = \dfrac{H}{\sin[2(\theta + \alpha)]} \tag{7.3}$$

式中，θ 为速流槽平均坡度，(°)，$\theta = \arctan \dfrac{1}{m}$。

由式 (7.1) 得 $v_2 = g^{-1}(s)$。

由式 (7.2) 得 $m = f_1^{-1}[g^{-1}(s)]$，$A = f_2^{-1}[g^{-1}(s)]$。

图 7.3 中，s_0 为速流槽出口段至河流中泓线之间的距离，m；s 为速流槽出口段泥石流的最大抛程，m；α 为速流槽出口段向上游反倾的倾角，一般在 0°～10°范围内；R 为速流槽纵剖面的半径，m；r 为速流槽底部横断面的上凹半径，m；H 为速流槽底端与顶端之间的相对高差，m；h 为速流槽出口段至河床的高差，m；L 为速流槽的水平长度，m；v_1 和 v_2 分别为速流槽进口端和出口段的泥石流流速，m/s；h_1 为速流槽侧墙高，m；h_2 为速流槽内泥石流设计泥位深，m；b 为速流槽宽度，m。

2. 设计步骤

(1) 根据泥石流沟沉积区形态及其与前方河谷的组合关系，确定 s_0、s、h 和 α。

(2) 由 $v_2 = g^{-1}(s)$ 确定 v_2。

(3) 由 $m = f_1^{-1}[g^{-1}(s)]$ 确定 m，并由 $\theta = \arctan \dfrac{1}{m}$ 求得 θ，进而由式 (7.3) 求得速流槽纵剖面半径 R。

(4) 拟定参数 n，求出速流槽的宽度 b，进而求得 h_2、速流槽底部凹槽的半径 r 和速流槽的泥石流设计深度 h_2。

至此，速流槽几何尺寸设计完成，再通过结构计算进行结构设计。直线排导槽和速流槽抛程落点对比如图 7.4 所示。由于泥石流沟内沉积物承载力不高，速流槽需要设置锁固桩，如图 7.5 所示。

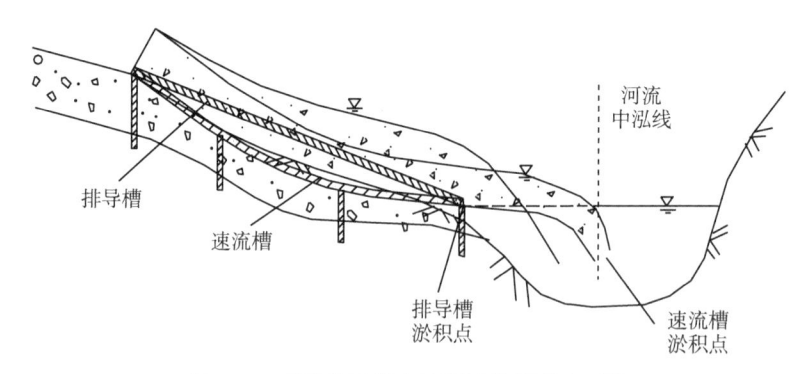

图 7.4 直线排导槽和速流槽抛程落点对比

图 7.5 速流槽施工特性

7.2 防止护坎冲刷的泥石流拦渣坝

目前，国内外在拦渣坝护坎冲蚀防护方面，主要通过铺设厚层条石或钢筋混凝土等刚性措施对抗泥石流对护坎的冲蚀破坏，但是效果并不理想，护坎冲蚀防护目前仍然是拦渣坝设计的技术瓶颈。这里将泥石流排导槽与重力式拦渣坝相结合，研发了防止护坎冲刷的泥石流拦渣坝新技术，其核心是在传统拦渣坝上设置泄水孔和排导槽，调控翻越拦渣坝泥石流体抛程（图 7.6），使得穿（翻）越拦渣坝的高速运动泥石流体不对拦渣坝护坎产生冲蚀破坏，保障拦渣坝结构的整体安全性。

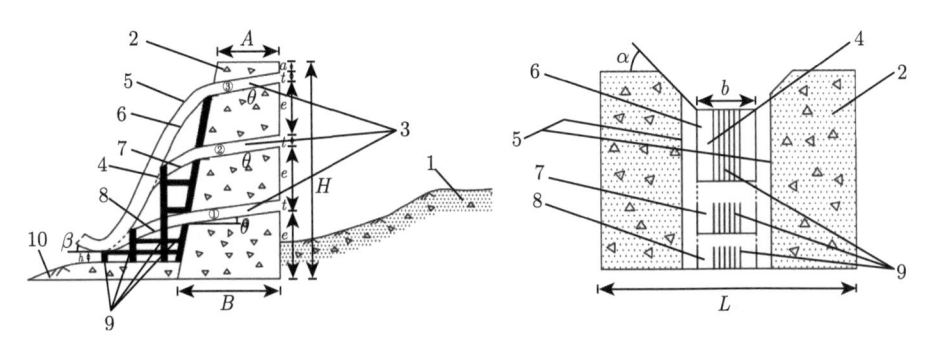

图 7.6 防止护坎冲刷的泥石流新型拦渣坝结构

1-拦渣坝上游泥石流沟床；2-拦渣坝；3-泄水孔；4-排导槽；5-排导槽侧墙；6-第③层泄水孔排导底板；7-第②层泄水孔排导槽底板；8-第①层泄水孔排导槽底板；9-排导槽承载支架；10-拦渣坝下游泥石流沟床；A-拦渣坝顶宽 (m)；B-拦渣坝底宽 (m)；H-拦渣坝高度 (m)；L-拦渣坝长度 (m)；a-拦渣坝内最高层泄水孔上游入口处距坝顶的高度 (m)；b-排导槽宽度 (m)；e-拦渣坝泄水孔排距 (m)；h-排导槽反翘段起点距离水平面的高度 (m)；α-排导槽侧墙倾角 (°)；β-排导槽反翘段平均倾角 (°)；θ-泄水孔倾角 (°)；①、②、③、…-布设在拦渣坝内的泄水孔编号，顶层泄水孔为拦渣坝溢流口

7.3 水石分离综合防治结构

在泥石流沟内，从上游到下游设置多级拦渣坝，拦渣坝主体结构的泄水孔从上游坝到下游坝逐级减小，可以逐步拦截泥石流体中的大块石。但是根据规范要求，即使是拦渣坝泄水孔的最小断面尺寸也不小于 30cm×30cm，因此，粗大块石拦截以后的泥石流体仍然富含大粒径固相物质，冲击力依然很大。本书从流体性质调控角度，研发了泥石流拦–导–排水石分离综合治理新技术（图 7.7）。该技术由拦渣坝、排导结构和水石分离系统三部分组成。水石分离系统的核心是水石分离篦，使进入拦渣坝前沿的泥石流体中的大部分水体通过水石分离篦进入排导结构，而固相块石则在水石分离区停积。

本书构建了水石分离作用原理及其施工工艺，如图 7.8 所示。

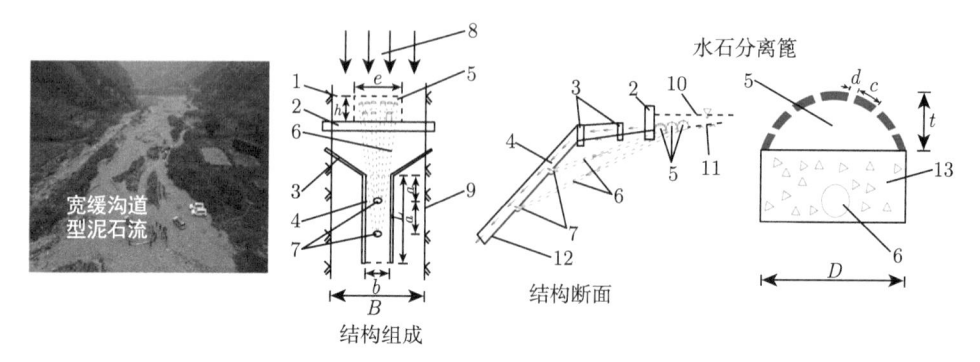

图 7.7　宽缓沟道型泥石流拦–导–排水石分离综合治理系统

1-泥石流沟；2-拦渣坝；3-导流堤；4-排导槽；5-泥石流水石分离篦；6-排水管；7-排水口出流口；8-拦渣坝上游泥石流运动方向；9-泥石流沟岸；10-拦渣坝上游泥位；11-泥石流沟床；12-排导槽底板；13-混凝土填料；B-泥石流沟宽度 (m)；L-排导槽长度 (m)；b-排导槽宽度 (m)；a-排水管出流口在排导槽底板的间距 (m)；e-泥石流水石分离区宽度 (m)；h-泥石流水石分离区长度 (m)；c-水石分离篦孔间距 (cm)；t-水石分离篦盖矢高 (cm)；d-水石分离篦孔直径 (cm)；D-水石分离篦直径 (cm)

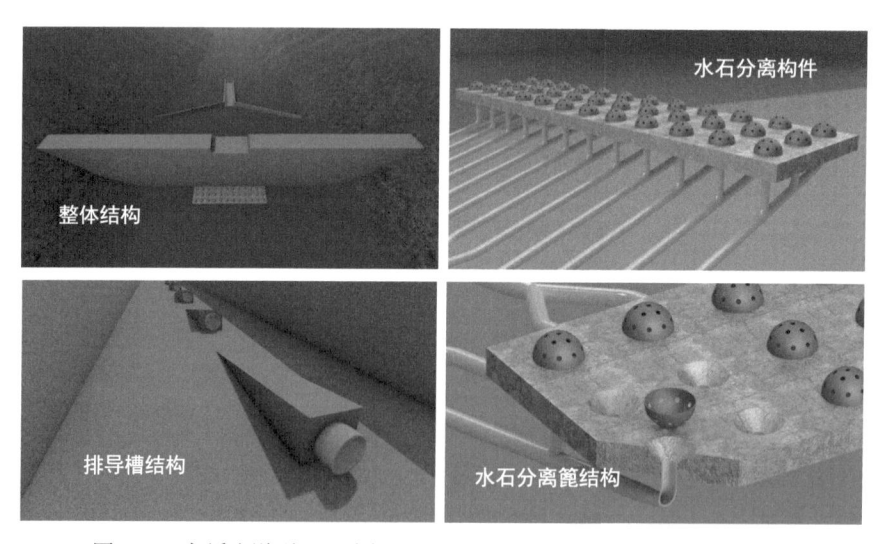

图 7.8　宽缓沟道型泥石流拦–导–排水石分离综合治理系统结构图示

该技术适用于稀性泥石流及水石流，将泥石流体转变成洪水通过排导结构排泄，实现了将水石流调控成洪水予以排泄，减小了泥石流冲击磨蚀作用。

第 8 章 泥石流冲击方向水力调控

长期以来，在防治泥石流沟岸及桥梁墩台泥石流冲击破坏作用方面，主要采用重力式挡土墙或丁坝、潜坝等水工调制结构物，通过防护结构的刚度和强度抵御泥石流体冲击作用。本书对泥石流冲击方向调控的传统思路进行了创新，提出了泥石流冲击方向水力型调控新技术新方法。

8.1 高速水幕防护法

本书研发了泥石流沟弯道凹岸水力型调控防护技术 (图 8.1)，其核心是在传统的防护结构迎冲面表层安设系列高速水幕喷头，泥石流爆发后高速水幕启动，使从上游冲向凹岸的泥石流体改变流动方向。高速水幕的形成是该技术的核心，给

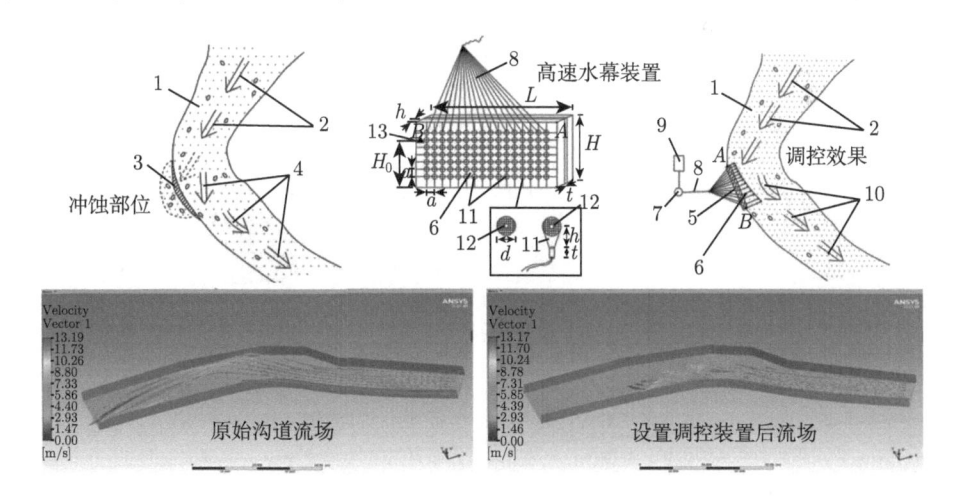

图 8.1 河路基冲击破坏的柔性调控

1-泥石流沟；2-进入泥石流沟弯道前的泥石流运动方向；3-易于发生泥石流冲击毁损灾害的泥石流沟弯道凹岸；4-通过泥石流沟弯道后的泥石流运动方向；5-设置在泥石流沟弯道凹岸的导流结构；6-泥石流导流结构迎冲面高速水幕；7-高速水幕智能启动与关闭装置；8-高速水幕注水管道；9-储水箱；10-泥石流沟内经过高速水幕调控后的泥石流运动方向；11-高速水幕防冲击喷水漏斗；12-高速水幕防冲击喷水漏斗口罩盖；13-高速水幕启动泥位；L-导流结构长度 (cm)；H-导流结构高度 (cm)；H_0-高速水幕启动泥位高度 (cm)；h-高速水幕防冲击喷水漏斗深度 (cm)；t-高速水幕喷头长度 (cm)；a-导流结构迎冲面高速水幕喷头间距 (cm)；d-高速水幕防冲击喷水漏斗口直径 (cm)

冲向凹岸的泥石流体施加 200~250kPa 的反向荷载，迫使泥石流改变流向。

该技术主要适用于黏性泥石流，实现对泥石流沟岸及沿河路基冲击破坏的柔性调控。

8.2 高速水幕防撞装置

在桥梁墩台面对泥石流冲击方向，设置能及时产生高速水幕的防撞墩，调控泥石流运动方向，避免泥石流对桥梁墩台的直接冲击破坏，确保桥梁墩台结构安全。该技术属于以柔克刚型桥墩泥石流防护技术，其核心是在防撞墩左右两侧面和顶端安设有高速水幕喷头，高速水幕可产生 200~250kPa 的水压力作用在从上游而来的泥石流体上，使泥石流运动方向发生偏转 (图 8.2)，达到防护桥墩的作用。

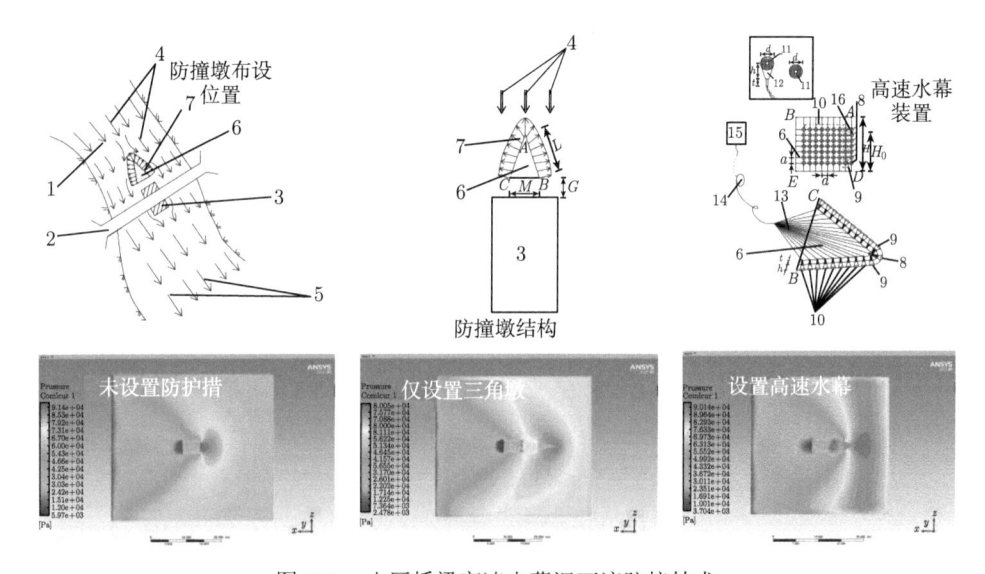

图 8.2 山区桥梁高速水幕泥石流防撞技术

1-泥石流沟；2-跨越泥石流沟的桥梁；3-桥墩；4-桥梁上游的泥石流流向；5-桥梁下游的泥石流流向；6-高速水幕泥石流防撞墩；7-高速水幕；8-防撞墩顶端高速水幕喷头；9-防撞墩顶侧高速水幕喷头；10-防撞墩侧面高速水幕喷头；11-高速水幕喷头罩面；12-高速水幕喷头；13-高速水幕注水管道；14-高速水幕智能启动与关闭装置；15-储水箱；16-高速水幕启动泥位；M-防撞墩底边宽度 (cm)；G-防撞墩与桥梁迎冲面的水平距离 (cm)；L-防撞墩侧边长 (cm)；h-高速水幕喷头深度 (cm)；t-高速水幕喷头长度 (cm)；H-防撞墩高度 (cm)；H_0-高速水幕启动泥位高度 (cm)；a-防撞墩侧壁表层高速水幕喷头间距 (cm)；d-高速水幕防冲击喷头口直径 (cm)

第 9 章 泥石流磨蚀灾害防控

9.1 耐磨蚀混凝土材料

针对泥石流对防治结构的磨蚀，目前的混凝土材料存在下述缺点：① 材料的变形模量较小，脆性较强，抗御泥石流固体块石的冲击性能差；② 抗御泥石流固体块石磨蚀的性能差；③ 阻裂性能及断裂韧性较差，在动力荷载作用下易于开裂扩展。因此，用目前一般的混凝土材料建造的泥石流防治结构耐久性差，有效使用年限一般 3~5 年。

9.1.1 物质结构

本书研发的泥石流耐磨蚀混凝土材料由基础材料和辅助材料两部分组成，前者包括水泥、碎石、砂和水，后者包括杜拉纤维、环氧树脂粉、减水剂和粉煤灰。

1) 基础材料配合比 (质量份)

水泥:砂:碎石:水 =(360~370):(736~743):(1080~1100):(200~210)。

其中，水泥标号不低于 P.O 42.5，碎石为抗压强度 40MPa 以上的级配碎石。

2) 辅助材料参量

杜拉纤维：为水泥质量的 0.9%~1.0%。

环氧树脂粉：为水泥质量的 0.3%~0.5%。

减水剂：为水泥质量的 0.23%~0.25%。

粉煤灰：为水泥质量的 17%~20%。

其中，杜拉纤维的抗拉强度大于 800MPa，环氧树脂粉比重不低于 $1.6g/cm^3$，附着力 0~1 级。

9.1.2 材料配制方法

水泥、砂、碎石混合拌匀 → 加入粉煤灰并拌匀 → 加入环氧树脂粉并拌匀 → 加入杜拉纤维并拌匀 → 加入水并拌匀 → 加入减水剂并拌匀，得到泥石流耐磨蚀混凝土材料。

9.1.3 使用方法

配制完成的泥石流耐磨蚀混凝土材料，必须在 1h 内完成铺装。该材料可用于泥石流排导结构底板表层铺装，减轻泥石流对排导结构的磨蚀作用，延长结构服役寿命，也可铺装在拦渣坝泄水孔表层，穿越泥石流沟桥梁墩台迎冲面，减轻泥石流对结构的磨蚀作用，并可推广应用在机场跑道混凝土路面建造中，延长跑道服役寿命。

9.2 排导槽高速水幕抗磨蚀装置

9.2.1 技术内涵

(1) 该技术是在传统泥石流排导槽底部设置等腰三角形沟槽，沟槽为高速水幕区 (图 9.1、图 9.2)，给排导槽内处于高速流动状态的泥石流体施加向上均布荷载 q，减小泥石流体对排导槽底板的磨蚀作用，延长排导槽结构服役寿命。高速水幕区长度与排导槽长度相同，宽度为 $(B-2c)$，一般 B 取 4~6m，c 取 1.5~2.4m。

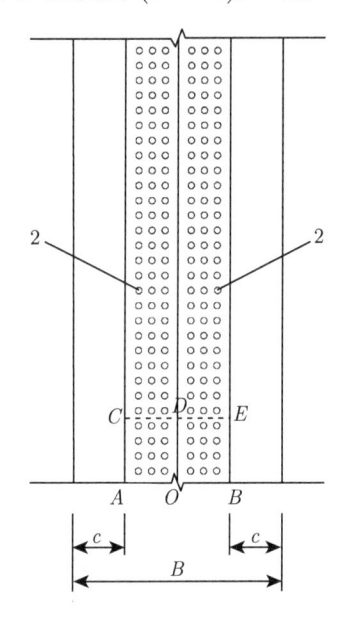

图 9.1 高速水幕区平面图

(2) 高速水幕区由系列高速水幕喷头 2 组成，在沟槽的左右两个侧面均匀布置 6 列高速水幕喷头 2，其沿泥石流排导槽长度方向间距为 a，沿排导槽宽度方向间距为 b，如图 9.3 所示。一般 a 取 20~30cm，b 取 15~20cm。

(3) 高速水幕喷头为市售雾状喷头，喷头口低于排导槽底板壁面 3~5cm，并与高速水幕控制装置 4 连接 (图 9.4)。

(4) 在排导槽侧壁安设高速水幕触发器 3，触发器 3 为泥位传感器，采用防水型电缆与高速水幕控制装置 4 连接，如图 9.2 所示。

(5) 当泥石流排导槽内泥石流体泥位上升到 h_0 高度处时，高速水幕触发器 3 启动，排导槽底部沟槽内高速水幕喷头 2 全部启动喷水，形成向上均布水压 q(图

9.4)，使得排导槽底壁面处泥石流体从未设置高速水幕时的较高流速 (图 9.5) 减小到设置高速水幕后的较小流速 (图 9.6)。

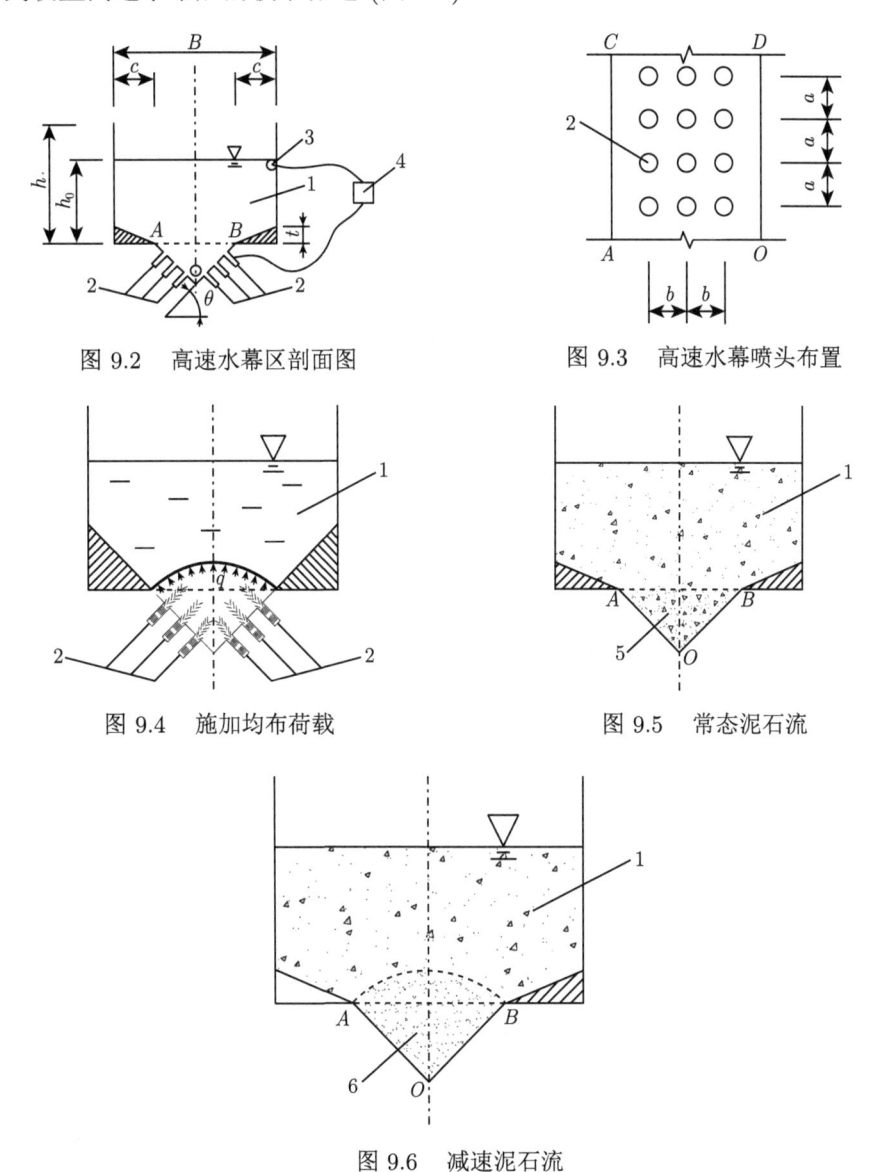

图 9.2　高速水幕区剖面图

图 9.3　高速水幕喷头布置

图 9.4　施加均布荷载

图 9.5　常态泥石流

图 9.6　减速泥石流

(6) 高速水幕喷头 2 启动后，单个喷头产生的水压力为 0.8~1.0kN 的冲击力，形成的高速水幕荷载介于 15~20kPa，由高速水幕控制装置 4 控制，人工调节。实用中，如果排导槽内的泥石流属于黏性泥石流，则高速水幕喷头的冲击水压力可调增到 1.2kN，稀性泥石流则调减到 0.8kN。

图 9.1～图 9.6 中符号说明：1-泥石流体；2-高速水幕喷头；3-高速水幕触发器；4-高速水幕控制装置；5-未设置高速水幕时排导槽底部处于流动状态的泥石流体；6-设置高速水幕时排导槽底部处于流动状态的泥石流体；B-排导槽宽度 (m)；h-排导槽侧墙高度 (m)；h_0-排导槽内泥石流深度 (m)；c-排导槽底板非高速水幕区半宽 (m)；a-高速水幕喷头沿排导槽长度方向的布设间距 (cm)；b-高速水幕喷头沿排导槽宽度方向的布设间距 (cm)；q-高速水幕均布荷载 (kPa)。

9.2.2 工作原理

(1) 在泥石流排导槽底部安置高速水幕抗磨蚀装置。具体施作方法是：建造泥石流排导槽时，在槽底板中央设置等腰三角形沟槽，沟槽左、右两侧面安设系列高速水幕喷头 2，并在排导槽侧墙内侧距离槽底 h_0 的部位安置高速水幕触发器 3。将系列高速水幕喷头 2 和高速水幕触发器 3 均与高速水幕控制装置 4 连接，并确保高速水幕控制装置 4 的储水箱内有足够水体满足高速水幕启动后正常工作。

(2) 泥石流爆发后，快速流入泥石流排导槽，并且随着泥石流流量的增大，排导槽内泥位逐渐升高。当泥位升高到高速水幕触发器 3 处时，高速水幕触发器 3 启动，高速水幕喷头 2 立即喷出所设置的高速水流，并形成高速水幕 (图 9.4)。

(3) 高速水幕 (图 9.4) 形成后，对排导槽内高速流动的泥石流体施加向上的 15～20kPa 的均布荷载，使得排导槽底壁面处泥石流体从设置高速水幕时的较高流速 (图 9.5) 减小到设置高速水幕后的较小流速 (图 9.6)，达到减弱泥石流对排导槽底板混凝土的磨蚀作用的效果，延长结构服役寿命。

9.3 排导槽椭球冠抗磨蚀结构

9.3.1 技术内涵

(1) 耐磨蚀构造措施是指在泥石流渡槽及排导槽底板表层安设抗磨蚀椭球冠，如图 9.7 所示，减弱泥石流对槽底混凝土材料的磨蚀作用。

(2) 抗磨蚀椭球冠为由高强聚酯材料预制的空心构件，其长轴为 35cm，短轴为 15cm，矢高为 20cm，如图 9.8 所示。

(3) 在建造泥石流渡槽或排导槽时同步将抗磨蚀椭球冠安装固定在泥石流排导结构底板，间距取 20～30cm。

(4) 在抗磨蚀椭球冠长轴端部设置弯板，便于排导槽内泥石流能顺利流进椭球冠，而不使泥石流产生局部紊流作用。

(5) 泥石流运动期间，泥石流在流经椭球冠时在椭球冠中下部产生涡滚，涡滚支撑着流经椭球冠的泥石流体，如图 9.9 所示。

9.3 排导槽椭球冠抗磨蚀结构

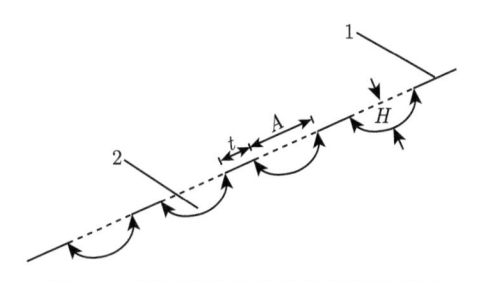

图 9.7 泥石流排导结构抗磨蚀椭球冠

1-泥石流排导结构底板；2-抗磨蚀椭球冠；A-椭球冠长轴 (cm)；H-椭球冠矢高 (cm)；t-泥石流排导槽内椭球冠布设间距 (cm)

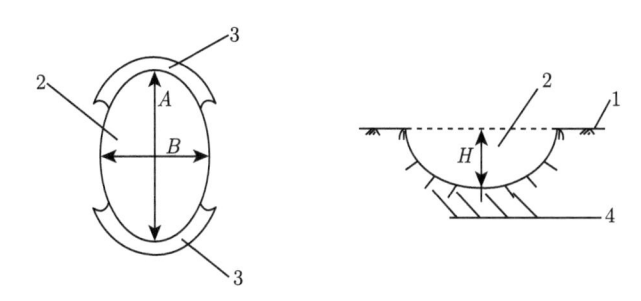

图 9.8 抗磨蚀椭球冠结构图

1,2 同图 9.7；3-椭球冠弯板；4-椭球冠锚钉；B-椭球冠短轴 (cm)

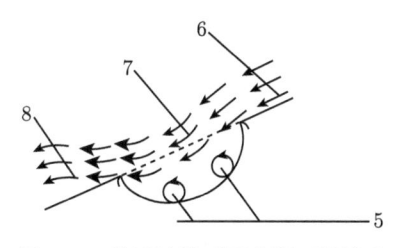

图 9.9 抗磨蚀椭球冠内泥石流流态

5-泥石流涡滚；6-进入椭球冠前的泥石流流态；7-进入椭球冠内的泥石流流态；8-流出椭球冠的泥石流流态

9.3.2 工作原理

该技术核心是椭球冠抗磨蚀构造的制作程序：采用高强聚酯材料按照拟定尺寸批量预制椭球冠 → 在现场浇筑泥石流排导槽的同时在槽底按照一定间隔安设椭球冠 → 并在椭球冠长轴两端的弯板和椭球冠内采用锚钉将椭球冠固定在槽底。

数值模拟表明，在泥石流排导结构底板设置椭球状抗磨蚀构造后，槽底剪切力降低 10%~30%，如图 9.10 所示。

(a) 未设置椭球状抗磨蚀构造　　　　　　(b) 设置椭球状抗磨蚀构造

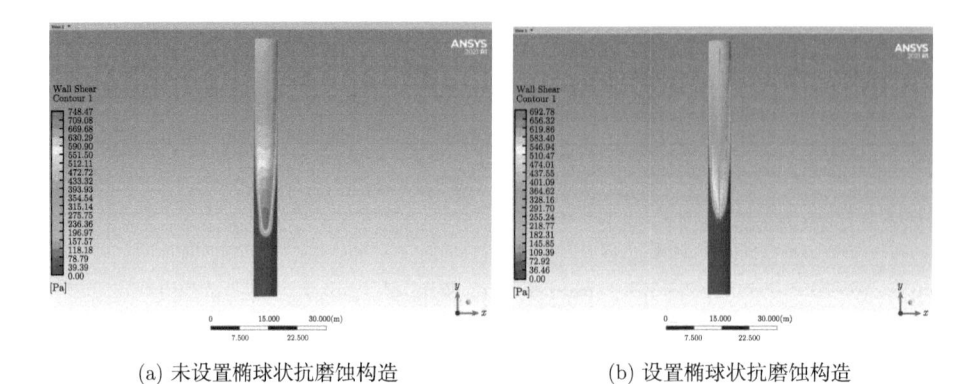

图 9.10　泥石流作用下排导结构底部剪切力

第 10 章 泥石流断道应急修复

10.1 路基缺口组合式战备桥梁

10.1.1 工作原理

(1) 组合式战备桥梁为钢架-钢绳-路面板简易组合结构,适用于山区公路在洪水、泥石流、滑坡、大型崩塌冲击作用下诱发的路基缺口灾害部位道路交通应急通行,具有自承载功能,如图 10.1 和图 10.2 所示。

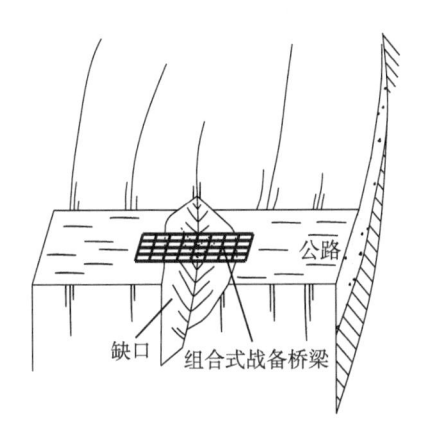

图 10.1 路基破损部位组合式战备桥梁安设位置

图 10.2 贵州省望谟县省道 209 线公路损毁路段

(2) 组合式战备桥梁的承载钢绳与组合式钢架组成超静定自承结构体系，当车辆及行人在桥梁路面板上行进时，钢架产生轴向压力并向钢架结构两端传递，传递到桥梁端部三角棱柱形组件的荷载由承载钢绳拉力平衡 (图 10.3)。

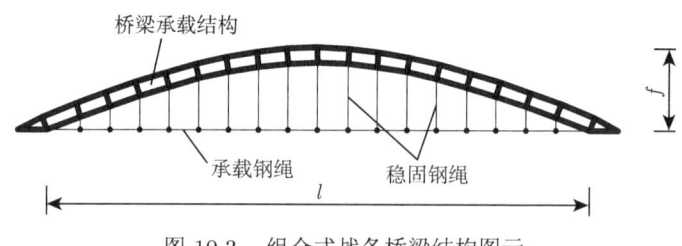

图 10.3　组合式战备桥梁结构图示

(3) 连接组合式钢架与承载钢绳之间的稳固钢绳属于辅助构件，限制钢架与承载钢绳体系发生竖向变形。

(4) 组合式战备桥梁与普通的拱桥、悬索桥、吊桥有原创性区别：拱桥属于桥台端部受荷结构体系，即来自于拱顶的荷载通过拱圈结构传递到桥台地基内；悬索桥和吊桥的拱结构属于传力构件，将桥梁荷载由锚索传递到桥台端部地基内，路面结构由连接拱结构和路面板之间的拉索承担；而组合式战备桥梁属于自稳结构体系，路面结构位于钢架顶部，钢架既是传力构件，也是承载构件，连接钢架两端的承载钢绳属于结构自承体系，连接钢架和承载钢绳之间的稳固钢绳属于体系的稳固措施。

(5) 组合式战备桥梁自重及其车辆和行人荷载利用简支梁原理传递到路基缺口部位或路基损毁地段两端稳定岩土体上。

(6) 在沿河公路水毁的易发区域，批量预制立方体形组件、三角棱柱形组件和钢路面板，储存在物资仓库，发生该类水毁破坏后即可使用，如使用完毕则可将构件拆卸运回仓库以备下一次使用。

10.1.2　技术内涵

(1) 路基缺口组合式战备桥梁由钢架、拉绳系统和路面板三部分组成，其中钢架和拉绳系统组成该桥梁的承载系统，路面板为该桥梁的道路通行构件。钢架包括立方体形组件 (图 10.4) 和三角棱柱形组件 (图 10.5)，拉绳系统包括承载钢绳和稳固钢绳。

(2) 在立方体形钢架的八个角点以及三角棱柱形钢架矩形侧面的四个角点处设置连接锁孔，便于钢架组件之间的机械连接，在三角棱柱形钢架底面的四个角点处设置承载钢绳锁孔 (图 10.4)，便于固定承载钢绳。

(3) 钢架组件沿道路延伸方向尺寸为 b，沿道路宽度方向尺寸为 a，高度为 h，a 取 3m，b 取 2m，h 取 1m。

10.1 路基缺口组合式战备桥梁

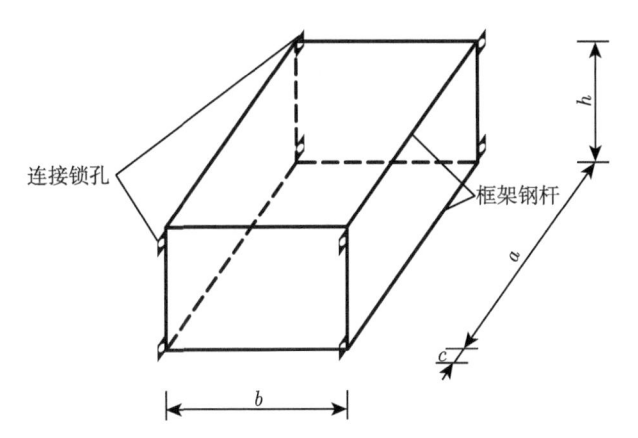

图 10.4 组合式战备桥梁立方体形组件

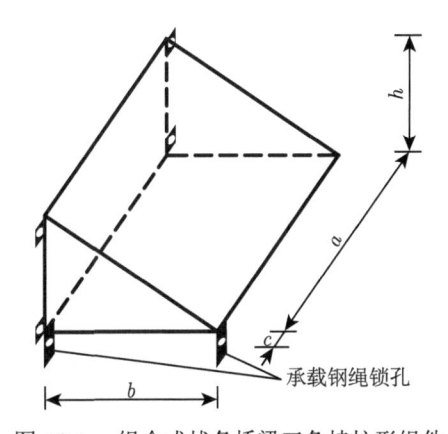

图 10.5 组合式战备桥梁三角棱柱形组件

(4) 钢架由普通钢轨焊接而成，承载钢绳为直径 15.2mm 的普通钢绞线，稳固钢绳为直径 5mm 的普通钢绞线。

(5) 钢架相邻立方体形组件在连接锁孔处采用连接螺杆 (图 10.6) 和连接螺帽 (图 10.7) 机械锁固。

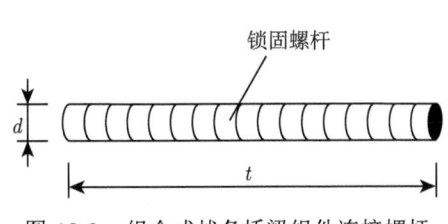

图 10.6 组合式战备桥梁组件连接螺杆

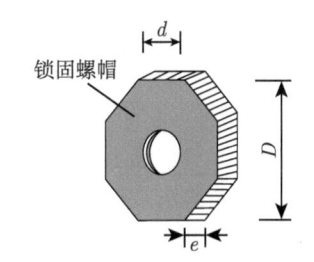

图 10.7 组合式战备桥梁组件连接螺帽

(6) 连接锁孔直径 24mm，承载钢绳锁孔直径 45mm，连接螺杆直径 d 为 24mm，长度 t 为 300mm，连接螺帽孔径 24mm，外径 D 为 80mm。

(7) 组合式战备桥梁拱轴线及拱轴线斜率计算[29]。

由组合式战备桥梁的结构特点可将结构简化为二铰拱结构 (图 10.8)，拱轴线的选择对上部承载结构受力影响很大，并涉及能否节约材料和方便施工。组合式战备桥梁自重为均布恒载，拱的压力线为二次抛物线，采用二次抛物线作为拱轴线。图 10.8 中，xy 为以截面重心 A 为原点的拱轴线横、纵坐标轴；f 为拱圈的计算式矢高 (m)；L 为桥梁跨径 (m)；φ 为拱轴线任意点切线的水平倾角 (°)。

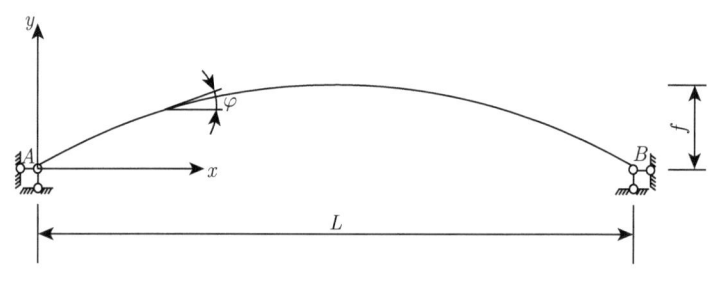

图 10.8　组合式战备桥梁简化模型

则其拱轴线公式为

$$y = \frac{4f}{L^2}(L-x)x \tag{10.1}$$

拱轴线斜率由式 (10.1) 对 x 求导得到：

$$\tan\psi = \frac{\mathrm{d}y}{\mathrm{d}x} = \frac{4f}{L^2}(L-2x) \tag{10.2}$$

(8) 组合式战备桥梁结构内力计算。

汽车通过组合式战备桥梁时，桥梁承受的荷载主要有桥梁自重和汽车荷载。组合式战备桥梁为钢架结构而自重较小，暂不考虑。组合式战备桥梁结构为一次超静定结构，当汽车通过组合式战备桥梁时的力学模型如图 10.9 所示，去掉多余联系，得到基本结构，基本体系受到荷载 P 和多余未知力 H_P 的共同作用。通过力法方程解出多余未知力，其余力的计算便与静定结构相同。图 10.9 中，H_P 为桥梁 A 端受到的水平力 (kN)；P 为汽车荷载 (kN)。

10.1 路基缺口组合式战备桥梁

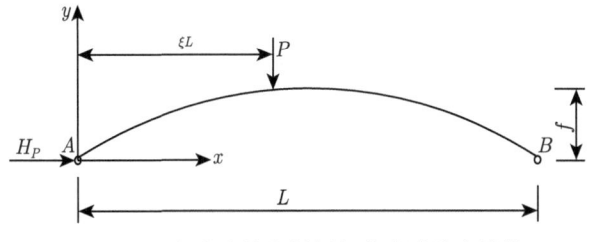

图 10.9 组合式战备桥梁恒载力法基本结构

组合式战备桥梁的荷载内力计算如下所示。以图 10.9 简支曲梁为基本结构，基本体系上虽然多余联系被去掉，但其受力和变形情况与原结构一致，在荷载 P 和多余未知力 H_P 共同作用下，其位移 Δ_2 应为零。设多余未知力 $H_P=1$ 单独作用在基本结构上时 B 点沿 H_P 方向的位移为 δ_{22}，在荷载 P 单独作用下 B 点水平方向的位移为 Δ_{2P}。

由力法方程得

$$H_P \delta_{22} + \Delta_{2P} = 0 \tag{10.3}$$

主变位为

$$\delta_{22} = \int_s \frac{M_2^2}{EI} \mathrm{d}s + \int_s \frac{N_2^2}{EA_1} \mathrm{d}s \tag{10.4}$$

式中，$M_2 = -y = -\frac{4f}{L^2}(L-x)x$；$N_2 = 1 \cdot \cos\psi$；$\mathrm{d}s$ 为轴向的微段弧长，cm。组合式战备桥梁矢跨比较小，对于矢跨比较小的坦拱可近似地取 $\cos\varphi = 1$，因为 $\frac{\mathrm{d}x}{\mathrm{d}s} = \cos\psi = 1$，故 $\mathrm{d}s \approx \mathrm{d}x$，则

$$\delta_{22} = \int_L \left[\frac{4f}{L^2}(L-x)x\right]^2 \frac{\mathrm{d}x}{EI} + \int_L \frac{\mathrm{d}x}{EA_1} = \frac{8f^2 L}{15EL} + \frac{L}{EA_1} = (1+\mu)\frac{8f^2 L}{15EI} \tag{10.5}$$

式中，μ 为弹性压缩系数，$\mu = \frac{15I}{8f^2 A_1}$；$I$ 为拱圈截面弹性惯性矩，m^4；A_1 为拱圈横截面积，mm^2；E 为材料的弹性模量，MPa。

由力法解得

$$\Delta_{2P} = -\frac{1}{EI}\int_0^{\xi L} \frac{4f}{L^2}(Lx - x^2) P(1-\xi) x \mathrm{d}x$$

$$-\frac{1}{EI}\int_{\xi L}^{L} \frac{4f}{L^2}(Lx - x^2) P\xi(L-x) \mathrm{d}x$$

$$= -\frac{PfL^2}{3EI}\left(\xi - 2\xi^3 + \xi^4\right) \tag{10.6}$$

式中略去了对二铰拱影响不大的轴向力项，将式 (10.5) 和式 (10.6) 代入式 (10.3) 得其恒载水平推力为

$$H_P = \frac{5}{8}P\left(\xi - 2\xi^3 + \xi^4\right)K\frac{L}{f} \tag{10.7}$$

式中，$K = \dfrac{1}{1 + \dfrac{15I}{Af^2}}$。

抛物线二铰拱水平推力影响线坐标值可查表 10.1。

表 10.1　二铰拱水平推力影响线坐标值表

$x = \xi L$	0	0.05L	0.10L	0.15L	0.20L	0.25L	0.30L	0.35L	0.40L	0.45L	0.50L	乘数
H_P	0	0.031	0.061	0.089	0.116	0.141	0.159	0.175	0.186	0.192	0.195	PKL/f

当 $x < \xi L$ 时：

结构任意截面以左恒载和竖直反力产生的梁式弯矩 M_{0P} 为

$$M_{0P} = P(1 - \xi)x \tag{10.8}$$

结构任意截面以左恒载和竖直反力产生的梁式剪力 Q_{0P} 为

$$Q_{0P} = P(1 - \xi) \tag{10.9}$$

当 $x > \xi L$ 时：

$$M_{0P} = P\xi(L - x) \tag{10.10}$$

$$Q_{0P} = P\xi \tag{10.11}$$

荷载作用下得知水平推力 H_P，拱圈任意截面弯矩 M_P 由 $\sum M = 0$ 求出；轴向力 N_P 及径向剪力 Q_P 则由水平推力 H_P 与竖直剪力 Q_{0P} 分别向轴向和径向投影 (图 10.10) 叠加得出。

$$M_P = P(1 - \xi)x - \frac{5P\left(\xi - 2\xi^3 + \xi^4\right)L}{8f\left(1 + \dfrac{15I}{A_1f^2}\right)}y \tag{10.12}$$

$$N_P = \frac{5P\left(\xi - 2\xi^3 + \xi^4\right)L}{8f\left(1 + \dfrac{15I}{A_1f^2}\right)}\cos\psi + P(1 - \xi)\sin\psi \tag{10.13}$$

10.1 路基缺口组合式战备桥梁

$$Q_P = \frac{5P(\xi - 2\xi^3 + \xi^4)L}{8f\left(1 + \dfrac{15I}{A_1 f^2}\right)} \sin\psi - P(1-\xi)\cos\psi \tag{10.14}$$

式中，M_P 为在均布恒载 P 作用下拱圈任意截面弯矩，kN·m；N_P 为在均布恒载 P 作用下拱圈任意截面轴向力，kN；Q_P 为在均布恒载 P 作用下拱圈任意截面径向剪力，kN。

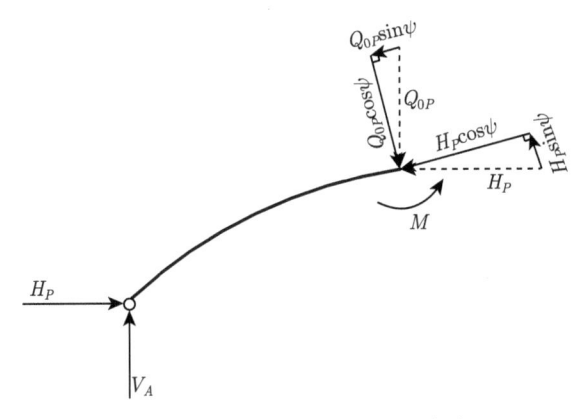

图 10.10　抛物线二铰拱荷载内力

(9) 最不利荷载作用下组合式战备桥梁结构内力计算。

若车辆荷载作用于不同位置，结构受力则会发生改变，选择不同的工况进行计算，对比得出汽车荷载的最不利工况。经分析得，汽车行驶在组合式战备桥梁结构上，假定前后车轮对组合式战备桥梁所产生的压力 P 相等，当汽车前后轮分别作用在组合式战备桥梁距 A 端 $0.25L$ 的拱腰和 $0.25L$ 的拱顶处时，组合式战备桥梁结构内力最大 (即最容易失稳破坏)，故此情况为最不利工况。分别计算出单一荷载 P 作用在结构上时的弯矩，再进行叠加，可得出组合式战备桥梁在最不利工况下结构的弯矩和剪力。

将 $\xi=0.25$ 和 $\xi=0.5$ 分别代入式 (10.7)、式 (10.12)、式 (10.13) 和式 (10.14) 再叠加，得组合式战备桥梁在最不利工况下结构内的弯矩、轴力和剪力表达式分别为

$$H_{2P} = \frac{2.6755LP}{8f\left(1 + \dfrac{15I}{A_1 f^2}\right)} \tag{10.15}$$

$$M_{2P} = \frac{5}{4}Px - \frac{2.6755LP}{8f\left(1 + \dfrac{15I}{A_1 f^2}\right)} y \tag{10.16}$$

$$N_{2P} = \frac{2.6755LP}{8f\left(1+\dfrac{15I}{A_1f^2}\right)}\cos\psi + \frac{5}{4}P\sin\psi \tag{10.17}$$

$$Q_{2P} = \frac{2.6755PL}{8f\left(1+\dfrac{15I}{A_1f^2}\right)}\sin\psi - \frac{5}{4}P\cos\psi \tag{10.18}$$

(10) 螺栓稳定性计算。

组合式战备桥梁是由普通钢轨焊接而成的钢架，而相邻立方体形组件在连接锁孔处采用螺栓连接成为整体，螺栓连接将部件组合成承重结构，内力的传递过程中，连接及其接头部位是其中一个受力环节，若连接和接头处的承载力小于构件的承载力，构件的承载力就不能充分地发挥。

受剪螺栓依靠螺杆的承压和抗剪来传递垂直于螺杆的外力，在外力不大时，由被连接的钢架构件之间的摩擦力来传递外力，当外力继续增大超过静摩擦力后，钢架之间将出现相对滑移，螺杆开始接触孔壁而受剪，孔壁则受压 (图 10.11)。当连接处于弹性阶段时，螺栓群中的各螺栓受力不相等，中间钢架构件之间的螺栓受力大 (图 10.12)。被连接的构件在各区段中所传递的荷载不同，则各螺栓的变形不同，导致各螺栓所承担的剪力也不同。但是当外力继续增大后，使连接的受力达到塑性阶段时，各螺栓承担的荷载逐渐接近，最后趋于相等直到破坏。因此，当外力作用于螺栓群中心时，也就是桥梁的钢架结构的中心受到竖向外荷载时，在计算中认为所有的螺栓受力是相同的。

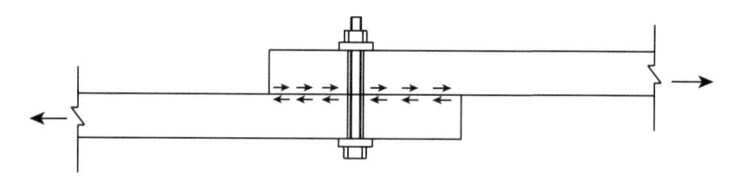

图 10.11 螺栓连接靠摩擦力传力

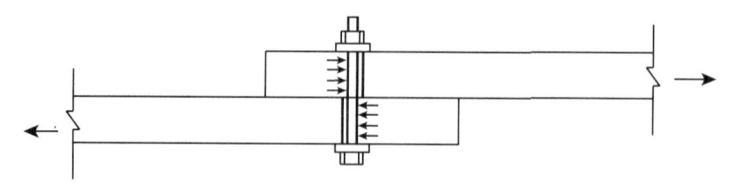

图 10.12 螺栓连接孔壁受压与螺杆受剪

假定螺栓受剪面上的剪应力均匀分布，则一个螺栓的抗剪容许承载力为

$$[N_v^b] = n_v \frac{\pi d^2}{4}[\sigma_v^b] \tag{10.19}$$

式中，d 为螺栓杆直径，m；n_v 为每只螺栓受剪面数量，单剪 $n_v=1$，双剪 $n_v=2$；$[N_v^b]$ 为螺栓抗剪容许承载力，kN。

在应急桥梁的钢架之间连接为单剪，故取 $n_v=1$。而一个钢架的结构面上有四个螺栓连接，则单个截面上的抗剪容许承载力为 $4[N_v^b]$。

式 (10.19) 中的 $[\sigma_v^b]$ 为普通螺栓抗剪容许应力值，按照表 10.2 采用。

表 10.2　螺栓容许应力值　　　　　　　　　　（单位：MPa）

类别	剪应力	承压应力	拉应力
粗制螺栓	80	170	110
工厂铆钉	110	280	90
工地铆钉	100	250	80

将组合式战备桥梁上部承载钢架结构中剪力 T 和所用四根螺栓的抗剪容许承载力进行比较，如结构中剪力小于螺栓的抗剪容许承载力，即满足式 (10.20)，则结构稳定。

$$T < 4[N_v^b] = n_v \pi d^2 [\sigma_v^b] \tag{10.20}$$

式中，$T = Q_{2P} = \dfrac{2.6755PL}{8f\left(1+\dfrac{15I}{A_1 f^2}\right)} \sin\psi - \dfrac{5}{4}P\cos\psi$。

(11) 承载钢索稳定性计算。

组合式战备桥梁下部受到承载钢索的水平拉力，钢拉索为预先设置的钢绞线，长度根据现场测定。比较拉索所受的拉力和拉索的容许拉力，若拉索的容许拉力大于拉索所受到的拉力 F，即满足式 (10.21)，则结构稳定。

$$F = H_{2P} = \dfrac{2.6755LP}{8f\left(1+\dfrac{15I}{A_1 f^2}\right)} \leqslant n f_{pd} A_s \tag{10.21}$$

式中，n 为钢绞线根数；f_{pd} 为钢绞线应力强度，MPa；A_s 为每根钢绞线公称截面积，mm^2。

(12) 组合式战备桥梁结构所需地基承载力计算。

组合式战备桥梁置于缺口两端未破坏地基上，桥梁结构整体可视为刚体，两端简支，如图 10.13 所示，桥梁两端的基底压力应在地基承载能力之内，防止由于地基承载力不足而影响桥梁的正常使用，桥梁端部地基承载力应不低于 500kPa。如现场地基地质条件较差，则需对支承部位地基进行简易处理，例如铺设钢板或对原始地基进行换填处理。

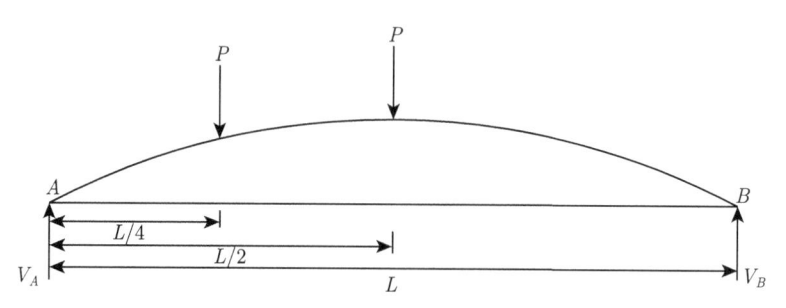

图 10.13 组合式战备桥梁地基反力图

由简支梁结构支座反力计算，对 A 点取矩得

$$V_B - P \cdot \frac{L}{4} - P \cdot \frac{L}{2} = 0 \tag{10.22}$$

$$V_B + V_A = P + P \tag{10.23}$$

由式 (10.22) 和式 (10.23) 计算得桥梁两端所受的反力 V_A 和 V_B 分别为

$$V_A = \frac{5}{4}P, \quad V_B = \frac{3}{4}P \tag{10.24}$$

由式 (10.24) 计算得桥梁端部的基底压力为

$$p_A = \frac{V_A}{ab} = \frac{5P}{4ab}, \quad p_B = \frac{V_B}{ab} = \frac{3P}{4ab} \tag{10.25}$$

式中，V_A 为桥梁 A 端所受地基反力，kN；V_B 为桥梁 B 端所受地基反力，kN；P 为桥梁上部所受集中荷载，kN；a 为钢架组件沿道路宽度方向尺寸，m；b 为钢架组件沿道路延伸方向尺寸，m；p_A 为桥梁 A 端部对基底的压力，kN；p_B 为桥梁 B 端部对基底的压力，kN。

算例分析

贵州省 2012 年 "7.12" 洪灾中，望谟县境内省道 209 线 K291~K340.5 段水毁灾害严重，多处路基被完全冲毁，交通中断，形成长约 20m、高近 5m 的缺口路段，该处因洪水上涨流速增快导致路基被洪水冲毁。对该受灾路段采用组合式战备桥梁结构进行公路交通应急修复。组合式战备桥梁结构尺寸为：钢架组件沿道路延伸方向尺寸 b =2m；钢架组件高度 h =1m；钢架组件沿道路宽度方向尺寸 a =4m；连接螺栓选用工厂柳钉，长度 t =0.3m；连接螺杆直径 d =30mm；连接螺帽外径 D =80mm；组合式战备桥梁长度 L =20m。参照《公路桥涵设计通用规范》(JTG D60—2015)，矢跨比取 1/5~1/8 范围内合适，结合现场情况，组合式战备桥梁的矢高越小越利于车辆通行，则矢跨比取其最小值 1/8，组合式战备桥梁矢高 f =2.5m。承载钢绳由 7 束直径 15.2mm 的钢绞线构成，稳固钢绳为直径 5mm 的普通钢绞线。框架结构上部受力拟定为汽车荷载为 200kN，则 P =100kN。

在最不利荷载组合情况下，将结构中上部结构所受剪力与四根连接螺栓的抗剪容许承载力进行比较，查《公路桥涵设计通用规范》的表 2 得 $[\sigma_v^b] = 110\text{MPa}$，代入式 (10.20) 得 $n_v \pi d^2 [\sigma_v^b] = 310.86\text{kN}$；组合式战备桥梁结构剪力为

$$T = Q_{2P} = 222.96\sin\psi - 125\cos\psi$$

这里 φ 为拱轴线水平倾角，取值 0°~90° 范围内，$\sin\varphi < 1$，则

$$T = 222.96\sin\psi - 125\cos\psi < 222.96 < 310.86\text{kN}$$

螺栓连接结构稳定。

锚固钢绳选用 7 束直径为 15.2mm 的钢绞线，截面面积 $A_s = 165\text{mm}^2$，$f_{pd} = 1260\text{MPa}$，代入式 (10.21) 得

$$nf_{pd}A_s = 7 \times 1260 \times 165 = 1455.3 \times 10^3(\text{N}) = 1455.3(\text{kN})$$

组合式战备桥梁的承载钢绳承受水平拉力为

$$F = H_{2P} = 222.96\text{kN} < 1455.3\text{kN}$$

则承载钢绳稳定。

通过上述结构尺寸和荷载的拟定，将尺寸数据代入式 (10.25) 得出桥梁端部的基底压力 p_A 和 p_B 分别为

$$p_A = \frac{5P}{4ab} = 15.625\text{kPa} < 500\text{kPa}, \quad p_B = \frac{3P}{4ab} = 9.375\text{kPa} < 500\text{kPa}$$

两端压力均小于地基容许承载力，地基稳定。

10.1.3　使用步骤

(1) 在工厂运用普通钢轨通过焊接方式预制组合式战备桥梁的立方体形组件和三角棱柱形组件，在立方体形钢架的八个角点以及三角棱柱形钢架矩形侧面的四个角点处设置连接锁孔，在三角棱柱形钢架底面的四个角点处设置承载钢绳锁孔，钢架沿道路延伸方向尺寸为 b，沿道路宽度方向尺寸为 a，高度为 h，a 取 3m，b 取 2m，h 取 1m。

(2) 选定承载钢绳和稳固钢绳，承载钢绳为 7 根直径 15.2mm 的普通钢绞线，稳固钢绳为直径 5mm 的普通钢绞线。承载钢绳和稳固钢绳与组合式战备桥梁立方体形组件和三角棱柱形组件成品共同放置在储藏室，备用。

(3) 在公路地质灾情发生后，根据路基缺口部位或路基损毁地段的长度估算设置组合式战备桥梁的长度，若长度超过 30m，则应在缺口或路基损毁地段中部适当位置架设简易支墩，严格将组合式战备桥梁长度控制在 30m 以内。

(4) 根据拟架设组合式战备桥梁的长度 L，由下式计算所需组合式战备桥梁立方体形组件的个数 n：

$$n = [0.5L] + 1 \tag{10.26}$$

式中，L 为组合式战备桥梁的实际长度，m；$[\cdot]$ 表示计算结果取整数。

则组合式战备桥梁需要 n 个立方体形组件和 2 个三角棱柱形组件。

(5) 现场确定架设组合式战备桥梁的支承位置，桥梁端部地基承载力应不低于 500kPa。不能满足要求时则需对支承部位地基进行简易处理，例如铺设钢板。

(6) 在拟定架设组合式战备桥梁的部位沿道路延伸方向安设 2 根承载钢绳，间距 3m。

(7) 在拟定架设组合式战备桥梁一端放置 1 个三角棱柱形组件，并在承载钢绳锁孔处将承载钢绳用建筑纽扣锁固。

(8) 从已经定位和安置完成的三角棱柱形组件处沿道路延伸方向逐个安设立方体形组件，组件之间在连接锁孔处采用锁固螺杆和锁固螺帽予以锁固连接，最后一个立方体形组件安设完成后安置另一个三角棱柱形组件，将承载钢绳拉直并在承载钢绳锁孔处将承载钢绳用建筑纽扣锁固。

(9) 在组合式战备桥梁立方体形组件和三角棱柱形组件安设完成后，沿桥梁延伸方向，在每个组件结合部位布设稳固钢绳，并用建筑纽扣将每根稳固钢绳固定在组件和承载钢绳上。

(10) 在组合式战备桥梁钢架和钢绳体系组建完成并形成一个整体承载体系后，在钢架顶部沿道路延伸方向铺设路面板。

经过前述 10 个步骤，组合式战备桥梁安设完成，据此可恢复道路交通。

10.2 路基缺失段锚拉框架结构

10.2.1 工作原理

(1) 针对山区沿河公路整体被洪水及泥石流水毁，路基路面全部消失而形成悬崖路段 (图 10.14)，采用水毁冲失悬崖路段应急锚拉框架加固方法，快速恢复公路交通，满足应急救灾需求。

(2) 框架横梁和钢绳拉索是该技术的核心，依靠锚入钢筋支撑、崖壁内的岩石支撑和拉索提供结构受力。

(3) 运用螺栓连接将内外侧纵梁和钢绳承载墩分别同框架横梁锁固，组成一个整体承载结构体系。

(4) 钢架斜支撑的功能在于防止框架横梁在受力过程中因结构中部受力过大而破坏，增大框架横梁的承载力。

10.2 路基缺失段锚拉框架结构

图 10.14 四川省金阳县公路水毁冲失路段

(5) 钢绳支墩固定在框架横梁外侧，托起钢绳让锚拉框架结构通行空间更大。

(6) 在沿河公路水毁的易发区域，批量预制框架横梁、框架外侧纵梁、框架内侧纵梁、锚固钢绳、钢绳支墩、自锚型锚杆，储存在物资仓库，发生该类水毁破坏后即可使用，如使用完毕则可将构件拆卸运回仓库以备下一次使用。

10.2.2 技术内涵

(1) 整套设备由组合式框架、锚固钢绳、钢绳支墩、锚杆和钢支撑五部分组成(图 10.15 和图 10.16)。

(2) 组合式框架包括框架横梁、工字钢斜支撑、框架外侧纵梁和框架内侧纵梁四部分，其中框架横梁为钢筋混凝土预制结构，纵梁为角钢或工字钢，框架横梁承载装置为组合承载结构。

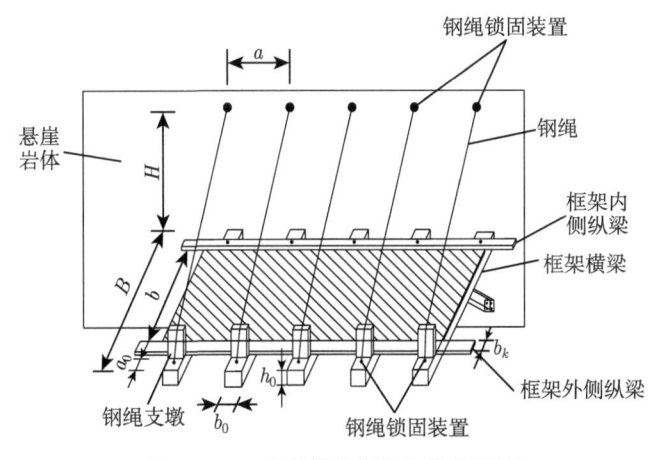

图 10.15 应急锚拉框架结构立面图

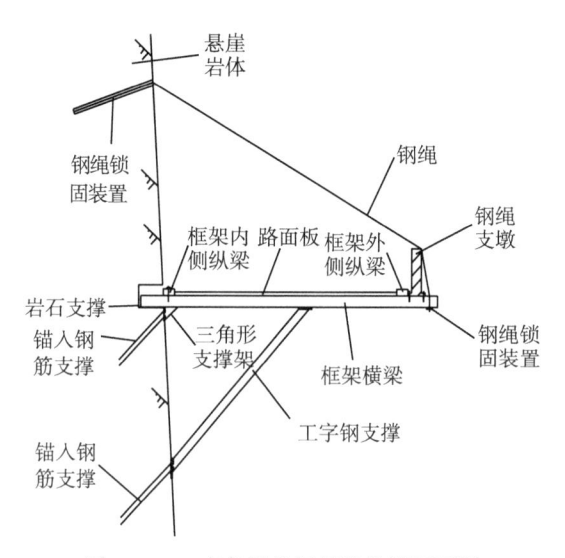

图 10.16　应急锚拉框架结构横断面图

(3) 框架横梁内侧置于崖壁与锚入支撑的联合支撑结构上 (图 10.17)。

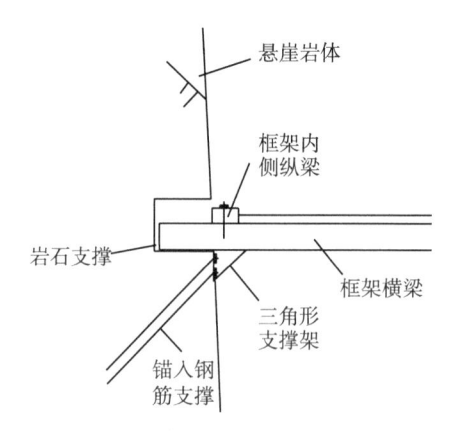

图 10.17　应急锚拉框架结构的支撑装置

(4) 锚杆为自锚型锚杆，已经获得国家发明专利 (授权专利号 ZL201010242145.4，发明人：陈洪凯，唐红梅)，直径 65mm，成批预制、储放，每根锚杆的容许拉力为 80kN。锚杆采用手工风枪成孔，钻头采用 70mm，所形成的锚孔与自锚型锚杆专利产品匹配。

(5) 钢绳支墩由两根角钢焊接而成，高度为 h_z，h_z 取 200cm，距离框架横梁外缘为 $(t+a_0)$，t 取 25cm，采用膨胀螺丝固定在框架横梁与外侧纵梁交点部位。

(6) 锚固钢绳在框架横梁上的固定部位距离横梁外缘 a_0 处，a_0 取 30cm，且可以通过对锚固装置进行调节，达到调节钢绳受力大小的作用，使结构受力达到

10.2 路基缺失段锚拉框架结构

最佳状态。

(7) 应急锚拉框架结构内力计算[30]。

应急锚拉框架结构属于超静定结构,其力学模型如图 10.18 所示,采用力法进行力学模型分解,如图 10.19 所示。其中图 10.19(a) 所示梁为三次超静定结构,去掉多余联系,得到力法基本结构,其同时承受到已知荷载 N 和多余未知力 X_1、X_2 和 X_3 作用,基本体系受到原有荷载和多余未知力的共同作用,如图 10.19(b) 所示。通过力法求解出多余未知力 X_1、X_2 和 X_3,其中 X_1、X_2 和 X_3 即为力学模型中的 M_1、F_2 和 F_3,其余各力的计算便与静定结构相同。

为了确定多余未知力 X_1、X_2 和 X_3,通过考虑变形条件以建立补充方程。原结构在力 X_1、X_2 和 X_3 处由于多余联系的约束而不能有位移;基本体系上虽然多余联系被去掉,其受力和变形情况与原结构完全一致,在荷载 N 和未知力 X_1、X_2 和 X_3 共同作用下,其每个点的位移 Δ_1、Δ_2 和 Δ_3 也应为零,即

$$\begin{cases} \Delta_1 = 0 \\ \Delta_2 = 0 \\ \Delta_3 = 0 \end{cases} \tag{10.27}$$

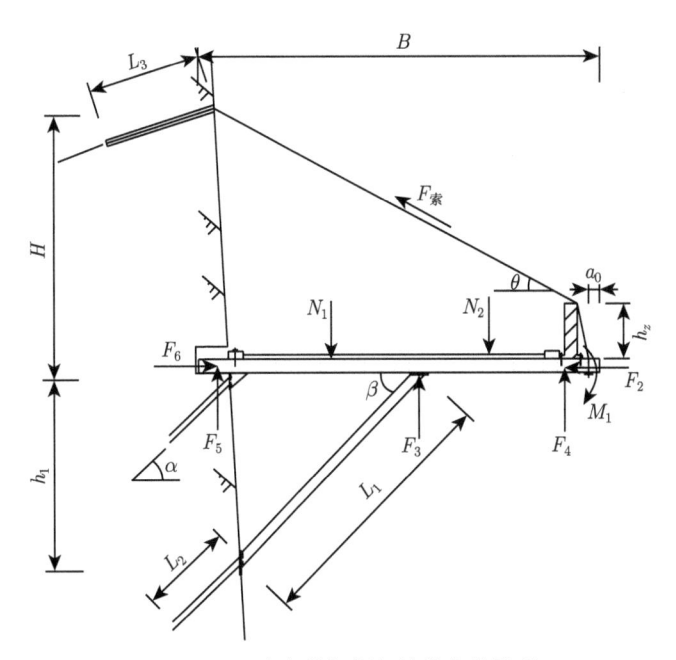

图 10.18 应急锚拉框架结构力学模型

图 10.19 应急锚拉框架模型 $\overline{M}$ 图和 M_p 图

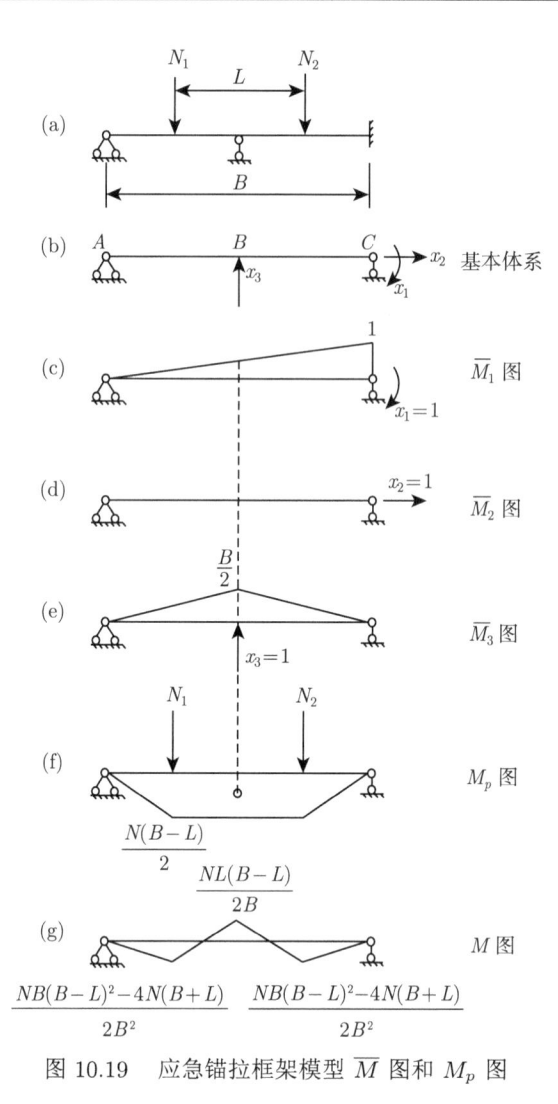

设备单元多余未知力 $\overline{X_1}=1$、$\overline{X_2}=1$ 和 $\overline{X_3}=1$ 与荷载 N 分别作用于基本结构上时，C 点沿 X_1 方向的位移分别为 δ_{11}、δ_{12}、δ_{13} 和 Δ_{1p}，沿 X_2 方向的位移分别为 δ_{21}、δ_{22}、δ_{23} 和 Δ_{2p}，在 B 点沿 X_3 方向的位移分别为 δ_{31}、δ_{32}、δ_{33} 和 Δ_{3p}，则根据叠加原理，代入位移典型方程 (10.27) 为

$$\begin{cases} \Delta_1 = \delta_{11}X_1 + \delta_{12}X_2 + \delta_{13}X_3 + \Delta_{1p} = 0 \\ \Delta_2 = \delta_{21}X_1 + \delta_{22}X_2 + \delta_{23}X_3 + \Delta_{2p} = 0 \\ \Delta_3 = \delta_{31}X_1 + \delta_{32}X_2 + \delta_{33}X_3 + \Delta_{3p} = 0 \end{cases} \quad (10.28)$$

图 10.18 和图 10.19 中，α 为锚入钢筋支撑锚入角，(°)；β 为斜支撑与框架

10.2 路基缺失段锚拉框架结构

横梁夹角, (°); θ 为拉索与框架横梁的夹角, (°); L_1 为斜支撑长度, mm; L_2 为锚入钢筋长度, mm; L_3 为自锚型锚杆长度, mm; h_1 为崖壁上斜支撑固定端与框架横梁垂直距离, mm; M_1、F_2 和 F_4 分别为框架横梁右侧受到的弯矩, N·m, 以及水平和竖直方向的力, N; F_3 为斜支撑对框架横梁的支撑力, N; F_5 和 F_6 分别为框架横梁左侧受到的竖直方向和水平方向的力, N; $F_索$ 为拉索的拉力, N; N_1 和 N_2 为汽车同轴车轮分别作用在框架横梁上的荷载, N; L 为框架横梁上同轴车轮间距, mm; $\overline{M}_1$、$\overline{M}_2$ 和 $\overline{M}_3$ 分别为基本结构在 $\overline{X}_1=1$、$\overline{X}_2=1$ 和 $\overline{X}_3=1$ 作用下的弯矩图; M_p 为基本结构在外荷载 N_1 和 N_2 作用下的弯矩图。

图 10.19(c)~(g) 所示为基本结构的 $\overline{M}$ 图和 M_p 图。由于 $\overline{M}_2=0$、$\overline{F}_{s2}=0$ 及 $\overline{F}_{N1}=\overline{F}_{N3}=\overline{F}_{N1_p}=0$, 故由位移计算公式或图乘法可知 $\delta_{21}=\delta_{12}=0$, $\delta_{23}=\delta_{32}=0$, $\Delta_{2p}=0$, 则典型方程 (10.28) 第二式为

$$\delta_{22}X_2 = 0 \tag{10.29}$$

在计算 δ_{22} 时, 应同时考虑弯矩和轴力的影响, 则

$$\delta_{22} = \sum \int \frac{\overline{M}_2^2}{EI}\mathrm{d}s + \sum \int \frac{\overline{F}_{N2}^2}{EA}\mathrm{d}s = 0 + \frac{1^2 B}{EA} = \frac{B}{EA} \neq 0 \tag{10.30}$$

将式 (10.30) 代入式 (10.29), 于是有

$$X_2 = 0 \tag{10.31}$$

式中, E 为材料的弹性模量, MPa; I 为截面惯性矩, m³; ds 为取结构长度增量, m; A 为截面面积, m²。

由于两端固定的梁在垂直于梁轴线的荷载作用下不产生水平反力, 因此, 可简化为只需求解两个多余未知力的问题, 则典型方程 (10.28) 简化为

$$\begin{cases} \delta_{11}X_1 + \delta_{13}X_3 + \Delta_{1p} = 0 \\ \delta_{31}X_1 + \delta_{33}X_3 + \Delta_{3p} = 0 \end{cases} \tag{10.32}$$

由图乘法可求得各系数和自由项为

$$\delta_{11} = \sum \int \frac{\overline{M}_1^2}{EI}\mathrm{d}s = \frac{1}{EI}\left(\frac{1}{2} \times 1 \times B\right) \times \frac{2}{3} = \frac{B}{3EI}$$

$$\delta_{33} = \sum \int \frac{\overline{M}_3^2}{EI}\mathrm{d}s = \frac{1}{EI}\left(\frac{1}{2} \times \frac{B}{2} \times B\right) \times \frac{B}{2} = \frac{B^3}{8EI}$$

$$\delta_{13} = \delta_{31} = \sum \int \frac{\overline{M}_1 \overline{M}_3}{EI}\mathrm{d}s = \frac{1}{EI}\left(\frac{1}{2} \times \frac{B}{2} \times B\right) \times \frac{1}{2} = \frac{B^2}{8EI}$$

$$\Delta_{1P} = \sum \int \frac{\overline{M}_1 M_p}{EI} \mathrm{d}s = -\frac{N(B^2 - L^2)}{8EI}$$

$$\Delta_{3P} = \sum \int \frac{\overline{M}_3 M_p}{EI} \mathrm{d}s = -\frac{NB(B^2 - L^2)}{8EI}$$

代入典型方程 (10.28) 得

$$\begin{cases} \dfrac{B}{3EI}X_1 + \dfrac{B^2}{8EI}X_3 - \dfrac{N(B^2 - L^2)}{8EI} = 0 \\ \dfrac{B^3}{8EI}X_1 + \dfrac{B^2}{8EI}X_3 - \dfrac{NB(B^2 - L^2)}{8EI} = 0 \end{cases} \tag{10.33}$$

对式 (10.33) 求解，得

$$\begin{cases} X_1 = 0 \\ X_3 = \dfrac{N(B^2 - L^2)}{B^2} \end{cases} \tag{10.34}$$

通过上述力法计算得到多余未知力 X_1、X_2 和 X_3 的表达式，再通过结构的平衡条件求解剩余的三个未知力，框架横梁的力学模型如图 10.20 所示。

图 10.20 应急锚拉框架横梁力学模型

建立平衡方程如下：
(a) 对 A 点取矩

$$M_A = -N\frac{B-L}{2} + \frac{N(B^2 - L^2)}{B^2} \cdot \frac{B}{2} - N\frac{B+L}{2} + F_4 B = 0 \tag{10.35}$$

(b) 对式 (10.35) 求解得出框架横梁右侧竖向力

$$F_4 = N - \frac{N(B^2 - L^2)}{2B^2} \tag{10.36}$$

(c) 对 C 点取矩

$$M_C = -F_5 B + N\frac{B+L}{2} - \frac{N(B^2 - L^2)}{B^2} \cdot \frac{B}{2} + N\frac{B-L}{2} = 0 \tag{10.37}$$

(d) 对式 (10.37) 求解得出框架横梁左侧支撑竖向力

10.2 路基缺失段锚拉框架结构

$$F_5 = N - \frac{N(B^2 - L^2)}{2B^2} \tag{10.38}$$

计算得出简化后框架横梁的受力表达式,框架横梁水平受力等于拉索对框架横梁拉力的水平分力 F_2,

$$F_2 = F_6 = F_4 \cdot \tan\theta = \left[N - \frac{N(B^2 - L^2)}{2B^2}\right] \cdot \tan\theta \tag{10.39}$$

(8) 拉索稳定性计算。

应急锚拉框架结构右侧受到拉索的拉力,拉索另一端与崖壁上的自锚型锚杆连接,锚固钢绳为预先设置的钢绞线,长度根据现场而定。框架横梁受到拉索的拉力可分解为水平和竖直方向的力,即为式 (10.36) 和式 (10.39) 所求的 F_4 和 F_2,由已知力的表达式可计算出拉索的拉力 $F_{索}$ 为

$$F_{索} = \frac{F_4}{\sin\theta} = \frac{F_2}{\cos\theta} = \frac{N - \dfrac{N(B^2 - L^2)}{2B^2}}{\sin\theta} \tag{10.40}$$

比较拉索的拉力和锚杆所能承受的拉力,若锚杆的最大抗拔力大于拉索施加的拉力,即满足式 (10.41),则结构稳定。

$$F_{索} \leqslant n f_{\mathrm{pd}} A_{\mathrm{s1}} \tag{10.41}$$

式中,n 为钢绞线根数;f_{pd} 为钢绞线应力强度,MPa;A_{s1} 为每根钢绞线公称截面积,mm²。

(9) 斜支撑稳定性计算。

斜支撑力学模型如图 10.21 所示,采用材料为工字钢,框架横梁中部简支在斜支撑上,在受力过程中可减小框架横梁中部的弯矩和两端的剪力,斜支撑通过螺栓与崖壁的锚入钢筋固接。结构运行过程中斜支撑受到框架横梁施加的竖向力,斜支撑的工字钢内部单元受到沿着杆件结构的轴力,工字钢同时受到框架横梁压力产生的弯矩,轴力和弯矩通过工字钢传递到斜支撑与崖壁锚入钢筋连接处。

锚入钢筋与工字钢连接处于水平方向,受到工字钢施加的竖向剪力,剪切力由上部框架横梁施加在工字钢上再传递到固接处,验证固接结构是否稳定,即分析锚入钢筋伸出部分的抗剪能力是否能达到要求。

斜支撑受上部框架横梁对其施加的竖向荷载 $F_{支点}$ 与 F_3 互为作用力与反作用力,可分解为垂直和平行于工字钢方向的分力 F_M 和 F_N,其中 F_M 对工字钢斜支撑结构产生弯矩,而轴力 F_N 沿着工字钢方向传递到岩壁处。在固定端,F_N 可分解为水平力 F' 和竖向剪力 F_{s},即

$$F_{\mathrm{s}} = F_{支点} \sin^2\beta \tag{10.42}$$

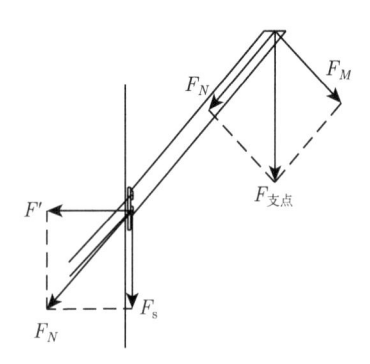

图 10.21 斜支撑力学模型

工字钢对锚入钢筋产生剪切力作用，如图 10.21 所示，由于四根锚入钢筋需要承担全部的剪切力，必须对锚入钢筋伸出端进行稳定性验算，由式 (10.42) 可得力 F_s，比较锚入钢筋所受剪力与锚入钢筋的抗剪强度，如 F_s 小于抗剪强度，满足式 (10.43)，则结构稳定。

$$F_s < n\,[\tau] \cdot A_{s2} \tag{10.43}$$

式中，$[\tau]$ 为钢筋容许剪应力，MPa；A_{s2} 为钢筋的截面面积，mm^2；n 为锚入钢筋的根数；F_s 为斜支撑对锚入钢筋外端部施加的剪力，N。

算例分析

四川省凉山彝族自治州金阳县 X135 线为路基冲失灾害多发路段，暴雨季节沿河公路路基水毁严重，路段多处悬空，路基基础已经被完全掏空，形成宽 3.8m、长超过 28m、高近 9m 的悬崖路段，该处河水上涨流速增快导致路基被洪水冲刷，水渗入路基，路基失稳被冲刷，形成的悬崖角度约 90°。采用应急锚拉框架结构对该受灾路段进行公路交通应急修复。框架横梁长度 B 为 4000mm，b_0 为 300mm，h_0 为 450mm，按照普通钢结构配筋，采用 C30 混凝土，钢绳支墩高度 h_z 为 2000mm，a_0 为 150mm，框架横梁及自锚型锚杆间距 a 为 1500mm，内外侧纵梁宽度 b_k 为 200mm，锚固钢绳由 7 束直径 15.2mm 的钢绞线构成，面板厚 20mm，拉索与框架横梁之间的夹角 θ 为 45°，框架结构上部受力拟定为汽车荷载为 200kN，即 $N = 100$kN，同轴车轮间距 L 取 1500mm 和 2000mm 两种情况，结构自重和人行荷载忽略不计。

通过上述对结构尺寸和荷载的拟定，将尺寸数据代入式 (10.34)、式 (10.36)、式 (10.38) 和式 (10.39)，得出相应的各项受力大小，当同轴车轮间距 $L = 1500$mm 时，得

$$F_2 = F_6 = 57.04\text{kN}, \quad F_3 = 42.96\text{kN}, \quad F_4 = 57.04\text{kN}, \quad F_5 = 57.04\text{kN}$$

10.2　路基缺失段锚拉框架结构

当同轴车轮间距 $L = 2000\text{mm}$ 时，得

$$F_2 = F_6 = 62.5\text{kN}, \quad F_3 = 37.5\text{kN}, \quad F_4 = 62.5\text{kN}, \quad F_5 = 62.5\text{kN}$$

锚固钢绳所受的力为框架横梁右侧对其的拉力，代入式 (10.40) 得其最大值为 $F_\text{索} = \dfrac{F_4}{\sin\theta} = 88.388\text{kN}$，崖壁上的自锚型锚杆参数为：单根 4300mm 型自锚型锚杆承载力 10^5N，自锚型锚杆承载力比拉索的拉力大，则自锚型锚杆结构稳定。锚固钢绳选用 7 束直径为 15.2mm 的钢绞线，由《结构设计原理》(叶见曙，人民交通出版社) 查得 $A_\text{s1} = 165\text{mm}^2$，$f_\text{pd} = 1260\text{MPa}$，代入式 (10.41) 得 $F_\text{索} < n f_\text{pd} A_\text{s1} = 7 \times 1260 \times 165 = 1455.3(\text{kN})$，锚固钢绳稳定。

斜支撑的锚入钢筋选取直径为 32mm，每根钢筋截面面积 $A_\text{s2} = 804.2\text{mm}^2$，容许剪应力取 $[\tau] = 80\text{MPa}$，代入式 (10.42) 和式 (10.43) 得 $F_\text{s} < n[\tau] \cdot A_\text{s2} = 4 \times 80 \times 804.2 = 257.344(\text{kN})$，斜支撑结构稳定。

10.2.3　施工方法

(1) 沿河公路水毁灾情出现后，通过现场调查量测，确定需要进行应急加固处治的路段。

(2) 在沿河公路需要进行应急加固处治的路段，沿着道路延伸方向，按照间距为 a，选定需要安设组合式框架横梁的位置，a 取 150cm。

(3) 在拟安置组合式框架横梁的悬崖部位，人工凿取横梁伸入布设孔，采用风枪钻孔，将加工好的钢筋安放在孔内，上下两排锚入钢筋间距为 20cm，在框架横梁内侧支撑装置的锚入钢筋露出端部安装好三角形支撑架，框架横梁内侧支撑装置与斜支撑装置的垂直间距为 h_1。

(4) 锚入钢筋支撑由四根直径 65mm 的锚入钢筋和三角形支撑架构造而成，采用手工风枪在崖壁成孔，钻头采用 70mm，角度 45°，成孔后放入钢筋并且注入速凝水泥浆。锚入钢筋可提前制作备存，也可现场制作，其嵌入崖体深度视现场岩石情况而定，不低于 1m，如崖体岩石强度较低，则嵌入深度加大。用钢筋直螺纹滚丝机将端部制成螺纹状以便于安装螺帽，再将端部用钢筋弯曲机将端部制成 45° 弯曲，螺纹弯曲端部作为锚入钢筋的露出端。锚入钢筋外端用螺栓锁固三角形支撑架，使三角形支撑架和岩壁形成整体，在锚入钢筋上部岩体中开凿一断面稍大于横梁尺寸的水平孔洞，深度不小于 20cm，将框架横梁内侧端部伸入崖壁所开孔洞 20cm，使崖壁岩石和三角形支撑架共同承担框架横梁的竖向应力，用螺栓将框架横梁和框架内侧纵梁锁固连接。

(5) 在与组合式框架横梁承载装置对应的公路内侧边坡表面高度 H 处，采用风枪钻孔，将预置的自锚型锚杆安放在孔内，旋紧自锚型锚杆锚头，使锚杆处于受荷状态。

(6) 将锚固钢绳一端与自锚型锚杆顶部机械连接,另一端沿崖壁悬吊,备用。

(7) 将组合式框架横梁一端放置在横梁支撑装置顶部,架设下部工字钢斜支撑,框架横梁中部简支在工字钢斜支撑上,另一端通过锁固装置与锚固钢绳连接,锚固钢绳通过钢绳支墩顶部架设,调节锚固装置,使组合式框架横梁处于水平状态。

(8) 在组合式框架横梁内侧安置框架内侧纵梁,在横梁外侧安置框架外侧纵梁,并采用锚固螺栓将框架内侧纵梁和外侧纵梁与框架横梁连接,使框架横梁、内外侧纵梁、工字钢斜支撑与锚固钢绳之间形成组合式锚拉框架。

(9) 在组合式锚拉框架纵梁和横梁顶部铺设路面板,实现水毁路段公路交通的应急通行。

10.3 悬空混凝土路面板应急加固

10.3.1 工作原理

(1) 针对山区沿河公路路基局部被洪水及泥石流水毁后,混凝土路面板外侧部分悬空段 (图 10.22),消除行驶在混凝土路面板上的车辆及行人因路面板向河流沟谷方向断裂破坏而产生灾害隐患,采用该技术进行悬空混凝土路面板加固处理。

图 10.22 水毁冲失悬空路面板

(2) 该技术采用钢绳支墩固定在悬空混凝土路面板外侧,托起钢绳可让锚拉加固结构通行空间更大。

(3) 该技术采用的锚固钢绳为结构外侧主要受力结构,连接崖壁上的自锚型锚杆和悬空混凝土路面板外侧,传递悬空混凝土路面板外侧所受到的荷载,形成一个整体承载结构体系。

(4) 在易于出现类似沿河公路水毁的区域,批量预制锚固钢绳、钢绳支墩、自锚型锚杆,储存在物资仓库,发生该类水毁破坏后使用,如使用完毕路基修复之

10.3 悬空混凝土路面板应急加固

后则可将构件拆卸运回仓库以备下一次使用。

10.3.2 技术内涵

(1) 钢筋混凝土路面板悬空段锚拉结构由悬空混凝土路面板、锚固钢绳、钢绳支墩和锚杆四部分组合而成 (图 10.23 和图 10.24)。

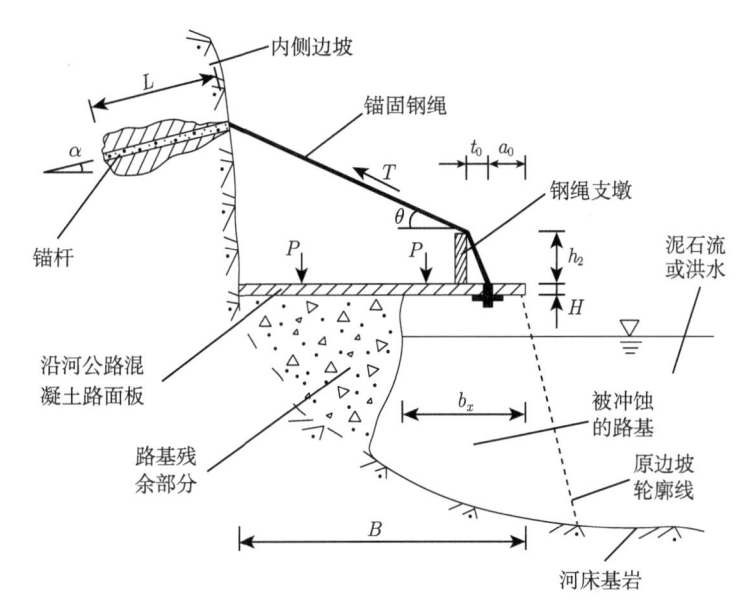

图 10.23 悬空混凝土板路面板加固结构断面图

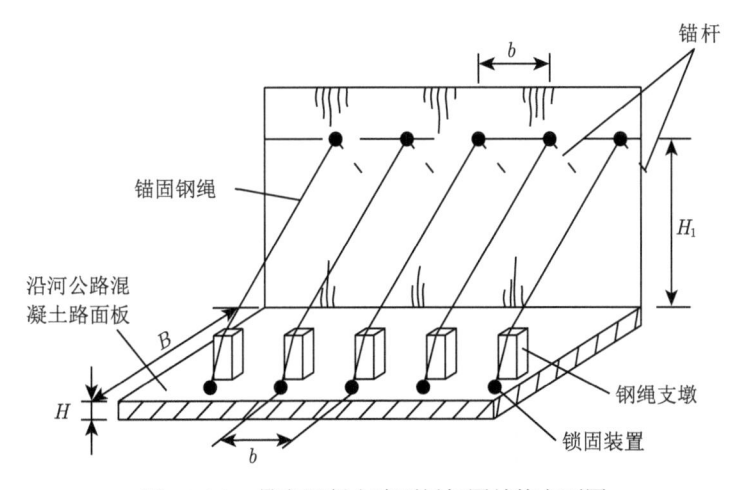

图 10.24 悬空混凝土路面板加固结构立面图

(2) 锚固钢绳为预先设置的钢绞线，长度根据现场而定，由直径为 15.2mm 的 7 根钢丝构成，均为市售产品。从锚杆顶端经钢绳支墩连接到混凝土路面板下部的锁固装置处。

(3) 钢绳支墩为钢筋混凝土柱，高度为 h_2，h_2 取 200cm，横截面积为 $a_2 \times a_2$，a_2 取 30cm，按照普通钢筋混凝土结构构造配筋和预制，采用膨胀螺丝固定在混凝土路面板上，安置在混凝土路面板外侧，与混凝土路面板内侧边缘的距离为 b，与外侧边缘的距离为 $(a_0 + t_0)$，a_0 取 20cm，t_0 取 15cm，$b = B - (a_0 + t_0)$，B 为需要采取应急加固的混凝土路面实际宽度，若 B 为 400cm，则 b 为 365cm。

(4) 锚固钢绳上部固定在锚杆顶部，下部固定在混凝土路面板上。锁固装置为张拉锁固夹具，为市售产品，如 OVM 锚杆锚头锁固产品，钢绳支墩及锚固钢绳沿混凝土路面长度方向等间距布置，墩中心间距与锚固钢绳间距相同，均为 a，取 150cm。

(5) 锚杆为自锚型锚杆，已经获得国家发明专利 (授权专利号 ZL201010242145.4，发明人：陈洪凯，唐红梅)，直径 65mm，成批预制、储放，每根锚杆的容许拉力为 80kN。锚杆采用手工风枪施工成孔，钻头采用 70mm，所形成的锚孔与自锚型锚杆专利产品匹配。

(6) 悬空钢筋混凝土路面板内力计算。

当悬空钢筋混凝土路面板长度相对于板厚及板宽较大时，将路面板视为无限宽度板，锚拉钢绳拉力在悬空钢筋混凝土路面板外侧均匀分布。当汽车荷载作用在悬空钢筋混凝土路面板外侧时 (图 10.25)，每根钢绳的受力随着车轮的移动而不同，当车轮重心刚好与某一钢绳在同一横截面时，相应钢绳对钢筋混凝土路面板的拉力最大，假设此时外侧车轮荷载完全作用在最近的钢绳上。图 10.26 中，b_x 为钢筋混凝土板下部悬空宽度 (m)；B 为路面板宽度 (m)；h_2 为钢绳支墩高度 (m)；θ 为拉索与路面板的夹角 (°)；a_0 为钢绳支墩外侧与钢索锚固点的距离 (m)；t_0 为钢索锚固点与路面板外侧的距离 (m)；T 为钢索拉力 (N)；l 为车轮荷载与路面板内侧端部 A 处的距离 (m)。

当车轮重心与钢绳在同一横截面上时 (图 10.26)，结构中钢筋混凝土板各位置的弹性模量 E 和惯性矩 I_z 取值相同。悬空钢筋混凝土板内侧路基尚未掏空部分视为固结，受力为三角形分布，内侧端部产生反力为最大值 $[\sigma_0]$。钢筋混凝土路面板自重均匀分布，简化为均布荷载 q。锚固钢绳对悬空钢筋混凝土路面板外侧的拉力 T 分解为水平和竖直方向的力，水平方向的力与路面板内侧的抗力相抵消，对结构计算影响不大，故忽略不计，竖直方向分力为 T_0。路面板力学基本模型如图 10.27 所示。图 10.27 中，T_0 为钢绳拉力竖直方向的分力 (N)；q 为悬空钢筋混凝土路面板自重所产生的均布荷载 (N)；$[\sigma_0]$ 为路面板内侧路基完好部分对路面板的反力 (N)。

10.3 悬空混凝土路面板应急加固

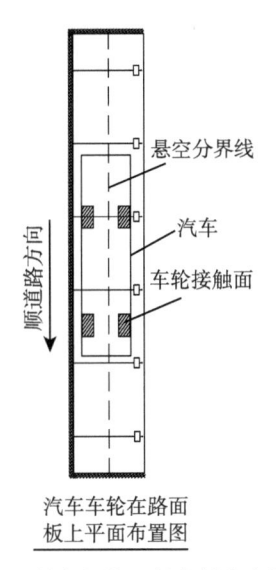

图 10.25 悬空钢筋混凝土板上车轮布置图

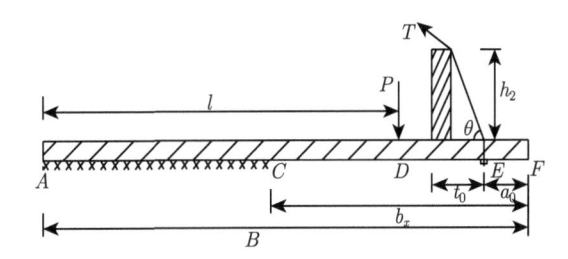

图 10.26 悬空钢筋混凝土板加固结构横截面简化图

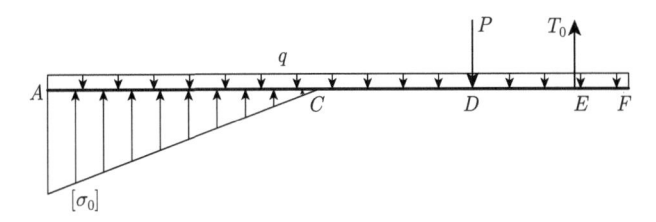

图 10.27 悬空钢筋混凝土路面板力学基本模型

锚固钢绳与悬空钢筋混凝土路面板连接处的夹角 θ 可根据加固结构的几何关系得出：

$$\theta = \arctan \frac{h_2}{t_0} \tag{10.44}$$

则 T 和 T_0 的关系为

$$T_0 = T\sin\theta \tag{10.45}$$

力学模型中均布荷载 q 以及汽车荷载 P 均已知,故结构属于静定结构。在竖直方向上受力平衡,则平衡方程为

$$\frac{1}{2}(B-b_x)[\sigma_0] + T_0 - P - qB = 0 \tag{10.46}$$

解式 (10.46) 得出悬空钢筋混凝土路面板内侧地基未破坏部分的反力

$$[\sigma_0] = \frac{2(P+qB-T_0)}{B-b_x} \tag{10.47}$$

将所有力对 A 点取矩,根据力矩平衡方程可得

$$\frac{1}{2}(B-b_x)[\sigma_0] \cdot \frac{1}{3}(B-b_x) - qB \cdot \frac{1}{2}B - Pl + T_0(B-a_0) = 0 \tag{10.48}$$

解式 (10.48) 可得钢绳拉力的竖直分力 T_0 为

$$T_0 = \frac{\frac{1}{2}qB^2 + Pl - \frac{1}{3}(P+qB)(B-b_x)}{\frac{2}{3}B - a_0 + \frac{1}{3}b_x} \tag{10.49}$$

悬空钢筋混凝土路面板锚拉加固结构在受力过程中,路面板 A、C 和 D 点的弯矩分别为

$$M_C = \frac{\frac{1}{2}qB^2 + Pl - \frac{1}{3}(P+qB)(B-b_x)}{\frac{2}{3}B - a_0 + \frac{1}{3}b_x}(b_x - a_0) - P(l+b_x-B) - \frac{1}{2}qb_x^2 \tag{10.50}$$

$$M_D = \frac{\frac{1}{2}qB^2 + Pl - \frac{1}{3}(P+qB)(B-b_x)}{\frac{2}{3}B - a_0 + \frac{1}{3}b_x}(B - l - a_0) - \frac{1}{2}q(B-l)^2 \tag{10.51}$$

$$M_E = -\frac{1}{2}qa_0^2 \tag{10.52}$$

通过计算出各点的弯矩,将均布荷载的弯矩图和各集中荷载的弯矩图运用图乘法进行计算,得出悬空钢筋混凝土路面板的弯矩图 (图 10.28)。

(7) 钢筋混凝土路面板最大悬空宽度计算。

从图 10.28 可知,悬空钢筋混凝土路面板在 D 点受到上部汽车集中荷载作用,此处的弯矩 M_D 最大,当其他条件不变时,悬空段宽度越大,则悬空钢筋混

凝土路面板的弯矩越大，两者呈正相关，悬空钢筋混凝土路面板越容易破坏。当 b_x 增大到一定程度时，结构处于极限平衡状态，超过这一数值则路面板将会破坏，以此计算出悬空钢筋混凝土路面板所允许的最大宽度 b_x。

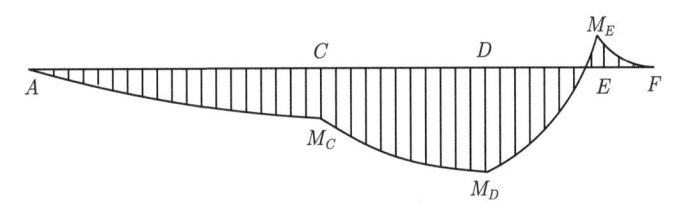

图 10.28　悬空钢筋混凝土路面板的弯矩图

由材料力学可知，悬空钢筋混凝土路面板横截面上任一点的弯曲正应力 f_{tmd} 与该截面的弯矩成正比，与截面对中性轴的惯性矩 I_z 成反比，与到中性轴的距离成正比，即

$$f_{\text{tmd}} = \frac{0.5 M_D H}{I_z} \leqslant [f_{\text{tmd}}] \tag{10.53}$$

式中，f_{tmd} 为弯曲正应力，kPa；H 为混凝土板厚度，m；I_z 为截面的惯性矩，m^4；$[f_{\text{tmd}}]$ 为钢筋混凝土弯曲抗拉强度设计值，kPa。

矩形截面惯性矩为 $I_z = \dfrac{bH^3}{12}$；在其他条件不变的情况下，当车轮荷载在路面悬空部分中点处，即 $l = B - \dfrac{b_x - a_0}{2}$ 时，钢筋混凝土悬空路面板在中点处的弯矩最大，则最大弯曲正应力也最大，加固结构最容易破坏，代入式 (10.53) 得

$$f_{\text{tmd}} = \frac{\dfrac{\dfrac{qB^2}{2} + P\left(B - \dfrac{b_x - a_0}{2}\right) - \dfrac{(P+qB)(B-b_x)}{3}}{\dfrac{2}{3}B - a_0 + \dfrac{1}{3}b_x} \left[\dfrac{b_x - a_0}{2} - a_0\right] - \dfrac{q}{2}\left(\dfrac{b_x - a_0}{2}\right)^2}{\dfrac{1}{6}(a_2 + 2H)H^2}$$

$$\leqslant [f_{\text{tmd}}] \tag{10.54}$$

对式 (10.54) 进行求解，计算出悬空钢筋混凝土板悬空宽度 b_x 的表达式即为悬空钢筋混凝土路面板的最大允许悬空宽度，否则悬空宽度 b_x 过大，即使经过锚拉加固处理仍然会破坏。

(8) 锚固钢绳计算。

锚固钢绳一端锁固在悬空钢筋混凝土板加固结构外侧，拉索另一端与崖壁上的自锚型锚杆连接，锚固钢绳为预先设置的钢绞线，长度现场确定。由式 (10.49)

可知，l 越大则钢绳拉力 T 越大，当车轮越靠近悬空钢筋混凝土路面板外侧钢绳支墩处，即 $l = B - a_0 - \frac{1}{2}b_1$ 时，T 为最大。将式 (10.49) 代入式 (10.45) 得出钢绳的拉力 T 为

$$T = \frac{T_0}{\sin\theta} = \frac{\frac{1}{2}qB^2 + Pl - \frac{1}{3}(P+qB)(B-b_x)}{\sin\theta\left(\frac{2}{3}B - a_0 + \frac{1}{3}b_x\right)} \tag{10.55}$$

在结构设计过程中选用某一尺寸的钢绞线，钢绳受到的拉力应小于钢绳的最大容许承载力，以此计算出所需钢绞线的根数。

$$T \leqslant \frac{nf_{\rm pd}A_{\rm s}}{\eta} \tag{10.56}$$

由式 (10.55) 和式 (10.56) 得出钢绞线所需根数，对结果取整得

$$n \geqslant \left[\frac{\eta}{f_{\rm pd}A_{\rm s}} \cdot \frac{\frac{1}{2}qB^2 + Pl - \frac{1}{3}(P+qB)(B-b_x)}{\sin\theta\left(\frac{2}{3}B - a_0 + \frac{1}{3}b_x\right)}\right] \tag{10.57}$$

式中，n 为钢绞线根数；$f_{\rm pd}$ 为钢绞线应力强度，MPa；$A_{\rm s}$ 为每根钢绞线公称截面积，mm^2；η 为钢绳的安全系数；$[\cdot]$ 为对计算结果取整。

算例分析

四川省江油市枫顺乡省道 S103 为路基冲失多发路段，暴雨季节沿河公路路基水毁严重，部分路段路基基础外侧掏空。河水上涨流速增快，水渗透进入路基，导致路基基础被冲刷掏空，形成长超过 1km、宽度大约 2m 的悬空钢筋混凝土板路段，在河水未消退时不宜立即使用传统方法修复路基，造成当地交通阻断。

拟定上部汽车荷载为 200kN，参考我国《公路桥涵设计通用规范》(JTG D60—2015)，汽车荷载按照前后轴 1:3 分布，a_2 取 0.4m，b_2 取 0.5m，即后轴外侧车轮施加的荷载为汽车荷载的 3/8，即 $P = 65$kN，钢筋混凝土路面板结构自重 q 取 3kN/m，人行荷载在计算中忽略不计。悬空钢筋混凝土路面板加固结构的主要尺寸为：B 取 4m，H 取 0.3m，b 取 1.5m，钢绳支墩横截面积为 $a_3 \times a_3$，a_3 取 0.3m，h_2 取 2m，按照普通钢筋混凝土结构构造配筋和预制，采用 C30 混凝土。锚固钢绳采用直径 15.2mm 的钢绞线，a_0 取 0.2m，t_0 取 0.15m。

通过上述对结构尺寸和荷载的拟定，将尺寸数据代入式 (10.54)，经查表得 C30 钢筋混凝土弯曲抗拉强度设计值取 $[f_{\rm tmd}] = 3220$kPa，得出悬空钢筋混凝土路面板允许最大悬空宽度 $b_x \leqslant 2.344$m，即悬空钢筋混凝土路面板最大悬空宽度不能超过 2.344m。

因该处路基冲蚀悬空钢筋混凝土路面板的悬空宽度 b_x 小于 2m，故取当 $b_x = 2$m 时，15.2mm 的钢绞线参数为 $A_s = 165 \times 10^{-6}$m^2，$f_{\rm pd} = 1260 \times 10^3$kPa，$l$ 取 3.25m，钢绳的安全系数 η 取 2.5，将尺寸数据代入式 (10.57)，得出选用直径 15.2mm 的钢绞线时锚拉钢绳所需要的根数为 $n \geqslant [0.706] = 1$，即在路面板悬空宽度为 2m 时，选用钢绞线的根数为 1 时，锚拉钢绳结构稳定。

10.3.3 施工方法

(1) 在易于出现沿河公路水毁的区域，批量预制钢绳支墩、锚固钢绳、自锚型锚杆，储存在物资仓库，备用。

(2) 沿河公路水毁灾情出现后，通过现场调查量测，确定混凝土路面板下部被泥石流及洪水冲蚀部分的宽度 b_x，当 $b_x \leqslant B/2$ 时，可以采用沿河公路悬空混凝土路面板锚拉加固方法进行应急加固处理，并明确需要进行应急加固处治的路段。

(3) 在悬空混凝土路面板临空面边缘向内 $(a_0 + t_0)$ 处，沿着道路延伸方向按照间距 a 进行钢绳支墩定位，a_0 取 20cm，t_0 取 15cm，a 取 150cm，采用风枪钻孔，并将预制的钢筋混凝土钢绳支墩安置在相应位置。

(4) 在与钢绳支墩对应的公路内侧高度为 H 的部位，采用风枪钻孔，将预置的自锚型锚杆安放在孔内，旋紧自锚型锚杆锚头，使锚杆处于受荷状态。

(5) 将锚固钢绳一端与自锚型锚杆顶部机械连接，另一端通过钢绳支墩，在路面板上的固定部位选择在钢绳支墩外侧 t_0 处，通过在混凝土路面板上钻孔，将钢绳一端塞入，并在混凝土路面板底部采用锁固装置锁定，旋紧锁固装置，使钢绳处于受荷状态，裁剪多余钢绳。

(6) 重复第 (4) 和 (5) 步，直到全路段安设加固处治构件。

(7) 可在沿河公路混凝土路面板下部的路基被洪水及泥石流水毁后 5~8h 内安设完成，实现公路交通的应急通行。

10.4 决口灾害应急封堵方法

在堤坝或填土路堤被洪水冲击产生决口灾害后，为了快速封堵缺口，及时恢复道路交通，保障抗洪救灾交通战备需求，可采用决口灾害应急封堵技术。

决口灾害应急封堵技术采用钢槽桩作为抵挡洪水冲击的挡板，用打桩机将钢槽桩以直线排列、正反相扣的组合形式打入决口底部的坚实地层内。

决口灾害应急封堵施工前，采用激光测距方法确定决口灾害长度，明确打桩方向，如图 10.29 所示。

打入钢槽桩与土石料填堵，从决口左右两侧向决口中部同步进行。考虑到打桩机的作业范围有限、钢槽桩与洪水接触面较小时，钢槽桩抗洪水冲击的能力也相对较高，更便于治灾施工作业，建议分阶段封堵决口。

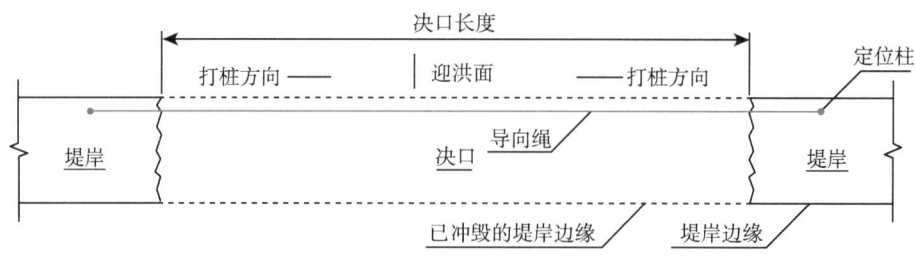

图 10.29　决口灾害结构图示

(1) 岸桩加固阶段：同时在决口两侧的堤岸上打钢槽桩，作为两侧堤岸的起始定位桩，起着加固决口两侧堤岸、防止决口在洪水冲击下继续扩大的作用。采用正反相扣的组合形式，加强了一整排钢槽桩的连续性和整体性。如图 10.30 所示。

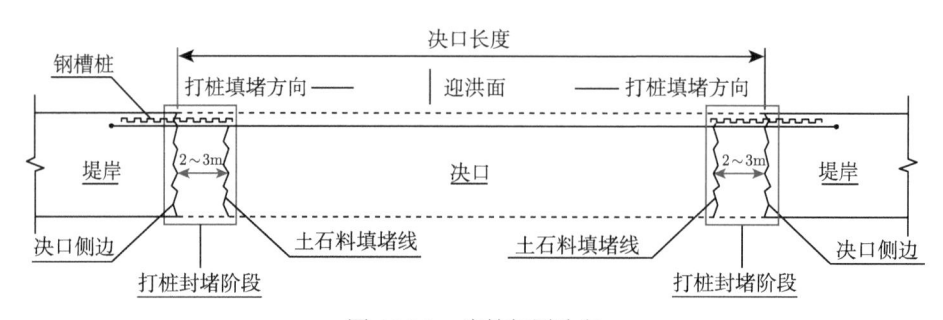

图 10.30　岸桩加固阶段

(2) 打桩封口阶段：每 2~3m 为一个打桩封口阶段，现场机械施工顺序为，先把打桩机开到决口位置打桩，完成以后打桩机后撤，再将已装载土石料的装载车开到决口位置，卸载土石料填堵决口。从决口左右两侧同步施工，仅剩中部 2~3m 决口时水流湍急，可从左右两侧同时向决口填入封口石料，必要时采用较大粒径石笼网填入，随后堆填土体。如图 10.31 所示。

图 10.31　打桩封口阶段

决口灾害应急封堵过程如图 10.32 所示，其中 1→2→3 为俯视图，4→5→6 为立面图。

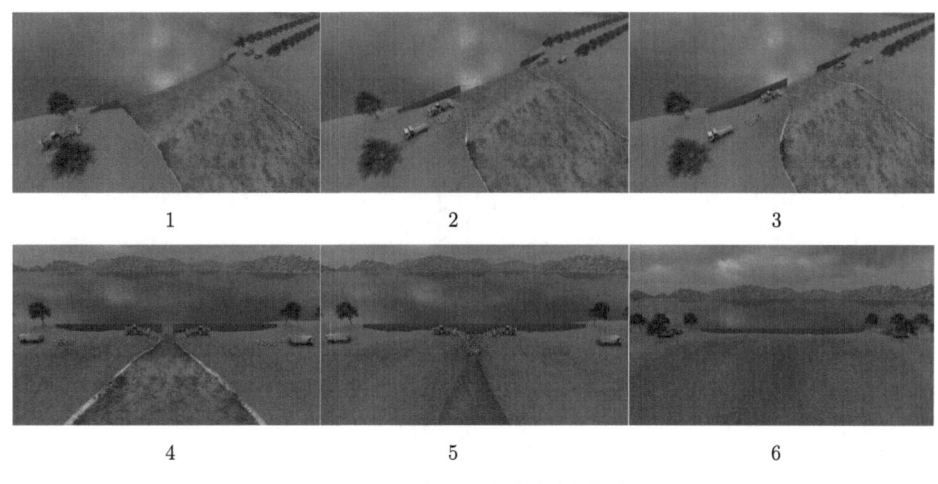

图 10.32　决口灾害应急封堵过程

10.5　淤埋路段战备浮桥

10.5.1　工作原理

(1) 针对巨厚层泥石流淤埋路段，在道路上部的泥石流沉积物表面整平一定宽度的交通便道，使泥石流沉积物地基承载力基本均匀。

(2) 承载墩是该技术的核心，依靠置于泥石流体内的充气室在泥石流体内的浮力提供支承力，符合阿基米德浮力定律。

(3) 运用连系杆将所有承载墩联合组成一个整体承载竖向荷载的结构体系。

(4) 承载墩底部稳定柱的功能在于防止承载墩在上部车辆及行人荷载作用下发生侧滑和侧翻。

(5) 在泥石流沉积物固结到具备承受相应交通及行人荷载时，松动锁固栓，拆卸所有的连系杆，打开承载墩顶部的充气阀门，从沉积物内取出承载墩结构，将承载墩和连系杆放置在相应的战备器材仓库，以备下一次使用，体现该技术的战备性和重复利用特征。

10.5.2　技术内涵

(1) 适用于厚度超过 3m 的泥石流沉积物淤埋路段公路交通的快速修复技术。

(2) 整套设备由承载墩和连系杆综合组成 (图 10.33)。

(3) 承载墩由充气室和稳定柱组成，承载墩顶部有锁固栓和充气阀门，底部为四根稳定柱 (图 10.33~图 10.37)；充气室为密闭的车胎质橡胶制品，稳定柱为轻质实心铝合金制品。

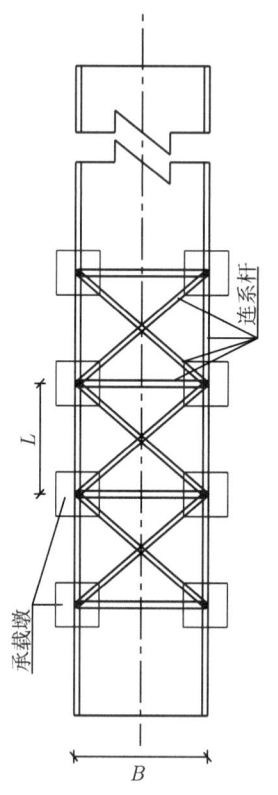

图 10.33 战备浮桥平面布置图

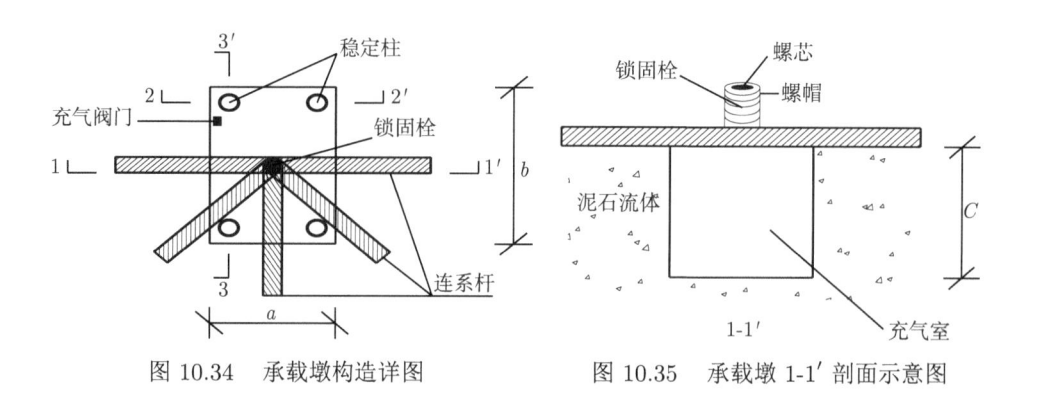

图 10.34 承载墩构造详图

图 10.35 承载墩 1-1′ 剖面示意图

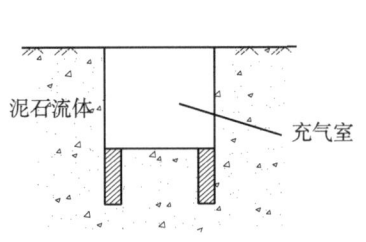

10.5 淤埋路段战备浮桥

图 10.36　承载墩 2-2′ 剖面示意图 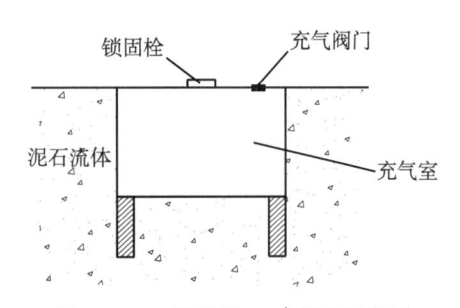　　图 10.37　承载墩 3-3′ 剖面示意图

(4) 承载墩尺寸：宽 $a=50\sim100\text{cm}$，长 $b=100\sim150\text{cm}$，高 $c=50\sim80\text{cm}$。

(5) 锁固栓由配套的螺芯和螺帽组成，螺芯直径 $8\sim15\text{cm}$，高度不小于 15cm，底部固定在充气室顶部。

(6) 稳定柱直径 $10\sim15\text{cm}$，长度 $30\sim50\text{cm}$，顶部固定在充气室底部。

(7) 连系杆可为两种材质：用高强金属制品如钢轨时，断面尺寸 $5\text{cm}\times8\text{cm}$；用硬质木板材时，断面尺寸 $5\text{cm}\times10\text{cm}$。连系杆长度分 3m、4m 和 5m 三种尺寸，端部开孔，孔径与承载墩顶部的螺芯相匹配。

(8) 整个战备浮桥的稳定性取决于每个承载墩在桥面上外荷载和自身重力作用下，能否在泥石流沉积体上处于悬浮状态，即保持平衡。当浮墩处于悬浮状态时，浮墩底部承受均匀分布的浮反力 $F_{浮1}$，将其简化为集中反力 R_1 是不会有很大误差的，如图 10.38(a) 所示。但当浮墩处于倾斜状态时，除浮反力 $F_{浮2}$(即集中反力 R_2) 外，还有一个浮反力矩 M，这个力矩通过浮墩结构传给桥面板，对整个浮桥的受力将产生很大影响，如图 10.38(b) 所示。

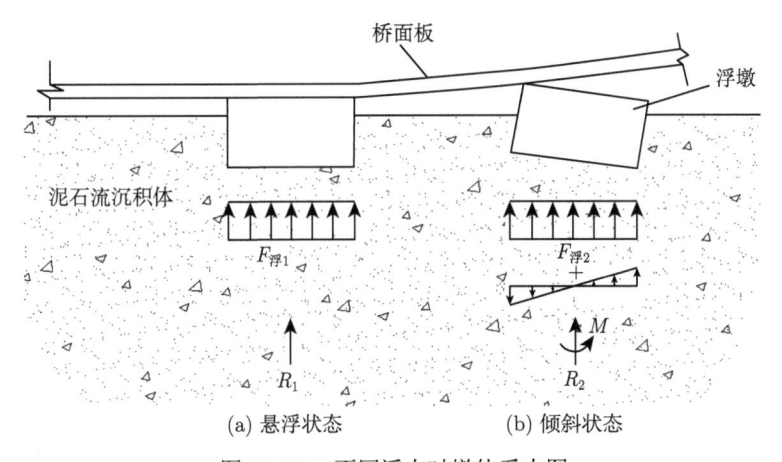

图 10.38　不同浮态时墩体受力图

战备浮桥处于正常使用状态时，承载墩受力模型如图 10.39 所示。

图 10.39 承载墩受力模型

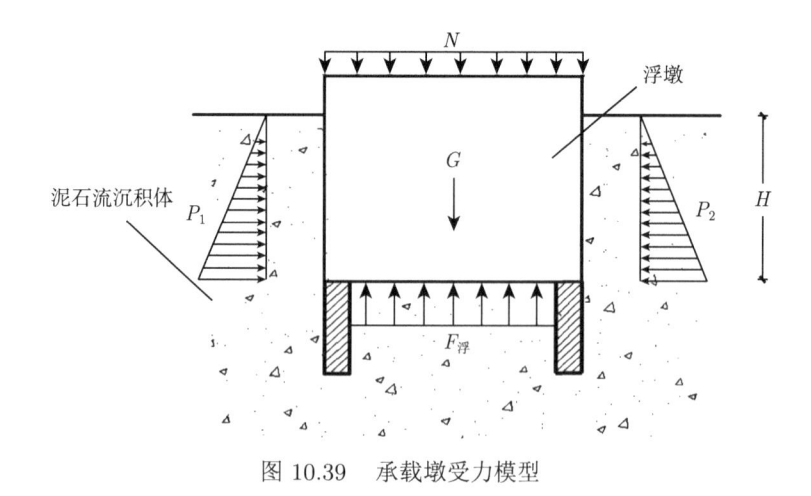

根据阿基米德浮力定律,承载墩在静止的泥石流沉积体中保持悬浮状态时,所受浮力为

$$F_{浮} = N + G = \gamma V + \tau_B S \tag{10.58}$$

式中,N 为战备浮桥桥面上的外荷载,kN/m,包括车辆荷载和行人荷载;G 为战备浮桥自身重力荷载,kN;γ 为泥石流沉积体容重,kN/m³;V 为承载墩的体积,cm³;τ_B 为泥石流沉积体的屈服应力,Pa;S 为承载墩与泥石流沉积体所接触的面积,cm²。

悬浮在泥石流体中的充气浮力墩除了受到泥石流沉积体的浮托作用以外,还要受到泥石流体的挤压作用。当承载墩在泥石流沉积体中处于正常悬浮状态时,其受力如图 10.39 所示,其中,

$$P_1 = P_2 = \frac{1}{2}\gamma H^2 \tan^2\left(45° - \frac{\varphi}{2}\right) \tag{10.59}$$

式中,P_1 为承载墩左侧受到的挤压力,kN/m;P_2 为承载墩右侧受到的挤压力,kN/m;γ 为泥石流体容重,kN/m³;φ 为泥石流沉积体的内摩擦角,(°);H 为承载墩进入泥石流沉积体中的深度,cm。

当承载墩在泥石流沉积体中处于倾斜状态时 (图 10.40),所受浮力仍可用式 (10.58) 求得,但所受泥石流沉积体的侧向挤压应力发生变化,产生了使承载墩倾斜的力矩 M。

$$P_1 = \frac{1}{2}\gamma H_1^2 K_a, \quad P_2 = \frac{1}{2}\gamma H_2^2 K_a \tag{10.60}$$

式中，H_1 为承载墩左侧进入泥石流沉积体中的深度，cm；H_2 为承载墩右侧进入泥石流沉积体中的深度，cm；K_a 为库仑主动土压力系数，计算式为

$$K_a = \frac{\cos^2(\psi - \alpha)}{\cos^2\alpha \cdot \cos(\alpha + 0.3\psi)\left[1 + \sqrt{\dfrac{\sin(1.3\psi)\cdot\sin\psi}{\cos(\alpha+0.3\psi)\cdot\cos\alpha}}\right]^2}$$

α 为承载墩的倾斜角度，(°)；其余变量同前。

如图 10.40 所示，若承载墩向右倾斜，则倾斜力矩 M 为

$$M = \frac{1}{3}P_1H_1 - \frac{1}{3}P_2H_2 - \frac{1}{2}Gb \tag{10.61}$$

反之，若承载墩向左倾斜，则倾斜力矩 M_1 为

$$M_1 = \frac{1}{3}P_2H_2 - \frac{1}{3}P_1H_1 - \frac{1}{2}Gb \tag{10.62}$$

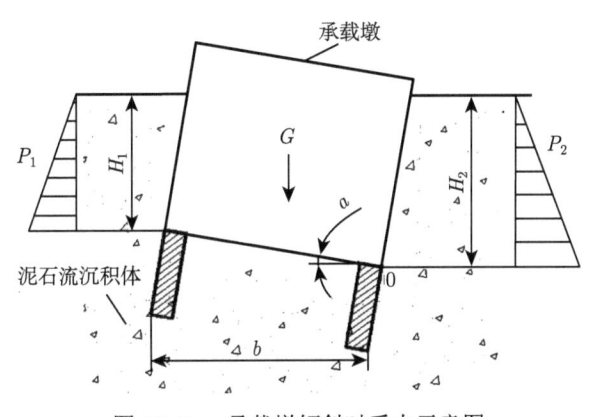

图 10.40　承载墩倾斜时受力示意图

10.5.3　使用步骤

(1) 针对厚度超过 3m、清淤工作量巨大的厚层泥石流淤埋路段，通过宏观分析判别泥石流处于非流动状态后，使用该技术实施公路交通的快速修复。

(2) 将被泥石流沉积物淤埋路段道路上部的泥石流沉积物表面人工整平出宽度不小于 3m 的交通便道。

(3) 从被泥石流淤埋路段的两端向中部沿着整平的交通便道两侧安置承载墩，其稳定柱全部插入泥石流体 (整平面) 以下。

(4) 采用空压机给承载墩充气室充气,使其内压力始终保持在 2~3atm(1atm = 1.01325×10^5Pa),充气压力达到要求后关闭充气阀门,气压不足时随时补充。

(5) 沿交通便道纵向承载墩中心间距 L 为 2.5~3.0m,沿便道宽度方向承载墩中心间距 B 为 3.0~3.5m。

(6) 采用交叉方式,铺设相邻墩与墩之间的连系杆,连系杆在承载墩锁固栓处组装锁固,使承载墩–连系杆构成快速修复技术的结构承载体系。

(7) 在结构承载体系表面铺设普通木板,即可实现公路交通的快速修复。

10.6　淤埋路段液氮桩

泥石流灾害发生后,快速判别泥石流体是否属于黏性泥石流,泥石流规模较大 (厚度超过 2m、淤埋道路长度超过 50m) 且为黏性泥石流时,可采用液氮桩技术,快速恢复道路交通,如图 10.41 所示。

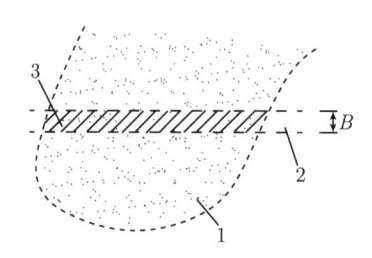

图 10.41　泥石流沉积体注氮快速凝固技术

泥石流淤埋路段液氮桩应急通行技术需要的主要设备为液氮及其配套灌注设备,在泥石流淤埋断道灾害发生后,现场取用。

该技术的核心是在泥石流沉积物内插入注氮管 4,注氮管 4 在液氮桩应急通道 2 采用梅花桩方式设置,注氮管长度 3m、ϕ73mm × 5.5mm,桩间距 a,a 取 50~60cm,如图 10.42 所示。注氮管 4 连接注氮装置,液氮温度低达 −196°C,注氮压力控制在 0.1~0.15MPa。通过对注氮管 4 注入液氮,液氮从注氮管 4 底部释放,进入泥石流沉积物内,使泥石流沉积物从下至上逐渐冻结 (图 10.43),形成液氮桩 5,如图 10.44 所示。液氮桩 5 全部完成后使液氮桩应急通道 2 成为冻结区 3,冻结区承载力达到 500kPa 后,在冻结区表层铺设钢板。

图 10.41~图 10.44 中符号说明:1-泥石流淤埋沉积物;2-液氮桩应急通道;3-冻结区;4-注氮管;5-液氮桩;6-泥石流沉积物冻结发展过程;B-公路应急通道宽度 (m);a-液氮桩间距 (m);R-液氮桩半径 (m)。

该技术的施作步骤:现场拟定液氮桩应急通道 2 → 按照梅花桩方式布设注氮管 4 → 注氮管 4 高压注入液氮 → 形成液氮桩 5 → 形成冻结区 3 → 在冻结区 3

10.6 淤埋路段液氮桩

表层铺设钢板 → 实现泥石流淤埋路段公路交通应急通行。

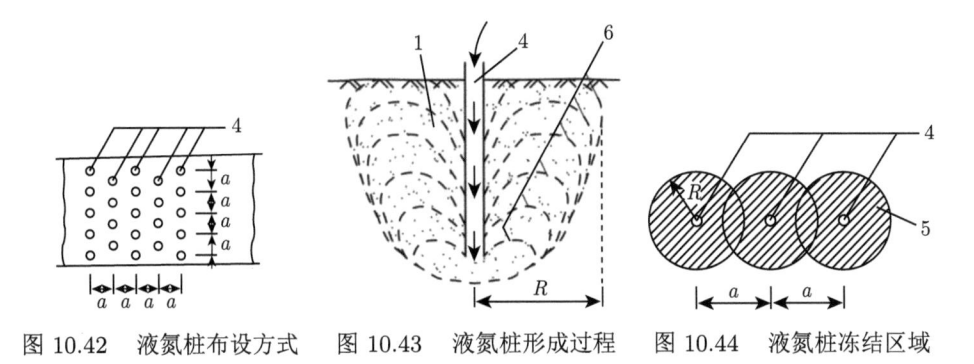

图 10.42　液氮桩布设方式　　图 10.43　液氮桩形成过程　　图 10.44　液氮桩冻结区域

第 11 章 工 程 实 例

11.1 平川泥石流

11.1.1 工程概况

平川泥石流位于川西南西昌—木里干线公路 (简称 "西木路") 雅砻江河谷中游的宽阔河谷地段，泥石流沟的流域面积 16.8km^2，较大的形成区、狭长的流通区、两个短小而宽阔的沉积区是其基本特征，泥石流沟内大冲大淤，加积过程极其严重。流通区同时具有明显的沉积过程，两个沉积区分别是形成区出口处的沉积区 (宽 20m) 和沟口沉积区 (宽 500m)。流域沟长 8.2km，沟谷平均比降 181‰，泥石流沟发育于平川河的侵蚀阶地 (位于海拔 1800m) 和两级夷平面 (分别位于海拔 2500m 和 3000m) 之间。流通区位于侵蚀阶地和 2500m 夷平面之间的坡面上，形成区内沉积部位位于 2500m 夷平面台面边缘。从泥石流沟出溢口演变可以发现，平川泥石流 1980~1999 年呈现加速发展之势。1975 年平川铁矿建成以前，泥石流以 10 年左右为周期。铁矿建成以后，1975~1977 年，沟口西木路以 0.5~0.6m 的小涵洞跨越；由于泥石流发育，1978 年涵洞扩大为 1.5m；1983 年改为 3.0m 长的小桥；1992~1993 年小桥扩建为 5.0m 长；1997~1999 年，小桥全部被泥石流体掩埋，路堤逐年增高。这使得该部位经常成为西木路的瓶颈地段，每年因此造成交通中断 20 天左右。据此，2000 年对该泥石流沟进行了工程治理。治理工程由拦渣坝和底越式排导结构组成，其平面布置见图 11.1。

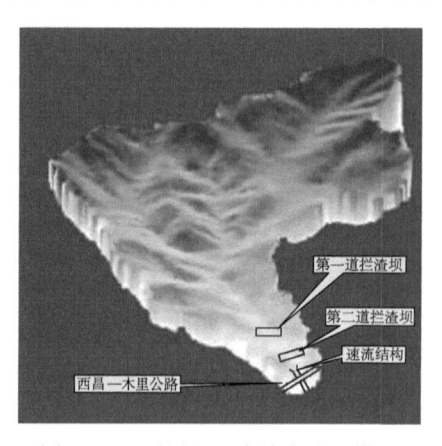

图 11.1 平川泥石流综合治理模式

11.1.2 拦渣坝

(1) 护面圬工采用 C20 混凝土，其容重 $\gamma = 24\text{kN/m}^3$，轴心抗压极限强度 $R_\text{e} = 14.0\text{MPa}$，轴心抗拉极限强度 $R_\text{t} = 1.6\text{MPa}$，受压弹性模量 $E = 2.6 \times 10^4 \text{MPa}$，剪切弹性模量 $G = 0.43E$；芯墙为 M5 砂浆砌片石。

(2) 拦渣坝基础底部置于泥石流沟最大冲刷线以下 1.5~2.0m。

(3) 在流通区上部设置第一道拦渣坝、临近出口部位设置第二道拦渣坝，坝高分别为 9.0m 和 6.2m，基础宽度分别为 11.55m 和 10.4m，护面砼厚度 0.5m。

(4) 拦渣坝内距离基础 2.0m 的地方设置泄水孔，尺寸 100cm×100cm，并在泄水孔内用 ϕ20cm 钢筋按照间隔 20cm 纵向布置成格栅。

(5) 拦渣坝的作用在于有效拦截粒径超过 20cm 的泥石流固相体。

治理工程结构图分别见图 11.2~图 11.7。

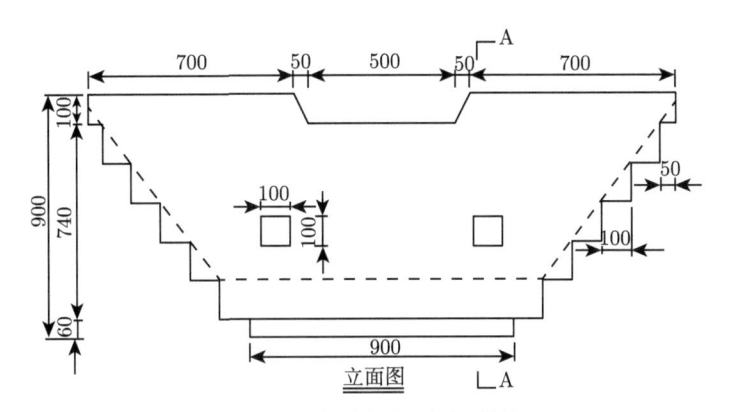

图 11.2 第一道拦渣坝立面图 (单位：cm)

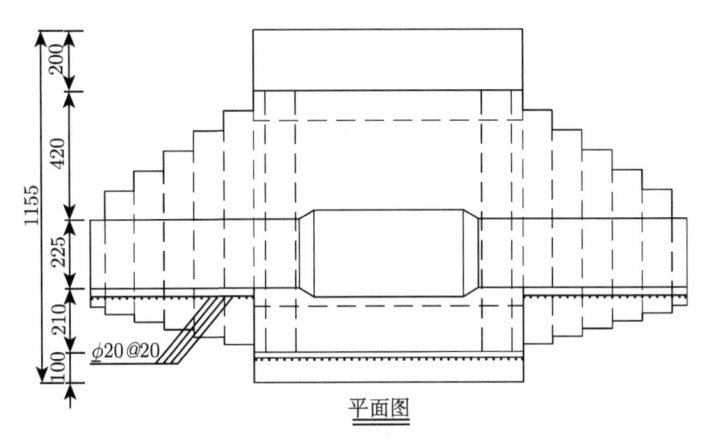

图 11.3 第一道拦渣坝平面图 (单位：cm)

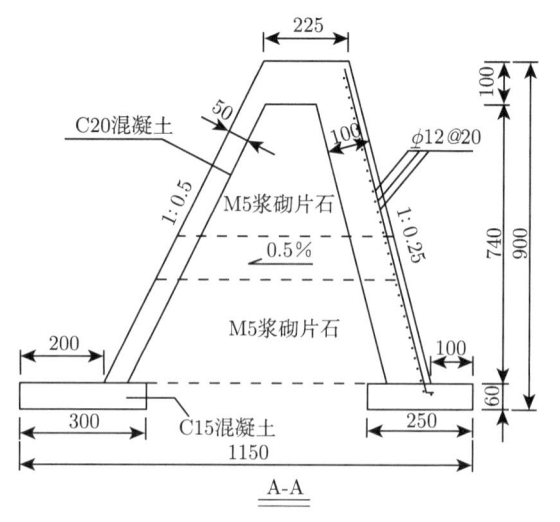

图 11.4　第一道拦渣坝剖面图 (单位：cm)

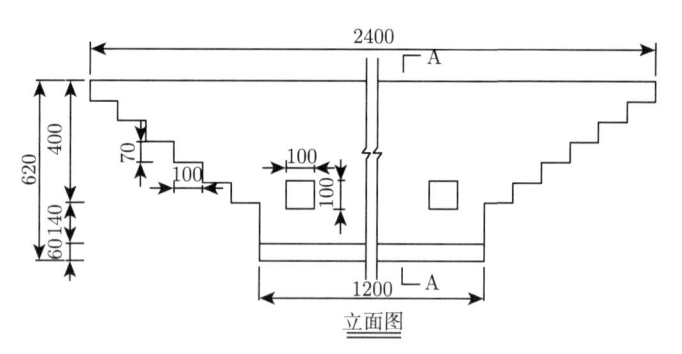

图 11.5　第二道拦渣坝立面图 (单位：cm)

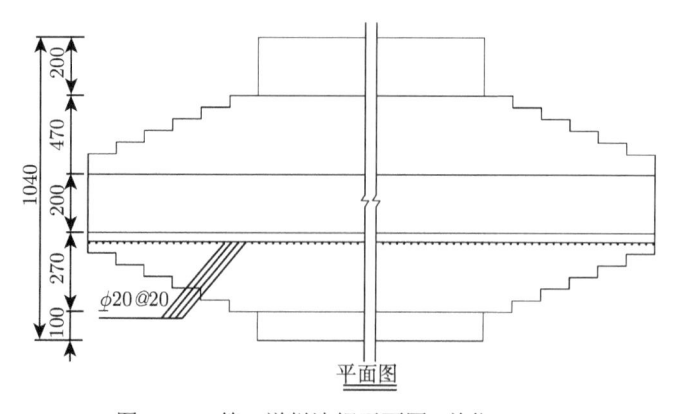

图 11.6　第二道拦渣坝平面图 (单位：cm)

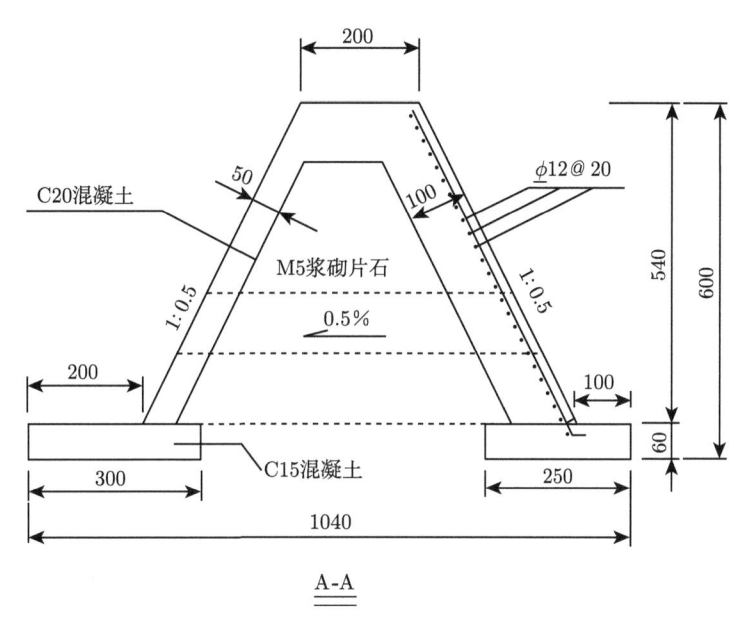

图 11.7 第二道拦渣坝剖面图 (单位：cm)

11.1.3 底越式排导结构

(1) 泥石流体多年统计累积最大淤积高度 $H_1 = 6.8$m，最大冲刷工况设计泥石流总量为 4840m³，最大冲刷工况设计泥石流流速为 9.7m/s，泥石流体容重为 17.3kN/m³。

(2) 速流结构由汇流槽和速流槽组成。速流槽净宽 6m、泥深 1.5m，设计泥深为 2.0m，泥石流槽总共 4 跨 (单跨 14.5m)，其中速流槽纵向半径 250m、横向半径 10m。

(3) 速流结构采用 C25 钢筋砼，其容重 $\gamma = 25$kN/m³，轴心抗压极限强度 $R_e = 17.5$MPa，轴心抗拉极限强度 $R_t = 1.9$MPa，混凝土受压弹性模量 $E = 2.85 \times 10^4$MPa，剪切模量 $G = 0.43E$，Ⅱ 级钢筋抗拉抗压设计强度 $f_y = 340$MPa，Ⅱ 级钢筋弹性模量 $E = 2.0 \times 10^5$MPa。

(4) 每间隔 14m 左右设置速流槽嵌固桩，断面 1.0m×1.0m，嵌入泥石流沟最大冲刷线以下 1.8m。

(5) 汇流槽与泥石流主流线夹角为 18°，速流槽底板厚 0.4m、侧墙厚 1.0m。

(6) 结构内力计算。

运用前述研究方法，求解得到速流槽结构受力 (图 11.8)，进而得到速流槽的内力图 (图 11.9)。

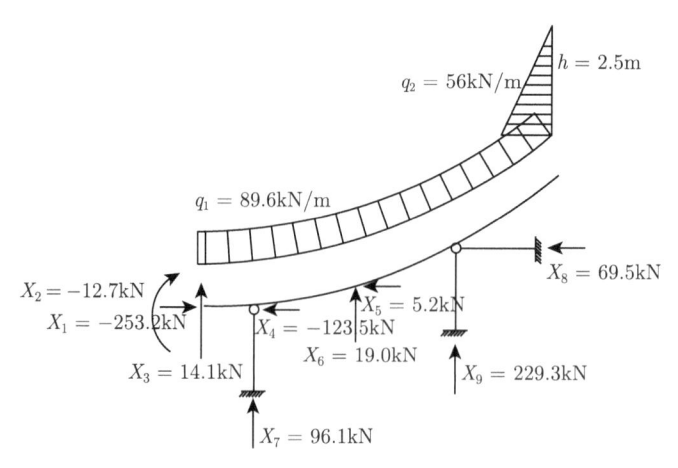

图 11.8 速流槽半结构受力图示

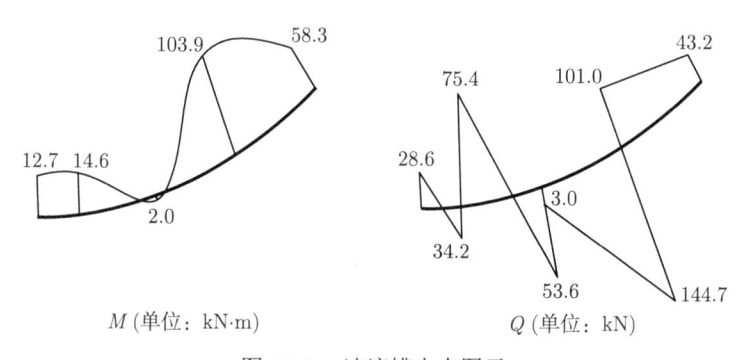

图 11.9 速流槽内力图示

(7) 治理工程结构图分别见图 11.10~图 11.14。

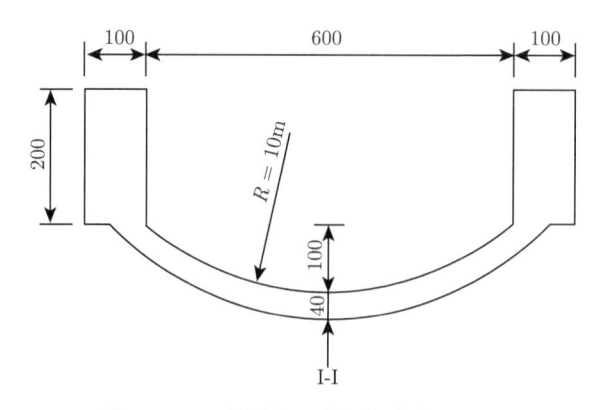

图 11.10 速流槽 I-I 断面 (单位: cm)

11.1 平川泥石流

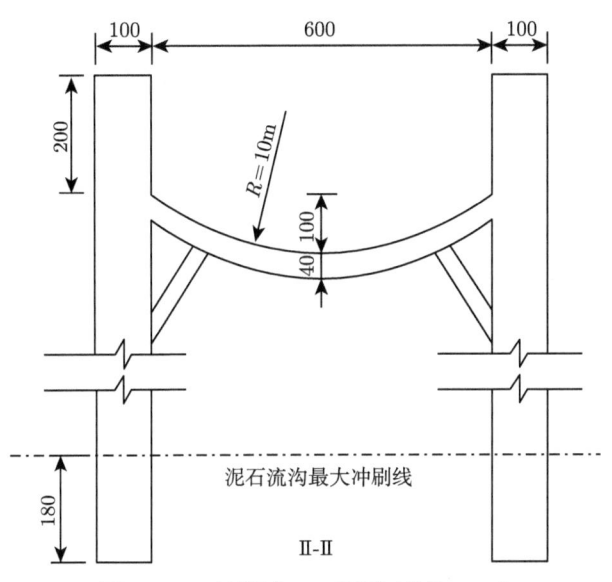

图 11.11 速流槽 II-II 断面 (单位: cm)

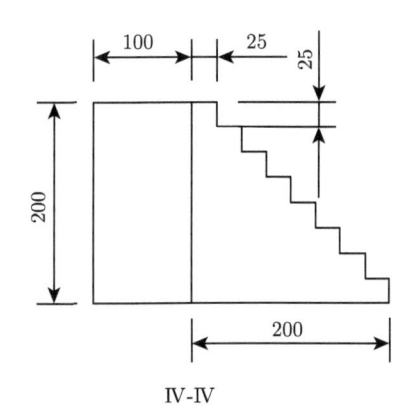

图 11.12 汇流槽断面 (单位: cm)

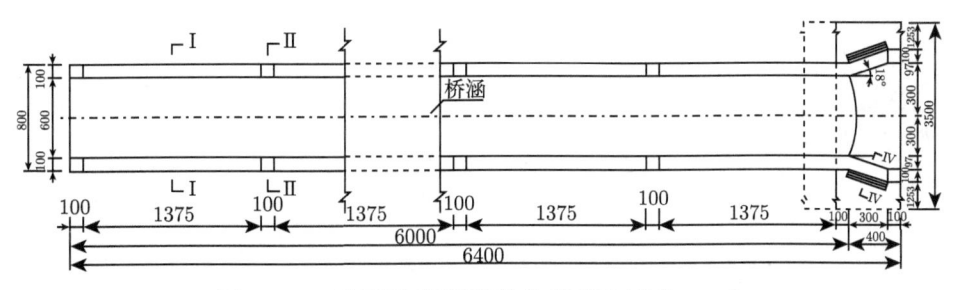

图 11.13 平川泥石流速流结构平面图 (单位: cm)

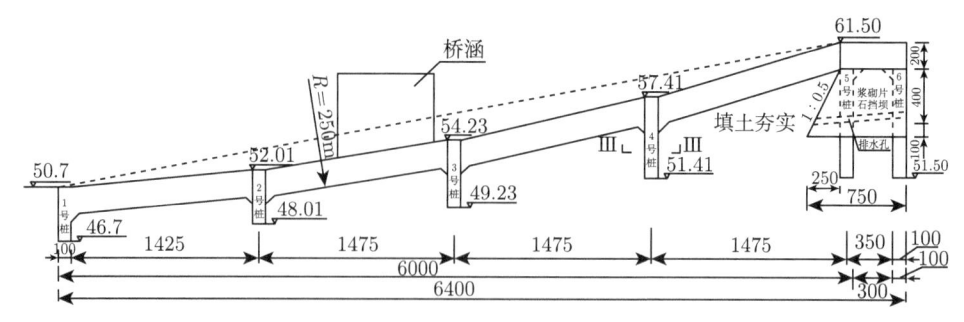

图 11.14 平川泥石流速流结构纵剖面 (单位：cm)

平川泥石流治理过程及治理后的速流结构见图 11.15~图 11.26，总投入治理经费 200 万元，从 2000 年该工程施工完成并投入运行至今，排导泥石流效果极其良好，从未发生速流槽淤积，未发生泥石流损毁公路构建筑物及断道事故。由于 1990~1999 年该泥石流几乎每年爆发，而该公路是盐源县、木里藏族自治县、泸沽湖国家级风景名胜区通往境外的唯一通道，日均交通量 3000 辆左右，生活用品及矿产资源、经济作用等均需经由该公路进行输运，断道一天的平均经济损失为 80 万～100 万元，按照每年断道 35 天、断道一天的经济损失为 80 万元、工程使用

图 11.15 位于流通区上部的第一道拦渣坝施工

图 11.16 第一道拦渣坝

图 11.17 速流槽开挖及桩配筋

图 11.18 速流槽侧墙上的桩配筋

11.1 平川泥石流

图 11.19　汇流槽配筋

图 11.20　施工汇流槽

图 11.21　位于流通区中部的第二道拦渣坝

图 11.22　汇流槽全景

图 11.23　汇流槽抗撞部位

图 11.24　速流槽形态及水体流态

年限为 13 年 (2000~2012 年) 计算，该工程的经济效益约为 3.64 亿元，工程投入产出比为 1:182，随着使用年限增长，投入产出比尚可增大。此外，该干线公路为民族路、通往西南边疆的国防干线，每天大量的国防军需物资由此运输，平均每天军车通行数量在 50 辆左右。显然，该工程不仅具有显著的经济效益，而且具有极其重要的国防效益和社会效益。

图 11.25　速流槽中水体流态 　　　　图 11.26　在速流槽出口处向上游观望西木桥

11.2　牛牛坝泥石流

11.2.1　工程概况

美姑河流域位于四川省南部凉山彝族自治州，高程 1500~2000m，最高峰海拔 3607 m，位于流域南东侧大凉山系的黄茅埂山。宏观地貌景观为四列近南北向的褶皱断块山 (图 11.27)，美姑河牛牛坝流域沟床平均坡降 150‰~700‰，沉积区坡降 120‰~180‰，河流沟岸平均坡度 20°~65°，沉积区多数呈扇形，平均宽度 80~130m。连接西昌市—峨边县—乐山市的四川省干线公路省道 S103 线南西–北东向贯穿该流域。从 20 世纪 70 年代以来，美姑河流域公路泥石流灾害日益严重，集中在每年汛期尤其是 5~9 月发生，平均每年断道 28 天左右，每年因泥石流造成公路直接经济损失数千万元。2002 年 7 月发生 20 年一遇大暴雨，12 条泥石流沟同时爆发泥石流，公路断道 30 余天。据不完全观测，流域内泥石流爆发的频率为 3 年左右。

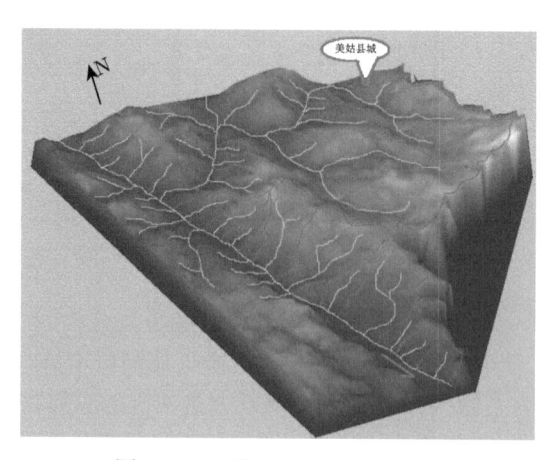

图 11.27　美姑河流域地貌轮廓

11.2 牛牛坝泥石流

美姑县城 (K534+800) 至美姑大桥 (K576+080) 全长 40km，是泥石流灾害集中发育地段，典型的泥石流沟分别位于 K537+650(洛高伊打泥石流沟)、K558+050、K559+350 和 K560+150(牛牛坝泥石流沟) 等处，如图 11.28 所示。美姑河流域公路泥石流物源主要为破碎岩体及第四系松散堆积物，其中破碎岩体主要为雷口坡组岩层和白果湾组地层，前者由灰～深灰色角砾状白云岩、灰岩、砂屑灰岩 (白云岩) 组成，单层厚在 0.1~0.5m；后者中下部由灰～深灰色含砾砂岩、长石石英砂岩、粉砂岩、黏土岩及煤线组成，是河湖沼泽相沉积。第四系松散堆积物包括洪积物、残坡积物及滑坡堆积物，洪积物一般位于泥石流沟沉积区，厚度 5~35m，结构松散，固相颗粒呈棱角状～次棱角状，65%~90%的块碎石粒径 5~50cm，岩性主要为中～强风化的泥岩、白云岩和粉砂岩，粒间多充填泥土及砂粒，透水性较强；残坡积物一般厚 0.5~10m，由强风化砂岩、粉砂岩、泥岩等未固结的块碎石土组成，粒径一般 3~12cm，棱角状，粒间充填细小颗粒及黏土，透水性较好；滑坡堆积物厚度一般 5~10m，个别达到 17m，固体颗粒粒径一般 15cm 左右，局部达到 3.6m，棱角状，透水性较好。

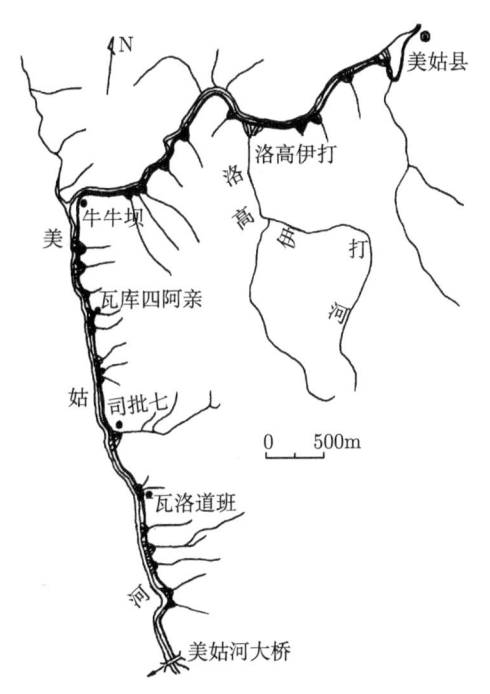

图 11.28 美姑河流域公路泥石流分布图

境内泥石流物源与地貌、岩性及大地构造具有高度一致性，洪积物多数位于泥石流沟沉积区及流通区沟床，残坡积物位于泥石流沟边坡内，滑坡堆积物主要位于泥石流沟源头及流通区两岸，而破碎岩体一般位于泥石流沟分水岭地带。

11.2.2 牛牛坝泥石流沟泥石流隧道

牛牛坝泥石流位于美姑河左岸低中山区,海拔高程在 1500~2500m。后缘 (南东侧) 是黄茅埂山脉,前缘 (北西侧) 为美姑河谷,切割深约 1000m。沟谷呈 V 形,沟床坡度 10°~35°,两侧岸坡 20°~65°,谷底宽 3~10m,沟谷深约 100~200m。牛牛坝泥石流位于美姑河下游的宽阔河谷地段,区域内地形复杂,而泥石流沉积区比降都比较小,因此该段泥石流沟均有大量泥石流淤积在流通区出口即治理工程结构位置处,直接威胁着治理结构的安全及交通运输的有序进行。

牛牛坝流域存在 K552+656、K557+240、K558+000、K559+415 和 K560+147 五处泥石流沟,依次编号为 1#、2#、3#、4#、5# 泥石流,其中对公路危险性最大的为 5# 泥石流。该泥石流沟流域面积约 1.46km^2,东发源于由木合南西侧斜坡地带,向西流入美姑河,全程长 2.3 km,落差近 700m。沟谷呈 V 形,水系呈树枝状,属于季节性间歇性河流。雨季洪水流量可达十几立方米每秒,旱季流量只有几公升每秒 (1 公升 = 0.001m^3)。清水区沟床比降 167‰~263‰;泥石流形成区沟床比降 256‰~274‰,但沟床较为粗糙;泥石流堆积区沟床比降 153‰~177‰。雨季洪水流量可达十几立方米每秒,旱季流量只有几公升每秒。清水区沟床比降 156‰~254‰;泥石流形成区沟床比降 245‰~278‰,但沟床较为粗糙;泥石流堆积区沟床比降 135‰~162‰。

泥石流沟内松散堆积物第四系滑坡堆积物,由未固结的块碎石组成,结构松散,颗粒呈棱角状,大小多在 8~70cm,少数达 200cm,成分是灰色中~强风化的砂岩、粉砂岩和泥岩,粒间充填物多为泥和砂,但充填性较差,透水性较强。滑坡面与岩层产状、地形坡度基本一致,总体向西倾斜,滑坡体平面上呈椭圆形,面积约 250m×400m,堆积厚 5~30m,加之泥石流形成区处于断层分布区,基岩也较为破碎,不稳定斜坡地带的松散堆积物体积近 $1.5\times10^6\text{m}^3$。谷坡坡度大多 38°,虽然边坡地形较缓,在天然条件下稳定性处于极限平衡状态。在洪水条件下也将会产生泥石流。由于第四系松散堆积物粒度较粗,所产生的泥石流规模和破坏力均较大。

在 5# 泥石流沟口采用泥石流隧道防治泥石流,泥石流沟底埋隧道总长度 50m,隧道内设单向纵坡 1.5%。隧道顶部排导槽连接隧道的沿泥石流沟上游的一段速流槽 (图 11.29 和图 11.30)。

1. 结构设计参数

1) 地层特征

隧道所处地层为泥石流堆积物层,层厚 30~35m,边墙基底弹性抗力系数 $K_0 = 1.25\times10^5\text{kN/m}^3$,边墙基底与地层间的摩擦系数 $f = 4.0$。

2) 泥石流特征

泥石流体多年统计累积最大淤积高度 $H_1 = 2.1\text{m}$,多年单次最大冲刷深度

11.2 牛牛坝泥石流

为 1.8m，泥石流体发生最大冲刷时（设计工况泥石流）该次泥石流泥位高度为 1.6m，最大冲刷工况设计泥石流流量为 96m³/s，最大冲刷工况设计泥石流流速为 10.3m/s，平均容重 18.9kN/m³。

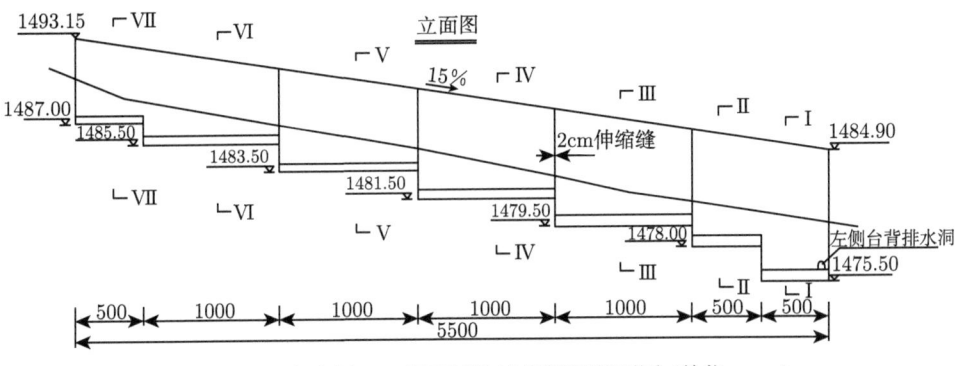

图 11.29 牛牛坝 5# 泥石流沟速流槽纵断面图 (单位：cm)

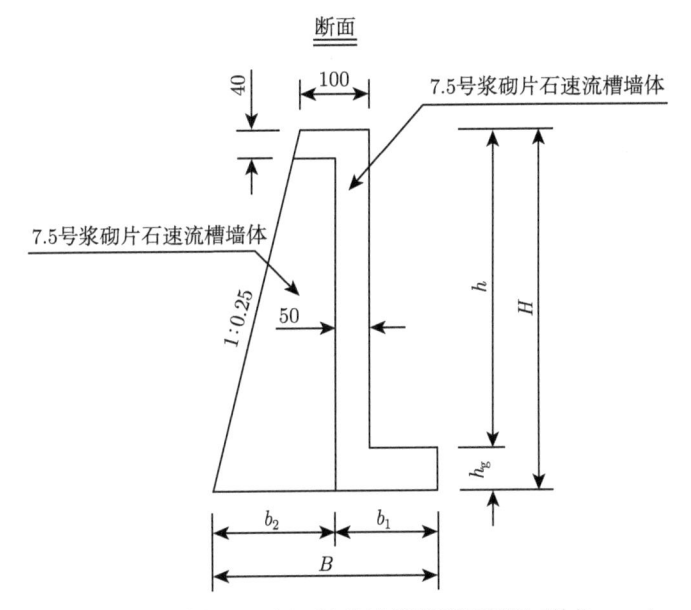

图 11.30 牛牛坝 5# 泥石流沟速流槽横断面图 (单位：cm)

3) 回填土特征

隧道明挖施工完毕后，设计拱顶与速流槽之间用回填土体夯实，回填料总量为 4500m³。迎流面边墙顶以回填块石加强抗冲刷能力。

4) 衬砌材料

拱圈和边墙均采用 C25 钢筋砼。钢筋混凝土容重 $\gamma = 25 \text{ kN/m}^3$，混凝土轴

心抗压极限强度 $R_c = 17.5\text{MPa}$,混凝土轴心抗拉极限强度 $R_t = 1.78\text{MPa}$,弹性模量 $E = 2.85 \times 10^4\text{MPa}$,剪切模量 $G = 0.43E$,Ⅱ级钢筋抗拉抗压设计强度 $f_y = 340\text{MPa}$,Ⅱ级钢筋弹性模量 $E = 2.0 \times 10^5\text{MPa}$。台身、侧墙和护拱采用 7.5 号砂浆浆砌片石,基础采用 15 号片石混凝土。

仰拱和排水洞采用 C20 混凝土。混凝土容重 $\gamma = 24 \text{ kN/m}^3$,土轴心抗压极限强度 $R_c = 14.0\text{MPa}$,轴心抗拉极限强度 $R_t = 1.6\text{MPa}$,弹性模量 $E = 2.6 \times 10^4\text{MPa}$,剪切模量 $G = 0.43E$。

拱背铺设了三油二毡防水层,台背用 10 号砂浆抹面后,刷沥青防水。

2. 拟定衬砌尺寸

本衬砌拱部采用三心圆拱。泥石流隧道的内轮廓参数为 $f = 2.38564\text{m}$, $b = 3.95\text{m}$, $\varphi_1 = 30°$, $a = 0.8\text{m}$。

经计算得内轮廓上圆半径 $r_1 = 4.65\text{m}$,下圆半径 $r_2 = 6.25\text{m}$, $a_1 = 1.38564\text{m}$, $\varphi_2 = 67°23'43''$;拱轴线上圆半径 $R_1 = 4.95\text{m}$,下圆半径 $R_2 = 6.55\text{m}$;上圆所对的圆心角 $\theta_1 = 30°$,下圆所对的圆心角 $\theta_2 = 37°23'43''$。拱圈厚度为 0.6m,左边墙厚 4m,基底向内扩宽 0.6m;右边墙厚 4m,基底向内扩宽 0.4m;仰拱半径 $R = 9.38\text{m}$;仰拱厚度 0.6m。最终拟定的衬砌横断面尺寸见图 11.31。

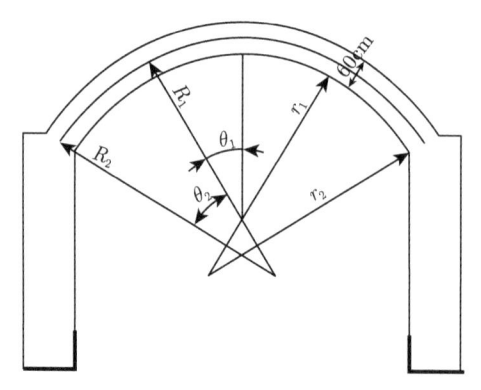

图 11.31 衬砌横断面尺寸

3. 计算工况

考虑泥石流体多年统计累积最大淤积高度 $H_1 = 4.65\text{m}$,底埋隧道建成后拱顶回填土体厚度 1.8m,则设计工况下拱顶填土厚度为 $H = H_1 + H_2 = 3.9\text{m}$。按前述计算方法计算所得衬砌结构弯矩及轴力分别见图 11.32 和图 11.33。由图可见,衬砌结构由于拱侧土压力作用和上部速流槽结构压力作用,偏心较大,最大截面接近 $2d$,超过规范允许范围,必须按大偏心受压构件进行配筋,保证拱结构的承载能力。

11.2 牛牛坝泥石流

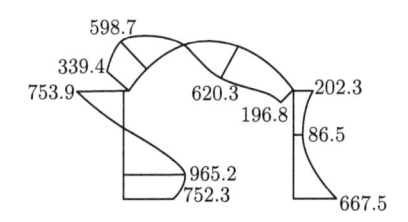

图 11.32 工况一结构弯矩图 (单位: kN·m)

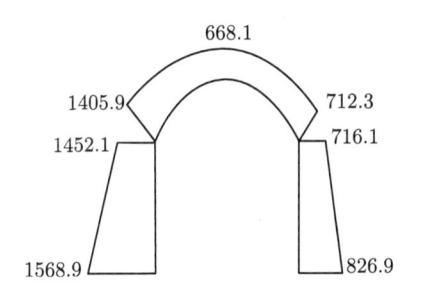

图 11.33 工况一结构轴力图 (单位: kN)

4. 泥石流隧道工程结构图

泥石流隧道工程结构图见图 11.34~图 11.36。

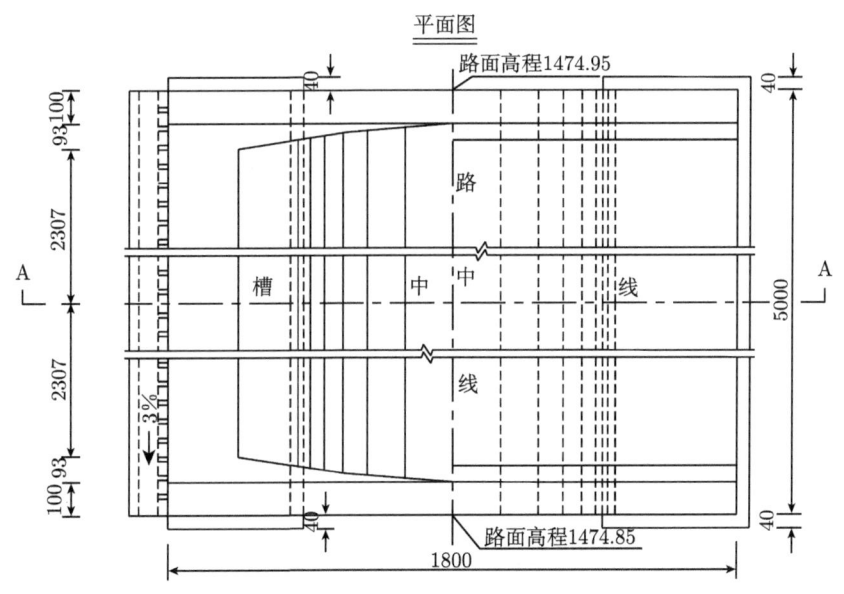

图 11.34 美姑县牛牛坝泥石流隧道平面图 (单位: cm)

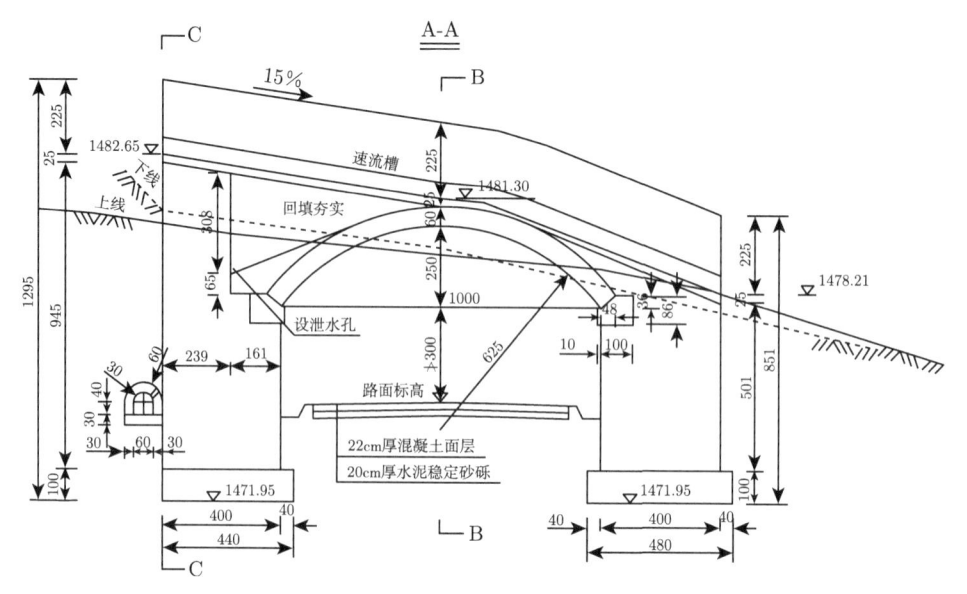

图 11.35　美姑县牛牛坝泥石流隧道 A-A 剖面图 (单位：cm)

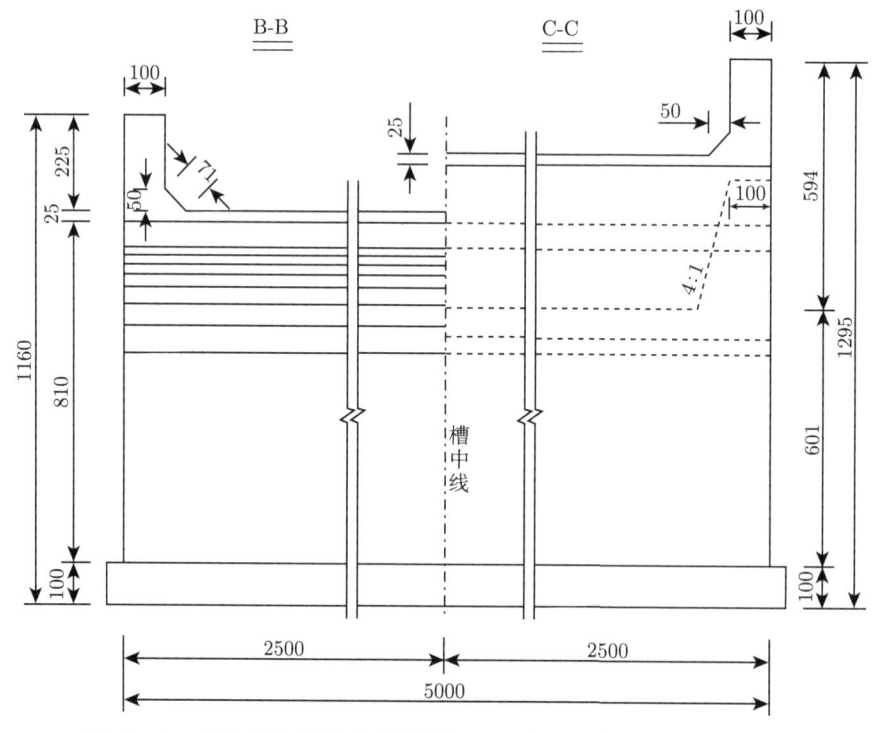

图 11.36　美姑县牛牛坝泥石流隧道 B-B 及 C-C 剖面图 (单位：cm)

11.2 牛牛坝泥石流

牛牛坝泥石流沟治理工程于 2002 年实施，见图 11.37~图 11.47。

图 11.37　泥石流隧道施工（一）

图 11.38　泥石流隧道顶部速流槽施工

图 11.39　泥石流隧道施工（二）

图 11.40　泥石流隧道与河流走向关系

图 11.41　泥石流隧道侧墙

图 11.42　牛牛坝 3# 泥石流沟泥石流隧道

图 11.43　泥石流隧道顶部的速流槽出口

图 11.44　牛牛坝 4# 泥石流沟泥石流隧道

图 11.45　牛牛坝 1# 泥石流沟泥石流隧道 　　图 11.46　牛牛坝 5# 泥石流沟泥石流隧道

图 11.47　牛牛坝 2# 泥石流沟泥石流隧道

2002~2003 年，在美姑河流域公路沿线实施了 10 个泥石流隧道，工程总投资 1910 万元。据 2022 年初步统计，流域内公路日交通量 2300 辆左右，每天经济效益 60 万元左右。工程建成投入运行至 2024 年，解决了治理部位的泥石流灾害，按灾害治理前每年中断交通 28 天计算，则截至 2024 年产生的经济效益为 3.528 亿元，工程投入产出比为 1:18.5，目前工程结构完好，尚可继续使用。

11.3　天山公路泥石流

天山地区地处我国西北，属温带、寒温带干旱区，幅员辽阔，高差悬殊，气温变化大，环境恶劣。其年平均气温仅为 5~10°，极地最低气温可达 −35°，冬季平均气温 −12.2°，昼夜温差较大，其冬期持续时间长达 3~6 个月之久。漫长的冬期寒冷季节给工程建设带来了许多问题。混凝土结构在此条件下受强烈冻融作用而提前失效。混凝土受冻融作用后，往往出现内部开裂、表面剥落，其质量、强度显著下降，严重影响结构的使用安全并大大减少其使用年限。混凝土材料抗冻融特性是天山公路泥石流灾害防治的关键问题之一。

目前，对混凝土抗冻融性的研究较多，并已提出评价混凝土抗冻融性的标准试验方法 (《混凝土长期性能和耐久性能试验方法标准》(GB/T 50082—2024))，且广泛采用防冻剂用于混凝土的冬季施工。防冻剂是能使混凝土在负温下硬化，并在规定养护条件下达到预期性能的外加剂。

天山地区因其环境的特殊性，混凝土受冻融作用非常强烈。抗冻融性能与其抗裂性、自身的密实性等密切相关，纤维具有阻裂、防渗性能，掺入纤维能明显提高混凝土的抗裂性，使混凝土抗冻融性大幅度提高；掺粉煤灰等活性掺合料可以节约水泥，降低水化热，减少混凝土的收缩裂缝，同时提高混凝土的密实度，进而提高混凝土的抗冻融性[11]。本试验添加粉煤灰、纤维、防冻剂等提高混凝土防冻性。

11.3.1 试验模型

通过比较普通水泥混凝土、不同纤维及防冻剂用量的纤维混凝土的抗冻融性，得出纤维、防冻剂掺量对混凝土抗冻融性的影响，以及掺量与混凝土抗冻融性的关系，最后得出纤维和防冻剂用量的最优配合比。

1. 试验材料

水泥 (C)：P325 普通硅酸盐水泥；

天然砂 (S)：中砂，细度模数 2.7；

碎石 (G)：粒径 5~20mm，级配良好；

防冻剂：重庆丰京建材有限公司 FJW-14 复合防冻剂；

高效减水剂：与防冻剂同系列的高效减水剂，减水率与防冻剂相同；

纤维：成都东蓝星科技发展有限公司聚丙烯纤维，长度为 12mm，出于经济效益的考虑，并未采用杜拉纤维；

粉煤灰：华能重庆珞璜发电有限责任公司的 II 级粉煤灰，品质良好，能保证试验需求。

2. 试验模型

1) 配备试验

根据《混凝土配合比设计手册》(苏德利，中国建筑工业出版社，2012 年) 选取原材料进行配合比设计，混凝土设计强度等级为 C30，各组配合比如表 11.1 所示。

混凝土试件纤维掺量分别按 3‰、4‰、5‰递增，防冻剂掺量按 4%、5%、6% 递增。根据以上配合比配置混凝土，用标准制作方法和养护方法制备混凝土试件，试件尺寸为 100mm×100mm×100mm，每种配合比 3 组试件，每组 3 个试件，共 30 组，30 × 3 = 90 个试件。

采用人工拌和制作混凝土试件，将拌和后的混凝土导入钢模，振捣成型，拆模后放入标准养护室进行养护 (图 11.48)。

表 11.1　混凝土试件配合比表

试验编号	水泥质量/kg	砂质量/kg	碎石质量/kg	水质量/kg	粉煤灰质量/kg	防冻剂掺量/%	纤维掺量/%	减水剂掺量/%
S	313	595	1264	162	66	—	—	1
A1	313	595	1264	162	66	4	0.3	—
B1	313	595	1264	162	66	4	0.4	—
C1	313	595	1264	162	66	4	0.6	—
A2	313	595	1264	162	66	5	0.3	—
B2	313	595	1264	162	66	5	0.4	—
C2	313	595	1264	162	66	5	0.6	—
A3	313	595	1264	162	66	6	0.3	—
B3	313	595	1264	162	66	6	0.4	—
C3	313	595	1264	162	66	6	0.6	—

(a) 试件1　　　(b) 试件2

图 11.48　混凝土抗冻融试验试样

2) 抗冻融试验

试验根据《混凝土长期性能和耐久性能试验方法标准》(GB/T 50082—2024) 实施，冻融试验采用慢冻法。每组配合比所需试件组数为 3，分别为：一组用于鉴定 28 天强度，一组用于冻融循环，一组作为冻融试件的对比试件。试件标准养护 24 天后，将其放入 15～20℃ 水中浸泡，浸泡时水面至少应高出试件顶面 20mm，冻融试件浸泡 4 天后开始冻融试验。冻融方式为：试件经 6h 冷冻，温度为 −20～−15℃，而后将试件取出放入 15～20℃ 水槽中解冻 18h，即为一个冻融循环。

试验中所进行的测试分为三方面内容：①所有试件标准养护 28 天的抗压强度；②冻融试件冻融前、冻融 25 次后的试件质量和抗压强度；③冻融对比试件的抗压强度。

3) 数据处理

A. 混凝土抗压强度

每组 3 个试件，取 3 个试件的算术平均值作为每组试件的强度代表值；当其最大值或最小值与中间值的差超过中间值的 15% 时，取中间值为其强度代表值；当其最大值和最小值与中间值的差均超过中间值的 15% 时，该组试件视为作废。

11.3 天山公路泥石流

B. 冻融试件的强度损失率 Δf_c

$$\Delta f_c = \frac{f_{co} - f_{cn}}{f_{co}} \times 100 \tag{11.1}$$

式中，Δf_c 为 n 次冻融循环后的混凝土强度损失率，以三个试件的平均值计算；f_{co} 为相当龄期对比试件抗压强度平均值 (MPa)；f_{cn} 为经 n 次冻融循环后试件的抗压强度平均值 (MPa)。

C. 混凝土试件冻融后的质量损失率 Δm_c

$$\Delta m_c = \frac{m_{co} - m_{cn}}{m_{co}} \times 100 \tag{11.2}$$

式中，Δm_c 为 n 次冻融循环后的质量损失率，以三个试件的平均值计算；m_{co} 为经 n 次冻融循环后试件的质量，kg；m_{cn} 为冻融循环试验前试件的质量，kg。

3. 试验结果分析

1) 28 天基准强度

测得各组混凝土 28 天抗压强度 (表 11.2)。未掺纤维和防冻剂 (S) 混凝土的抗压强度为 32.57MPa，较纤维掺量为 3‰(A1)、4‰(A2) 强度低，纤维具有增强效果。

表 11.2 试件 28 天基准强度试验表

试件编号	抗压强度/MPa			代表值/MPa
S	31.7	32.6	33.4	32.57
A1	32.9	34.6	33.8	33.77
A2	34.7	33.7	36.2	34.87
A3	34.8	33.8	35.4	34.67
B1	35.8	33.0	30.9	33.23
B2	33.2	35.8	30.4	33.13
B3	31.9	31.3	29.2	30.80
C1	29.4	29.9	30.1	29.80
C2	30.5	31.4	30.6	30.83
C3	26.5	32.6	31.4	31.40

混凝土 28 天基准强度与纤维掺量的关系如图 11.49 所示，保持防冻剂掺量不变，纤维掺量按 3‰、4‰、5‰ 的递增，混凝土抗压强度总体呈下降趋势。混凝土搅拌成型时，纤维掺量越大，越易纠结成团而分散不均，集料与水泥浆体的黏结不充分而造成混凝土强度降低。除个别点 (纤维掺量 4‰，防冻剂掺量 6%) 外，其他各点的强度随防冻剂掺量变化的变化幅度小，可见防冻剂掺量对于混凝土强度影响相对较小。且防冻剂掺量达 6%时，混凝土抗压强度变化幅度较大，趋势不一，不定因素较多。

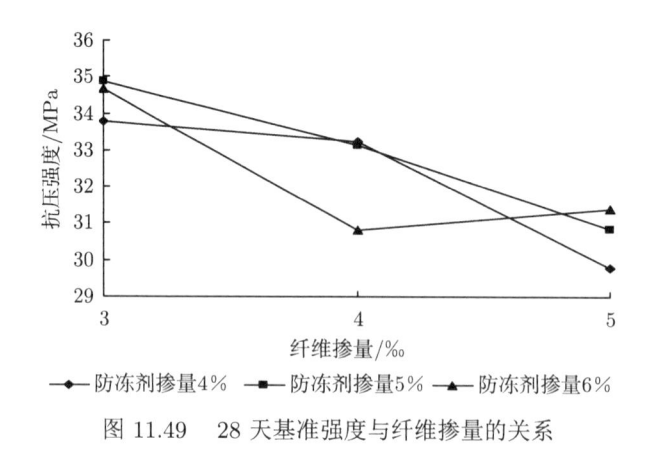

图 11.49　28 天基准强度与纤维掺量的关系

混凝土 28 天抗压强度与防冻剂掺量的关系如图 11.50 所示，不同纤维掺量的混凝土强度变化幅度较大，最大可达 4MPa，因此，纤维对混凝土抗压强度影响显著。纤维掺量为 3‰，防冻剂掺量为 5%时，混凝土抗压强度最高，防冻剂掺量为 6%时强度稍低；纤维掺量为 4‰，混凝土抗压强度在防冻剂掺量为 4%取得最大值，在 6%时强度出现较大的衰减；纤维掺量为 5‰时，混凝土抗压强度在防冻剂掺量为 6%处取得最大值，4%处最小，且三个值之间的差异并不很大。当纤维掺量达 5‰时，其抗压强度远小于其他几组试件，且观察试件，纤维分散不均匀，故纤维掺量不宜采用 5‰。

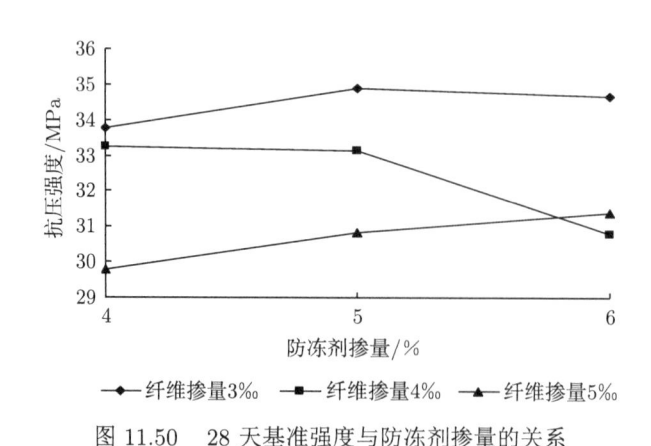

图 11.50　28 天基准强度与防冻剂掺量的关系

2) 冻融试件强度损失率

试件经 25 次冻融循环后，冻融试件、对比试件的抗压强度见表 11.3。可见，编号为 S 的混凝土强度损失率为 14.72%，是所有试件强度损失率的最大值，即掺入纤维和防冻剂能明显提高混凝土的抗冻性能。且 $\Delta f_{c\max} = 14.72\%$，远小于

25%，表明试件还可经受多次冻融循环。

表 11.3　25 次冻融循环强度损失率记录表

试件编号	抗压强度/MPa 冻融后	抗压强度/MPa 冻融前	强度损失率/%
S	30.87	36.20	14.72
A1	32.2	36.93	12.81
A2	32.47	36.87	11.93
A3	32.77	35.43	7.51
B1	33.13	37.67	12.05
B2	32.87	36.86	10.82
B3	32.60	34.50	5.51
C1	32.03	35.77	10.46
C2	32.37	35.80	9.58
C3	34.10	35.90	5.01

混凝土强度损失率与防冻剂掺量的关系如图 11.51 所示。纤维掺量一定时，混凝土强度损失率随防冻剂掺量的增加呈现大幅度下降的趋势。纤维掺量为 3‰时，防冻剂掺量为 4%时强度损失率最大，5%时强度损失率稍低，6%时强度损失率大幅下降；纤维掺量为 4‰时，防冻剂掺量为 4%时强度损失率取得最大值，6%时最小；纤维掺量为 5‰时，防冻剂掺量为 4%时强度损失率取得最大值，6%时最小。冻融破坏随纤维掺量增加而降低，即掺纤维对混凝土冻融强度损失有明显的削弱作用。三条曲线近似平行，且防冻剂掺量从 5%到 6%时质量损失率大幅降低，即抗压强度衰减幅度较小，不同纤维掺量的冻融强度损失率大小依次为 3‰>4‰>5‰。

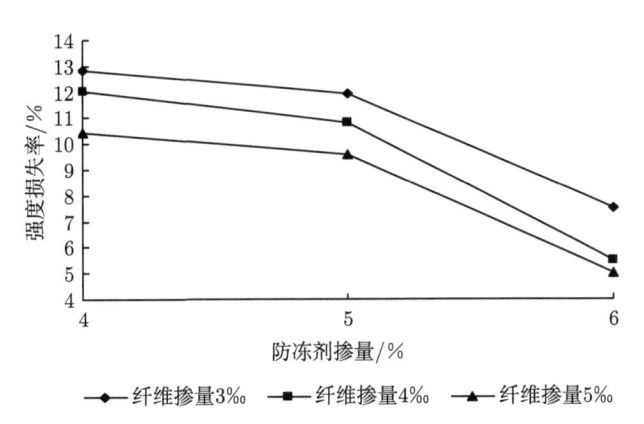

图 11.51　冻融试件强度损失率与防冻剂掺量的关系

如图 11.52 所示，保持防冻剂掺量不变，纤维掺量按 3‰、4‰、5‰递增，混凝土强度损失率随纤维掺量的增加而减小。纤维掺量不变，防冻剂掺量由 5%增长至 6%时，混凝土强度损失率大幅度下降。随着复合防冻剂掺量增加，混凝土中引气量也有所增长，这些气泡均匀分布于混凝土中且彼此隔离，可切断毛细孔道，减缓混凝土受冻时的膨胀应力，从而显著提高混凝土的抗冻性。防冻剂掺量为 6%时，混凝土强度损失率较 4%、5%时低许多，不同防冻剂掺量的强度损失率大小依次为 4%>5%>6%。

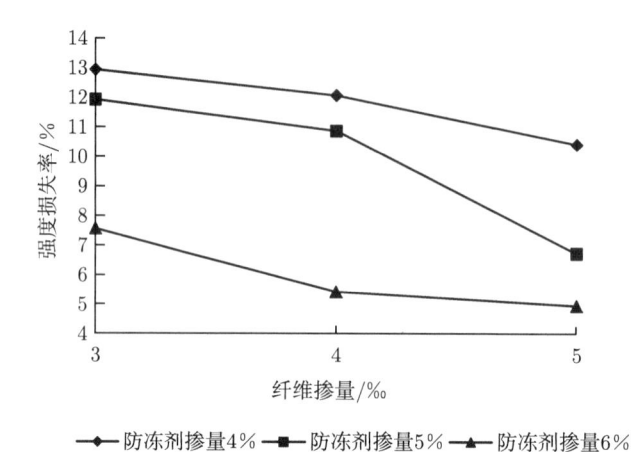

图 11.52 冻融试件强度损失率与纤维掺量的关系

3) 冻融试件质量损失率

混凝土在受冻融侵蚀时，由于受冻胀压力而开裂、剥落，产生质量损失，同时强度降低，从而使结构破坏加速，严重影响结构物的使用安全。通过分析冻融试件受冻前后的质量，得到质量损失率取最大值的是 S 组混凝土 (0.32%)，远小于 5%，即所有配合比混凝土均可经受很多次冻融循环 (表 11.4)。

表 11.4 冻融试件质量损失率表

试件编号	试件①质量/kg 原始质量	试件①质量/kg 冻后质量	试件①质量/kg 损失量	试件②质量/kg 原始质量	试件②质量/kg 冻后质量	试件②质量/kg 损失量	试件③质量/kg 原始质量	试件③质量/kg 冻后质量	试件③质量/kg 损失量	平均损失率/%
S	2.446	2.438	0.008	2.47	2.461	0.009	2.476	2.469	0.007	0.32
A1	2.435	2.445	10	2.435	2.429	0.006	2.475	2.485	10	0.25
A2	2.445	2.443	0.002	2.47	2.461	0.009	2.475	2.508	33	0.22
A3	2.426	2.42	0.006	2.388	2.385	0.003	2.427	2.425	0.002	0.15
B1	2.545	2.559	14	2.485	2.479	0.006	2.41	2.42	10	0.24
B2	2.41	2.404	0.006	2.418	2.416	0.005	2.384	2.4	16	0.23
B3	2.38	2.377	0.003	2.47	2.464	0.006	2.368	2.365	0.003	0.17
C1	2.473	2.471	0.002	2.4	2.395	0.005	2.373	2.367	0.006	0.18
C2	2.42	2.418	0.002	2.444	2.454	10	2.395	2.387	0.008	0.21
C3	2.453	2.45	0.003	2.49	2.485	0.005	2.486	2.482	0.004	0.16

不同纤维掺量与防冻剂掺量的冻融试件质量损失率如图 11.53 和图 11.54 所

11.3 天山公路泥石流

示。如图 11.53 所示：防冻剂掺量为 4%、5%时，混凝土试件的质量损失率随纤维掺量的增加而减小；防冻剂掺量为 6%时，质量损失最大值出现在 4‰处，最小值仍然是在 5‰处取得的。混凝土的质量损失率基本随纤维掺量的增加而减小。纤维掺量为 4‰、5‰时，混凝土质量损失率变化很均匀，且纤维掺量为 5‰时，混凝土的质量损失率较其他两个掺量明显低很多。而防冻剂掺量为 6%时，其质量损失率先增后减，变化幅度较大，规律不一，在纤维掺量为 3‰的质量损失率与其他两个点的差值很大。经分析可知，这是由防冻剂的引气作用与纤维掺量不均造成的。

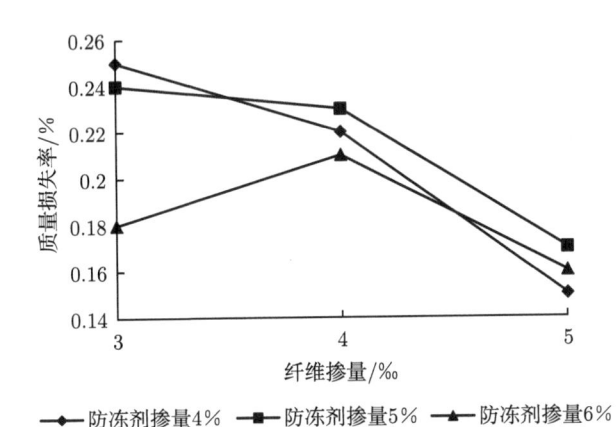

图 11.53　冻融试件质量损失率与纤维掺量的关系

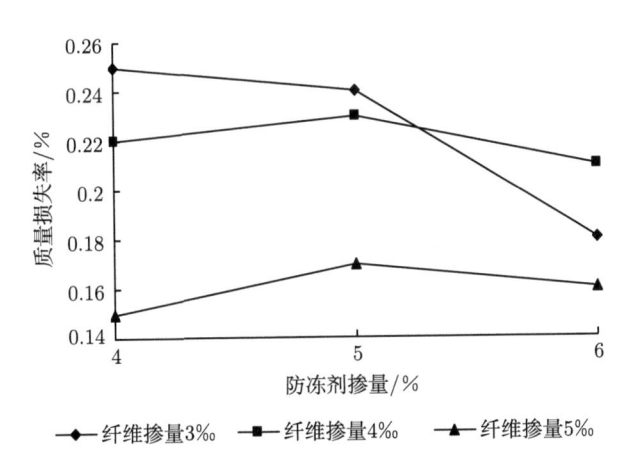

图 11.54　冻融试件质量损失率与防冻剂掺量的关系

纤维掺量一定时，防冻剂掺量与混凝土质量损失率的关系如图 11.54 所示。混凝土质量损失率随纤维掺量的增加而降低。纤维掺量为 3‰、4‰时，随防冻剂掺量的增加，混凝土试件质量损失率递减，且防冻剂掺量为 4%、5% 时变化幅度较小。而纤维掺量为 5‰ 的质量损失率最小。

综上所述，基于对 28 天基准强度、冻融试件强度损失率和质量损失率及其随纤维掺量、防冻剂掺量的变化规律的分析，选用 6% 的防冻剂掺量与 5‰ 的纤维掺量时混凝土抗冻性为最好。参照图 11.54 可知，纤维掺量为 5‰(C1、C2、C3) 及 B3 组混凝土的 28 天基准强度较低，很难确保混凝土满足结构强度要求。其余几组混凝土 28 天基准强度、冻融试件强度损失率和质量损失见表 11.5。

表 11.5　混凝土 28 天基准强度、强度损失率和质量损失率

试件编号	28 天基准强度/MPa	强度损失率/%	质量损失率/%	供选方案
A1	33.77	12.81	0.25	
A2	34.87	11.93	0.22	方案一
A3	34.67	7.51	0.15	方案二
B1	33.23	12.05	0.24	
B2	33.13	10.82	0.23	方案三

通过表 11.5 确定 3 种可选方案：

方案一，纤维掺量为 3‰ 和防冻剂掺量为 5%(A2)，该材料 28 天基准强度较高，并且强度损失率和质量损失率最小；

方案二，纤维掺量为 3‰ 和防冻剂掺量为 6%(A3)，该材料抗压强度最高，但质量损失率稍大；

方案三，纤维掺量为 4‰ 和防冻剂掺量为 4%(B2)，该材料抗压强度较低，强度损失率稍低。

综上可知，方案一为最优方案。

11.3.2　防治结构抗冻融材料开发

通过对冻融前后混凝土试件抗压强度的比较及质量损失的对比，得到了两组性能较高的外加剂添加配合比方案。由于天山公路沿线路段工程量大，需要原材料的数量相当大，因而必须从经济效益的角度来分析与对比两组方案的可行性和适用性 (表 11.6)。进行对比后，方案二的价格更经济实惠，适合选用。如特殊路段需要强度高的混凝土，选用方案一。

表 11.6　比选方案材料价目表

方案	水泥 (C)	天然砂 (S)	碎石 (G)	防冻剂	高效减水剂	纤维	粉煤灰	总价
方案一	86	46	80	45	0	42.55	60	359.55
方案二	86	46	80	36	0	42.55	60	350.55
素混凝土	86	46	80	0	9.5	0	60	281.50

注：本价格是以重庆当地价格为准，且以每立方米方案配合比所需原材料价格总和为总价。

11.3.3 泥石流隧道

泥石流隧是指采用隧道使公路从泥石流堆积体内横向穿越的工程防治结构型式，建成后泥石流体从泥石流隧道顶部宣泄，确保公路交通运输的有序进行，该技术对于公路穿越大型及特大型的泥石流沉积区是非常有效的。K630 泥石流采用该技术进行工程处治。

1. 结构型式

泥石流隧道在泥石流堆积体中的位置见图 11.55，纵、横断面分别见图 11.56 和图 11.57。隧道内路面坡降沿纵断面中部高两端低，沿横断面两侧低中部高。实施泥石流隧道必须准确地确定后期泥石流体的最大切割深度（一般宜按二十年一遇的泥石流重现期确定），设计中应注意几个关键问题：

洞口位置：具体要求请参考公路隧道规范，但是洞门应控制泥石流体在洞口段的侧向流动。

洞身位置：泥石流隧道外侧应置于江河的岸坡再造带内侧。

泥石流隧道结构：应加强结构整体性，提高洞顶圬工强度及耐磨性，加强排水，减小动水压力，防止渗水，在泥石流隧道内侧宜设置泄水孔、纵横向排水盲沟，或修建与洞身平行的泄水洞，必要时可设仰拱。

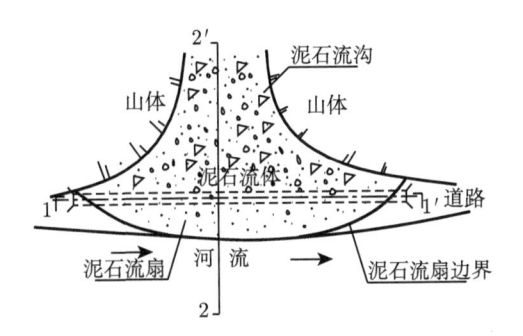

图 11.55 泥石流隧道平面图

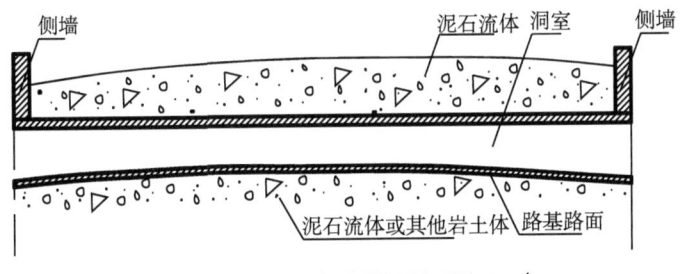

图 11.56 泥石流隧道纵断面图 (1-1′)

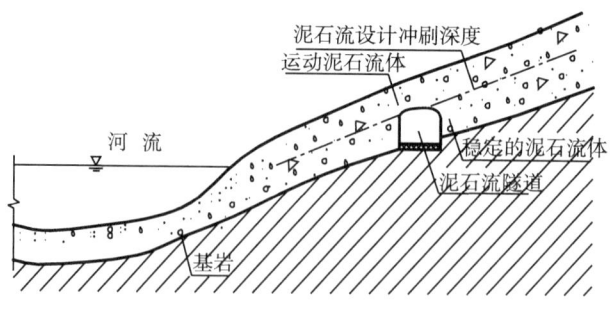

图 11.57 泥石流隧道横断面图 (2-2′)

泥石流隧道材料可以为圬工及钢筋混凝土，为确保结构的稳定性，圬工宜采取混凝土现浇，承受偏压及荷载较大时可选用钢筋混凝土修建。

2. 适用条件

泥石流隧道适用于泥石流沉积区比较宽阔而比降很小、冲击变动路径十分明显、淤积过程极其强烈、冲击力巨大的大型及特大型公路泥石流。

参 考 文 献

[1] 陈洪凯, 唐红梅, 鲜学福, 等. 泥石流冲击特性模型试验. 重庆大学学报, 2010, 33(5): 114-119.

[2] 陈洪凯, 廖学海, 张金浩. 水石流冲击信号频谱及其能量分布特征试验研究. 信阳师范学院学报 (自然科学版), 2022, 35(4): 664-670.

[3] 陈洪凯, 唐红梅, 鲜学福, 等. 泥石流冲击脉动荷载概率分布特征. 振动与冲击, 2010, 29(8):124-127.

[4] 何晓英, 陈洪凯, 唐红梅. 泥石流浆体与固体颗粒冲击信号能量分布研究. 振动与冲击, 2016, 35(6): 64-69.

[5] 何晓英, 唐红梅, 陈洪凯. 浆体黏度和级配颗粒组合条件下泥石流冲击特性模型试验. 岩土工程学报, 2014, 36(5): 977-982.

[6] 康志成, 李焯芬, 马霭乃, 等. 中国泥石流研究. 北京: 科学出版社. 2004.

[7] 费祥俊, 舒安平. 泥石流运动机理与灾害防治. 北京: 清华大学出版社, 2004.

[8] 周必凡, 李德基, 罗德福, 等. 泥石流防治指南. 北京: 科学出版社, 1991.

[9] 陈洪凯, 唐红梅, 马永泰, 等. 公路泥石流研究及治理. 北京: 人民交通出版社, 2004.

[10] 陈洪凯, 唐红梅, 陈野鹰. 公路泥石流力学. 北京: 科学出版社, 2007.

[11] 钱宁, 万兆惠. 泥沙运动力学. 北京: 科学出版社, 2003.

[12] Chen H K, Tang H M, Chen Y Y. Research on method to calculate velocities of solid phase and liquid phase in debris flow. Applied Mathematics and Mechanics, 2006, 27(3): 399-408.

[13] 陈洪凯, 唐红梅. 泥石流两相冲击力及冲击时间计算方法. 中国公路学报, 2006, 19(3): 19-23.

[14] 陈洪凯, 杜榕桓, 唐红梅, 等. 泥石流龙头压胀机理探析. 重庆交通大学学报 (自然科学版),2008,27(5):790-793.

[15] Chen H K, Tang H M, Wu S F. Research on abrasion of debris flow to high-speed drainage structure. Applied Mathematics and Mechanics, 2004, 25(11): 1257-1264.

[16] 陈洪凯, 唐红梅, 崔志波, 等. 路基冲蚀淤埋水毁减灾原理. 北京: 清华大学出版社, 2016.

[17] 蒋焕章. 关于根治公路水毁之我见. 中国公路学报, 1993, 6(A01): 110-112.

[18] 高冬光, 田伟平, 张义青, 等. 桥台的冲刷机理和冲刷深度. 中国公路学报, 1998, 11(1): 54-62.

[19] 陈洪凯, 鲜学福, 唐红梅, 等. 坡面泥石流形成过程模型试验. 湖南大学学报 (自然科学版),2008, 35(11): 130-134.

[20] 唐红梅, 陈洪凯, 唐兰. 坡面泥石流演化模式及其试验. 山地学报, 2014, 32(1): 98-104.
[21] 陈洪凯, 周福川, 唐红梅. 沿河公路平行悬空混凝土路面板断裂力学模型. 中国公路学报, 2016, 29(3): 25-34.
[22] 陈洪凯, 王圣娟, 周福川. 沿河公路角部悬空型混凝土路面板断裂承载力计算方法. 应用力学学报, 2018, 35(5): 1045-1049.
[23] 陈洪凯, 唐红梅. 速流结构防治泥石流的理论及应用. 中国地质灾害与防治学报, 2004, 15(1): 11-16.
[24] 陈洪凯, 唐红梅, 鲜学福. 美姑河流域牛牛坝公路泥石流灾害防治. 兰州大学学报 (自然科学版), 2009, 45(3): 18-22.
[25] 陈洪凯, 唐红梅, 鲜学福, 等. 川藏公路四川段泥石流灾害研究与治理. 防灾减灾工程学报, 2009, 29(2): 126-132.
[26] 陈洪凯, 唐红梅, 沈忠仁, 等. 公路泥石流防治工程技术指南. 北京: 科学出版社, 2012.
[27] 中国国际科技促进会. 公路泥石流防治工程设计规范 (T/CI 027-2022).
[28] 陈洪凯, 唐红梅, 叶四桥. 中国公路泥石流研究. 中国地质灾害与防治学报, 2008, 19(1):1-5.
[29] 陈洪凯, 廖学海, 张金浩. 路基塌陷段组合式桥梁应急修复技术及计算方法. 灾害学, 2021, 36(4): 133-137, 145.
[30] 陈洪凯, 李小明, 唐红梅. 路基水毁冲失段应急锚拉框架结构计算方法研究. 公路, 2016, 61(5): 188-193.